高等院校精品课程建设教材

水土保持学

雷廷武　李法虎　主编

中国农业大学出版社
·北京·

内 容 简 介

水土资源与水土环境是人类赖以生存与持续发展的基础。水土保持学是研究维持与改善水土环境质量的一门综合性跨学科课程，是一门实践性和地域性较强的学科，它不仅涉及工程学、水文学和土壤学，同时也涉及植物科学、环境科学、生态学、经济学以及社会科学等。结合国外本领域的最新研究进展以及作者的研究成果，本书较系统全面地介绍了水土保持的概念、原理以及水土流失的测定方法、影响因素、控制措施及其危害评估方法，是全面了解和研究水土流失、水土保持和水土环境等领域的学生和科研人员所必须掌握的基本知识。全书共分 15 章。

本书可作为农业水土环境以及水土保持与荒漠化防治等专业的本科生教材，也可作为相关专业学生、科研人员以及工程技术人员的参考用书。

图书在版编目(CIP)数据

水土保持学/雷廷武，李法虎主编. —北京：中国农业大学出版社，2012.11(2018.11 重印)
ISBN 978-7-5655-0605-5

Ⅰ.①水… Ⅱ.①雷…②李… Ⅲ.①水土保持—高等学校—教材 Ⅳ.①S157

中国版本图书馆 CIP 数据核字(2012)第 222720 号

书　　名 水土保持学
作　　者 雷廷武　李法虎　主编

责任编辑 孙　勇　田树君　　**责任校对** 陈　莹　王晓凤
封面设计 郑　川
出版发行 中国农业大学出版社
社　　址 北京市海淀区圆明园西路 2 号　　**邮政编码** 100193
电　　话 发行部 010-62818525,8625　　读者服务部 010-62732336
编辑部 010-62732617,2618　　出　版　部 010-62733440
网　　址 http://www.cau.edu.cn/caup　　**e-mail** cbsszs@cau.edu.cn
经　　销 新华书店
印　　刷 涿州市星河印刷有限公司
版　　次 2012 年 11 月第 1 版　　2018 年 11 月第 2 次印刷
规　　格 787×1092　16 开本　20.75 印张　510 千字
定　　价 48.00 元

编 写 人 员

主　　编　雷廷武　李法虎

副 主 编　何丙辉　史海滨

编写人员(按姓氏拼音顺序排列)

郭汉清　何丙辉　雷廷武　李法虎　刘士余

史海滨　杨树青　张晴雯　赵　辉　郑子成

前　言

水土资源与水土环境是人类赖以生存与持续发展的基础。以水土流失研究为基础的水土保持是指人类通过采用各种措施，控制水土流失，维持和改善人类生存环境，保证社会、经济与生态持续健康发展的综合性实践活动。充分、高效地利用自然资源以及维持健康的生态环境是水土保持的根本。水土保持学不仅涉及自然科学，同时也涉及社会科学。水土保持工作是实践性强、地域差异大、覆盖范围广、综合性强的系统工程，在一定程度上综合反映了当代科技、社会的发展水平。本书较全面地介绍了水土保持学的基本概念、原理以及水土流失的测定方法、影响因素、控制措施及其危害评估方法，是全面了解和研究水土流失、水土保持以及水土环境等领域的学生和科研人员所必须掌握的基本知识。

全书共分 15 章。第 1 章由雷廷武（中国农业大学）和李法虎（中国农业大学）编写，第 2 章由郑子成（四川农业大学）和雷廷武编写，第 3 章由何丙辉（西南大学）编写，第 4 章由雷廷武和李法虎编写，第 5 章由何丙辉和雷廷武编写，第 6 章由郑子成编写，第 7 章由史海滨（内蒙古农业大学）编写，第 8 章由李法虎编写，第 9 章由刘士余（江西农业大学）编写，第 10 章由赵辉（中国农业大学）编写，第 11 章由刘士余编写，第 12 章由赵辉编写，第 13 章由张晴雯（中国农业科学院）编写，第 14 章由郭汉清（山西农业大学）编写，第 15 章由杨树青（内蒙古农业大学）编写，常见水土保持专业术语中英文对照表由李法虎和雷廷武整理编写。全书由李法虎统一审校和定稿。在本书的编写过程中，得到了中国农业大学出版社孙勇老师的大力帮助和支持，在此表示衷心的感谢。

本书可作为水土保持与荒漠化防治以及农业水土环境等专业的本科生教材，也可作为相关专业学生、科研人员以及工程技术人员的参考用书。

水土保持学是一门跨学科课程，涉及内容广泛，知识面宽。限于作者水平，本书难免会存在不足之处，敬请读者和同行专家提出宝贵意见。

编　者

2012 年 6 月

目　　录

第1章 绪　论

[摘要]本章主要介绍水土流失与水土保持的基本概念，水土流失的特点和危害，水土流失影响因素，国内外水土保持的发展状况与趋势以及近期水土保持科学研究的重点领域。

水土资源是人类生存和发展的基本条件。我国人口众多，水土资源短缺，生态环境问题严重。水土流失严重地区多位于大江大河的中上游地区和水源区，同时也多是我国生态环境脆弱、经济发展滞后的地区。在我国诸多生态环境问题中，水土流失涉及范围广、影响大、危害重，是生态恶化的集中反映，已成为制约经济社会可持续发展和构建和谐社会的重大环境问题之一。因此，水土保持是促进人与自然和谐、保障国家生态安全与可持续发展的一项长期的战略任务。

1.1 水土保持基本概念及研究范畴

我国在2 000多年前即已出现水土保持方面的记载。我国劳动人民为保护生存条件，在平原地区修沟洫畦田，在山区修建梯田、引洪漫地，采用蓄水保土等耕作方法，积累了丰富的水土保持治理经验。随着对水土流失问题认识的深入和扩展，土壤侵蚀和水土保持两个名词的含义和研究范畴的差别愈益明显。

1.1.1 水土流失与水土保持的概念和含义

科学出版社出版的《简明水利水电词典》，对水土流失的定义为“地表土壤及母质、岩石受到水力、风力、重力和冻融等外力的作用，使之受到各种破坏和移动、堆积过程以及水本身的损失现象。这是广义的水土流失。狭义的水土流失是特指水力侵蚀现象。”《中国大百科全书·水利卷》对水土流失的定义为“在水力、重力、风力等外营力作用下，水土资源和土地生产力的破坏和损失，包括土地表层侵蚀和水土损失，亦称水土损失。”辛树帜和蒋德麒主编的《中国水土保持概论》(1982)认为“水土流失”一词的含义等同于“土壤侵蚀”一词，“是指地表土壤及母质受外力作用发生的各种破坏、移动和堆积过程以及水的损失，包括水力侵蚀、风力侵蚀、重力侵蚀和冻融侵蚀等”。项玉章和祝瑞祥主编的《英汉水土保持辞典》(1995)将水土流失解释为“在水力、风力、冻融、重力等外力作用下，水土资源和土地生产力的破坏和损失，包括土地表层侵蚀及水的损失”。关君蔚先生认为，水土流失与土壤侵蚀是两个有区别的概念，前者是在陆地表面由外营力引起的水土资源和土地生产力的损失和破坏，后者则是指陆地表面在水力、风力、冻融和重力等外力作用下土壤、土壤母质及其他地面组成物质被破坏剥蚀、转运和沉积的全部过程；水土流失包括水的流失和土的流失这两个相互渗透和相互依存的侧面，土壤侵蚀是“土的流失”的同义语。水土流失是指由水作用为营力，造成水土资源和土地生产力的破坏和损失，它直接反映了土壤侵蚀的危害。与土壤侵蚀相比较，在应用水土流失概念时，水不仅是作为引起土壤侵蚀的营力，同时也是农业生产的资源要素。从农业生产角度出发，水土流失不仅造成土壤及其养分的流失，也造成土壤水分和水资源的流失。

土壤侵蚀作为世界重大环境问题越来越受到世界各国政府及科技工作者的关注。由于世界各国科技文化发展水平不均衡、所处的自然环境及社会经济状况不同以及土壤侵蚀发生和发展动力因素的差异，土壤侵蚀的表现形式也各具特点，因此世界各国对土壤侵蚀和水土保持的定义也略有不同。

美国学者 Bennett 自 20 世纪 20 年代初开展了较为系统的水土流失定位观测研究。他将水蚀和风蚀列为土壤侵蚀两种主要类型进行了详细分析，并对水土保持定义为“在人类活动中，合理地利用土地和保证土地的可持续利用”。1971 年美国土壤保持局把土壤侵蚀解释为“土壤侵蚀是水、风、冰或重力等营力对陆地表面的磨蚀，或者造成土壤、岩屑的分散与移动”。英国著名水土保持学者哈德逊在《土壤保持》(1995)一书中定义土壤侵蚀为“土壤侵蚀本质上是一种夷平过程，它使土壤和岩石颗粒在外力作用下发生转运、滚动或流失，风和水是使颗粒变松和破碎的主要营力”。澳大利亚把土壤侵蚀作为引起土地退化的主要因素，他们的水土保持意义更宽，包括了所有防治土地退化的行动，近年又引申为“土地保育”。除了一般的水蚀过程外，日本的土壤侵蚀问题主要是指由于降雨引发的山体滑坡、崩塌以及陡坡地坍塌等重力侵蚀形式，其治理方针为“治山治水”。新西兰国家水土保持局根据本国的水土流失具体情况，在 1985 年对全国土地资源清查时，制定了新西兰土壤侵蚀分类系统。在这个分类系统中，侵蚀形式分成了面蚀、重力侵蚀和水力侵蚀 3 大类型。

《中国大百科全书·农业卷》中对水土保持的定义是“防治水土流失，保护、改良与合理利用山丘区和风沙区水土资源，维护和提高土地生产力，以利于充分发挥水土资源的经济效益和社会效益，建立良好生态环境的事业”。《中华人民共和国水土保持法》对水土保持定义为，“水土保持是指对自然因素和人为活动造成的水土流失所采取的预防和治理措施”。新时期水土保持的任务是“防治水土流失，保护、改良与合理利用水土资源，提高水的利用效率和土地生产力，建立良好的生态环境，促进经济、社会、生态环境的可持续发展以及人与自然和谐相处的综合性措施”。

水土保持的研究对象不只是土地资源，还包括水资源。保持(conservation)的内涵不只是保护(protection)，而且包括改良(improvement)与合理利用(rational use)。不能把水土保持理解为土壤保持、土壤保护，更不能将其等同于土壤侵蚀控制(soil erosion control)。水土保持是自然资源保育的主体。

虽然土壤侵蚀和水土保持基本概念和内涵的定义和解释各国不尽相同，但它们都包含了地表土壤移动的共同点，在引起土壤侵蚀作用力中都包括了内、外营力以及人为活动作用。根据侵蚀形式，土壤侵蚀可分为面蚀、沟蚀、崩塌、泻溜和滑坡、泥石流等；根据侵蚀营力，土壤侵蚀可分为水蚀、风蚀、重力侵蚀以及冻融侵蚀等。

从土壤侵蚀以及水土保持概念和内涵的发展演变过程中，可以看出人们对土壤侵蚀和水土保持的认识是一个不断发展深化的过程。土壤侵蚀从简单的由水力或风力作用引起的土地表面物质的移动，逐步发展到土壤在内、外营力(如水力、风力、重力、人为活动等)作用下，被分散、剥离、搬运和沉积的过程。水土保持概念也由初期的土壤保持逐渐发展到今天的土壤保持和水的保持，从单一强调土壤侵蚀引起土地生产力退化到同时强调土壤侵蚀环境与全球生态环境的联系。例如水土流失与水环境的联系，水土保持与全球气候变化的联系等。随着人们认识的发展,土壤侵蚀与水土保持学概念还在不断地完善和深化。水土保持学正在逐步演变成一个涉及物理、化学、数学、计算机、气象、水利、农业、林业、资源、环境以及社会经济等的综合学科。

1.1.2 我国水土流失特点及危害

水是生命之源,土是生存之本,水土资源是人类赖以生存和发展的基本条件。土壤原本是一种可再生资源,但在人类活动的影响下,水土流失速度已大大超过了土壤自然形成的过程,使土壤这种可再生资源变成了实际上的不可再生资源。水土流失既是造成土地生产力退化的主要原因,亦是水体非点源污染的重要来源,它对农业发展、人们生活和生存构成了严重威胁,是当前全球性灾害之一。自20世纪40年代以来,全球人口的急剧增长、工业化进程的加剧以及随之而来的对水土等资源的掠夺式开发利用,已导致了大面积水土资源流失的发生。

土地资源的损失已成为全球性的资源环境问题,发展中国家所面临的状况尤为严重。中国是世界上水土流失最为严重的国家之一,水土流失已成为重要的环境问题。每年因生产建设而造成1万多km^2新的水土流失面积,这使得我国业已短缺的水土资源变得更加紧张。我国每年有50多亿t沃土付诸东流,流失的氮、磷、钾等养分远大于全国化肥的年产量,而有机质的损失则永难弥补。根据2008年中国水土流失与生态安全综合科学考察报告,中国现有土壤侵蚀面积356.92万km^2,其中水力侵蚀面积161.22万km^2,风力侵蚀面积195.7万km^2。我国水土流失具有三个明显特点:一是水土流失面积大,分布范围广。中国水土流失不仅广泛发生在农村地区,而且也发生在城镇和工矿区。二是流失强度大,严重侵蚀区所占的比例高。我国年均土壤侵蚀总量约50亿t,主要江河的多年平均土壤侵蚀模数约为3 400 t/(km^2·a),部分区域的侵蚀模数甚至超过3万t/(km^2·a),侵蚀强度远高于土壤的容许流失量。按照水土流失面积占国土面积的比例及流失强度等指标综合判定,我国现有严重水土流失县646个。其中,长江流域265个、黄河流域225个、松辽流域44个、海河流域71个、淮河流域24个以及珠江流域17个。三是流失成因复杂,区域差异明显。我国东北黑土区、北方土石山区、黄土高原区、长江上游及西南诸河区、北方农牧交错区、西南岩溶石漠化区青藏高原高寒区以及南方红壤区等各区域的自然和经济社会发展状况差异较大,水土流失的主要成因、产生的危害、治理的重点各有不同。

水土流失危害主要表现在以下四个方面:一是导致土地退化,毁坏耕地,威胁国家粮食安全。经测算,按现在的流失速度,50年后东北黑土区1 400万亩耕地的黑土层将流失殆尽,粮食产量将降低40%左右;35年后西南岩溶区的石漠化面积将翻一番,届时将有近1亿人失去赖以生存和发展的土地。二是导致江河湖库淤积,加剧洪涝灾害,对我国防洪安全构成巨大威胁。1950—1999年,黄河下游河道淤积泥沙92亿t,致使河床普遍抬高2~4 m;辽河干流下游部分河床已高于地平面1~2 m而成为地上悬河。全国8万多座水库,年均淤积16.24亿m^3。洞庭湖年均淤积泥沙0.98亿m^3,从而导致调蓄能力下降。三是恶化生存环境,加剧贫困,成为制约山丘区经济社会发展的重要因素。水土流失与贫困互为因果、相互影响。经济最贫困地区往往也是水土流失最严重的地区。中国76%的贫困县和74%的贫困人口生活在水土流失区。赣南15个老区县中,水土流失严重县有10个;陕北老区27个县全部为水土流失严重县;太行山老区45个县中,水土流失严重县达33个。此外,我国西南、西北许多少数民族区也多为水土流失严重区。贵州省铜仁地区和黔西南布依族苗族自治州的11个民族县，全部为水土流失严重县。云南省楚雄彝族自治州10个民族县中，水土流失严重县有7个；文山壮族苗族自治州8个民族县中，5个为水土流失严重县。宁夏南部山区8个回族为主的县，全部为水土流失严重县。甘肃省临夏回族自治州的8个民族县，全部为水土流失严重县。四是削弱生态系统的调节功能，加重旱灾损失和面源污染，对我国生态安全和饮水安全构成严重威胁。2000年我国水土流失带来的经济损失至少在2 000亿元以上，相当于当年度全国GDP的2.25%。

水力侵蚀、风力侵蚀、冻融侵蚀以及滑坡与泥石流等重力侵蚀的特点各异、相互交错、成因复杂。西北黄土高原区、东北黑土漫岗区、南方红壤丘陵区、北方土石山区以及南方石质山区多以水力侵蚀为主，同时伴随着大量的重力侵蚀；青藏高原以冻融侵蚀为主，其西部干旱区、风沙区和草原区风蚀严重，西北半干旱农牧交错带则为风蚀与水蚀共同作用区。

经过多年的综合防治，我国部分地区水土流失程度有所减轻。但从全国来看，水土流失严重、生态恶化的趋势尚未得到有效遏制，总体程度在加剧，危害在加重。当前水土保持领域比较突出的问题是：①经济建设中重开发、轻保护的现象仍普遍存在。为了降低工程建设成本，在工程建设过程中不重视水土保持，随意弃土弃渣、破坏地貌与植被。大规模的采石、挖沙、取土等生产建设活动以及部分山丘区林果业的无序开发，也造成了大面积的植被破坏和水土流失。“十五”期间开发项目扰动地表面积5.53万km^2，弃土弃渣量达92.1亿t。②坡耕地和侵蚀沟治理滞后，已成为水土流失的主要来源地。全国现有的18.3亿亩耕地中，坡耕地约3亿亩，每年产生的土壤流失量约为15亿t，占全国水土流失总量的33%。黄土高原地区的坡耕地，每生产1 kg粮食流失土壤40～60 kg。我国大面积的坡耕地及其严重的水土流失，不仅破坏了水土资源，而且恶化了生态，已成为影响生态重建和恢复的关键因素。此外，山丘区侵蚀沟的水土流失严重，亟待加强治理。沟道侵蚀量约占水土流失总量的40%～50%，许多水土流失灾害都来自沟道侵蚀。目前，黄土高原区长度大于1 km的侵蚀沟约有30万条，黑土区有8.7万条；南方红壤区有崩岗22.2万处；长江上游及西南诸河区有滑坡20万处、泥石流沟1万余条。③部分地区水土流失防治措施配置不当。例如，干旱、半干旱地区草种或树种选择不当，耗水过度，或成活率和保存率低。一些地区水土保持林林相单一，抚育管理不合理，林地的水土流失较为严重。部分地方在措施配置时未做到生态与经济的有机结合，致使治理成果难以巩固。此外，只注重人工治理而忽视生态自然修复，这样既加大了生态治理成本，又影响了生态恢复的效果和进度。④贫困地区水土保持投入不足，防治速度缓慢。“十五”期间，国家水土保持投入达到了历史最高水平，2004年达16.3亿元，但仍仅占GDP的0.012%，许多严重流失区无法进行有效治理。⑤统筹协调不够，采取的治理措施难以形成合力。水土流失防治工作涉及面广，必须加强各部门之间的协调与配合。但从目前情况看，部门间、地区间、项目间的统筹协调十分薄弱，措施配置、资金投入、监督执法以及组织管理上协调不够。

我国水土流失治理任务十分艰巨。如果不能尽快对水土流失严重地区进行有效治理，我们就难以维持赖以生存的土地资源的持续开发利用。

1.2 国内外水土保持发展状况

1.2.1 国外状况

国外对水土保持的研究是从19世纪末到20世纪初逐步发展和形成起来的。德国土壤学家沃伦在1877—1895年建立了第一个水土保持研究试验小区，观测植被及地面覆盖物对防止侵蚀和土壤板结的影响作用，以及坡度对径流与侵蚀的影响。土壤科学的奠基人、前苏联科学家Dokuchaev(1877,1879)首次关注水土流失带来的危害。20世纪20年代，美国学者Bennett根据Miller提出的径流和侵蚀定量评价研究方法，首次在全美不同自然地理区建立了10个水土保持试验站网，开展水土流失的试验研究，为水土保持科学研究的发展奠定了基础。

美国、前苏联、新西兰、日本、澳大利亚等先后建立了国家级水土保持管理机构和流域管理机构，成立了各级水土保持科研单位，并在有关高等院校开设了水土保持专业，培养了大批水土保持领域的专业人才，在水土保持基础理论、应用技术和开发治理等方面的研究取得了显著进展，并制定了相关的法律、法规和规划，保证了水土保持工作的开展和实施。

美国的水土流失比较严重，也是世界上开展水土保持工作较早的国家之一。在19世纪和20世纪初期，由于大量移民、砍烧森林垦荒以及粗放的耕作方法，导致了强烈的水土流失和农作物产量的下降。美国水土保持的发展主要经历了3个阶段，即初期的"先开发后治理"阶段、中期的"开发与治理并进"阶段和后期的"重视生态环境修复或环保优先"阶段。第一阶段从19世纪末至20世纪30年代中期。美国西部的开发过程，走的是一条先开发后治理的道路。1890—1920年发起第一次水土保持运动，重点在造林。1930年，美国农业部拟订了全国性土壤研究计划，为水土流失研究打下了基础。第二阶段从20世纪30年代中期至50年代末。在此期间，通过立法，大规模开展了水土流失的研究和防治。1935年，美国国会通过水土保持法案，确认水土流失可能成为国家威胁，并在全国成立了水土保持机构，在各州设立了3 000个土壤保持区，开展治理工作。1944年，Ellison通过实验认识到降雨击溅是水蚀过程的主要营力之一，从而将以径流侵蚀工程防护措施为主的防治思想扩展到以消除雨滴击溅作用的覆盖措施(如免耕法、少耕法等)。在大量研究和实测资料的基础上，于1956年提出了"通用土壤流失方程"。第三阶段为60年代以来的全面提高阶段。在研究方面，以扩大"通用土壤流失方程"的应用领域和范围、建立水土流失预报机理模型以及研究覆盖耕作、免耕和少耕法对水土流失的影响效果等为主，多次开展全国自然资源普查。在治理方面，为适应农业大机具的应用，对原有梯田、地埂、渠道等水土保持设施进行了技术改造，从针对流失地块治理向以小流域为治理对象的过渡，促进农村、城市以及各种工程建设的生态环境向整体改善的方向发展。

19世纪后期，欧洲水土保持学科发展的一个重要方向是研究山洪和雪崩的发生过程及防治措施。在对山洪和雪崩研究的基础上，1860年出版了《山区土壤保持和山洪防治手册》。此后的水土保持研究工作，除继续研究减少河流泥沙输移和河槽沉积外，对水土流失特征及防治工作也给予了极大关注。不同专业的研究者从不同的角度对水土流失现象和过程进行观测研究。

前苏联地区地域辽阔，水土流失面积大、分布广。西部地区主要以水蚀为主，土壤侵蚀面积约50万km^2；东部地区以风蚀为主，土壤侵蚀面积约45万km^2。每年被冲蚀的土壤达

5 亿 t以上，流失各种营养物质约3 800 t。1952 年，苏联科学院组织水土流失考察队，对水土流失状况和防治办法进行调查和研究。并于 1958 年编制了全苏水土流失因素图，提出了不同水土流失类型区的综合防治措施，从工程技术措施、农业技术措施、土壤改良措施和森林改良土壤措施等方面进行综合防治。

新西兰是一个以畜牧业为主的国家。为了发展畜牧业，大量采伐森林。由于山多坡陡，地质构造作用频繁，降雨量大且多暴雨，水土流失十分严重。新西兰 1941 年制定了《水土保持及河川治理条例》，1952 年建立了土地生产潜力分类系统。

澳大利亚水土流失面积约为 260 万 km^2，占可利用土地面积的 50%。在 19 世纪 40 年代，由于毁林扩牧、毁草经农以及开矿的破坏，导致了严重的水土流失。1936 年，澳大利亚各州成立了水土保持局，并先后制定了水土保持法。近几十年来，水土保持工作取得了显著成效，昔日许多土水流失严重的土地得到了有效治理。

日本约 70%的国土面积是山区，多数河流水流湍急，地震和火山喷发频繁，泥石流等地质灾害多发。1950 年以来，日本先后颁布了"林业基本法"、"防治滑塌法"、"治山治水决议案"等有关水土保持法案，从法律、经济和技术等方面，采取了一系列措施，推动了水土保持工作的开展。在水土流失严重地区，上游修谷坊、下游筑堤坝。在泥石流防治、滑坡防治以及斜面塌滑防治等方面具有独特的防治经验。

1.2.2 国内状况

我国水土保持事业经历了 3 个阶段。20 世纪初期至 20 世纪中叶为起步阶段。1923 年，南京金陵大学任承统等人在山西和山东开展了水土流失状况的调查研究。1940 年，黄河水利委员会林垦设计委员会与金陵大学农学院和四川大学农学院在成都召开了防止水土流失的学术研讨会，并首次提出"水土保持"一词。1945 年在重庆成立了中国水土保持协会，并先后在甘肃天水、四川内江、福建长汀河田、广西西江等地设立了水土保持试验站，研究水土流失规律，开创了我国水土保持的研究工作。20 世纪 50 年代至 80 年代末期为大力发展阶段。20 世纪 50 年代，以治理黄土高原为重点，水利部、中国科学院和黄河水利委员会在黄河中游地区组织了 3 次大规模的水土流失考察与勘查工作。1950—1954 年，在黄河中上游地区扩建了天水、绥德、西峰、榆林、延安、平凉、定西、离石等水土保持试验推广站。先后制定了《中华人民共和国水土保持工作条例》及《中华人民共和国水土保持法》等有关法律和法规。20 世纪 80 年代以后为发展提高阶段。在最近的几十年内，我国的水土保持研究工作及治理工作得到了迅速发展和提高。在水土保持学的基础理论研究如水土流失机理、水土保持工程、水土保持规划、水土保持监测以及水土保持法律与法规建设等方面，均取得了长足进展。由中国独创的小流域综合治理理论与配套技术体系及模式、梯田建设技术等，不仅在中国水土保持工程建设与水土流失综合治理工作中起到了重要的科技支撑作用，而且得到了国际水土保持界的承认与推崇，在国际水土保持学界占有重要的地位。尽管在基础理论及研究手段上与国外先进国家还有一定的差距，但在水土保持工程技术与综合治理实践方面，我国在国际上处于明显的领先地位。

经过半个多世纪的努力，中国水土保持逐步发展成为一门独立的学科，基本确立了水土保持在我国科学体系中的学科地位。

①初步形成了水土保持基础理论体系。通过长期的水土流失试验研究和治理实践，基本

摸清了我国水土流失的规律，提出了水土流失分类系统，建立了以水土流失学、流域生态与管理科学、区域水土保持学为基础的中国水土保持理论体系。

②建立了一批小流域水土流失综合治理样板，提出了较完整的小流域水土流失综合治理理论与技术体系。逐步形成了以小流域为单元，合理利用水土资源，采用各项工程措施、生物措施和农业技术措施优化配置的综合技术体系。

③初步建立了水土流失观测与监测站网及其信息系统。信息收集与整合能力不断提高，为水土保持科研和宏观决策提供了基础数据。

④建立了较为完善的水土保持技术标准体系。已颁布实施的技术标准涵盖了水土保持规划设计、综合治理、生态修复、竣工验收、效益计算、工程管护、监测评价、信息管理等各个方面，为实现科学化、规范化管理提供了技术保障。

1.3 水土保持学与其他相关学科的关系

水土保持学是伴随长期农业生产发展而产生的科学，它与农业生产乃至人类开发和利用自然资源等许多方面都是密不可分的。水土保持学与地貌学和土壤学同源，也是与地理学、土壤学、地貌学、沉积学、水力学、泥沙运动力学、林学、农学、水利工程学以及计算机技术等多学科交叉的新型学科和边缘学科。学科发展与生态环境安全以及国土安全密切相关，它直接为生态环境建设以及农业、林业、牧业、水利、国土资源和环境保护等行业和部门服务，对促进社会经济可持续发展有着极其重要的作用。

水土保持学是指防治水土流失、保护改良与合理利用水土资源、维护和提高土地生产力的综合科学技术，其实质就是维护与提高水土资源的生产力、使社会经济得到持续发展。因此，人类必须立足于可持续发展的战略高度，控制水土流失，保护、改良与合理利用水土资源，增强土地生产力，并建设和谐的生态环境。水土保持学涉及多种自然科学学科以及人文科学与社会经济等方面的理论和应用。

1.3.1 与气象学和水文学的关系

气候与水土流失强度关系密切。大风、暴雨等是造成水土流失的直接动力，而温度、湿度、日照等因素对植物生长、植被类型、岩石风化、成土过程以及土壤性质都有一定的影响，进而间接地影响水土流失的发生和发展过程。降水是地表径流和下渗水分的主要来源，是导致土壤流失最直接的动力因素，是水力侵蚀的基础。降水包括降雨、降雪、冰雹等多种形式。降雨对土壤侵蚀的影响决定于降雨与径流侵蚀力。降雨侵蚀力是降雨量、降雨强度、雨型和雨滴动能的函数。降雨历时同样影响土壤的侵蚀强度。水土保持工作要根据气象和气候因素对水土流失的影响作用以及径流和泥沙的运行规律，采取相应的措施。

1.3.2 与地貌学和地质学的关系

地貌因素是影响水土流失的重要因素之一。地面坡度、坡长、坡形以及沟壑密度等地貌因素都会对水土流失产生较大的影响，而水土流失对地形塑造有重要的影响作用。

地质因素对水土流失的影响主要反映在地质构造背景、地层结构和地质构造运动方面。地质因素对水土流失影响最为密切的是现代地质构造运动，包括直接作用和间接作用。破坏性地震属于直接作用,它是现代地质构造运动的重要表现之一。强烈地震常诱发和复活大量的滑坡和崩塌。水土流失受新构造上升差异的影响较明显,多发生在新构造的上升区域。

1.3.3　与土壤学的关系

水土流失严重地区的土壤一般都是极易被冲刷的土壤类型。我国黄土高原土体疏松,易被水分散,抗冲刷能力极弱;西南地区的紫色土易于风化,土体疏松,侵蚀严重;华南地区的红壤、黄壤以及赣、湘、浙等省的红土和石灰质土,透水性能差,易形成水流汇集从而增大侵蚀力。

1.3.4　与农林科学的关系

水土流失将导致土壤养分的流失。水土保持工作将农田由跑水、跑土和跑肥的"三跑田"变成"三保田",同时还有利于改善农田生态环境,建设可持续发展的水土保持生态农业。根据不同的侵蚀地貌景观和生态环境,我国在生产实践中创造了极为丰富的水土保持生态农业,将千沟万壑的坝地农业改造成引洪淤地、引水拉沙造田农业,发展梯田农业、防风固沙林网田农业以及合理配置的混林(果)或混牧坡地生态农业等,从而构成了中国特有的水土保持景观生态系统。

1.3.5　与系统工程学的关系

大面积水土流失治理工作开展半个世纪以来,我国以小流域为单元的水土流失综合治理成效显著,取得了不少宝贵的经验。但水土保持治理工作涉及面广、影响因子多,既涉及多学科的自然科学,又受社会和经济等多因素的影响,是一个综合性的系统工程。系统工程学的发展和应用,将极大地推动水土保持工作的开展和深化。

1.3.6　与社会经济学的关系

水土保持学不仅是一门自然科学,也是一门社会科学。水土保持不仅关系到国民经济的建设和发展,而且与社会进步密切相关。水土保持与社会经济发展相辅相成,互相促进。

1.4　水土保持学的发展趋势及重点研究领域

1.4.1　发展趋势

水土保持学的重点是研究水土流失地区水土资源与环境演化规律及各要素之间的相互作用过程,建立水土流失综合防治理论和技术体系,促进人与自然的和谐以及经济社会的可持续发展。世界各国都十分重视水土保持与生态环境保护工作,投入了大量人力、物力和财力开展水土流失和水土资源保护的研究,并取得了一系列成就。水土保持学科近年来的发展动态,主要可概括为以下几个方面。

①水土流失机理研究。建立水土流失预报模型,开发水土保持生态环境效应评价模型,扩展水土流失模型的服务功能,在机理模型中引入非点源污染物迁移与预报研究。美国和英国等国家先后研发了通用土壤流失方程(RUSLE)以及土壤水蚀预报模型如 WEPP(Water Erosion Prediction Project)、EUROSEM(European Soil Erosion Model)、ANSWERS(Areal Non-point Source Watershed Environment Response Simulation)、GUEST(Griffith University Erosion System Template)和风蚀预报模型 WEPS(Wind Erosion Prediction Project)等。

②研究手段革新。应用空间技术和信息技术,推动水土保持数字化的研究。利用高分辨率遥感对地观测技术以及计算机网络技术及其强大的数据处理能力,开展水土流失研究;利用径流泥沙含量与流量在线实时自动测量等新技术,实现水土流失和水土保持过程的精细监测。

③水土保持理念深化。将水土保持与环境保护、江河污染防治、土地生产力改良、区域生态修复、环境整治、水利工程安全、地质灾害防治等联系起来开展多学科交叉研究,提高水土保持在国家经济、社会、环境可持续发展中的作用。

④生态系统健康评价与生态修复研究。生态系统修复研究主要包括从短期到长期时间尺度、从局部到区域空间尺度的社会系统、经济系统和自然系统的功能,目标是保护和增强环境容量及其恢复力,保持地球环境为人类服务的功能。

⑤流域水土资源开发与保护。将水土流失治理与河流健康相结合,水土流失不仅关系到河流的资源功能,也影响着河流的生态功能。加强流域水土流失治理,实现水土等自然资源的合理经营及河流的服务功能。

⑥水土保持与全球气候变化。全球气候变化受到各国高度关注。全球气候变化改变着水土流失的分布和地表植被的分布,相应地对水土保持产生影响。水土保持工程中的植树种草改变了土地碳循环过程,水土流失和泥沙搬运引起土壤碳库的变化和转移,从而影响全球C、N、P和S的循环过程。水土保持与全球气候变化的耦合关系研究将日益受到重视。

1.4.2 重点研究领域

根据水土保持生态建设发展的需求,参考国际水土保持科技发展水平,我国需在以下几个方面加强科学研究,以促进我国水土保持事业的健康发展。

1. 水土流失过程及机制

应用数字和力学理论与研究方法研究水土流失过程与机制,重点研究内容包括:①水力侵蚀动力学机理与世程的研究,包括径流水动力学特征、坡地降雨径流侵蚀与输沙机理、水沙汇集与输移过程、小流域水蚀机制、侵蚀过程模拟;②风力侵蚀过程与动力学机制的研究,包括风和风沙流动力学特征以及风蚀作用、沙粒与沙丘的运动机制、沙尘暴发生机制;③重力侵蚀发生机理的研究,包括重力侵蚀与泥石流发生的力学机制、重力侵蚀与泥石流的发生条件、泥石流预测预报理论和方法、重力侵蚀与泥石流对河流泥沙与河道淤积的影响、滑坡监测与预测研究;④人为侵蚀与特殊侵蚀的研究,包括耕作侵蚀机制、开发建设造成的水土流失以及农牧草交错带风蚀与水蚀交互作用。

2. 侵蚀预测预报及评价模型研究

用数学方法定量表达各个因子对水土流失的影响,预报土壤流失量。重点研究内容包括模型参数的确定、水土流失因子的定量评价、坡面水蚀预报模型、小流域水蚀预报模型、风蚀预报模型、农业非点源污染物迁移模型、滑坡与泥石流预报模型,以及各类预报模型的适用范围及效果评价。

3. 水土流失对污染物迁移过程以及水质的影响机理

水土流失向河、湖、塘、库等输送了大量的营养物质,导致了水体富营养化。农地水土流失与各种水体的污染密不可分。通过对农地地表径流和侵蚀泥沙中农业化学物质的分析测试,研究侵蚀过程对农地水土污染物迁移的影响及其污染物迁移对水质的影响。

4. 水土保持措施机理及其适用性

分析总结各地区水土保持经验，研究各种措施的防蚀机理与适用性，对指导水土保持实践具有重要意义。研究的重点包括水土保持措施防蚀机理，水土保持措施适用性评价以及水土保持措施效益分析等。

5. 流域水土保持措施配置

研究小流域水土流失过程以及水土流失治理方法，是水土保持学科的重要组成部分。研究重点包括小流域水土流失及其对环境演化过程的影响、水土保持对小流域生态系统结构与功能的影响以及小流域水土保持措施配置与流域健康诊断等。

6. 水土流失与水土保持效益评价

分析水土流失与水土保持对环境过程和环境要素的影响，为社会经济持续发展和水土保持决策提供支持。研究内容包括水土流失与水土保持对环境要素和环境过程的影响、水土保持效益评价指标与模型等。

7. 水土保持与社会经济

在技术方法和研究手段发展的同时，应加强水土保持与社会经济、法律、管理体制等社会经济学联系方面的研究。研究重点包括水土流失与社会经济发展的相互作用机理、社会经济政策对水土保持的影响、水土保持对社会经济发展的贡献、人口和土地利用结构对水土流失的影响等。

8. 水土保持生态效益补偿机制

优化上游地区的生产经营方式，保护生态环境，用经济补偿的方式解决上游地区人们的生存与发展问题，减少上游地区水土流失对下游生产和社会经济的影响。研究重点包括水土流失区土地生态经济功能分区和评价模式、水土保持与流域防洪减灾的关系以及水土保持生态效益补偿标准及其补偿机制等。

思考题

1. 名词解释：水土流失、水土保持、土壤侵蚀过程、土壤侵蚀预报模型。
2. 如何理解水土流失与水土保持的关系？土壤侵蚀与水土流失有什么异同？
3. 水土流失的危害性有哪些？
4. 简述中国水土保持的发展状况。
5. 国外水土保持的发展对中国水土保持有什么启示？
6. 近期水土保持科学研究的重点领域有哪些？

参考文献

[1]哈德逊·N·W. 土壤保持. 窦葆璋译. 北京：科学出版社，1976.
[2]王礼先，朱金兆. 水土保持学. 北京：中国林业出版社，2005.
[3]关君蔚. 水土保持原理. 北京：中国林业出版社，1996.
[4]唐克丽. 中国水土保持. 北京：科学出版社，2004.
[5]朱显谟. 土壤学与水土保持. 西安：陕西人民出版社，2004.
[6]雷廷武，张晴雯，闫丽娟. 细沟侵蚀物理模型. 北京：科学出版社，2009.

[7]水利部.全国水土保持科技发展规划纲要.水保 361 号,2008.

[8]孙承恩.世界的土壤侵蚀与水土保持.中国水土保持,1982(5):27-31.

[9]鄂竟平.中国水土流失与生态安全综合科学考察总结报告.中国水土保持,2008(12):3-6.

[10]沈国舫.中国生态环境建设与水资源保护利用//中国工程院重大咨询项目《中国可持续发展水资源战略研究报告集》第 7 卷.北京:中国水利水电出版社,2001.

[11]余新晓.我国水土保持高等教育发展现状与对策.中国水土保持科学,2007,5(4):90-93.

[12]郑粉莉,王占礼,杨勤科.土壤侵蚀学科发展战略.水土保持研究,2004,11(4):1-10.

[13]周作亨.国内外水土保持发展的动态综述.江西水利科技,1993,20(1):87-92.

[14]渡正昭.日本泥沙灾害对策的现状.水土保持科技情报,2005(3):23-25.

[15]王礼先,张有实,李锐,等.关于我国水土保持科学技术的重点研究领域.中国水土保持科学,2005,3(1):1-6.

[16]冷疏影,冯仁国,李锐,等.土壤侵蚀与水土保持科学重点研究领域与问题.水土保持学报,2004,18(1):1-6.

[17]唐克丽.中国土壤侵蚀与水土保持学的特点及展望.水土保持研究,1999,6(2):2-7.

第 2 章　坡面水文过程

[摘要]坡面水文是一种复杂的变化过程。本章主要介绍降雨的基本特性、降雨过程中的入渗、径流的形成过程及其影响因素，分析坡面径流的形成过程，以期有助于对坡面水文过程的理解。同时，也为水力侵蚀的学习奠定基础。

降雨是形成径流的必要条件，是河川径流的水源。降雨特性对径流的形成和变化起着重要的作用。影响坡面径流的主要降雨特性包括降雨强度、降雨历时、降雨时程分配及降雨空间分布等。

2.1　雨滴特性

雨滴的形状、大小及雨滴分布、降落速度、落地时冲击力等统称为雨滴特性。雨滴特性间存在着有机的联系，直接影响侵蚀作用的大小，进而影响坡面水文过程。雨滴击溅本质上是由于雨滴的动能做功或打击，使土壤结构遭受破坏的一种力学现象。雨滴降落到地面时具有一定的能量，使表土分散，或直接引起地表物质在坡面上的移动。同时，雨滴的击溅作用会增强坡面径流中的紊动强度，进而加强了径流的输移能力。再者，雨滴打击和分散的土壤颗粒堵塞土壤孔隙，导致地表结皮，降低土壤入渗能力，从而增大地表径流系数，加剧土壤侵蚀。因此，研究降雨的基本特性，是探讨坡面水文过程的基础。

2.1.1　雨滴直径及分布

1. 雨滴的大小

天然降雨是由各种不同大小的雨滴组成的。一般情况下，小雨滴为圆形，相对比较稳定；大雨滴（>5.5 mm）开始为纺锤形，在其下降过程中因受空气阻力作用而呈扁平形，两侧微向上弯曲。因此，把雨滴直径≤5.5 mm，降落过程中比较稳定的雨滴称为稳定雨滴；当雨滴直径>5.5 mm 时，雨滴形状很不稳定，极易发生碎裂或变形，称为暂时雨滴。直径<0.25 mm 的雨滴称为小雨滴。雨滴愈大，动能愈大，对坡面流及土壤侵蚀的影响和作用也愈强烈。

2. 雨滴的分布

降雨是由大小不同的雨滴组成的。一场降雨，即使在同一时刻，降落雨滴的大小也不是均一的。不同直径雨滴所占的比例称为雨滴分布。小雨滴直径约为 0.2 mm，大雨滴直径约 6.0 mm，一次降雨的雨滴分布，用该次降雨雨滴的累积体积百分曲线表示，其中累积体积为 50%所对应的雨滴直径称为中数直径，用 D_{50} 表示。D_{50} 表示该次降雨中大于这一直径的雨滴总体积与小于该直径的雨滴的总体积恰好相等，其值表达出了雨滴的基本特征（图 2-1）。不同强度的降雨，其雨滴直径分布不同，通常降雨强度愈大，D_{50} 愈大；降雨强度减小，D_{50} 也相应减小。

降雨强度和 D_{50}（贝斯特，Best）的关系可用式（2-1）表示：

$$D_{50} = aI^b \tag{2-1}$$

式中，I 为降雨强度（mm/h）；a 和 b 为常数。

显然，雨滴大小随雨强增大而增大，但这一变化只在中、低雨强条件下出现；当雨强超过 80～100 mm/h 时，中数直径反而呈下降趋势，这主要是由于不稳定雨滴增多所致。

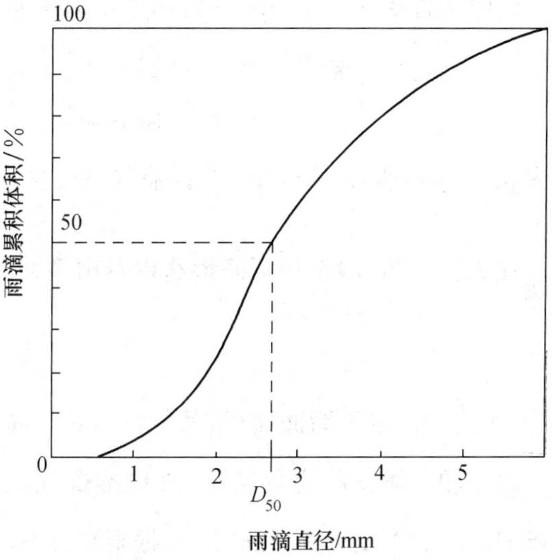

图 2-1　雨滴中数直径的求算

2.1.2　雨滴速度

雨滴降落时，因重力作用而逐渐加速，但其周围空气的摩擦阻力及浮力也随之增加。当这两种力趋于平衡时，雨滴以匀速降落，此时的速度即为终点速度。终点速度的大小，主要取决于雨滴直径的大小和形状。在达到终速前，雨滴的降落速度随着高度的变化而变化。雨滴的终点速度越大，其对地表的冲击力也越大，换言之，对地表土壤的溅蚀能力也越强。因此，雨滴降落速度反映了雨滴动能的大小，其降落时的终点速度随雨滴直径增加而增大（表 2-1），从而也反映了雨滴对土壤侵蚀作用的强弱。

表 2-1　静止空气中各种雨滴终点速度

直径 D/mm	终点速度/(m/s)	达 95%终点速度的距离/m
0.25	1.0	—
0.50	2.0	—
1.0	4.0	2.2
2.0	5.58	5.0
3.0	8.06	7.2
4.0	8.85	7.8
5.0	9.15	7.6
6.0	9.20	7.2

2.1.3　雨滴动能

从物理学角度而言，土壤侵蚀是一种做功过程。而做功必然消耗能量，这种能量贯穿于侵蚀的所有过程。

雨滴侵蚀的能量来源于地球引力作用下的重力势能。随着雨滴的下落到达地表，势能转化为动能。孙清芳等通过滤纸色斑法测定了雨滴直径，建立了终点速度和动能与雨滴直径间的经验公式。

当雨滴直径 $d<1.9$ mm 时，用式(2-2)计算雨滴终点速度：

$$V = 0.496 \times 10^{\sqrt{28.32+6.524\times \lg(0.1d)-[\lg(0.1d)]^2}-3.665} \tag{2-2}$$

当雨滴直径 $d\geqslant 1.9$ mm 时，用修正的牛顿公式计算雨滴终点速度：

$$V = (17.20 - 0.844d)\sqrt{0.1d} \tag{2-3}$$

$$\text{雨滴动能 } e = 5 \times m \times V^2 \tag{2-4}$$

式中，d 为雨滴直径(mm)；V 为雨滴终点速度(m/s)；m 为雨滴质量(mg)；e 为雨滴动能(erg，1 erg$=10^7$ J)。

埃克尔(Ekern)根据雨滴形状以及雨滴的变形，提出了单个雨滴动能的计算公式为：

$$e = \frac{mV^2}{A} \tag{2-5}$$

式中，A 为雨滴水平断面面积，其他符号意义同上。

由于单个雨滴的能量极小，难以准确测定和计算，在实践中难以应用。为此，威斯迈尔(Wischmeier)和史密斯(Smith)根据雨滴分布和终点速度，经回归统计分析，建立了一个间接计算降雨动能的经验公式：

$$E = 210.2 + 89 \times \lg I \tag{2-6}$$

式中，E 为降雨动能[J/(m^2·cm)]；I 为降雨强度(cm/h)。

江忠善等根据我国黄土区实测天然降雨资料，建立了该区域降雨动能的计算公式为：

$$\text{普通雨型：} E = \sum (27.83 + 11.55\lg I_i) \times P_i \tag{2-7}$$

$$\text{短阵雨型：} E = \sum (32.98 + 12.13\lg I_i) \times P_i \tag{2-8}$$

式中，E 为降雨动能(J/m^2)；I_i 为时段 i 的降雨强度(mm/min)；P_i 为时段 i 的降雨量(mm)。

2.1.4 降雨侵蚀力

降雨雨滴的侵蚀作用是侵蚀的最初阶段，是降雨和土壤相互作用的结果。降雨侵蚀力是指雨滴分散和击溅土壤颗粒的作用力。它是降雨物理特征的函数，其大小取决于降雨性质，即该次降雨的雨量、雨强、雨滴大小等，而与土壤性质无关。

20 世纪 40 年代初，埃利森(Ellison)、比萨尔(Bisal)、罗斯(Lawx)等通过大量实验，发现降雨雨滴侵蚀力与能量有关。威斯迈尔建立了用一个复合参数(暴雨的动能与其最大 30 min 雨强的乘积作为判断土壤流失的指标)表示降雨侵蚀力的方法，这一复合参数即为降雨侵蚀力指标 R：

$$R = E \times I_{30} \tag{2-9}$$

式中，R 为降雨侵蚀力[100 J·cm/(m^2·h)]；E 为该次降雨的总动能[J/(m^2·mm)]；I_{30} 为该次暴雨过程中出现的最大 30 min 的降雨强度(mm/h)。I_{30} 从自记雨量计的记录曲线上选取曲线最陡段计算。

2.2　土壤水与入渗

土壤水分运动和入渗都是径流形成的重要环节，它们的变化直接影响和决定径流过程的基本特征，进而影响侵蚀过程。

2.2.1　土壤水

土壤中的自由水每时每刻都在运动和变化着，是土壤水中最具活动性的部分。悬着水和自由重力水是影响径流形成的重要部分，在一定条件下还参与径流形成。因此，土壤水在坡面水文的研究具有重要意义。

1. 土壤水分的存在形式

土壤水是指吸附于土粒和存在于土壤孔隙中的水分，按受力情况可分为吸湿水、薄膜水、毛管水以及重力水四种形式。吸湿水是指土粒通过吸附力，吸附空气中的水汽分子而所保持在土壤中的水分。吸湿水不能为植物吸收利用。薄膜水是指通过土粒吸附力所保持在土壤中的液态水。这部分水在土粒周围形成连续的水膜，对植物部分有效。毛管水是指通过毛管吸引力存在于毛管孔隙中而保持的水分。重力水是指在重力作用下可以自由流动的土壤水，它是地下水的来源。

2. 土壤含水量与分类

土壤含水量是指包气带中土壤含水数量的多少，常用单位土壤体积内包含的水体体积或单位土壤质量内包含的水体质量来表示。水文上还常用包气带土层的含水量折合为水深(mm)的方法来表示，称为土壤蓄水量。土壤含水量常划分为最大吸湿水量、最大分子持水量、凋萎含水量(凋萎系数)、毛管断裂含水量、田间持水量和饱和含水量六种类型。

最大吸湿水量是指吸湿水的最大含量，最大分子持水量是指土粒分子力所结合水分的最大含量，凋萎含水量(凋萎系数)是指植物永久凋萎时的土壤含水量，毛管断裂含水量是指毛管悬着水的连续状态开始断裂时的土壤含水量，田间持水量是指田间持水量在毛管悬着水达到最大含量时的土壤含水量，饱和含水量是指土壤孔隙全部充满水时的含水量。

3. 土壤水分运动过程

土壤水分运动过程主要包括入渗过程、土壤蒸发过程与植物蒸腾过程。

对于降雨条件下的土壤水分运动，其土壤蒸发和植物蒸腾过程的数量较小，主要体现在液态水的流动上。液态水运动分为土壤饱和流和非饱和流。当土壤孔隙体积全部被水充满时，为饱和土壤。饱和土壤中的水分运动称为土壤饱和流动；当土壤孔隙部分被水充满时，为不饱和土壤，此时的水分流动称为非饱和流动。饱和流和非饱和流的水力特性不同，故水流运动的基本规律也不同。在饱和状态下，其推动力主要是重力势梯度和压力势梯度，服从饱和状态下多孔介质的达西定律，即单位时间内通过单位面积土壤的水量(土壤水通量)与水势梯度成正比，属于自由重力水的渗流。在非饱和状态下，其推动力主要是基质势梯度和重力势梯度，变化过程也可用达西定律来描述。

2.2.2　入渗

入渗是指水分自地面渗入土壤的水文过程。入渗作为降水、地面水、土壤水和地下水相互转化的一个重要环节,受到土壤水分运动规律的制约,是土壤水分最常见的向下运动的现象,也是降雨径流形成的重要环节。因此,分析下渗的物理过程和规律,对于理解径流形成过程及物理机制具有重要意义。

1. 入渗过程

下渗不仅直接决定地表径流量的大小,还影响土壤水分的增长以及表层流与地下径流的形成。降雨入渗过程一般可划分为以下三个阶段。

(1)渗润阶段

入渗初期,吸湿水尚未得到满足,在强大分子力的吸引下,雨水迅速下渗,从而导致入渗初期具有很大的入渗率。当入渗使土壤达最大分子持水量时,这一阶段结束。

(2)渗漏阶段

入渗的雨水,在毛管力和重力作用下,沿土壤孔隙向下作不稳定运动,入渗强度逐渐减小,直到土壤饱和为止,这一阶段入渗率变化很大。

(3)渗透阶段

土壤饱和后,水分主要在重力作用下流动,入渗强度达到稳渗阶段,土壤含水量不再增加,此时水流呈稳定的饱和水流运动。

上述三个阶段并无截然的分界线,特别是在土层较厚的情况下,三个阶段可能同时交错进行。此外,也有学者将渗润阶段与渗漏阶段合起来统称渗漏阶段,其特点是非饱和水流运动。渗透阶段则属于饱和水流运动。

从径流形成的角度考虑,入渗过程也可分为两个阶段,即雨强控制阶段与土壤入渗率控制阶段。

(1)雨强控制阶段

土壤入渗初期,入渗强度大。通常情况下,入渗率大于降雨强度,地表无积水。这一阶段称为雨强控制阶段或无压入渗阶段。

(2)土壤入渗率控制阶段

随着入渗过程的进行,入渗率逐渐减小。当入渗率小于降雨强度时,地表开始积水,土壤逐渐饱和,入渗率最后趋于稳定。这一阶段的入渗过程由土壤的入渗性能控制,因此称为土壤入渗率控制阶段。

2. 入渗要素

为了定量研究水入渗的物理过程,一般运用入渗率、入渗能力等要素去表述。

(1)入渗率

入渗率也称入渗强度,它是指单位面积单位时间内渗入土壤中的水量,单位为 mm/min 或 mm/h。

(2)入渗能力

入渗能力也称入渗容量,它是指在充分供水和一定土壤类型和土壤湿度条件下的最大入渗率。

(3)稳定入渗率

在入渗最初阶段,土壤入渗率较大,其值一般称为初始入渗率。其后,随着入渗过程的不断进行,土壤含水量增加,入渗率逐步递减。当下渗锋面推进到一定深度后,入渗率趋于稳定的常值,此时的入渗率称为稳定入渗率。

3. 入渗曲线

入渗曲线也称入渗能力曲线，它是指在地面充分供水条件下，入渗率随时间的变化过程线。当雨水不充分时，入渗率小于入渗能力。入渗曲线常用霍顿(Horton)方程描述，即当降雨持续进行时，入渗过程是个消退的过程，消退的速率与剩余量成正比。

$$f_t = (f_0 - f_c)e^{-\beta t} + f_c \tag{2-10}$$

式中，f_t 为时刻 t 时的入渗率(mm/h)；f_0 为初始入渗率(mm/h)；f_c 为稳定入渗率(mm/h)；β 为特征常数，与土壤和植被性质有关。

4. 入渗水的垂向分布规律

土壤剖面下渗水流的运动受下渗水的多少及其变化制约，它既是土壤含水量沿土壤剖面的分布与动态变化的反映，又是水分下渗的直观反映。

包德曼(Bodman)和科尔曼(Colman)通过实验发现，在积水条件下(保持 5 mm 水深)，入渗水在土体中的垂向分布大致可划分为 4 个带。这 4 个带反映了下渗水的垂向运动特征。

(1)饱和带

饱和带位于土壤表层。在持续不断的供水条件下，饱和带的土壤含水量处于饱和状态。但无论入渗强度有多大，土壤浸润深度如何变化，饱和带的厚度不超过 1.5 cm。

(2)过渡带

在饱和带以下，土壤含水量随深度的增加急剧减少，形成一个水分过渡带。过渡带的厚度随着供水历时的增长而逐渐增加，但一般在 5 cm 左右。

(3)水分传递带

水分传递带位于过渡带之下，其特点是土壤含水量沿土壤剖面均匀分布，在数值上大致为饱和含水量的 60%～80%。当水分渗入足够深时，带内水分的传递运行主要靠重力作用。在均质土中，水分传递带内的水分下渗率接近于一个常量。

(4)湿润带

湿润带位于水分传递带之下，是含水量随深度迅速递减的水分带。湿润带的前缘称为湿润锋面，是上部湿土与下层干土之间的界面。

随着入渗历时的延长，湿润锋面向土层深处延伸，直至与地下潜水面上的毛管水上升带相衔接。在此过程中，如中途停止供水，地表入渗结束，但土壤水仍将继续运动一定时间。在这种情况下，土层内的水将发生再分配运动，其分布情况决定于土壤特性。

2.2.3　影响入渗的因素

土壤水分入渗是一个复杂的动态过程，受土壤性质、土壤初始含水率、地面坡度、降雨条件、积水深度等自然因素和人为活动因素影响。

1. 土壤特性的影响

土壤作为一种透水介质，是地面水入渗进入土中的通道。土壤特性对入渗的影响，主要取决于土壤的透水性、吸水性和持水性。土壤的机械组成(质地)和结构决定土壤的透水性和吸水性。一般而言，土壤颗粒愈粗，孔隙直径愈大，其透水性能愈好，土壤的入渗能力亦愈大；土壤颗粒愈细小，孔隙愈小，持水性愈大，透水性愈小，入渗率愈小。

因土壤水分物理性质直接决定土壤吸水和透水量的大小与变化，所以土壤含水量也是影响入渗率的重要因素。干燥土壤，其吸水力强，入渗率大，而湿润土壤其入渗率则小。随着初始含水率的增高，其非稳渗阶段的入渗速率迅速降低，趋于稳定入渗速率的时间则缩短。土壤平均入渗率与土壤含水率呈负相关的线性关系。

2. 地面坡度的影响

对于坡度与土壤水分入渗的关系，目前还存在着不同的观点：①在入渗率较大的坡面上，入渗率与坡度呈反比关系；②在入渗率较小的坡面上，入渗率与坡度无关；③入渗速率与坡度关系不大。

地形坡度对入渗的影响是通过影响供水强度表现的。事实上，同样强度为 i 的降雨，若降落在平坦地面上，则对地面的供水强度仍为 i（图 2-2a），但若降落在坡角为 α 的坡地上，则供水强度将变为 $i\times\cos\alpha$（图 2-2b）。由于 $0°<\alpha<90°$，故 $i\times\cos\alpha<i$，即强度为 i 降雨降落在平坦地面上形成的供水强度大于降落在坡面上的供水强度。因此，就坡度而言，同一雨强下，坡度愈大，入渗率愈小。

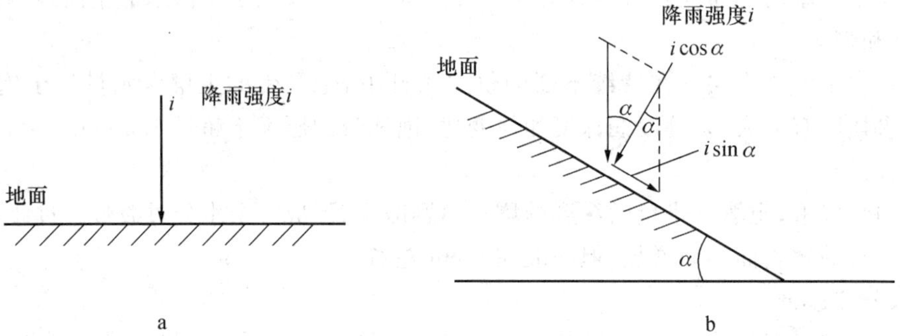

图 2-2 坡度对入渗的影响

3. 降雨特性的影响

降雨对入渗的影响可分为直接影响和间接影响。从水土保持的角度来看，降雨特性对入渗的影响主要表现在雨型、雨滴直径和降雨强度上。

降雨强度直接影响土壤入渗强度及入渗水量。在降雨强度小于入渗率时，降雨全部渗入土壤。在相同的土壤水分条件下，此时的土壤入渗率随雨强的增大而增大，在草被覆盖条件下此情况尤其明显。但对裸露的土壤，由于强雨点可将土粒击碎，并使其充填土壤孔隙，因此土壤入渗率也可能随降雨强度的增加而减小。当降雨强度超过入渗率时，则形成地面径流。因此，入渗过程受降雨强度和土壤性质制约。

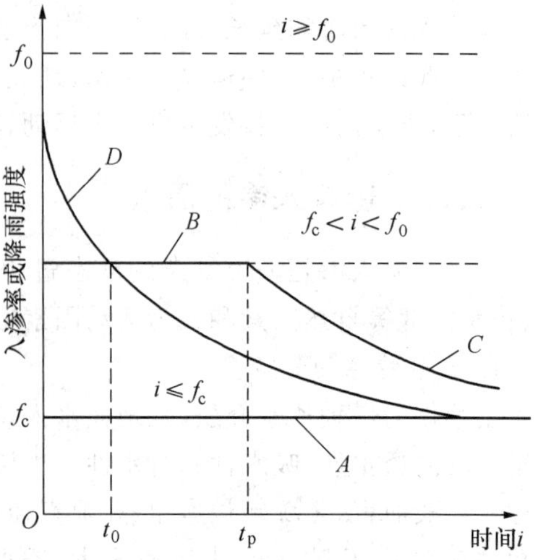

图 2-3 雨强不变时的入渗过程

①均一降雨强度时的入渗情况如图 2-3 所示。当降雨强度 i 小于或等于稳定入渗率 f_c 时，入渗过程与降雨强度过程重叠（图中 A 线）。当 i 大于 f_c 而小于初始入渗率 f_0 时，入渗过程先与降雨强度过程重叠直至 t_p 时刻（图中 B 线）；t_p 时刻以后，入渗过程与入渗容量过程一致（图中 C

线)。只有当 $i \geq f_0$ 时,入渗过程才与入渗容量过程一致(图中 D 线)。

②变雨强时的入渗情况。降雨过程中的入渗率与降雨强度密切相关。当降雨强度大时,土壤的入渗率大,但维持的时间较短,以后就迅速减小。当降雨强度小时,入渗率小,但维持的时间较长,以后也会减小,并逐步趋于稳定入渗率(图 2-4)。对于图 2-4a 所示情况,由于任一时刻的降雨强度 i 都大于或等于同时刻的地面入渗容量 f,所以入渗过程即入渗曲线。对于图 2-4 所示情况,由于任一时刻降雨强度都等于或小于同时刻的地面入渗容量,所以入渗过程与降雨强度过程一致。对其余情况(图 2-4b、图 2-4c 和图 2-4d),由于降雨过程中,有时出现降雨强度等于或小于同时刻的地面入渗容量,有时则出现降雨强度大于或等于同时刻的地面入渗容量,所以入渗过程有时与降雨强度一致,有时则与入渗曲线一致。

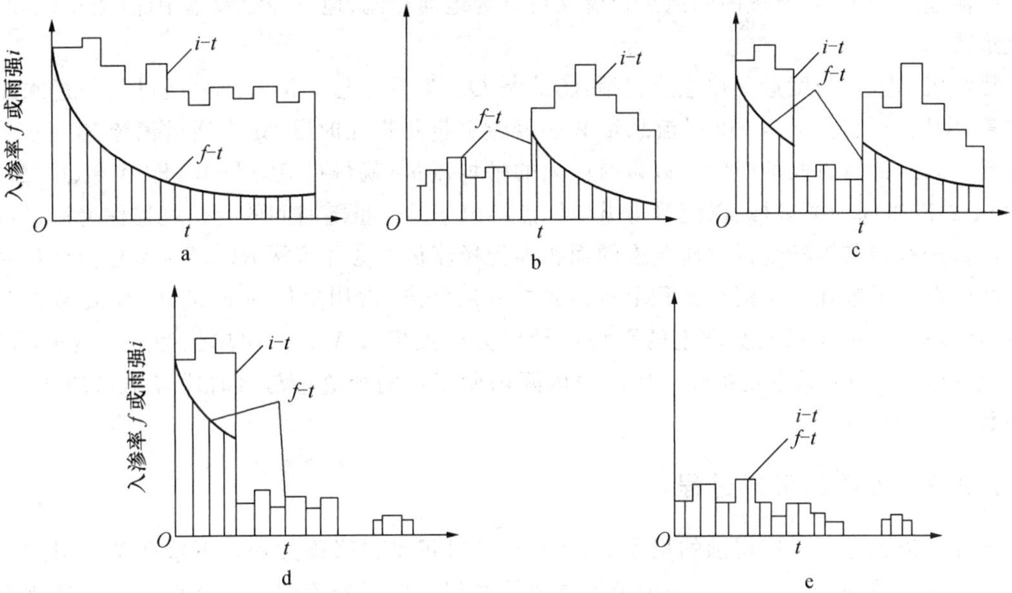

图 2-4　变雨强条件下的入渗过程

4. 下垫面因素

下垫面是影响降雨入渗的一个重要因素。下垫面的作用主要在于使降落到地面的雨水发生重新分配,同时可削弱雨滴动能,增加土壤水分入渗。随着植被覆盖度的增加,地表产流时间明显推迟,降雨入渗量显著增加。改变下垫面的方式主要是水土保持措施。

有植被覆盖地区的入渗一般大于裸地。植被及地表的枯枝落叶具有滞水作用,因此增加了入渗时间,增大了入渗量,从而减少了地表径流。地面起伏和切割程度不同也影响地面漫流的速度和汇流时间。在相同条件下,地面坡度越大,漫流速度越快,汇流历时越短,入渗量就越小。

5. 人类活动的影响

人类活动可改变下垫面条件,故对土壤入渗有着不同程度的影响。人类活动既可增大土壤入渗,也可抑制土壤入渗。例如,各种坡地改梯田、植树造林、蓄水工程均可增加水的滞留时间,从而增大入渗量。反之,砍伐森林、过度放牧以及不合理耕作等,则加剧水土流失,从而减小入渗量。

2.3 径　流

沿地面或沿地面下运动的水流称为径流。径流流经坡地、河槽，最后流出流域。对形成径流有重要作用的因素有降雨、蒸发与入渗等。径流作为水量平衡的基本要素，既是水循环的基本环节，又是自然地理侵蚀环境中最活跃的因素。

2.3.1 径流分类及表示方法

根据水流组成，径流可分为地表径流（地面径流）、壤中径流和地下径流。根据径流形成过程及径流途径的不同，流域内的河川径流又可分为地面径流、地下径流及壤中流（表层流）三种径流形式。

径流表示方法与度量单位主要包括：①流量 Q。流量是指单位时间内通过某一过水断面的水量，常用单位为 m^3/s。②径流总量 W。径流总量是指在时段 Δt 内通过河流某一断面的总水量。以所计算时段的时间乘以该时段内的平均流量，就得径流总量 W，即 $W=Q\times\Delta t$，单位为 m^3。以时间为横坐标、以流量为纵坐标点绘出来的流量随时间的变化过程称为流量过程线。流量过程线与纵横坐标轴所包围的面积即为径流量。③径流深 R。径流深是指计算时段内的径流总量平铺在整个流域面积上所得到的水层深度，常用单位为 mm。④径流模数 M_w。在一定时段内单位面积上所产生的平均流量称为径流模数 M_w，常用单位为 $m^3/(s\cdot km^2)$。⑤径流系数 α。径流系数是指在一定时段内降雨所产生的径流量与该时段降雨量的比值，常以小数或百分数计。

2.3.2 径流的形成过程

坡面径流是坡面土壤侵蚀的根本动力，其形成过程是在降雨过程与下垫面条件引起的降雨损失的共同作用下发生的，是一个极为复杂的过程。坡面径流的形成过程通常可概化为降雨过程、蓄渗过程和坡面漫流过程三个阶段。

1. 降雨过程

坡面径流的形成是降雨与下垫面因素相互作用的结果。降雨是产生径流的前提条件，降雨量、降雨强度、降雨历时以及降雨面积等因素，对径流的形成都会产生很大的影响。

2. 蓄渗过程

在降雨开始后、地表径流产生之前的这一阶段称为蓄渗过程。蓄渗过程包括植物截留、填洼、蒸发和土壤入渗。由于蒸发在降雨期间损失较小，一般可忽略不计。

(1)植物截留

植物截留是指降雨被植物枝叶表面吸着力、承托力和水分重力、表面张力等作用下储存于植物枝叶表面的现象。植物截留自降雨开始时就发生。降雨初期，降落的雨滴被枝叶表面所截留。在降雨过程中截留量不断增加，直至达到最大截留量。植物枝叶截留的水分，当水滴重量超过表面张力时，便落至地面，截留水量最终消耗于蒸发。

(2)填洼

坡面上大小不等的凹陷部分称为洼地。降雨被洼地拦蓄的那部分雨水称为填洼量。当降雨强度大于地面入渗能力时，超渗雨开始填充洼地。当每一洼地都达到其最大容量后，就会产生洼地出流。填洼量最终消耗于入渗和蒸发。

(3)入渗

在降雨过程中,当降雨强度小于入渗强度时,雨水将全部渗入土体中。渗入土中的水分,首先在土壤水吸力作用下,滞蓄于土壤中,最终消耗于蒸发。当入渗水量超过土壤的持水能力时,水分在其重力作用下继续向下运动,一直到达地下水面,并缓慢地以地下水的形式补给河流,形成地下径流。而对于坡地,由于表土层薄,且上部疏松透水,下部存在着相对不透水层,致使渗入土壤中水分,在满足表层饱和后,沿着相对不透水层注入河槽,形成壤中流。

上述分析可知,植物截留、填洼与表土储存都是降雨径流过程中的损失量,不参与径流量的组成。当降雨满足植物截留、洼地蓄水和表层土壤储存后,且后续降雨强度又超过入渗强度后,到达地面的降雨开始沿地表坡面流动,标志着产流过程的开始。

3. 坡面漫流过程

随着植物截流和填洼过程的结束,水分主要以入渗的形式进入土壤。土壤入渗率随着入渗时间的延续而逐渐减弱。当降水强度超过土壤的入渗率时,地表径流开始形成。地表径流的多少可用地表径流系数来表示。径流系数不仅是径流量大小的指标,也是反映水土保持工作好坏的重要标志,其大小除与降雨量和降雨强度关系密切外,还与土壤的入渗能力以及植被、地形等许多自然因素有关。

分散的地表径流亦称为坡面径流,它的形成过程分坡面漫流和全面漫流两个阶段。在降雨满足土壤蓄渗量后,则开始产生坡地漫流。漫流开始时,径流处于分散状态,流速较缓慢。只有在地形陡峭或降雨强度较大时,才有可能形成冲沟。随着降雨强度的增大,漫流发展到片流,此时就进入到全面漫流阶段。最初的地表径流冲力较小,但当径流顺坡而下,水量和流速逐渐增大,径流冲刷能力也随之增大,从而导致地表径流的冲刷力大于土壤的抗蚀能力,土壤表面开始产生面蚀。但因坡面的不平整性,面蚀主要为细沟状面蚀。

此外,壤中流和地下径流也可沿坡面土层发生汇流过程。壤中流的流速较地面径流的慢,其径流量的多少取决于坡地的土壤和地质条件。因此,在实际工作中,往往将其并入地面径流。对于地下径流,由于其运动速度缓慢,故一般对地表土壤的冲刷影响较小。

各种径流成分经由坡地汇流注入河网后,沿河网向下游的干流出口断面汇集。这一过程的水分运行,实质上是河槽中不稳定水流运动过程,同时也标志着一次降雨的径流形成过程的结束,但该过程并不参与坡面的水文过程。整个径流形成过程见图 2-5。

2.3.3　径流产生的机制

径流产生的机制是指降雨产生径流的基本物理条件,它取决于下垫面结构及降雨特性。对上述不同类型的径流,其水文过程的表现不同,是其产生机制的不同所致。为了对坡面水文过程更为明确的理解,现就其产流机制进行简要分析。

在坡面上,径流发生的机制一般可概括为超渗产流、蓄满产流和壤中流。超渗产流与蓄满产流的区别在于:前者决定于降雨强度,而与降雨量大小关系不大;后者决定于降雨量的大小,与降雨强度无关。一般来说,湿润地区以蓄满产流为主,干旱地区以超渗产流为主。当然这种情况并非一成不变。湿润地区久旱初雨时也可能发生超渗产流,而干旱地区多雨季节也能发生饱和产流。一些地区还可能会形成两种产流方式交替出现的情况。

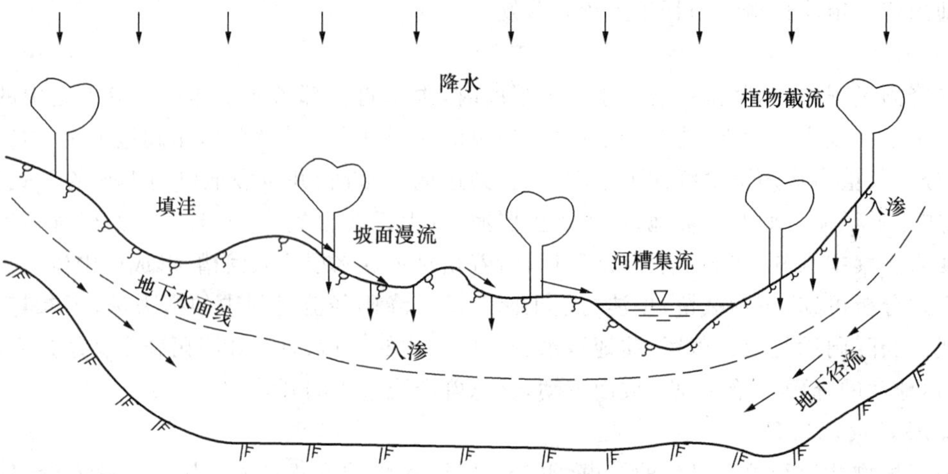

图 2-5 坡面径流形成过程示意图

1. 超渗(地面)径流的产流机制

超渗地面径流的产流机制是指供水强度与入渗强度大小矛盾发生在地面时的产流机制。地面径流的形成过程是在降雨、植物截留、填洼、雨期蒸发以及入渗等几个过程组合下的发展过程。它们都是在各自作用力作用下的垂向运行过程。自降雨开始至任一时刻的产流过程可用式(2-11)表示：

$$R_s(t)=\int_0^t i\mathrm{d}t-\int_0^t i_n\mathrm{d}t-\int_0^t e\mathrm{d}t-\int_0^t s_d\,\mathrm{d}t-\int_0^t f\mathrm{d}t \tag{2-11}$$

式中，$R_s(t)$为 t 时刻的地面径流深；i、i_n、e、s_d 和 f 分别为降雨强度、截留率、蒸发率、填洼率和入渗率(mm/min)。

由式(2-11)可知，降雨是产流的必要条件，但并非是产流的唯一条件。只有当降雨满足了植物截留、蒸发、填洼和入渗损失后，才具备产生地面径流的充分条件。一般而言，植物截留量、雨期蒸发量、填洼量都较小，而入渗量一般较大且其变化幅度也很大。从初渗到稳渗，入渗率在时间和空间上变化较大。在忽略雨期蒸发和填洼损失的基础上，入渗在地面径流的产流过程中具有决定性的作用，此时的产流过程可表示为：

$$\frac{\mathrm{d}R_s(t)}{\mathrm{d}t}=r_s(t)=i(t)-f(t) \tag{2-12}$$

式中，r_s 为地面径流产流率(mm/min)；i 为降雨强度(mm/min)；f 为入渗率(mm/min)。

由式(2-12)可知，地面径流是供水与入渗矛盾发展的产物。只有当 $i>f$ 时，才能产生地面径流。因此，降雨强度大于入渗率是产生超渗地面径流的充分条件。

另外，对于同一种土壤，当土壤干燥时，入渗能力强，产生超渗降雨所需的降雨强度也大。反之，当土壤湿润时，入渗能力小，产生径流所要求的降雨强度也小。由于土壤含水量随降雨历时的变化，同一降雨强度下各时段的地面径流产流率也不相同。如果降雨强度不同，在相同降雨量和入渗能力条件下所产生的径流量也不相等。黄土高原坡面径流大多数为超渗产流，其土壤侵蚀主要是由一年中几场侵蚀性降雨引起的。

2. 壤中流的产流机制

壤中径流发生于非均质或层次性土壤中的透水层与相对不透水层界面上，它在饱和水流和非饱和水流情况下均可发生。

假定在稳定供水情况下，下垫面由两种不同质地的土壤构成，上层为粗质地土壤，下层为相对较细的土壤层，则上层的土壤容重小于下层，而上层土壤的入渗率、毛管传导度以及饱和水力传导度（下渗率，下渗率特指不考虑地表因素影响时单位面积单位时间内通过土壤中的水量）均大于下层。现以小于或等于上层饱和传导度的降雨强度向上层供水，则上层土壤最终会呈现以毛管传导度等于该降雨强度的水分分布剖面，并按此值向下渗透水分。在下层，由于土质细，传导能力较小，即使在饱和情况下，其下渗率也要比上层的供水率小得多。当上层水流渗到两层交界面时，因下层传导度小于上层，故在其交界面上形成饱和积水。当上层土壤含水量大于其田间持水量时，在下层（相对隔水层）界面上形成自由水，并随着上层的持续供水，积水层逐渐增厚，形成临时饱和水带，从而形成壤中径流。

两土层界面上的水量平衡方程为：

$$W_t = W_0 + \int_0^t f_a \mathrm{d}t - \int_0^t f_b \mathrm{d}t - \int_0^t r_s \mathrm{d}t \tag{2-13}$$

式中，W_t 和 W_0 分别为界面层在时刻 t 和初始时刻的水量；f_a 和 f_b 分别为上、下土层的入渗率（mm/min）；r_s 为壤中径流的产流率。

当界面上的土壤处于饱和状态时，式（2-13）可变为：

$$r_s = f_a - f_b \tag{2-14}$$

壤中径流的产生也是供水与入渗间矛盾的体现，其产流条件是：①要有供水，即上层有下渗水（必要条件）；②要有比上层下渗能力小的界面（前提条件）；③上层供水强度要大于下层的下渗强度（充分条件）；④产生临时饱和带后，水流还要具有产生侧向流动的动力条件，即坡度及水流归槽条件（充分条件）。

壤中径流的产生与降雨强度没有直接关系，它只取决于上层的下渗率。当降雨强度小于表层土壤的入渗率时，只要上层土壤的入渗率大于下层土壤的下渗率，则可形成临时饱和带和壤中径流，而且此时只有壤中径流而无地面径流。当降雨强度大于上层土壤的入渗率而上层土壤下渗率又大于下层土壤的入渗率时，此时既会存在地面径流，又会产生壤中径流。在研究坡面产流过程时，常将此种情况归并为地面产流过程。

3. 地面径流蓄满产流机制

地面径流蓄满产流机制是在表层土壤具有较强透水性情况下的地面产流机制。在天然情况下，绝大多数降雨强度都小于表层土壤的入渗能力，故通常不易形成超渗产流的条件。但在下层有相对弱透水层存在时，或当雨强虽小于上层土壤的入渗率但大于下层土壤的入渗率时，就可以形成壤中流。随着降雨的继续和壤中流积水的增加，包气带最终全部变成临时饱和水带。后继的降雨所形成的积水则会以地面径流的形式出现，这种地面径流称为饱和地面径流。此时，控制地面径流发生的并不是上层土壤的入渗能力，而是下层相对不透水层的入渗能力以及上层土壤达到全层饱和时的蓄水量。饱和地面径流条件下的水量平衡方程可表示为：

$$W_t = W_0 + \int_0^t i \mathrm{d}t - \int_0^t f_b \mathrm{d}t - \int_0^t r_s \mathrm{d}t - \int_0^t r_{st} \mathrm{d}t \tag{2-15}$$

式中，W_t 和 W_0 分别为上下界面土层在时刻 t 和初始时刻的水量；r_{st} 为饱和地面径流产流率；i 为降雨强度(mm/min)；f_b 为土层界面的下渗率(mm/min)；r_s 为壤中径流的产流率。当全层饱和时，式(2-15)可进行变换得：

$$r_{st} = i - (r_s + f_b) \tag{2-16}$$

饱和地面产流基本上也服从供水与入渗的矛盾规律，其产流条件是界面供水强度大于下层土壤的入渗强度以及形成饱和积水带。此时的界面是下层弱透水层的上界面，其饱和带必须覆盖全部上层土后才会产生地表径流。

2.3.4 坡面径流的特征和影响因素

坡面流均匀覆盖地表，水深很小，与地表的微小起伏属于同数量级。由于受不规则地形的影响，坡面径流总是向相邻的较低处汇集，形成辫状的交织水网。在雨强较小时，坡面产流少，局部流动甚至没有明确的流动方向。

由于降雨遍布坡面，坡面流的流动状态属于非恒定的非均匀流，它既可呈层流，也呈湍流或者两者的混合。坡面流在流动过程中，一方面得到降雨的补给，另一方面又消耗于土壤入渗。不论降雨或入渗，在时间和空间上都是变化的，因此坡面流往往是非恒定的非均匀流。

影响坡面径流的主要因素有气象因素、下垫面因素及人类活动。

1. 气候因素

气候因素主要包括降雨、蒸发、气温、风和湿度等。降雨是坡面径流的源泉，径流过程通常由坡面上的降雨过程所控制。降雨量和蒸发量及其时空分布和变化特性，直接导致径流组成的多样性以及径流变化的复杂性。气温、湿度和风是通过影响蒸发、水汽输送和降雨过程而间接影响坡面径流的。

2. 下垫面因素

下垫面因素的影响主要体现在坡面的入渗状况。凡是影响入渗的因素，对坡面径流都有着不同程度的影响。下垫面因素主要包括坡度、坡长、微地形起伏及植被覆盖状况等。

坡长越长，坡脚处的稳定产流量越大，其产流时间也越长，但坡长对初始产流时间的影响并不明显。坡长的增加主要增大了坡面的承雨面积，它对产流过程没有明显影响。坡度对产流的影响比较复杂。一般坡度越大，产流越快，产流结束的时间越晚。在稳定降雨条件下，由于坡度减小可增大承雨面积，因此坡度越小，其单宽流量一般越大。但当坡度小于某一临界值后，由于土壤入渗率变化较大，其作用超过了承雨面积增大的作用，从而导致单宽流量随着坡度的进一步减小而减小。

地面越不平整，对坡面流的阻力越大，坡面流的流速越小，但水流对土壤的冲刷能力越强。因此，坡面流对土壤侵蚀能力随着地表起伏程度的加大而增强。在相同降雨强度和土壤条件下，不平整的坡面更易遭受侵蚀。在坡面出现细沟后，土壤的侵蚀程度会更为严重。但当微地形起伏大到一定程度后，地面平整度对坡面径流的影响程度则会逐渐减弱。

在不考虑植被覆盖对雨水截流作用和对土壤入渗率影响的情况下，植被条件对坡面流的产流过程和单宽流量没有明显影响，只是产流时间稍微延迟一些。但这一过程对坡面水动力因子的影响较大，一般随着植被覆盖度的增大，坡面出口流速随之减小，但水深和水流剪切力却随之增大。

3. 人类活动的影响

人类活动对径流的影响主要是通过改变下垫面条件，从而直接或间接影响径流过程和径流量的变化。在坡面上布设水土保持工程措施和林草植被措施，可在一定程度上调节径流过程或径流量。

思考题

1. 名词解释：雨滴中数直径、雨滴分布、终点速度、入渗、稳渗率、蓄满产流、超渗产流、土壤水、径流、入渗曲线、降雨侵蚀力。

2. 降雨入渗物理过程可分为几个阶段？试简述每一阶段的特征。

3. 从径流形成的角度考虑，入渗过程可分为哪几个阶段？其主要特征如何？

4. 简述影响降雨入渗的影响因素。

5. 试述坡面径流的形成过程。

6. 简述影响径流形成的主要因素。

7. 简述径流形成的主要机制。

参考文献

[1] 陈家琦，王浩. 水资源学概论. 北京：中国水利水电出版社，1996.

[2] 黄锡荃. 水文学. 北京：高等教育出版社，2002.

[3] 李义天，邓金运，孙昭华，等. 河流水沙灾害及其防治. 武汉：武汉大学出版社，2004.

[4] 梁学田. 水文学原理. 北京：水利电力出版社，1995.

[5] 刘秉正，吴发启. 土壤侵蚀. 西安：陕西人民出版社，1997.

[6] 刘俊民，余新晓. 水文与水资源学. 北京：中国林业出版社，2001.

[7] 芮孝芳，陈界仁. 河流水文学. 南京：河海大学出版社，2003.

[8] 芮孝芳. 水文学原理. 北京：中国水利水电出版社，2004.

[9] 王礼先. 水土保持学. 北京：中国林业出版社，1997.

[10] 王艳生. 工程水文学. 北京：水利电力出版社，1995.

[11] 向文英. 工程水文学. 重庆：重庆大学出版社，2003.

[12] 姚文艺，汤立群. 水力侵蚀产沙过程及模拟. 郑州：黄河水利出版社，2001.

[13] 张洪江. 土壤侵蚀原理. 北京：中国林业出版社，2000.

[14] 郑粉莉，高学田. 黄土坡面土壤侵蚀过程与模拟. 西安：陕西人民出版社，2000.

[15] 中国科学院地理所水文研究室. 黄土坡面坡耕地水土流失计算方法的探讨. 地理学报，1966，32(2)：140-154.

第3章　土壤侵蚀类型及作用机制

[摘要]土壤侵蚀包括水力侵蚀、风力侵蚀、重力侵蚀、混合侵蚀以及耕作侵蚀。降雨、径流、地形条件、土壤以及植被等是影响水力侵蚀的主要因素，风蚀主要受风力、土壤和地表粗糙度等因素的影响。本章在介绍土壤侵蚀类型之后对水力侵蚀、风力侵蚀、重力侵蚀、混合侵蚀以及耕作侵蚀的作用机制进行了讨论。通过对土壤侵蚀的分类，认识掌握土壤侵蚀的发生规律、影响因素以及影响机制，为土壤侵蚀防治措施的配置提供科学依据。

土壤侵蚀指土壤或其他地面组成物质在外营力的作用下，被剥蚀、破坏、分散、分离、搬运和沉积的过程。实际上，土壤侵蚀的对象不仅仅限于土壤，还包括土壤层下部的母质或浅层基岩。

3.1　土壤侵蚀动力与土壤侵蚀类型

我国地域辽阔，总土地面积约为960万km^2，列世界第三。我国地质地形条件复杂，丘陵、山地面积约占总土地面积的2/3；气候条件多变，地跨热带、亚热带、暖温带、温带、寒温带。从北到南，从东到西，气候、地貌、土壤、植被以及水文条件变化多端，地带性分异明显。加之农垦历史悠久，土地资源利用开发早，自然植被遭受破坏的程度严重，因此我国的水土流失问题严重，土壤侵蚀类型几乎涵盖了全球所有的主要侵蚀种类。水土流失可导致耕地减少，土地严重退化，威胁国家粮食安全；引起泥沙淤积，加剧了水旱洪涝灾害；引起生态环境恶化，加剧贫困程度，影响社会经济的可持续发展；威胁人民生命和财产安全，影响我国建设事业的快速健康发展。

在不同营力作用下，土壤侵蚀发生发展过程中所呈现的各种形式或形态，称为侵蚀类型。导致土壤侵蚀的基本营力包括内营力作用和外营力作用。内营力主要表现为构造运动、岩浆运动和地震等。而土壤侵蚀主要是在水力、风力、温度作用力和重力等外营力及人为不合理活动的作用下产生的。其中，纯粹由重力作用引起的侵蚀现象并不多。重力侵蚀常与水力侵蚀或风力侵蚀伴随发生，形成混合侵蚀类型。

根据土壤侵蚀的发生原因及其防治侧重点的不同，土壤侵蚀类型的划分方法也不一样。按导致土壤侵蚀的外营力种类对土壤侵蚀类型进行划分，是土壤侵蚀研究和土壤侵蚀防治等工作中最常用的一种方法。20世纪50年代初，我国首先对黄河中游黄土高原地区的土壤侵蚀类型进行了研究。之后，我国学者多次对全国各地区的土壤侵蚀类型进行了分类研究。

按土壤侵蚀外营力种类的不同，土壤侵蚀可划分为水力侵蚀、风力侵蚀、重力侵蚀、混合侵蚀和耕作侵蚀5个侵蚀类型。水力侵蚀形式主要包括溅蚀、面蚀、沟蚀和洞穴侵蚀（简称穴蚀）。溅蚀又可进一步分为4个阶段，即干土溅散、湿土溅散、泥浆溅散和地表板结。面蚀包括片蚀和细沟侵蚀。片蚀可再细分为剖面片蚀、母质片蚀和鳞片状侵蚀。根据沟蚀发生的严重程度及侵蚀沟的外貌特征，黄土地区的侵蚀沟可分为浅沟、切沟、悬沟和冲沟，土石山区的侵蚀沟可分为荒沟、崩岗沟和沟洼地。由于流水潜蚀作用而产生的洞穴侵式包括水涮窝、跌穴和陷穴。风力侵蚀形式主要有吹蚀和磨蚀。土壤吹蚀的移动形式主要为悬移，而磨蚀主要可分为蠕移和跃移两种移动形式。根据土壤物质的破坏特征和移动方式，一般可将重力侵蚀分为泻溜、滑坡和崩塌等形式。混合侵蚀类型主要是指在重力和水力综合作用下而形成的土壤侵蚀类型，表现形式主要为崩岗和泥石流（表 3-1）。

表 3-1　土壤侵蚀类型和侵蚀形式

土壤侵蚀类型	土壤侵蚀形式		
水力侵蚀	溅蚀	干土溅散	
		湿土溅散	
		泥浆溅散	
		地表板结	
	面蚀	片蚀	剖面片蚀
			母质片蚀
			鳞片状侵蚀
		细沟侵蚀	
	沟蚀	浅沟侵蚀	
		切沟侵蚀	
		悬沟侵蚀	
		冲沟侵蚀	
	穴蚀	自然洞穴	水涮窝
			跌穴
			陷穴
		生物洞穴	
风力侵蚀	吹蚀	悬移（飘移）	
	磨蚀	蠕移	
		跃移	
重力侵蚀	泻溜		
	滑坡	前层滑坡	
		中层滑坡	
		后层滑坡	
	崩塌	岩体崩落	
		土体崩落	
混合侵蚀	泥石流		
	崩岗		
耕作侵蚀			

此外，土壤侵蚀类型也可以根据土壤侵蚀发生的时间进行划分。以人类在地球上出现的时间为分界点，将土壤侵蚀分为古代侵蚀和现代侵蚀。人类出现前，地球表面一直受内、外营力的相互作用。在内营力作用下地表形成如高山、峡谷等的起伏高差，而外营力则对其不断地加工改造，产生的一系列剥蚀、搬运和沉积现象，降低了地表高差，缓解其起伏状况。两者彼此消长，互相依存，呈现既对立又统一的关系。这一时期的侵蚀现象被称为古代侵蚀。人类出现后，随着社会的发展，人类对土地资源的不合理利用增加了土壤的侵蚀现象，加速其发展速度。这种侵蚀有时十分剧烈，可给生产建设和人民生活带来严重恶果。此时的土壤侵蚀称为现代侵蚀。而现代侵蚀同样存在与人类无关的土壤侵蚀，我们将这种在非人为活动影响下的土壤侵蚀称为地质侵蚀。地质侵蚀是指在地质内、外营力作用下，底层表面物质产生位移和沉积等一系列破坏土地资源的侵蚀过程，它包括地球出现人类前和出现人类后由地质营力作用发生的所有侵蚀。

3.2 土壤侵蚀作用机制

土壤侵蚀作用机制是水土保持科学基础理论研究的重点领域。复杂多变的地貌类型以及人类活动影响的长期性和强烈性决定了我国侵蚀类型的多样性和侵蚀产沙过程的复杂性。

3.2.1 水力侵蚀

我国是一个水土流失严重的国家。全国水蚀面积达 356.92 万 km^2，占全国国土总面积的 37.2%。水利部 2005 年全国第 3 次水土流失普查数据显示，侵蚀沟径流冲刷是侵蚀产沙的主要来源。水力侵蚀也是世界范围内分布最广的一种侵蚀形式，在山区或丘陵区，但凡有坡的地方，降雨时都会产生水力侵蚀。

水力侵蚀是指在降雨雨滴击溅、地表径流冲刷和下渗水分作用下，土壤、土壤母质及其他地面组成物质被破坏、剥蚀、搬运和沉积的全部过程。水力侵蚀是目前世界上分布最广，危害也极为严重的一种土壤侵蚀类型。水力侵蚀的形式主要为溅蚀、面蚀和沟蚀，在各个水蚀地区基本上都存在这三种侵蚀形式。

溅蚀是水蚀过程的开端。溅蚀使土壤结构分散，同时还增大了坡面径流的冲刷和搬运能力，促使片蚀的发生和发展。由于坡面的不均匀性，片蚀发生后，坡面出现了一些微型小坑或线状痕迹，导致了径流相对集中，从而逐步过渡到细沟侵蚀。细沟发生后，侵蚀强度明显增大。在坡面径流情况下，由广阔面积上积聚在大小沟槽中流动的水量逐渐增多，流速逐渐增大，从而导致细沟侵蚀发展成为沟状侵蚀。

1. 溅蚀

溅蚀是指降雨雨滴直接打击地表，破坏土壤结构、剥离分散土壤颗粒使其产生位移的现象。溅蚀是一个将降雨势能转化为动能且作用于地表土壤颗粒使之发生位移的过程。具有一定质量和速度的雨滴击打在裸露的地表，对地表土壤产生冲击，使土体颗粒破碎、分散和飞溅，从而破坏土壤表面结构。雨滴击实表层土壤，导致土壤孔隙的堵塞地表结皮的形成，从而降低了土壤入渗性能，阻碍了降雨入渗，形成超渗径流，促使了面蚀的发生。雨滴溅蚀是坡面降雨侵蚀特别是细沟间侵蚀的重要组成部分。由于全球各地均有降雨现象，因此溅蚀发生在全球范围的任何裸露地表，特别是农耕地上。虽然雨滴溅蚀直接造成的顺坡输移的土壤流失量很小，但它却为坡面片状水流和细沟流提供了分散的泥沙物质，从而为细沟或细沟间侵蚀营造了有利的物质条件。此外，雨滴击溅也增大了坡面径流的紊动性和动能，增强了径流分散和挟沙的能力。相对而言，溅蚀本身的搬运能力很差。如果没有径流的搬运作用，雨滴溅蚀只对局部土壤产生破坏作用。

溅蚀发生在产流之前或产流之初。按照降雨历时的不同时期，溅蚀可分为干土溅散、湿土溅散、泥浆溅散和地表板结四个阶段。干土溅散阶段发生在降雨初期，它是指雨滴打击干燥的土壤颗粒，引起细小土粒的分散阶段；随着降雨的继续和表层土壤含水量的增加，雨滴击溅引起湿土颗粒的移位，这一阶段称为湿土溅散阶段；随着降雨时间的增加，土壤团聚体被破坏，以泥浆状态被击溅移位的阶段称为泥浆溅散阶段；地表板结是指在雨滴击溅作用破坏了表层土壤结构后，因土壤孔隙堵塞影响水分入渗，从而导致地表产生板结现象的阶段。当雨滴降落在有地表水（积水或漫流）的土壤表面时，雨滴击溅引起溅蚀的有效性依赖于水深。当地表水深超过某一临界水深时，雨滴所有的能量都消耗于地表水中，从而屏蔽了雨滴的撞击作用，此时的溅蚀强度可忽略不计。

降雨地区的地面坡度、雨滴的打击力及打击方向、土壤颗粒间的切应力和土壤团聚体状态等对雨滴打击所引起的溅蚀程度起决定性作用。溅蚀作用的大小同样受雨滴大小、落地速度、雨滴动量和动能以及降雨历时和降雨强度等的影响。

雨滴直径和终点速度影响雨滴的动能和动量，从而决定了雨滴对地表打击能力的强弱。雨滴直径是影响溅蚀能力的一个重要因素。溅蚀能力与雨滴中数直径（指一次降雨中，雨滴累积体积为50％所对应的雨滴直径）呈正比关系。降雨雨滴越大，溅蚀能力就越高。雨滴的终点速度决定了雨滴动量，直接影响溅蚀能力。雨滴的终点速度越大，对地表的冲击力越大，溅蚀力也越大。

土壤溅蚀力与雨滴动能或动量密切相关，溅蚀能力随着雨滴动能或动量的增大而增加。

蔡强国等的试验结果表明，击溅侵蚀率在降雨开始阶段随着降雨历时的增加而增大。当达到某一极值后，击溅侵蚀率又随着降雨历时的进一步增加而减小。雨滴对土壤表面的不断打击使之密实以及地表径流水深的不断增加，是导致此现象的主要原因。降雨强度尤其是短时间内最大雨强是影响溅蚀量的一个重要降雨因素。溅蚀量与计算雨强时段的相关性随着计算雨强时段的增长而增大，达到30 min最大雨强后，其相关性又随着计算时段的继续增长而降低。国际上一般以降雨侵蚀力作为表示溅蚀程度的指标。降雨侵蚀力是指雨滴打击地表和分散土壤颗粒的能力，一般表示为降雨动能和降雨强度的乘积，如式(2-9)所示。

由于雨滴动能远大于坡面径流的动能，因此雨滴具有相当巨大的侵蚀力，其击溅侵蚀量一般是薄层径流侵蚀量的50～90倍。

2. 面蚀

面蚀一般发生在有一定坡度的坡面上，它是指由分散的地表径流冲走坡面表层土粒而形成的一种侵蚀现象。凡是裸露的坡地表面，都存在不同程度的面蚀现象。按面蚀发生的地质条件、土地利用现状和发生程度的不同，面蚀可分为片蚀和细沟状面蚀。

(1)片蚀（细沟间侵蚀）

溅蚀发生一定时间后，在地表逐渐形成径流。地表径流形成初期的薄层水流，在流动过程中带走由溅蚀产生的土壤颗粒及其与土壤混合形成的泥浆中的土粒，这个过程就是片蚀。薄层水流的能量较小，冲刷力较弱，只能带走表层土壤中的悬浮质和松散颗粒。此时的土壤流失以悬移方式为主。一般来讲,片蚀本身对土壤的分散作用较弱,产生的主要根源是雨滴对土壤的分离作用。

地表径流形成初期一般为很薄的膜状水层。由于雨滴击溅浸润,膜状水层与土体混合形成泥浆状态。泥浆顺坡流动而带走表层均匀土壤颗粒的过程称为剖面片蚀。剖面片蚀多发生于土层较深厚的黄土地区以及土壤质地均匀的农耕地和农闲地上。

在土石山区或丘陵地上,土壤表层的细粒、黏粒及腐殖质在分散的地表径流作用下被带走,从而导致母质露出地表的过程称为母质片蚀。由于土壤的不断流失以及土壤母质露出地表,耕作困难,因此严重影响农业生产和人民生活。

在某些地面植被覆盖极差的稀疏次生林或在荒坡草地上从事不合理的放牧活动,因牲畜过度践踏导致地表植物无法及时恢复,在雨滴溅蚀和不连续的薄层径流作用下,植物生长不好或没有植物生长的局部地表出现面蚀现象,或面蚀较有植物生长部位严重的现象,这些斑块状侵蚀称为鳞片状侵蚀。由于土地资源的不合理利用,鳞片状侵蚀在我国山区和牧区分布广泛。

(2)细沟侵蚀

当分散的地表径流汇集成片状小股流水时,径流流速加快,侵蚀能力增大,径流挟带地表土壤从而形成沿地表径流方向的细沟,这样的侵蚀现象称为细沟侵蚀。发生细沟侵蚀时的细沟一般较浅,深度和宽度均小于 20 cm,其痕迹在耕作时会被犁耕等消除掉,所以仍可看做是面蚀。坡面上部的径流是分散的,一般不会产生细沟侵蚀。细沟一般出现在距坡顶一定距离的坡面中下部。细沟侵蚀常发生在裸露的坡耕地,尤其是质地均一、结构松散的坡地。细沟侵蚀可带走肥沃的表土,使土地生产力下降。细沟的形成为沟蚀的出现和发展提供了条件。

3. 沟蚀

沟蚀是由面蚀尤其是细沟侵蚀发展而来的。面蚀如果没有被及时地控制,它所产生的细沟在地表径流的进一步作用下,变成了更长、更深、更宽的侵蚀沟。集中径流冲刷地表,切入地面带走土壤、母质及基岩,从而形成沟壑的侵蚀过程称为沟蚀。沟蚀形成的沟壑称为侵蚀沟,其宽度和深度一般 20 cm,用耕作方式无法平复。典型的侵蚀沟由沟顶、沟沿、沟底、水道、沟坡、沟口和冲积扇七个部分组成。沟蚀发生必须具备两个条件:一是土壤风化或河岸的崩塌,二是有超过输送物质临界值的径流。沟蚀的过程就是沟头(沟顶)延伸、沟岸扩张和沟底下切的过程。沟蚀对土地的破坏程度远远大于面蚀,主要分布在土地贫瘠、植被稀少的半干旱丘陵区和山区。在坡耕地、荒坡或植被较差的古代水网也较容易发生。

(1)侵蚀沟的形成

侵蚀沟是水流不断下切、侧蚀,包括由切蚀引起的溯源侵蚀和沿程侵蚀,以及侵蚀物质随水流的悬移或推移搬运等共同作用下形成的。

坡面降雨经过复杂的产流和汇流后,顺坡面流动,水量和流速沿坡程逐渐增加。水流沿坡程的不断分异与兼并导致地表径流非均匀性和能量逐渐增大。因此,在易侵蚀的地方首先出现侵蚀沟谷,并逐渐演化为大型沟谷。在径流集中的过程中还会产生大沟谷兼并小沟谷的现象。径流能量的差异除受降雨、坡度、渗透消耗等因素影响外,还受径流流线长度的影响。因此,总是先出现细小沟谷,然后出现大型沟谷。

股流水流越集中,侵蚀能量越大,其下切侵蚀越强烈,从而导致旁蚀和溯源侵蚀的不断产生,改变沟槽形态。在沟谷的深、宽达到不能为农业生产和其他人类活动所消除时,地面上就留下永久的沟槽或沟谷。通常把晚更新世以前形成的沟谷称为古老沟谷,把全新世以来形成的沟谷称现代侵蚀沟谷。如果现代侵蚀沟谷发育在古老沟谷上,则被称为承袭沟谷。因冲刷而形成的侵蚀沟是一条长而深且具有一定外形的水蚀沟。侵蚀沟一般可分为沟顶、沟底、水道、沟沿、冲击圆锥以及侵蚀沟岸地带等几个部分。

(2)侵蚀沟的发育过程

侵蚀沟的发育过程一般分为侵蚀沟开始形成、沟顶切割、平衡和停止四个阶段。在侵蚀沟开始形成阶段,侵蚀沟没有形成明显的沟头和跌水。沟底的纵剖面线与地面斜坡的纵剖面线相似。此时侵蚀沟长度方向的发展速度远大于向宽度方向的发展速度,侵蚀沟的横断面呈三角形。随着水流冲刷力的不断增大,在沟顶处逐渐形成水蚀穴,并产生明显的沟头跌水,沟顶的破坏和前进速度明显增大。水流在直接冲刷沟顶的同时,也冲淘沟顶的基部,从而导致沿沟顶产生溯源侵蚀,水流的冲刷和搬运作用加剧了沟底的下切和沟岸的扩张现象。此时的侵蚀沟横断面呈U形,沟底的纵剖面线显著不同于原来的地面线。这一阶段是侵蚀沟发育过程的第二阶段即侵蚀沟沟顶切割阶段。侵蚀沟发育进入中期后,沟头基本停止或极缓慢前进,沟底下切作用减弱,沟底和水路明显分开,沟口开始有泥沙沉积形成冲积扇,横断面基本呈U形,这一阶段的侵蚀沟剖面基本处于平衡状态。当沟头接近分水岭、沟底纵坡接近侵蚀基准面、沟岸大致与自然倾角接近、沟道横断面基本呈宽U形时,侵蚀沟发育过程停止。根据侵蚀沟的发育程度,可以将侵蚀沟分为浅沟、切沟和冲沟。

4. 洞穴侵蚀

洞穴侵蚀主要分布于我国陕西、山西、甘肃、宁夏和青海等黄土地区,它是一种独特而重要的土壤侵蚀方式。洞穴侵蚀不仅直接造成土壤物质的流失,诱发和助长沟头和沟壁的形成与扩展,还会对各种工程建设造成严重的威胁和破坏,从而对人民生命财产造成重大损失。

当地面径流或水流沿着与土体垂直的裂隙、根孔或动物穴下渗时,在水力潜蚀、冲刷或淘蚀等作用下而形成的各种各样洞穴的过程以及由于生物活动对土体作用而发展形成的土壤洞穴,因这些洞穴而引起的土壤侵蚀称为洞穴侵蚀。洞穴侵蚀多发生于切沟沟头跌水的下方。

按洞穴成因,可将洞穴分为自然因素作用下形成的土壤洞穴和生物因素形成的土壤洞穴。按水力侵蚀方式,自然因素作用下形成的土壤洞穴可再分为冲蚀形成的洞穴(包括水涮窝、跌穴),潜蚀形成的暗穴(陷穴)以及湿陷作用下形成的蝶形地。水涮窝是指薄层水流在地面以下不远处淘刷成的小坑,待顶部土体塌落后,在土壁上形成的直立半圆筒状凹槽。水涮窝常见于沟头陡坎、沟壁、跌水以及堤埂上。跌穴则是指水流在坡脚、陡坎底部相对平缓的地面上冲淘而成的坑。水流的潜蚀作用一般先在地下形成暗穴。暗穴在水流等侵蚀作用下进一步扩容,并在上覆土重的作用下塌陷而在地表形成的陷穴。根据陷穴形态的不同,陷穴可进一步分为漏斗状陷穴、竖井状陷穴、葫芦状陷穴等。因生物因素作用下形成的土壤洞穴按生物主体的不同分为由田鼠、蛇、虫以及其他动物洞(巢)穴发展而成的土壤洞穴,由人类建造后废弃的墓穴、窑洞和土窖、公路土桥、泄水洞等发展而成的土壤洞穴,以及由植物根系腐烂或根劈作用形成的空洞进而发展的土壤洞穴。

3.2.2 风力侵蚀

土壤风蚀是指一定风速的气流作用于土壤或土壤母质,使土壤颗粒发生位移,造成土壤结构破坏、土壤物质损失的过程。风和风沙流对地表的吹蚀与磨蚀作用称为风力侵蚀作用。风蚀是干旱、半干旱以及部分半湿润地区土地沙漠化与沙尘暴灾害的首要因素,也是世界上许多国家和地区的主要环境问题之一。全球极易发生土壤风蚀的地区包括北非、近东、中亚、东南亚部分地区、西伯利亚平原、澳大利亚、南美洲南部以及北美洲的干旱和半干旱地区。目前,全球有 100 多个国家和地区的 9 亿人口受到沙漠化的影响和危害。全球陆地面积的 1/4 即 35.92 亿 hm^2 的面积受到沙漠化的威胁,每年因沙漠化造成的经济损失约为 423 亿美元。其中,我国受土壤风蚀及土地沙漠化影响的面积占国土总面积的 1/2 以上,主要分布于北方尤以旱作农田为甚。土壤风蚀严重降低了土地生产力,阻碍了这些地区资源的有效利用和社会经济的持续发展。

1. 风沙运动

(1)风沙起动机制

在不考虑土壤细颗粒粒间黏结力的条件下,某一区域内的泥沙在风力吹扬下是否会发生起动,主要取决于上风方向是否有跃移物质进入本区,其起动条件包括流体起动和冲击起动。在流体起动条件下,土颗粒在不同流体中的受力机制基本相似,但在其影响程度上存在一定差异,而冲击起动条件却会因风中跃移颗粒的冲击作用而大幅度降低。

风沙流中的沙粒从运动气流中获取运动动量。因此,只有当风力条件达到能够吹动沙粒时,沙粒才能脱离地表而进入气流形成风沙流。地表沙粒脱离静止状态而开始运动时的风速称为临界风速或起动风速。Lyles 和 Krauses(1971)的风洞试验结果显示,当有效风速达到临界风速时,直径小于 0.84 mm 的土颗粒开始前后摆动。一旦风力或运动颗粒的能量增大到足以迫使稳定的表面土壤颗粒运动时,土壤就会发生分离现象,此时的土壤颗粒在风力作用下在空中或沿着土壤表面输送,直到风速降低后土颗粒发生沉积为止。吴正和和凌裕泉(1980)认为,随着风速的增大,湍流和压力脉动作用引起的土颗粒震动或前后摇摆逐渐增强。当风速大于其临界值后,迎面阻力(拖拽力)和上升力增大到足以克服土颗粒重力的影响,从而在气流的旋转力矩作用下导致某些最不稳定的沙粒首先沿沙面滚动或滑动。由于沙粒几何形状和所处空间位置的多样性以及受力状况的多变性,沙粒在滚动过程中碰到地表凸起的沙粒时会获得巨大冲量,导致土颗粒在碰撞瞬间由水平运动急剧地转变为垂直运动,骤然向上起跳进入运动的气流中,从而进入跃起状态。

起动风速与沙粒粒径、地表性质、沙粒含水率等多种因素有关。我国沙漠的沙粒一般为粒径 0.1～0.25 mm 的细沙。一般干燥裸露的沙质地表,当离地表 2 m 高处的风速达到 4 m/s 左右或者气象台站风标风速≥5 m/s 时,沙粒开始起动而形成风沙流。

(2)沙粒的运动

风力作用下土壤颗粒的运动形式主要有跃移、悬移和滚动 3 种运动类型。跃移运动是风沙输移的主要方式。跃移颗粒多为中等粒子(直径 100～500 μm),一般占总运动土壤颗粒的 50%～80%。当跃移颗粒在风驱动下进入风流中后,它们在重力作用下短时间内又会落下来,从而碰撞和打击地表,破坏地表的稳定性,将大块土壤聚合体打碎至能够被风挟裹走的小颗粒,导致更多的土壤处于可蚀状态。观测结果显示,高速运动的沙粒在跃移过程中通过对地面的冲击,可以推动 6 倍于它自身直径或 200 倍于它自身重量的粗沙粒。跃移颗粒以 50°～90° 的角度离开地面,下落时的角度一般保持在 10°～16°。跃移运动一般发生距地面 30 cm 的高度内,其中有一半以上的跃移颗粒是在近地表 5 cm 的高度内活动。跃移颗粒的运行距离与跃起高度成正比,一般运行距离是跃起高度的 10～15 倍。

悬移运动是指细小土壤颗粒(直径＜100 μm)的垂直和水平运动。这些细小颗粒在跃移和直接风力作用下被刮起来，悬浮在空气中随风流运动。悬移颗粒在总运动土壤颗粒中所占的比例很小，一般不到 5%，其数量由土壤表面的细小颗粒含量决定，而跃移和风力强度对其影响一般较小。由于体积小、质量轻，悬浮颗粒在空气中的搬运高度最高，运行距离也最远，可以被吹到几千千米之外。悬浮颗粒是沙尘暴的主要构成因子，是影响空气质量的重要因子。细小颗粒的有机质含量和营养物质一般都很高，因此悬移颗粒的损失是导致土地生产力下降的重要原因。

滚动运动是较大的土壤颗粒或土壤团聚体（直径 500～1 000 μm）沿着地表的运动现象。土壤颗粒受跃移颗粒的碰撞冲击而被打散，但由于其粒径较大、质量较重，不易被风吹离地表，只能以滑动或滚动的形式沿着地表运动。滚动颗粒占总运动土壤颗粒的 7%～25%。随着风速的增大，部分滚动颗粒也可以跃起成为跃移颗粒。

2. 风蚀作用

土壤风蚀是在外界侵蚀因子（主要是风力作用）与自身抗蚀因子（土壤特性和地表状况等）的共同作用下发生的，其实质是气流或气固两相流对地表物质的吹蚀和磨蚀现象。风蚀过程主要包括土壤团聚体与土壤基本粒子的分离、输送和沉积。当风吹过没有保护的裸露、松散、干燥等易风蚀的土壤表面时，若风力大于土壤表面土粒的抵抗能力时，土颗粒便随风移动而发生土壤风蚀现象。

土颗粒的移动是风的扰动和风速作用的结果。土颗粒运动的临界风速是由风直接作用而引起土壤颗粒运动时的最低风速，即流体起动风速；冲击起动风速则是受跃移颗粒冲击而引起运动的最低风速。除了距地表很近之处的风或当风速甚小（≤1 m/s）时，地面的风一般均呈扰动状态。一般认为，距地表 30 cm 高度以内或风速＜5 m/s 时的风，对矿质土壤不会形成风蚀危害。

土粒搬运受土粒大小、颗粒级配、风速以及通过侵蚀区的距离的影响。风速及风向变动极大，有时发生涡流使土壤飞扬并搬运。土粒搬运量随土颗粒的增加而减小。距风蚀区域迎风边界的距离愈远，土颗粒的移动率愈大，被侵蚀的土颗粒愈多。细颗粒被吹到背风面堆积起来，形成沙丘。大气搬运土壤的能力非常大，尤其是土颗粒直径＜0.1 mm 时最严重。据估计，1×10^{8} m^{3} 的空气可搬运土颗粒数万吨，此数量因风速不同而异。当地心引力大于空气对土颗粒的飘浮力时，土颗粒则会发生沉积现象。当地面生长植物或其他自然障碍物使风速降低时，可发生沉积。雨滴也可以使尘埃从空中降落下来而发生沉积。

3.2.3　耕作侵蚀

耕作侵蚀是指土壤在农业耕作活动下被分离、搬运和沉积，使耕地土壤在空间上重新分配的过程。在坡地上，这种再分布就是土壤从坡的上部向坡的下部移动的过程。耕作侵蚀是坡耕地十壤侵蚀的一种重要侵蚀类型。

耕作侵蚀是耕作侵蚀力与土壤抗耕作侵蚀力相互作用的结果。当土壤对耕作侵蚀的抵抗力小于耕作侵蚀力时，则会产生耕作侵蚀。土壤抗耕作侵蚀力的大小主要由土壤黏结力、土壤摩擦力和土壤重压力决定。在犁耕过程中，犁具对上、下坡向两侧土壤的作用力基本相等。但犁具扰动的上坡向土层厚度远大于下坡向的土层厚度。土层越厚，土壤重压力越大，土壤的黏结力和摩擦力也随之增大。因此，上坡向土壤的抗耕作侵蚀力大于下坡向土壤的抗耕作侵蚀力，使得土壤向下坡方向运动。

坡地地形一般较为复杂，凹凸不平，因此不同部位对耕作侵蚀的反应程度不一致。土壤被耕具分散后，在凸形部位产生侵蚀，土壤被搬运，而在凹形部位则发生沉积。因此，在坡耕地耕作过程中，上坡的土壤不断向下坡运输，年复一年的土壤输出使上坡的土壤越来越贫瘠。此外，耕作活动也导致土壤在垂直方向上的位置发生变化。耕作前的表层土壤，在耕作后成为底层土壤，而耕作前的底层土壤则被翻运到表层。

1. 耕作位移

耕作时，土壤的运动由于作用力的不同主要有三种形式：①与耕作工具直接接触的搬运；②被耕作工具分散后，在耕具产生的瞬间作用力作用下向下坡的移动；③分散后的土壤在重力和阻力共同作用下向下坡的滚动或滑动。耕作位移是指因耕作造成的土壤位置的移动现象。耕作位移可以用相对于耕作方向某一特定位置的土壤移动量来表征，即每米耕作宽度土壤向前（与耕作方向平行）的土壤位移量或每米耕作长度土壤向侧面（与耕作方向垂直）的输送量。耕作位移也可以用耕作层向前或向侧面移动的平均距离来表示。土壤位移因耕作工具的宽度不同有很大差异，因此其度量单位都是以单位耕作宽度为基础的。耕作位移直接影响土壤组分的扩散或混合的距离。耕作侵蚀导致了不同距离以及不同深度范围内的土壤物质发生混合和重新组合。

在特定土壤条件下，耕作位移受耕作条件（耕作工具和方式）和地形（坡度）的影响。Mech和Free(1942)认为，耕作可导致大量土壤向坡下运动，并且土壤移动量随着坡度的增大而增大。向上坡和向下坡交替进行的机械化耕作方式，既可导致土壤向下坡的运输，也可引起土壤向上坡的迁移，而手工锄耕和犁耕则始终引起土壤向下坡的移动。张建辉等认为，锄耕在丘陵坡耕地引起的土壤位移相当明显，土壤移动距离与坡度呈显著的线性相关。王占礼等的研究结果显示，耕作引起的土壤水平和垂直位移量均随坡度的增加而增大，并且土壤的平均水平位移量大于土壤的垂直位移量。

2. 耕作侵蚀的影响作用

(1)对土壤性质的影响

耕作侵蚀影响土壤的理化性质在黄土丘陵沟壑区的研究结果表明，耕作侵蚀导致侵蚀搬运区的大部分土壤养分指标降低，但在耕作沉积区则呈增加趋势。>0.05 mm或<0.002 mm的土壤颗粒含量在侵蚀区和沉积区都呈减少趋势，而0.002～0.05 mm之间的土颗粒含量则呈增加趋势。

(2)对水蚀的影响

耕作侵蚀过程改变了地表土壤的抗蚀性和地形特征，因此影响土壤水蚀程度。耕作侵蚀将可蚀性高的底层土和亚表土层移动到表层，加速了土壤水蚀。同时，耕作侵蚀提供了水蚀的物质条件，将土壤输送到地表径流会聚的区域即细沟和集水地带。对细沟侵蚀的物质输送来说，耕作侵蚀所起的作用远大于片蚀。此外，耕作侵蚀强的地方一般是地形变化大的地带，而此处的水流侵蚀能力较强，抗蚀能力弱，从而导致水蚀强度的增加。

3.2.4 重力侵蚀和混合侵蚀

1. 重力侵蚀

重力侵蚀是指斜坡上的岩土体在重力作用下失去平衡，发生变形、破坏、移动和在不远处堆积的过程。我国重力侵蚀主要划分为崩塌、滑坡和泻溜。

崩塌是指岩土体在重力作用下大部分破碎或因下部岩土层承载能力低、重心偏外而断裂破坏并突然脱离母体，急剧倒塌、翻转或跳动，岩土块互相冲撞、下落，最终堆积于山体坡脚和沟谷而形成岩土堆的过程。崩塌多发生于坡度大于 60°的陡坡，一般是由于下部岩土遭到剥蚀悬空、失去稳定而引起的。按物质组成，崩塌可分为岩体崩落和土体崩落。一般软硬相间或裂隙发育的岩层以及碎石土或垂直节理发育的黄土和黏土岩易于发生崩塌。地震和暴雨都是崩塌发生的激发因素。不合理的人工开挖，破坏了山坡或山脚的稳定性，也会激发崩塌。

在坡面上，构成斜坡的岩体或土体在重力作用下，沿坡体内部的一个（或多个）软弱面（贯通剪切面）发生剪切破坏而产生整体下滑的现象称为滑坡。滑坡是最常见的一种重力侵蚀类型。按滑坡体厚度不同，可将滑坡分为深层滑坡、厚层滑坡、中层滑坡、浅层滑坡以及表层滑坡。按滑坡物质不同，滑坡可分为岩层滑坡、半成岩地层滑坡、均质土滑坡和堆积土滑坡。按滑坡体积大小，也可将滑坡分为小型滑坡、中型滑坡、大型滑坡和特大型滑坡。滑坡通常发生在 25°～45°的坡面上。发生滑坡的坡高与坡角呈负相关。一般阳坡发生滑坡的几率大于阴坡；凸形坡发生滑坡的几率大于直形坡，且两者都大于凹形坡。坡体内部的软弱结构面是滑坡发育的重要条件。例如，在透水性强的土体下层存在透水力差的土层，或坡体同时存在冻结层和融化层时，容易形成滑裂面而产生滑坡侵蚀。连续降雨或地震是诱发滑坡发生的主要自然因素，人为因素如对植被的破坏、不合理的沟道或坡地工程、采矿开挖和地下采空等也可诱发滑坡的发生。

泻溜是指在干湿交替、冷热交替或冻融作用下，裸露陡坡上的表层岩土严重风化，剥蚀成碎屑，在自重作用下顺坡下泻的现象。泻溜一般发生在大于 45°的自然裸露陡坡。泻溜侵蚀发生后，常在坡脚形成 37°左右的由泻溜碎屑物堆积而成的泻积坡。黏土和风化泥页岩最易发生泻溜。在黄土地区、黏重红土斜坡或易风化土石山区常发生泻溜侵蚀。

2. 混合侵蚀

严格地讲，纯粹由重力作用引起的侵蚀现象在自然界并不常见，重力侵蚀的发生与其他外营力密切相关。水力条件是诱发崩塌、滑坡以及泻溜等重力侵蚀发生的重要因素。崩岗和泥石流是重力和水力两大营力共同作用的结果，是以重力侵蚀为主兼水力侵蚀作用的典型混合侵蚀类型。

剧烈风化的岩体在重力和水力的混合作用下，向临空面突然崩落的现象称为崩岗。疏松深厚的基岩风化物，地表径流、地下水和重力的综合作用以及地表植被的破坏是发生崩岗的三个基本条件。根据崩岗发生的地形部位和岩体性质的差异，崩岗又可分为弧形崩岗、条形崩岗和瓢形崩岗。崩岗侵蚀主要分布在我国南方一些易风化的花岗岩地区。

泥石流是指由岩土碎屑与水组成的固液两相混合的高浓度饱和非均匀质流体沿陡坡或陡峻沟床流动的现象。泥石流是我国山区常见的一种破坏力极强的自然灾害，它是山区严重土壤侵蚀的标志之一。泥石流的发生一般需具备几个基本条件，即大量松散固体物质的来源；强大和集中的水源例如降雨、冰雪融水或溃决水体等，在短时间内可汇集大量的地表径流；以及高差大、坡度陡的地形条件。一些不合理的人类活动，如毁林开荒、工程建设不当等，是诱发泥石流发生的重要因素。

3.3 土壤侵蚀的影响因素

3.3.1 溅蚀影响因素

1. 降雨和风

降雨导致土壤溅蚀。降雨特性是影响溅蚀的主导因素,它在很大程度上制约着溅蚀的发生和发展。影响溅蚀的主要降雨特性包括降雨量、降雨强度、雨滴级配、雨型、雨滴终速(降雨能量)和降雨分布等,其中降雨强度、雨滴级配、雨滴终速对溅蚀的影响最明显。很多学者研究了降雨强度、降雨能量、降雨历时等对溅蚀的影响及其与溅蚀量的关系。

埃利森通过模拟实验得到的计算溅蚀量公式为:

$$W = K \times V^{1.34} \times d^{1.97} \times I^{0.65}$$

式中,W 为半小时雨滴的溅蚀量(g);V 为雨滴速度(m/s);d 为雨滴直径(mm);I 为降雨强度(mm/h);K 为土壤类型常数(粉沙土 K=0.000 785)。

溅蚀作用受风力的影响强烈。风的推动作用会增加雨滴的打击能力,同时风向也可改变雨滴的打击角度。风还可把击溅起的土粒吹到更远的地方。在整个降雨期间,风向保持固定不变的大风对土壤溅蚀的影响更大。

2. 土壤因子

土壤因子对溅蚀的影响,主要是通过抵抗雨滴对它的击溅、分散崩解、水分入渗来体现的。土壤抵抗水力侵蚀的能力最终取决于土壤自身的理化性质。影响溅蚀的土壤物理因子主要是土壤颗粒的组成、水稳性团粒含量、前期含水量以及孔隙度等。土壤团粒结构的增加能降低或减少雨滴击溅下的土粒分散破坏。土壤结构对溅蚀量具有显著影响。原状土的溅蚀量仅是扰动土溅蚀量的22%~30%。溅蚀主要发生在地表裸露的新翻耕土地上,覆盖措施可有效减少土壤的溅蚀量。

3. 坡度、坡向与坡长

被溅起土粒的移动方向取决于坡向和坡度。裸露地的地面坡度是影响溅蚀强度的主要因素。在水平地面上,土壤向四周的溅蚀量接近相等。赵晓光和吴发启的测定结果显示,在相同雨滴动能情况下,溅蚀量随坡度的增大而增多。达到极限值后,则随着坡度的进一步增大而减小。这一变化趋势随着雨滴直径的增大而趋于明显。

当土地表面倾斜时,向上坡的溅蚀量随着坡度的增加而趋于减小,而向下坡的溅蚀量随坡度的变化规律比较复杂。江忠善等认为,下坡溅蚀量在降雨开始时随着坡度的增大而增大,达到一定坡度(临界坡度)后则随着坡度增大而减小。

坡长对溅蚀也有一定的影响。随着表面径流汇流量的增大,坡面径流深度随着坡长的增加而逐渐增大。当水深超过3倍雨滴直径时,雨蚀作用就消失,此时所对应的坡长就是坡面雨滴溅蚀的最短有效坡段。

4. 植被因素

植被对水循环过程中的降雨、下渗和径流3个环节都有一定的调节和控制作用。植被对水蚀的影响主要表现在植被截留降雨、植被叶滴击溅、植被干流、植被拦滤径流与泥沙、植被根系增强土壤抗蚀性、植被枯枝落叶层对土壤的保护作用等六个方面。

植被的垂直截留作用缓冲了雨滴的终点速度，减小了雨滴对地表土壤的打击力，从而削弱了雨滴对土壤的溅蚀作用；植被的枯枝落叶层对地表形成保护层，再一次削弱了雨滴对土壤的溅蚀力。但是，植被也可增大雨滴对地表土壤的击溅作用。雨滴在叶片上重新组合后，具有了比降雨雨滴更大的质量。此外，若植被较高，就会有很大的终点速度，从而产生极大的动能。倘若没有足够厚的枯枝落叶保护或者地表植被的二次拦截，将产生更大的溅蚀量。

3.3.2　面蚀和沟蚀的影响因素

1. 坡面径流

降雨开始后，降雨经植被截留后降落到地表，通过入渗进入岩石孔隙而形成地下水。在降雨强度小于入渗速率的情况下不会产生径流。随着降雨历时的延长，土壤含水量逐渐呈饱和状态，入渗率减弱。当降雨强度大于入渗速率时，就形成地表径流。地面径流可以分为层流和紊流两种基本流态。降雨初期的地表径流是薄层水流，处于分散状态，流速也比较慢，通常不会超过 0.5 m/s，流线平行且有固定路径，此时一般属于层流。此时的径流能量不大，冲击力微弱，只能产生剖面片蚀，均匀地搬移土壤表层的一些细小物质和松散颗粒。但当径流沿坡而下、薄层水流的面积逐渐增大而形成沿坡面的漫流时，由于地形起伏和流水的表面张力作用，径流逐渐形成细股流。随着沿途降雨的不断加入和径流的不断汇集，径流量及其流速急剧增大，势能转化为动能，因此坡面水流的冲刷能力也随之大大增加，从而产生强烈的坡面冲刷，产生细沟侵蚀，引起地表“V”形下切，形成地表凹陷。侵蚀细沟的出现标志着面蚀的结束和沟蚀的开始。

2. 降雨特征

降雨通过影响入渗量和径流量而影响面蚀量。降雨雨滴的大小分布主要影响片蚀，而降雨强度和降雨量主要影响细沟侵蚀。在降雨量相同的条件下，一般降雨强度越大，降雨历时越长，土壤侵蚀量越大。在相同降雨历时条件下，降雨强度越大，总降雨量越大。降雨量的差异将导致细沟侵蚀量相差较大。

3. 坡度和坡长

在影响土壤水蚀量的主要因子中，坡度因子的影响程度仅次于植被覆盖度。随着坡度的增大，产流时间缩短，径流系数加大；另外，径流流速加快，侵蚀力(水流动力)增大。在径流量相同的条件下，坡度越大，其冲刷力越大，因而土壤面蚀量也越大。但随着坡度的增加，由于单位长度坡面上所承受的降雨量越少，坡面上产生的径流量相对减少，因而对土壤的冲刷力减弱。因此，坡度对面蚀的影响存在一个面蚀临界坡度。

在其他条件相同情况下，坡长愈长，径流的汇集量和流速愈大，水力冲蚀能力愈强，因此面蚀愈严重。调查结果表明，坡长为 9.4 m 坡地的土壤流失量是坡长为 11.3 m 坡地的 88%。

地貌条件尤其是坡度和坡长是影响浅沟发育的重要因素。发生浅沟侵蚀的临界坡度是指坡面上开始出现浅沟的坡度，临界坡长是指浅沟沟头至分水岭的距离。黄土丘陵沟壑区发生浅沟的临界坡度一般为 14°～21.3°，主要集中在 15°～20°；临界坡长为 20～70 m。浅沟发育成切沟后，切沟的长度随着坡度和坡长的增加而增加。

4. 土壤因子

土壤性质严重影响土壤面蚀。通常利用土壤的抗蚀性和抗冲性作为衡量土壤抵抗径流侵蚀的能力。

土壤抗蚀性是指土壤对径流侵蚀的抵抗能力，该指标根据土壤水稳性团粒含量或有机质含量判断。土壤质地越粗，大孔隙含量越多，透水性越强，其抗蚀性越强；土壤结构越好，总孔隙就越大，土壤抗蚀性越强。此外，具有一定含水量的土壤，有利于增加土颗粒的团聚性，从而增强自身的抗侵蚀能力。

土壤的抗冲性是指土壤抵抗径流对其机械破坏和推动下移的能力。土壤的抗冲性可以用土块在水中的崩解速度来判断。土块的崩解速度愈快，其抗冲能力愈差。有良好植被的土壤，在植被根系的缠绕下，较难崩解，因此其抗冲能力较强。

5. 汇水面积

汇水面积主要影响沟蚀。降雨径流伴随着沟道侵蚀发育的全过程，几乎所有的自然侵蚀沟都是最先由径流冲刷塑造出初始沟槽后而形成。汇水面积的大小影响径流量，它是保证浅沟形成发育的首要条件。在有了足够大的汇水面积后，才能够形成浅沟侵蚀的水流，否则很难发育成浅沟。浅沟侵蚀的临界汇水面积一般为 300～1 200 m^2，以 400～800 m^2 居多。

6. 植被因子

植被对面蚀的影响主要包括两个方面。植被可以增加降雨的下渗量和土壤的蓄水量，从而减小径流量；另一方面，植被能增加地表的粗糙度，从而降低流速。因此，不论减小径流量还是降低径流流速，植被都能起到减小径流侵蚀力的作用。

7. 人为活动

人类活动既可加剧土壤侵蚀，也可以抑制土壤侵蚀。不合理的耕作措施无疑会引起或加剧面蚀的发生，以至于产生沟蚀，但合理的人为干涉也可以在一定程度上控制土壤侵蚀的发生或发展程度。

3.3.3 风力侵蚀的影响因素

1. 风力

只有当风速大于临界风速时，土壤颗粒才可以开始以各种方式运动。在沙源供应充足的地区，土壤风蚀量(输沙量)与风速有着直接关系。风蚀率随风速的增大而增大，输沙量随着起沙风速的增大一般呈几何级数增加。当风沙流中的含沙量大于风的输沙能力时，过多的沙粒则会沉积而形成堆积体。贺大良的研究结果表明，风的输沙量与风速的三次方成正比，风所能吹动的最大颗粒质量与风速的 6 次方成正比。

2. 土壤结构

地表土壤的颗粒大小和结构是影响风蚀的一个重要因素。土颗粒的大小制约着临界风速。拜格诺认为，临界起沙风速与沙粒粒径的 1/2 次方成正比。土壤结构决定着其抗蚀性的大小。物理性黏粒组分高的土壤，易形成团粒结构或块状结构的团聚体，其抗御风蚀的能力较强，风只能掠去表面结合不够紧密的单个颗粒。因此，黏粒流失、土壤粗化和贫瘠化是土地沙漠化过程中土壤遭受风蚀的前提。沙粒在湿润状态下，能够加强团聚作用，使得临界起动风速加大。因此，土壤含水量是抑制风蚀的重要因素之一。

3. 植被和地表粗糙度

地表性质包括地面物质组成和植被状况。植被通过改变气流对地表物质的作用而影响风蚀。植物对风蚀的影响主要表现在三个方面：①植被覆盖的地表可以保护土壤免受风力吹蚀，同时根系固结的土壤增大了其抗蚀力；②植被可以分散地面以上一定高度内的风动量，减弱了到达地表的风蚀力；③植被可以阻挡被搬运土壤颗粒的运动，促使其沉积。董治宝等的研究结果表明，随着植被覆盖率的减少，风蚀率呈指数增加趋势。

地表粗糙度可减弱风蚀的影响，且越接近于地面其影响作用越大。地表粗糙度越大，对风蚀的减弱作用越强，对风蚀的影响度也越大。一般情况下，地表粗糙度随地面土壤粒径的增大而增大，其影响作用随风速的加大而减小。

3.3.4 影响耕作侵蚀的因素

1. 土壤特性

土壤既是耕作侵蚀的受体也是耕作侵蚀的抗体，它自身的性质必然影响耕作侵蚀的发生和发展。土壤特性对耕作侵蚀的影响可以用土壤抗耕作侵蚀力来表示。土壤抗耕作侵蚀力主要由土壤黏结力、土壤摩擦力和土壤重压力决定。这三种力越大，土壤对耕作侵蚀的抵抗力就越大，因此一切影响土壤黏结力、摩擦力和重压力的土壤特性都对耕作侵蚀产生相应的影响。

2. 耕作条件

影响耕作侵蚀的耕作条件主要包括耕作方式、耕作深度和耕作工具。不同的耕作条件对土壤的扰动程度不同，所产生的侵蚀力也不同，因此耕作侵蚀程度也不相同。

3. 地形

地形是影响耕作侵蚀的主要因素。在特定的土壤和耕作条件下，地形则是唯一的影响因素。耕作侵蚀的位移和侵蚀量都随着坡度的增加而增大。王占礼等认为，一次耕作造成的单宽土壤搬运量只受坡度的影响。坡面任意一点的次耕作侵蚀强度主要受控于相应点的地形曲率，即该点的坡度变化率。地形越不规则，起伏越大，耕作土壤的搬运和沉积过程越强烈，产生的耕作侵蚀程度越严重。

思考题

1. 土壤侵蚀的主要类型是什么？
2. 水蚀与风蚀的影响因素有何不同？
3. 各种类型的土壤侵蚀作用机理有何不同？
4. 植被条件对土壤水蚀有何影响？
5. 耕作侵蚀的主要影响因素是什么？

参考文献

[1]陈东，曹文洪，傅玲燕，等. 风沙运动规律的初步研究. 泥沙研究，1999(6)：84-89.

[2] 蔡强国，陈浩. 降雨历时和前期土壤含水量对溅蚀的影响//黄河粗泥沙来源及侵蚀产沙机理研究论文集. 北京：气象出版社，1989.

[3] 陈渭南，董光荣，董治宝. 中国北方土壤风蚀问题研究的进展与趋势. 地球科学进展，1994，9(1)：6-11.

[4] 董治宝，陈渭南，董光荣，等. 关于人为地表结构破损与土壤风蚀关系的定量研究. 科学通报，1995，40(1)：54-57.

[5] 董治宝，陈渭南，李振山，等. 植被对土壤风蚀影响作用的实验研究. 土壤侵蚀与水土

保持学报,1996,2(2):1-8.

[6] 冬梅,赵士杰.我国农田土壤风蚀及防治措施的研究现状.农村牧区机械化,2004(4):8-9.

[7] 高学田,包忠谟.降雨特性和土壤结构对溅蚀的影响.水土保持学报,2001,15(3):24-26.

[8] 郭耀文.降雨侵蚀原理分析.甘肃农业科技,1997(1):28-30.

[9] 贺大良.输沙量与风速关系的几个问题.中国沙漠,1993,13(2):14-18.

[10] 江忠善,刘治.降雨因素和坡度对溅蚀影响的研究.水土保持学报,1989,3(2):29-35.

[11] 李勇,张建辉,罗大卫,等.耕作侵蚀及其农业环境意义.山地学报,2000,18(6):514-519.

[12] 李玉宝.干旱半干旱区土壤风蚀评价方法.干旱区资源与环境,2000,14(2):49-52.

[13] 李智广,曹炜,刘秉正,等.我国水土流失状况与发展趋势研究.中国水土保持科学,2008,6(1):57-62.

[14] 凌裕泉,吴正.风沙运动的动态摄影实验.地理学报,1980,35(2):174-181.

[15] 戚隆溪,王柏懿.土壤侵蚀的流体力学机制(Ⅰ):水蚀.力学进展,1995,25(4):501-514.

[16] 唐克丽.中国水土保持.北京:科学出版社,2004.

[17] 汤立群.降雨溅蚀及其模拟.水科学进展,1995,6(4):304-310.

[18] 王昕,罗守贵.川中丘陵土壤水力侵蚀因素分析与调控对策.国土经济,1999,5:99-106.

[19] 王治国,魏忠义.黄土残塬区人工降雨条件下坡耕地水蚀的研究(Ⅰ):影响细沟侵蚀因素的综合分析.水土保持学报,1995,9(2):51-57.

[20] 王占礼,邵明安,雷廷武.黄土区耕作侵蚀及其对总土壤侵蚀贡献的空间格局.生态学报,2003,23(7):1328-1335.

[21] 王占礼,邵明安.黄土坡地耕作侵蚀对土壤养分影响的研究.农业工程学报,2002,18(6):63-67.

[22] 王占礼,邵明安,李勇.黄土地区耕作侵蚀过程中的土壤再分布规律研究.植物营养与肥料学报,2002,8(2):168-172.

[23] 徐茂其,张大泉.川中丘陵土壤水力侵蚀及防治对策.水土保持学报,1992,6(4):35-42.

[24] 岳红光,曲艳杰.松辽流域土壤水蚀量与下垫面各因素的关系.东北水利水电,1997,1:30-32.

[25] 姚文艺,汤立群.水力侵蚀产沙过程及模拟.郑州:黄河水利出版社,2001.

[26] 张洪江.土壤侵蚀原理.北京:中国林业出版社,2000.

[27] 张建辉,李勇.我国南方丘陵区土壤耕作侵蚀的定量研究.水土保持学报,2001,15(2):1-4.

[28] 张清春,刘宝元,翟刚.植被与水土流失研究综述.水土保持研究,2002,9(4):96-101.

［29］ 赵晓光，吴发启. 单雨滴溅蚀规律及其对溅蚀土粒的分选作用. 水土保持学报，2001，15(1)：43-45.

［30］ 郑书彦，李占斌. 滑坡侵蚀基本概念探讨. 水土保持学报，2003，17(6)：13-16.

［31］ Chepil W S. Influence of moisture on erodibility of soil by wind. Soil Sci Soc Proc，1956，20：288-292.

［32］ Fryrear D W，Merzouk A，Gupta J P. Mechanic measurement and prediction of wind erosion. //Challenges in Dryland Agriculture，a Global Perspective. Texas Agricultural Experiment Station，1988.

［33］施瓦布 G O，云雷瓦特 R K，埃德明斯特 T W，等. 风蚀基本理论. 郑合英译. 黄河水利职业技术学院学报，2000，12(2)：19-22.

［34］ Lyles L，Krauses R K. Threshold velocities and initial particle motion as influenced by air turbulence. Trans of the ASAE，1971，14(3)：563-566.

［35］ Lyles L. Basic wind erosion processes. Agriculture. Ecosystems and Environment，1988，22/23：91-101.

［36］ Mech S J，Free G R. Movement of soil during tillage operation. Agr Eng，1942，23：379-382.

［37］ Quine T A，Walling D E，Chakela Q K，et al. Rates and patterns of tillage water erosion on terraces contour strips：evidence from caesium-137 measurement. Catena，1999，36(1/2)：115-142.

［38］ Piest R F，Bradford J M，Spomer R G. Mechanisms of erosion and sediment movement from gullies. //(USDA) Present and Prospective Technology for Predicting Sediment Yields and Sources. ARS-S-40. ARS-USDA，Washington，DC，1975.

［39］ UNEP. Managing fragile ecosystem：Combating desertification and drought. Agenda 21，Chapter 12. Desertification Control Bulletin，1993.

第4章　农地水土环境

[摘要]本章主要介绍农地定义，农地土壤侵蚀的定义、分类、作用机理和影响因素，农地土壤侵蚀的控制措施以及农地土壤侵蚀对农地水环境和农地土壤环境的影响。农地土壤侵蚀主要包括降雨径流侵蚀、灌溉侵蚀、耕作侵蚀和风蚀。农地土壤侵蚀对农地水环境的影响包括水资源损失、水体富营养化和水体污染，对农地土壤环境的影响有土壤结构和性质的改变，土壤养分、有机质和有机碳的流失以及土壤微生物环境的变化等。农地土壤侵蚀的控制方法主要有耕作方式调整、化学物理制剂应用以及农业种植模式调整。

4.1　农地土壤侵蚀

4.1.1　农地及农地土壤侵蚀

按土地用途，土地可分为农用地、建设用地和未利用地等。农用地是指直接用于农业生产的土地(《中华人民共和国土地管理法》(1999年))。农用地包括耕地、园地、林地、草地、农村道路、坑塘水面、沟渠、设施农用地、田坎等(《土地利用现状分类标准》(GB/T 21010—2007))。农用地一般简称为农地。

土地是人类社会赖以生存和发展的物质基础。农地作为土地利用方式的一种，既是一种重要的自然环境资源，也是农业资源和社会生产资料。农地具有自然、经济、社会以及生态属性和功能。农地的自然环境功能主要包括涵养水源、净化水质、调节微气候、净化空气、固化CO_2、释放O_2等。其次，农地是农业生产中最基本的生产资料，是农作物生长发育不可缺少的水分、养分、空气和热量的供应者和调节者，它为人类生存发展提供了基本的生活资料，是人类赖以生存的源泉。农地还有其他功能，如经济功能、社会稳定功能、社会保障功能以及生态功能等。

农地是一个复杂的生态系统。农地不仅通过向人类提供农作物产品而产生经济效益，而且能产生社会效益和生态环境效益。农地的开发利用和保护影响着农业生产、经济发展和人民生活水平，还影响着生态环境。

农地土壤侵蚀，顾名思义是发生在农地上的土壤侵蚀。根据侵蚀驱动力的不同，农地土壤侵蚀主要包括水蚀、风蚀和耕作侵蚀等。其中，水蚀又包括降雨径流侵蚀和灌溉侵蚀。农地土壤侵蚀既有自然因素引起的，也有人为因素引起的。降雨径流和风蚀属于自然侵蚀或人为引起的侵蚀，灌溉侵蚀和耕作侵蚀则是人为引起的侵蚀。不同的农地土壤侵蚀类型相互交织、共同作用，破坏了农业生产环境，从而降低了农地生产力。

长期农业生产活动改变了大部分陆域的自然生态系统。农业生态系统的结构和组成(如植物、土壤等)与自然生态系统差异较大。其系统结构更为简单，稳定性较低，对外界生态环境因素的改变较为敏感，对外营力侵蚀的抵抗能力较弱。因此，农地土壤侵蚀现象较广泛，其强度也相对较大。高强度的农田复种，在一定程度上促进了土壤侵蚀的产生。

农地是一个自然和人为共同作用的生态系统。农地土壤侵蚀受自然因素和人为生产活动的共同作用。随着人类生产活动的加剧，人为因素对农地土壤侵蚀的影响越来越明显。

农地土壤侵蚀多发生在旱地，以水力、风力和耕作侵蚀为主。我国的旱地水力侵蚀主要分布在黄土高原、云贵高原、四川以及南方丘陵地区，风力侵蚀主要分布在西北和东北地区，耕作侵蚀主要发生在坡耕地，水田土壤侵蚀主要分布在西南地区。

农地土壤侵蚀受土壤、土地利用方式、耕作种植方式等多种因素的影响。土壤结构、质地、层理、腐殖质含量和土壤含水量等因素影响土壤水分入渗以及土壤对雨滴、地表径流和风蚀等破坏性因素的抵抗能力。结构发育不良、内聚力较小的土壤，其抗蚀能力较弱。植物根系的固结作用和植物体上部的覆盖作用可减小降雨对土壤团聚体的破坏，降低地表径流的速度。保护性耕作土壤的侵蚀强度小于传统耕作土壤。等高种植的农田，其截流和截沙的效果好于顺坡种植。

农地土壤侵蚀降低了土壤中的有机质和营养元素含量，土壤肥力减退，土壤质量退化，从而导致农地生产力和生态系统功能的明显下降。

4.1.2 农地土壤侵蚀类型

根据侵蚀驱动力的不同，农地土壤侵蚀类型可分为降雨经流侵蚀、灌溉侵蚀、耕作侵蚀和农地风蚀。

1. 降雨径流侵蚀

农地降雨径流侵蚀过程主要包括雨滴击溅侵蚀、地表径流侵蚀和细沟侵蚀。在降雨条件下，雨滴动能作用于地表土壤，导致土壤团聚体的崩裂和土体的击实，同时产生溅蚀现象。当降雨强度大于土壤入渗率而形成地面径流时，细小土颗粒会随着地表径流一起流失。土壤的这种流失现象就称为降雨径流侵蚀。农地降雨径流侵蚀主要是降雨与径流分散和输移泥沙的过程。农地降雨径流侵蚀从雨滴溅击开始，逐渐形成面状水流，进而可能发展成细沟和浅沟侵蚀。

雨滴击溅是指降雨时雨滴打击在土壤表面，使土壤颗粒发生分散和移动的过程。雨滴溅蚀的原动力是降落雨滴的打击能量。击溅作用与雨滴的物理性质密切相关。在降雨初期，雨滴打击干燥的土壤颗粒，引起细小土粒的分散；随着降雨的继续，表层土壤含水量增加，雨滴击溅起湿土颗粒，土壤团聚体被破坏，以泥浆状态被溅起；雨滴击溅作用破坏了表层土壤结构后，堵塞了土壤孔隙，形成地表结皮，导致地表产生板结，从而影响水分入渗，增加水的流失。雨滴直接打击地表溅起的土粒，会在外力(重力和水力)作用下产生迁移，造成土壤的损失。此外，雨滴直接打击径流，还会增加径流的紊动性，增大其侵蚀动能，使其输沙能力增强，并且雨滴溅起的泥沙更容易迁移。若土壤中含有较多的细颗粒土，击溅还会导致表层土壤结皮现象的发生，从而更显著地降低土壤入渗率。雨滴击溅破坏了土壤结构，为径流输沙提供了丰富的土壤物质。

地表径流的形成则会产生径流侵蚀。随着降雨历时的延长，表层土壤含水量逐渐进入饱和状态，土壤孔隙被堵塞，土壤入渗能力减弱。当降雨强度大于入渗速率时，就形成地表径流。初期的地表径流是薄层水流，处于分散状态，流速也比较慢，冲击力并不大。但随着地表径流的不断汇集和水量的逐渐增大，同时由于坡面势能转化为动能，流速沿坡长也会不断增加，从而导致水流的冲刷能力逐渐加强。地表径流在流动过程中带走由溅蚀产生的土壤颗粒以及径流本身所侵蚀的土颗粒。

土壤形成结皮后，具有较大流量与能量的径流，其冲蚀作用进一步增加。当径流汇集到一定程度后就会产生细沟侵蚀。当分散的地表径流汇集成片状小股流时，流速加快且其侵蚀能力变大，在坡面则会形成沿地表径流方向的细沟。随着降雨过程的推移，细沟侵蚀逐渐占据主导作用。细沟的形成促进了径流的集中，反过来集中的径流又促进了细沟的发展。沟壁小土块的崩塌和邻近细沟流的合并是细沟加宽的主要方式，而沟底下切、沟头的溯源侵蚀以及同一流程上数条细沟的连接则是细沟加长的主要方式。在单条细沟发展的同时，由于微地形、土壤抗侵蚀性能和根系固结作用的差异以及在降雨过程中雨强和径流侵蚀力的不均匀性等，已存在的细沟又会出现分叉、合并以及连通现象，从而进一步促进了细沟侵蚀的发展。细沟对于质地均一、结构松散的农地(特别是坡耕地)的破坏性很大。细沟侵蚀是坡耕地土壤侵蚀的主要方式。抗蚀性较差的耕层和抗蚀性较好的犁底层组成的双层土壤结构，控制了农地细沟的发育、细沟的深度以及侵蚀速率沿坡向的分布。

在农地侵蚀过程中，雨滴和径流对土壤侵蚀起着不同的作用。降雨动能主要是分散土壤团聚体并产生溅蚀，同时对地表径流也具有一定的扰动作用。降雨动能与雨滴大小以及雨滴速度有关。而径流主要起着冲蚀和搬运土壤颗粒的作用。径流动能与降雨强度或径流量以及地形条件例如坡度和坡长等因素密切相关。雨滴溅蚀在很大程度上依赖于地表径流的形成。只有在降雨形成地表径流后，雨滴溅蚀才能形成真正意义上的土壤侵蚀。

降雨是产生地表径流的根源，决定了地表径流的变化特征。降雨径流侵蚀的影响因素主要包括降雨强度、土壤性质、土地利用状况和地形因素等。降雨强度是农地降雨径流侵蚀的首要影响因子。降雨强度越大，则雨滴的打击动能越大，降雨击溅侵蚀量也越大。随着降雨强度的增加，雨滴击打对土壤结构的破坏程度增大，土壤入渗量减少，地表径流形成的时间提前，并且地表径流量也随之增大。此外，雨滴打击引起径流的紊动程度也随着降雨强度的增加而增大，从而导致径流侵蚀输沙能力的增强。因此，农地径流量和侵蚀模数随着降雨强度的增加而增大，它们与降雨强度一般呈指数函数或幂函数关系。

土壤性质是影响农地降雨径流侵蚀的另一个重要因子。水稳性好的团粒结构土壤，其抗蚀抗冲能力较强，土壤不易被冲刷。同时，团粒结构土壤的孔隙性状较好，有利于水分入渗，从而减少径流。

土地利用方式对农地降雨径流侵蚀有重要的影响。不同土地利用条件下的径流量与土壤侵蚀强度，差异很大。裸地土壤的产流量及其侵蚀程度明显高于作物覆被下的农地。

坡度和坡长等地形因素也影响降雨径流侵蚀。当坡长大于产生细沟的临界坡长时，坡耕地则易产生细沟侵蚀。坡耕地土壤的侵蚀程度随地表坡度增大而增加。

2. 灌溉侵蚀

灌溉是降雨不足情况下保证作物正常生长和作物高产的必要条件，特别是在干旱和半干旱地区，没有灌溉就没有农业。灌溉对满足人类日益增加的粮食和纤维需求起到了举足轻重的作用。农地灌溉方式基本上可以分为地面灌溉、喷灌和滴灌三大技术体系(Ghassemi 等，1995；Koluvek 等，1993)。灌溉侵蚀是指在对农田、菜园、果园等进行灌溉、排水等生产活动过程中，由于灌溉水的打击、冲刷等作用而产生的土壤及养分流失、地力衰退的现象(FAO，

2003)。

灌溉是为了增加作物产量而对自然水循环进行人工调控的行为,它在一定程度上加快了土壤的自然侵蚀,因此灌溉侵蚀是一种典型的人为侵蚀。灌溉侵蚀导致了农田表层肥沃土壤的流失以及土壤孔隙堵塞、土壤结皮形成、土壤容重增大和养分缺乏等现象,从而影响作物产量与品质。灌溉侵蚀还可导致下游灌排渠系、河道或水库的泥沙淤积,增大了下游水体富营养化的风险。此外,劣质水(再生水和微咸水等)灌溉可能也会加重农地灌溉侵蚀的危害性。灌溉侵蚀主要发生在坡度为 1%～3%的坡耕地。不同灌溉方式对灌溉侵蚀具有不同的影响,其中地面灌溉时的土壤侵蚀最为严重。

相对于降雨径流侵蚀而言,影响灌溉侵蚀的主要因素是灌溉方式、灌溉流量和流速、灌溉水性质等。地面灌溉的水流在相当干燥的土壤表面上推进,土壤快速湿润,导致农田表层土壤孔隙中空气被水快速驱替和挤压,破坏了土壤团聚体结构,降低了土壤抵抗侵蚀的能力。在灌溉水流冲刷力和拖曳力的作用下,灌溉土壤可产生面蚀或沟蚀。在农田进水口部位的流量和侵蚀能量最大,所以此部位的土壤流失最为严重。在灌溉水向下游部位的流动过程中,地表径流量不断减小,土壤搬运能力和侵蚀也随之减弱,因此在灌溉农田的尾部可能出现泥沙的沉积现象。在流速相同的条件下,流量越大,水流对土壤的剪切力越大。沟灌土壤的侵蚀量随着灌溉流量的增加呈幂函数增加。在流量一定时,水流速度越大,水流的挟沙能力越强,水流对土壤的剪切力越大。

由于喷灌的设计强度小于土壤的入渗能力,因此理论上讲喷灌不会产生地表径流。然而,在喷灌设计中很少考虑喷灌水滴对土壤团聚体的打击而引起的土壤入渗能力的降低,所以喷灌引起的土壤地表径流和侵蚀现象在许多灌溉工程中也不同程度地存在。滴灌属于局部灌溉,水分缓慢均匀地渗入土壤,对土壤结构能起到保持作用,因此基本不造成灌溉侵蚀。

灌溉水质影响灌溉侵蚀。土壤入渗率随着土壤中可交换钠含量(ESP)的增加或土壤溶液浓度(当小于土壤黏粒的凝絮浓度时)的降低而减小。当灌溉水中钠吸收率较高或电导率较低时,灌溉侵蚀较强。劣质水(微咸水或污水)灌溉将带给土壤大量的盐分。在腾蒸作用下,土壤水分减少而盐分向上运移,表层土壤中的溶液浓度增加,从而引起钙、镁盐类的沉淀和土壤 ESP 的增大,导致土壤结构的恶化和水力传导能力的降低。此外,灌溉污水中的有机和无机悬浮物可能也会引起土壤传导孔隙的阻塞,从而降低土壤的水力传导能力。长期由劣质水灌溉的土壤一旦遭受强降雨或重新采用高质量灌溉水灌溉时,由于表层土壤的电解质浓度低于土壤黏粒的临界凝絮浓度,从而会引起土壤黏粒的弥散,导致土壤水力传导度和入渗率的降低以及灌溉侵蚀的增加。由于淡水资源的短缺,一些地区常常采用咸淡水交替灌溉,这一灌溉模式有可能加速灌溉侵蚀的发生。

3. 坡地耕作侵蚀

耕作过程可以疏松土壤,改变物理性质(如容重、孔隙度等),其目的是为作物根系生长创造一个良好的生长环境。在耕作过程中,土壤物质在耕地内再分布,不同距离及不同深度范围的土壤物质发生混合和重新组合,因此坡地耕作会发生耕作侵蚀。耕作侵蚀是坡地土壤物质在耕作机具作用下发生搬运和位移的过程,它是一种在外营作用力(农耕工具牵引力和土体重力作用)作用下土壤及其母质被破坏、剥蚀和搬运的典型人为加速侵蚀。耕作侵蚀并不导致土壤直接从田间流失,而是在复合地貌区土壤从坡地的凸部流失到凹部沉积、从坡耕地上坡部位流失到下坡部位堆积。

耕作侵蚀是坡耕地的一种重要的土壤侵蚀形式。坡地耕作侵蚀与水蚀速率属于同一数量级，陡坡地耕作导致的土壤损失比径流引起的土壤损失高出数倍。Lobb 等认为耕作侵蚀至少占土壤总侵蚀的 70%(即水蚀和风蚀仅占 30%)。王占礼等的试验结果显示，我国黄土高原地区的耕作侵蚀占土壤总侵蚀的 10%～54%。当横坡耕作时，土壤朝下坡向的位移远远大于上坡向，土壤主要发生朝下坡向的运动。特别是机耕犁的犁面面向下坡时，土壤向下坡传输的现象更为明显。

耕作侵蚀强度大小及空间变化受许多因素的综合影响，主要有坡度、坡长、土层深度、耕作方式、土壤容重、耕作机具等。其中，地形是影响耕作侵蚀的主要因素。耕作侵蚀出现空间差异主要由地形特征的差异引起。

耕作侵蚀速率随坡度的增大而增大，在平坦土地上一般不存在耕作侵蚀。耕层土壤的水平位移量随着土层深度的增加而减小。耕作方式和耕作机具对耕作侵蚀有着重要影响。传统耕作方式造成的耕作侵蚀更为严重。与传统顺坡耕作相比，等高耕作可有效减少土壤侵蚀。一般传统顺坡耕作产生的土壤侵蚀＞少耕＞等高耕作＞等高垄作＞保护性耕作。往返式耕作一般不会产生土壤的净位移。耕作次数越多，一般耕作侵蚀的严重性和危害性也越大。大型机械耕作，加重了土壤压实，降低了土壤入渗能力，从而增加了地表径流和土壤侵蚀。

耕作侵蚀促进了土壤水蚀和风蚀的发生。在耕作侵蚀强度大的部位，表层土壤过于疏松，因而土壤可蚀性较大，抗侵蚀能力弱，极易被径流冲刷搬运，导致水蚀强度的增大。耕作侵蚀将土壤输送到细沟和集水地带，促进了土壤的细沟侵蚀。

农田耕作侵蚀量是一次耕作导致的耕作净侵蚀量，它可用式(4-1)估算：

$$Q = k \times s \tag{4-1}$$

或

$$Q = k_3 + k_4 \times s \tag{4-2}$$

式中，Q 为耕作侵蚀量，s 为坡度，k_3 和 k_4 为耕作传输系数。$k_3 = d \times k_1 \times \rho$，$k_4 = d \times k_2 \times \rho$，$d$ 为平均耕作位移距离，ρ 为土壤容重，k_1 和 k_2 为位移距离系数。

也可由式(4-3)估算：

$$Q = D \times d \times \rho \tag{4-3}$$

式中，D 为耕作深度，d 为平均耕作位移距离，ρ 为土壤容重。

耕作侵蚀速率是衡量耕作侵蚀强度的指标。耕作侵蚀速率可由式(4-4)估算：

$$R = Q/L \tag{4-4}$$

式中，R 为耕作侵蚀速率，L 为坡长，Q 为耕作侵蚀量。

4. 农地风蚀

农地土壤风蚀是指农地土壤在气流作用下产生土壤颗粒位移、土壤物质损失的过程。土壤风蚀包括地表土壤颗粒被风吹起和输移的吹蚀过程以及地表物质受到风吹颗粒撞击而破碎的磨蚀过程。风蚀在微观上表现为土壤颗粒物质被搬运、从而导致土壤发生侵蚀或堆积的过程，而在宏观上则表现为土地沙化和荒漠化的过程。土壤风蚀是干旱、半干旱以及部分半湿润地区土地退化的主要原因之一。农地风蚀是土壤风蚀的一种，其中以旱作农地为主。

风蚀不仅引起风蚀区的表土流失和土壤粗化，耕层变浅，导致土地生产力下降，而且细粒物质可随风输移，对其他广大地区的环境造成严重危害。我国受土壤风蚀及土地沙漠化影响的面积很大，主要分布于北方。加强我国北方旱作农田土壤风蚀的防治，对改善生态环境、促进区域经济可持续发展和减少沙尘暴危害具有十分重要的意义。

农地风蚀过程主要包括土壤团聚体和基本粒子的分离、输送和沉积过程。风速是风蚀的启动力。当风速增加时，风向上抬起土壤的力及其拖曳力也相应地增大。当风速达到临界值时，直径较小的土壤颗粒开始前后摆动，表面土壤颗粒发生分离或运动。土壤颗粒通过风的作用在空中或沿着土壤表面输送，直至到达风速较低的位置处沉积。在农地表面没有或较少保护的情况下，大风可以在短时间内搬运走大量的土壤。土壤颗粒愈大，表土愈湿，地面愈粗糙，植被覆盖度愈大，一般起动（临界）风速也愈大。在风速大于起动风速后，随着风速的进一步增大，风蚀急剧发展，从而形成风沙流。

风沙运动是一种贴近地表的土壤颗粒搬动现象，土壤颗粒运动主要包括悬移、跃移和滚动。土壤颗粒的搬运过程主要发生在地表以上 1 m 高度的范围之内，90％的被搬运土壤颗粒集中分布在 0～20 cm 的高度内。在风力作用下，小颗粒（＜0.1 mm）的土壤主要发生悬移。小颗粒土壤悬浮在空中作垂直或水平方向的运动，随风输送。悬移质被风卷扬到高空，其搬运距离很远，搬运高度也非常大。由于细小颗粒含有较多的有机质和营养物质，因此这些细小颗粒的损失对土壤质量的影响最为明显。在农地风蚀中，悬浮输送的土壤颗粒一般占总土壤颗粒的 3％～40％。直径 0.1～0.5 mm 的中等土颗粒的运动方式主要是跃移。这些土壤颗粒进入风流中后，在重力作用下短时间内落下来，与地面碰撞并加入到其他土壤颗粒的运动中。一般跃移高度在 0.3～1.2 m 之间。跃移颗粒占总运动土壤颗粒的 50％～80％，一般多沉积在被蚀地块的附近，在灌丛、土埂的背后形成沙堆，或沉积在田块间的沟渠中。跃移是伤害农地植物的主要原因。0.5～1 mm 的土壤颗粒和团聚体主要发生滚动。由于这些颗粒较大，不能离开地表，但受跃移过程中的旋转土壤颗粒的碰撞冲击而发生松动，因此它们随风沿地表滚动。滚动颗粒占总土壤颗粒的 7％～25％。土颗粒的滚动移动引起沙粒在低洼处沉积，伤害甚至淹埋植物。当风速减弱时，紊流旋涡的垂直方向分力小于重力，从而导致土颗粒沉积。滚动颗粒搬运的距离一般较短。

土壤风蚀强度（风蚀率）指单位时间内单位面积的风蚀量。农地风蚀受气候因子、土壤理化特性、土壤含水量、地表覆盖物、地表粗糙度等许多因素的影响。气候因子也称侵蚀性因子，主要包括风速、风向、气温、降水、蒸发和空气湿度等。风速是农地风蚀的原动力。土壤理化性质及表面特征决定着地表物质的抗蚀性。质地黏重、有机质含量高、团聚体结构好、稳定性强的土壤，其抗风蚀性就强。土壤表层团聚体的大小分布可作为土壤抗风蚀性的指标，粒径大于 0.84 mm 的颗粒被认为是不可蚀颗粒。当土壤表面的不可蚀性颗粒覆盖度达 80％以上时，风蚀量接近于零。土壤含水量是影响土壤风蚀的一个重要因子。当土壤颗粒表面附着薄膜水时，水膜的静电作用使颗粒间的黏着力增大，因而具有更强的抗御风蚀能力。土壤可蚀性随着土壤水分的增加而减小。

地表覆盖物是影响土壤风蚀的主要因子。风蚀强度随着植被盖度的减少呈指数增加。当植被盖度＞60％时，风蚀率几乎为零。而在植被盖度减小至 20％以下时，风蚀率急剧增大。地表覆盖物的种类和结构特征是影响风蚀的重要因素。作物残茬覆盖可有效控制农地风蚀。倒伏的植被残茬可抑制地表土壤的扬起，增大临界风速，而直立残茬可减小地表风速和拦截跃移的土壤。地表粗糙度的增加可有效控制农地风蚀。试验和生产实践都证明，采取保护措施，如作物残茬覆盖、增加地表粗糙度或改变土壤特性等，可有效减少农地风蚀土壤的损失。

4.1.3 农地土壤侵蚀的控制措施

农业开垦与耕作活动降低了农田生态系统对降雨、径流、风等自然侵蚀营力的抵抗力，从而增大了这些自然侵蚀营力的有效性。针对不同的农地土壤侵蚀类型，应采取不同的控制措施。

对于降雨径流侵蚀，应设法减小雨滴对地面直接打击的能量，提高土壤入渗能力，降低径流流速或冲刷能力；改善土壤结构，防止地表结皮的形成；增强土壤抗打击和冲刷的能力。降雨径流侵蚀的控制措施主要有地表覆盖、改良土壤结构、免耕少耕、植物留茬、建立带状植物篱等。对于灌溉侵蚀（主要是漫灌、沟灌和畦灌侵蚀），应减小灌溉水流的流速和冲刷力，减少对土壤结构的破坏和地表结皮的形成。灌溉侵蚀的主要控制措施包括减小灌溉农田的地面坡度，采用局部灌溉方法，改善灌溉水质，应用聚丙烯酰胺（PAM）等化学制剂和保留作物残茬等。耕作侵蚀控制应设法减少耕作土壤的位移和耕作对土壤物理化学性质的破坏，其控制主要措施包括采取免耕、少耕和等高耕作等保护性耕作方式或建立带状植物篱等。农地风蚀的控制应以减小作用于土壤颗粒上的风力以及提高土壤抗风蚀能力为主要目标，主要措施包括建立带状耕作、建立保护植被或保留植物残茬、培育稳定的土壤团聚体或增加地表粗糙度等。农地土壤侵蚀可以通过耕作措施、工程措施、生物措施、化学物理措施、农业措施等多种方法或其联合达到控制之目的。本节主要介绍耕作模式调整（保护性耕作等）、土壤结构调节剂（PAM 和粉煤灰）的应用、农业种植模式调整（等高植物篱）等方法对农地土壤侵蚀的影响。

1. 耕作模式调整

土壤在开垦耕种后，随着有机质含量的降低和土壤理化性质的改变，土壤可蚀性一般会增大。对于同一类型的土壤，耕作后土壤的可蚀性明显大于自然土壤的可蚀性。传统耕作能除掉地面的残茬和杂草，切碎土块，创造松软细碎的种床，有利于播种，但同时它也破坏了地表覆盖对地面的保护作用，从而增大了土壤侵蚀发生的可能性。耕作强度愈大，土壤偏离自然状态愈远，自身的保护功能丧失得愈多。因此，在耕作措施上，应采取少耕、免耕、等高耕作、等高垄作、垄作免耕或少耕深松等方式，合理耕作既可改良土壤结构、改善土壤理化性状，同时也可增大地面糙度，提高土壤抗侵蚀性。

保护性耕作技术是指在能够保证种子发芽的前提下，通过少耕、免耕和化学除草技术措施的应用，尽可能保持作物残茬覆盖地表，减少土壤水蚀和风蚀，实现农业可持续发展的一项农业耕作技术（农业部农业机械化管理司，2002）。保护性耕作制度是以保护农田水土资源和环境健康为核心，以建立土壤轮耕技术体系和多元化覆盖技术体系为关键，减少水土流失，维持土地生产力，改善农田生态系统功能的可持续农作制度（全国保护性耕作研讨会，2005）。

保护性耕作技术主要包括：①免耕或少耕。免耕是指除播种之外不进行任何耕作，而少耕是指只进行局部深松与耕作。②作物秸秆残茬覆盖地表。用秸秆盖土或根茬固土，保护土壤。③免耕播种。在有残茬覆盖的地表进行开沟、播种、施肥、施药、覆土镇压复式作业，减少机械进地次数。④喷洒除草剂控制杂草。

保护性耕作在地面形成覆盖层，增大了地面覆盖度和粗糙度，减少了雨滴直接打击地表的机会和土壤击溅损失，降低了雨滴打击地表的动能，减缓了机械结皮和径流的发生，延迟了地面积水产生的时间。同时，地面覆盖层可拦截降雨或灌溉径流，增加水分入渗和土壤蓄水，减少水分蒸发，降低径流速度和径流量，从而减小径流冲刷力，减少土壤和养分的流失，有助于保护土壤环境质量。残茬秸秆还田腐解还可增加土壤有机质和腐殖质，改善土壤的理化性质，培肥地力，提供作物所需的养分。秸秆覆盖的影响效果与地面坡度、覆盖厚度以及覆盖年限等因素有关，其作用效果随着坡度的增加而降低，但随着覆盖厚度和覆盖年限的增加而升高。保护性耕作可以有效控制农地降雨径流侵蚀、灌溉侵蚀、风蚀和耕作侵蚀以及沙尘暴的发生，并可提高天然降雨利用率。

2. 其他水土保持耕作措施

(1)等高耕作

在坡耕地上沿等高线进行耕作，实现对地表径流的层层拦截，增加入渗，减少径流与侵蚀，从而控制土壤和养分流失。

(2)等高垄作

在坡耕地上沿等高线建垄，在垄上留茬免耕。降雨时，径流会在垄沟里滞留。当径流量达到一定程度后，径流在垄沟内开始蓄积上升，并沿着垄沟方向往相对低洼处汇集。这一耕作措施可增加入渗，减少径流及土壤和养分的流失，从而提高作物产量。

(3)垄作区田

垄作区田是在垄沟内每隔一定距离修筑一个略低于垄台的土挡，将垄沟分割成多段，用以拦蓄和贮存降雨，可以避免或减少径流发生，有利于减少土壤流失和提高作物产量。

上述耕作模式都能一定程度上减少或控制农地降雨径流侵蚀和耕作侵蚀，对坡耕地土壤侵蚀控制的作用效果尤其明显。

3. 土壤结构调节剂的应用

水溶性线性高分子聚合物聚丙烯酰胺(简称 PAM)，是一种有效的土壤结构稳定剂和改良剂。它通过静电引力或架桥吸附作用，将土壤黏粒絮凝和黏合在一起，从而增强土壤团聚体的稳定性和土壤的入渗能力，提高土壤的抗蚀性。PAM 的有效性与 PAM 本身的性质如电荷数量和分子重以及土壤质地、土壤 pH 值、土壤溶液离子浓度和离子类型等有关。

PAM 对黏重土壤的作用效果更为明显，对沙土与沙壤土等土壤作用效果不是很强。PAM 应用量也影响 PAM 作用效果。小量施用可有效增加灌溉或降雨的入渗量，抑制地表径流，减少农地的土壤、养分以及有机质流失。但当施用量过大时，由于其过大的溶液黏滞性，则会减小土壤入渗率，增加地面径流、土壤和土壤养分的流失。

粉煤灰是电厂煤燃烧后的烟气中收集的固体废弃物，可用作土壤改良剂。农地耕作层土壤中施用粉煤灰可降低土壤容重，增加土壤孔隙度以及透气和透水性，提高土壤持水性，改善土壤物理化学性质。施用粉煤灰可降低农地灌溉和降雨径流侵蚀。

4. 农业种植模式调整

在自然状态中，植物群落是土壤免遭侵蚀破坏的最有效和最稳定的保护者。在农业生态系统中，植物通常是由单一的一年生作物群构成，缺乏自然群落的层次结构，对土地的保护作用比天然植物群落差得多。农作物从播种、种植到生长成熟以至收获，植物覆盖度可以发生显著变化，因此农作物覆盖对土壤的保护能力在不同时期是不同的。不同农业种植模式具有明显不同的水土流失特征。同自然植物群落结构相比，群落结构单一的农业种植模式，其径流和土壤流失比较严重。增加农业种植模式的群落结构层次，可增大地表植被的覆盖度，减缓降雨对地面的冲击，提高土壤的抗冲能力，降低土壤流失。

(1)等高植物篱

等高植物篱是一种复合农业种植模式。等高植物篱(contour living hedgerow)是指坡地上沿等高线按一定的间隔、以线状或条带状密植一年或多年生灌木或草本植物，在其间通常可种植一年生农作物，形成既能挡水又能挡土的篱笆墙以防治水土流失。等高植物篱具有提高土壤的抗侵蚀性、机械拦阻泥沙、改变坡地微地形、长时间植被覆盖等特点，可延缓农地的产流产沙过程，减少坡耕地径流和土壤的流失。

①提高土壤的抗侵蚀性。植物篱的根系十分丰富，须根密集，根系的缠绕固结和穿插作用提高了土壤的抗冲性和渗透性。植物篱上部生物产量较高，对土壤表面的覆盖保护效果较好，避免土壤直接遭受雨水溅击。

②机械拦阻泥沙。植物篱可以显著阻滞降雨径流和减少泥沙携带。等高植物篱的阻隔作用使径流坡长截短，减小了径流的侵蚀力，使细沟侵蚀不易发生，从而大大减少了坡面侵蚀量，特别大颗粒土壤的流失。

③改变坡耕地微地形。由于植物篱根部的拦截，上方冲刷下来的泥沙大部分在篱带下方淤积。篱带前的泥沙淤积，长时间后则可形成一道土坎，从而降低坡面坡度，使坡地自然梯化，形成水平带状的分布形态。

④影响土壤颗粒的空间分布。在种植植物篱后，由于植物篱对侵蚀泥沙的拦截作用，坡面上土壤的机械组成形成了规律性的分布，即篱后土壤的黏粒含量降低，砂粒含量升高，而篱前的黏粒富集。

⑤影响有机质和土壤养分的空间分布。由于植物篱影响土壤黏粒含量的分布，因此在坡面栽培植物篱后，坡面土壤中的有机质含量呈现出篱前含量增高而篱下含量降低的分布规律。土壤养分有明显的富集现象。氮素向坡脚的移动被阻断，因此呈现篱前的氮素富积而篱后的氮素流失的带状形分布特点。植物篱通过控制土壤流失而大量减少了磷素的流失，因此栽培植物篱后可适当降低磷肥的施用量。减少土壤细颗粒流失对土壤有效钾的影响最大。在植物篱完全蔽合且篱前淤积带形成后，细颗粒流失大量减少，因此土壤有效钾的损失也相应地减少。

植物篱间距和地面坡度影响植物篱的作用效果。随着植物篱距离的增加，坡面径流的汇集面增大，径流速度和坡面侵蚀增加，并有可能形成细沟侵蚀。只有在径流量汇集到足够大之前种植植物篱的作用效果最好。为达到良好的作用效果，随着地面坡度的增加，植物篱的间距应缩小。

(2)隔带种植

隔带种植是将地块按一定宽度划分为若干条带，交错种植不同植物的一种种植模式。例如，在坡耕地上沿等高线设置草带，带间种植农作物。典型的隔带种植有粮草隔带种植、粮草豆隔带种植等。隔带种植可以保护土壤，抑制农地侵蚀。

(3)分带轮作

将地块按一定宽度划分为若干条带，在同一带上种植两种或两种以上作物，下季再在带中轮换种植不同的作物，把适宜作物安排在最佳的种植期和生产阶段，使各类作物充分利用地力、时间、空间以及光、热、水、气等自然资源，实行一地一年收获多类作物的农业种植模式。以小麦、玉米和绿肥种植为例，将地块分成若干带，每一带又分主带和副带，第一年秋季(第一季)

在主带上种植小麦，副带上种植绿肥，这就是分带种植。第二年春季，绿肥收割后，在此带上种植玉米，小麦收获后，在此带上种植绿肥，如此轮作。分带轮作保护了土壤，提高了地力，也能部分减少农地土壤侵蚀。

4.2　农地水环境

农地土壤侵蚀降低了农田水分的利用效率，水土以及养分流失导致了侵蚀区域农田生产力的降低，同时导致了下游地区水体富营养化和水土环境质量的恶化。

4.2.1　水资源损失

1. 降雨径流损失

降雨时，雨水通过入渗进入到土壤中。随着降雨和入渗的延续，当降雨强度大于土壤入渗能力时在地表形成径流。降雨产流后，径流顺坡向下流动，形成地表薄层水流或集中水流，在其作用下相应地形成了片蚀或沟蚀。形成地表径流的降雨不能被农田土壤蓄积，而是以地表径流形式流入下游水体。

2. 间接水分损失形式

在降雨作用下，土壤表面产生侵蚀，大量质地较细、富含土壤矿物质和有机质的肥沃表土被径流带走，土壤结构遭到破坏，引起土壤入渗能力降低、土壤蓄水能力下降和地表蒸发增大现象的发生，从而加剧了水资源流失。

降雨和灌溉引起农田地表结皮的形成，阻止了水分向土层内部的渗透。土壤侵蚀带走了大量土壤，使土层越来越薄，从而减少了土壤的蓄水容积和蓄水量。土壤质地的粗化和结构的破坏，降低了土壤的持水性能，导致土壤蓄水性能的不断降低，甚至完全丧失蓄水能力。土壤结构的破坏以及有机质含量的降低，引起土壤导水性的降低以及入渗量和蓄水量的减少。同时，入渗量和蓄水量的减少增大了表面径流量，反过来又增强了土壤的流失。从而导致农地土壤侵蚀与农地水资源处于一种恶性循环状态。除此之外，农地风蚀以及耕作侵蚀等还会增加土壤水分的蒸发损失。

4.2.2　水体富营养化与水体污染

农地土壤侵蚀输送的径流泥沙，不仅造成了土壤养分（氮和磷等）的大量流失，还加剧了下游江河、湖泊、水库等水体的富营养化。农地土壤侵蚀是水体富营养化的一个重要源头。

水体富营养化是指湖泊、水库、河口、海湾等封闭性或半封闭型的缓流水体中的氮和磷等可资生物利用的营养物质富集，引起某些藻类（主要是蓝藻）及其他浮游生物和细菌等异常繁殖，导致水体透明度和水体溶解氧含量下降、水质恶化、异味、有机物质含量和 pH 值上升、鱼类及其他水生生物随之大批死亡的现象。在自然条件下，湖泊也会从贫营养状态逐渐过渡到富营养状态，不过这种自然过程非常缓慢；而在人类活动的影响下，水体富营养化可能在短时间内出现。

在地表淡水系统中，通常某些营养物质的含量控制着水生植物的生长数量。导致水体富营养化的物质，往往是水系统中这些含量有限的营养物质的增加所致。例如，在正常的淡水系统中，磷含量通常是有限的，它控制着植物的生长。当水体中磷酸盐浓度增加时，则会导致植物的过度生长，特别是蓝藻和红藻个体数量的迅速增加，而其他藻类则相对减少。在正常水体中，藻类以硅藻和绿藻为主。当蓝藻大量出现时，则说明水体呈现富营养化的征兆。随着富营养化程度的发展，最后水体中的藻类则以蓝藻为主。蓝藻和红藻繁殖迅速，生长周期短。大量集中在水层表面的水藻死亡后，它们的残体在分解时需要消耗掉水体中大量的溶解氧，从而导致水中鱼类等水生生物大量窒息死亡。某些藻类甚至还会释放出一些有毒物质，引起鱼类和其他水生生物的大量死亡。富营养化水中一般含有过量的硝酸盐和亚硝酸盐，因此人、畜长期饮用这些水会中毒致病。此外，死亡藻类分解时还会释放出 CH_4 和 H_2S 等气体，使水变得腥臭难闻。藻类及其他浮游生物残体在腐烂过程中，又会把大量的氮和磷等营养物质释放入水体中，供新一代藻类等生物利用。因此，富营养化水体，即使切断了外界营养物质的来源后，也很难自净而恢复到正常状态。

引起水体富营养化的主要营养物质是氮和磷。研究表明，对于水库和湖泊等封闭性水域，当水体内无机态氮含量大于 0.2 mg/L、磷浓度达到 0.02 mg/L 时，就会引起藻华现象。一般认为，当湖泊、水库、塘坝中的总磷浓度＞0.02 mg/L、全氮浓度达到 0.2～0.5 mg/L 以上时即被称为富营养化水体。由于磷是水体产生富营养化的限制因素，如果磷素未达到一定含量，仅有氮或碳等元素不会引起水体的富营养化。

农业生产中施用大量的化肥。未被作物利用的化肥，相当大一部分随着土壤侵蚀和径流进入水体。作物对磷肥的利用率很低，通常情况下当季作物的利用率只有 5%～15%。加上后期作物的利用，磷肥利用率一般也不超过 25%，因此约占施肥总量 75%～90%的磷滞留在土壤中。长期过量施用磷肥导致了农田耕层处于富磷状态，在暴雨或灌溉径流的冲刷作用下加速土壤磷向水体中的迁移。农田径流挟带的氨氮和硝态氮进入水体后，改变了水体中原有的氮平衡，促进了某些种属藻类或水生植物如水花生、水葫芦、水浮莲或鸭草等浮水植物的迅速繁殖，覆盖大面积水面，导致其他水生植物或动物的大量死亡，甚至影响河道航运。农田地表径流中的氮和磷输出是导致河流、湖泊等水体水质富营养化的主要原因之一。

我国水体的富营养化程度相当严重。根据水利部《2006 年水资源公报》，监测的 43 个湖泊中，除云南泸沽湖为贫营养外，其他 42 个湖泊处于中营养或富营养状态。275 座水库中的 2/3 处于中营养状态，1/3 的水库处于富营养状态。我国重点湖（库）水体营养程度如图 4-1 所示。

降雨径流和农田灌溉排水的冲刷及淋溶作用也可引起土体中农药和重金属等其他污染物进入地下水和地表水，从而污染水体。农地土壤中农药和重金属等污染物的迁移主要包括随下渗水分向深层的迁移或随地表径流和泥沙的地表迁移。

农药和重金属是污染土壤、地表水和地下水的主要污染物。由于降水的淋溶作用，农药和重金属随之进入土壤深层，并长期存在于土壤中，难以降解，导致地表水及地下水的污染。它们也可通过土壤—植物系统进入食物链，在植物或动物体内逐级累积，危害人类的健康。农田中污染物的长期积累可导致农产品中污染物超标及其质量下降，致使大量耕地被迫撂荒或改作他用。

农药中的许多成分有致癌、致变或致畸作用。农药在田间施用后，一部分直接进入土壤，还有一部分附着在作物植体表面或残留在地表。降雨或灌溉产生的地表径流和侵蚀泥沙会携带这些残留在地表和植物上的农药和重金属等进入地表水体。土壤侵蚀越严重，地表径流对农药和重金属等污染物的携带量越大。

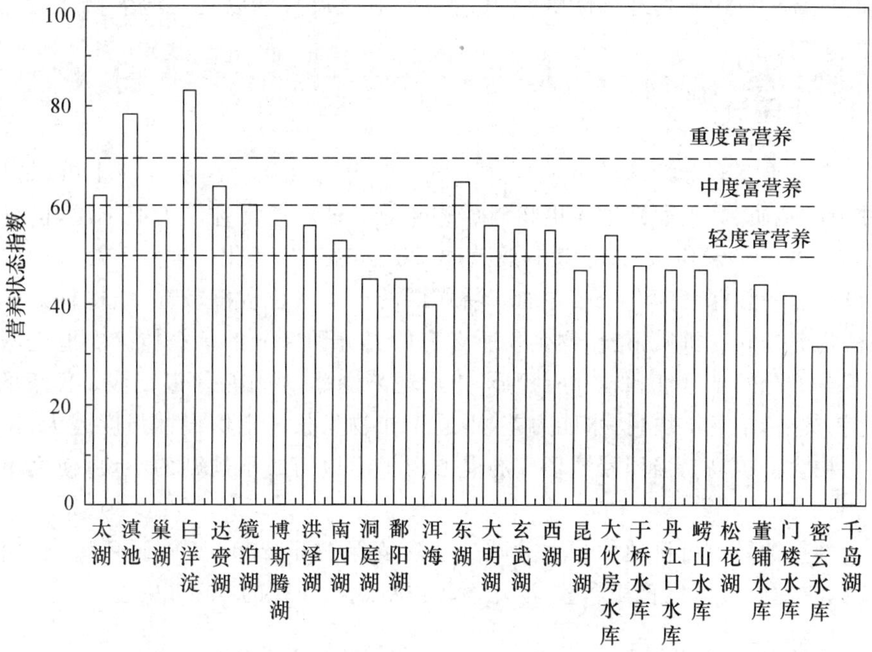

图 4-1　我国重点湖(库)营养状态指数

藻类在水生生态系统中起着重要作用,是水生生态系统的初级生产者。藻类通过光合作用,为鱼类和水鸟等生物提供氧气和食物,其种类多样性和初级生产量直接影响水生生态系统的结构和功能。大量农药残留经地表径流进入水体,也对水体中藻类的生长带来不利影响。农药破坏藻类植物生物膜的结构和功能,影响藻类的光合作用,改变呼吸作用和固氮作用,从而影响藻类的生理进程并改变其生化成分。由于不同藻类对农药的敏感性不同,农药的使用会导致敏感种藻类的逐渐消失,而抗性种则逐渐占优势,从而改变藻类种群的组成、结构及其功能,藻类的多样性指数也随之下降。

一般水体中以有机氯农药的污染最为严重,其中 DDT、DDE 或 DDD 最为常见。有机氯农药的水溶性差,易被水体中的悬浮颗粒物吸附,在河流或湖泊的底泥中富集。移动性较强的农药易由土壤淋溶进入地下水。地下水的水温低、微生物量少且活性低,又缺乏阳光照射,农药在地下水中的降解缓慢,滞留期较长。此外,水体中有机磷农药的污染也较多。与有机氯农药相比,有机磷农药的化学性能不稳定,降解速度快。有机磷经鱼类通过食物链作用于人体。有些有机磷农药在鱼肝脏内可转化为毒性更强的物质,因此这些毒物也表现有迟发毒性的效应。有机磷农药也可影响浮游生物和底栖生物。

4.3　农地土壤环境

在农业上,土壤既是作物地上部分的支撑体,也是作物生长的介质以及水分和养分的重要来源。同时,土壤还是外来水分和养分的重要缓冲库,通过其缓冲作用防止外来养分的流失,增加其对植物的有效性。此外,土壤还是环境污染物质的净化体,通过土壤对各种离子的吸收和固定等作用,降低污染物质的毒性或阻止其更大范围的扩散污染。农地土壤侵蚀影响农地土壤环境，土壤流失量、土壤理化性质、土壤养分和有机质含量以及农地生物环境等都会受到土壤侵蚀的影响。

4.3.1 土壤流失

农业生产对土壤有着特殊的依赖性。土壤一般分为3层。A层为表土层，易松动、暗褐色，是一种由腐殖质、黏土和其他无机物组成的土壤。B层通常称之为亚土层，由黏土和其他从A层淋滤下来的微粒组成，几乎没有腐殖质。C层为部分风化的岩石。A层为农田土壤耕作层，相对较浅，一般深度为30 cm左右。耕作层的土壤熟化程度较高，结构良好，质地均一，富含各种植物养分和有机质，是作物生长所必需的养分和水分的承载体。农地土壤侵蚀带走大量表层富含养分的土壤细颗粒和有机质，土层越来越薄，耕作层不断变浅。留下的土壤则质地粗化，比较贫瘠，结壳结块，持水能力差，不适于作物生长。土壤侵蚀强度越大，侵蚀发生地土壤的粗颗粒含量越高。强烈侵蚀形成的侵蚀沟将土地切成不规则的小块，使之不能用于农业生产。

农地土壤侵蚀导致可耕地面积大量减少。环境保护部《2007年中国环境状况公报》的数据显示，我国耕地质量退化趋势严重，退化面积占耕地总面积的40%以上。

4.3.2 土壤理化性质

土壤理化性质和土壤结构影响土地生产力。土壤侵蚀对土壤物理和化学性质带来了一系列的不良影响，同时也会导致土层结构的破坏，最终造成耕作层板结，土壤透水性和持水能力降低，土壤微生物活动受阻，不利于根系发育和作物生长。

1. 土壤物理性质

土壤机械组成、土壤结构、容重、孔隙度、持水性、导水性、团聚体稳定性是土壤物理性质的重要指标。农地土壤侵蚀造成耕作土壤的物理性能下降。

(1)土壤的机械组成

土壤侵蚀对土壤的机械组成有明显影响，使砂、粉、黏粒比例发生变化。土壤中的细小颗粒更容易被雨水击溅，被击起的细粒更容易产生迁移。在灌溉侵蚀和风蚀过程中，土壤中的细小颗粒也更容易被径流和风力剥蚀和搬运。在土壤中被侵蚀的主要是以较小颗粒存在的粉砂和水分散性黏粒，砂粒和以“假砂”存在的黏粒因颗粒较大难以流失而其含量相对增加。

土壤的机械组成在不同土壤侵蚀强度下的表现也不同。土壤侵蚀强度越大，砂粒所占比例也越大，土壤沙化程度越强，土壤物理结构也随之变差。

(2)土壤结构

土壤结构形成的基础是团聚体。土壤颗粒在黏粒的作用下相互黏结形成黏团，黏团与黏粒结合形成微团聚体。微团聚体与细砂粒，在有机或无机胶体的胶结作用下形成团聚体。

土壤有机质随径流的流失不利于各级微团聚体的形成。无侵蚀土壤的各级微团聚体的比例比较均匀，遭到侵蚀的土壤则比例失调。土壤团聚体的含量少及其比例失调必然影响土壤的渗透性和持水能力，加剧土壤侵蚀。

(3)土壤容重、孔隙度、持水性和导水性

侵蚀引起的细小土颗粒位移堵塞了土壤孔隙，引起土壤孔隙度的降低。土壤结构的破坏、团粒结构的减少以及土壤容重的增加影响土壤的持水性和导水性。

雨滴击溅起的细小土壤颗粒落在土壤表面，造成土壤孔隙堵塞和土表封闭，形成结皮，这样既导致土壤孔隙度减小，土壤容重增大，又引起结构板结，破坏了表层土壤结构，从而阻碍雨水向土层渗透，降低了土壤导水性。受侵蚀的土壤，有机质和黏粒大量流失，土壤中砂粒比例增加，土壤结构性变差。有机质的减少降低了土壤对水分的吸附能力和容纳能力。同时，土壤侵蚀使土层变薄，也可导致土壤贮存雨水的能力减少。土壤持水能力和导水性能的降低最终导致地表径流的增大和土壤侵蚀的加剧。

(4)团聚体稳定性

土壤侵蚀引起土壤团聚体的消散和破坏。大粒径土壤团聚体是不稳定的，在雨滴打击、径流冲刷和耕作的作用下，被剥离形成较细的团聚体，从而导致大团聚体含量减少，而微团聚体比例增加。雨滴溅击和径流可以破坏脆弱的土壤大团聚体，但不能破坏黏附力较强的微团聚体。由于侵蚀泥沙对细粒团聚体具有富集现象，因此侵蚀流失的泥沙与原土壤的团聚体组成存在明显的差异。随径流流失的泥沙主要以粒径为 0.25 mm 以下的团聚体为主。

2. 土壤抗蚀性

随着土壤侵蚀程度的加重，土壤的分散系数越来越大，结构系数越来越小(极重度侵蚀除外)，因此土壤的抗蚀能力随着土壤侵蚀程度的加重而逐渐降低。

土壤侵蚀破坏了土壤剖面结构，从而影响土壤的抗蚀性。土壤结构及其稳定性是抵抗侵蚀力的主要因素，对土壤在水力作用下的分散和剥蚀有重要影响。土壤抗蚀性在于土粒的胶结作用和抗水分散的能力。遭受侵蚀后的土壤，其抵抗溅蚀和冲刷侵蚀的能力都会降低。侵蚀农地的土壤团聚体在水中更容易崩解，其分散系数加大，抗蚀性和抗冲性降低，不利于抵御水力的侵蚀。

土壤结构和土表粗糙度对土壤抗蚀性也有明显影响。侵蚀土壤的表面相对平滑，对径流的阻滞减弱，抗侵蚀能力降低。土壤遭受侵蚀后，其有机质和黏土矿物大量流失，土壤的化学性质发生改变，因此其抗蚀性也受到影响。

3. 土壤抗冲性

土壤侵蚀造成土层逐渐变薄，有机质含量降低，土壤有机胶结能力变小，土壤微团聚体含量减少，结构松散，抗冲能力差。在极重度侵蚀情况下，当土层已全部被剥蚀掉后，剩下了坚实的底土层，此时的抗冲强度反而增强了。

4.3.3 土壤养分、有机质和有机碳

土壤是养分、有机质和有机碳的载体。农地土壤在人类耕作影响下一般比较肥沃，土壤中含有大量的氢、磷、钾等各种无机矿物质养分以及有机质和腐殖质。农地侵蚀不仅导致水土流失，而且也会引起大量有机质和养分元素的流失。由于细颗粒易在径流中输移且这些细颗粒的养分含量相对较高，因此土壤侵蚀往往导致土壤养分含量以及土地生产力的急剧下降，致使土壤严重退化。农地土壤侵蚀程度愈重，土壤中的养分含量以及有机质和有机碳含量越低。

1. 土壤养分

土壤养分流失与农地土壤侵蚀密切相关。农地土壤侵蚀的过程，不仅是分散、剥离和搬运泥沙的过程，也是土壤养分加速流失的过程。

在侵蚀条件下，土壤养分以吸附态和溶解态形式发生双相流失。农地土壤侵蚀的泥沙多来自土壤表层。该土层中＜0.02 mm的土壤颗粒大量富集(包括单粒和水稳性团聚体)，具有较大的比表面积，对养分元素的吸附能力较强，有富集养分的特征。侵蚀泥沙养分富集度(侵蚀泥沙养分含量与雨前表土养分含量之比)是表征农地土壤侵蚀和养分损失的一个重要指标。土壤养分流失的形式和数量与径流泥沙特性、土壤类型、土地利用结构等密切相关。适宜的土地利用方式、合理的灌溉与种植制度及耕作方式可有效控制养分流失。

溶解态养分既可随淋溶过程或地表径流过程而流失。养分既需借助于水分才能在土壤中运移并为植物吸收利用，又可因过多的水分而渗漏或流失。土壤溶液中的养分离子随土壤水分向底层土壤运动或进入地下水中的过程称为养分淋溶。养分移至根系活动层以下后，则不能被作物根系吸收，从而导致土壤养分的损失，引起土壤肥力的退化。淋洗损失的氮和磷主要来自土壤本身以及施用的化肥，其损失量与进入土壤的水量、土壤特性、作物轮作制度、施肥制度以及化肥种类有关。农田土壤中的氮以淋失为主。由于土壤对磷有较强的吸附能力，磷在土中的移动性极差，一般不超过0.1～0.5 mm/a，主要集中在表土层，较难穿透较厚的土层，其淋溶损失一般较少。在土壤侵蚀严重的农田，由于土层变薄，土壤中的氮和磷更容易发生淋溶损失。有机磷相对较易在土壤中移动，它能随着雨水或灌溉水而移动到较深的土壤。

土壤养分也可随地表径流和径流泥沙而流失。溶解态养分随地表径流而流失的大小顺序一般是氮＞磷＞钾。农地流失泥沙是吸附态养分流失的主要载体，同时也是土壤养分损失的重要途径之一。磷和钾流失主要是通过吸附态形式流失。氮素是在土体中移动性较强的元素，主要以可溶态形式流失，而以泥沙结合态流失的很少。硝态氮和铵态氮是氮素的主要存在形态，虽然它们大多随径流或淋溶向环境中扩散，但也有一部分铵态氮流失受土壤颗粒吸附和泥沙输送的影响强烈。未被植物利用的氮素在微生物作用下，一部分通过硝化作用形成硝态氮，然后随雨水或灌溉水淋洗而进入地下水或通过径流等形式汇入地表水。但由于土壤胶体对可交换态铵具有很强的吸附作用，使得大部分的铵态氮得以保存在土壤中。但当土壤的吸附量达到最大值后，在入渗水流的作用下还是可能被淋出土体。在大暴雨条件下，吸附态氮是农田氮养分流失的主要形态。

农地系统氮素损失受地表及地下径流、地形、农地土壤侵蚀等的强烈影响。耕作侵蚀和水蚀对土壤氮素含量的影响较为明显，且水蚀引起的氮素损失比耕作侵蚀的影响更大。氮的流失量与径流量关系密切，一般情况下径流量越大，氮的流失量越大。

农田磷素主要通过农地土壤侵蚀流失，以吸附在土壤颗粒表面为主进入水体，以可溶态形式存在的很少，因此农地土壤渗漏水中的磷含量一般很低。灌溉径流中的磷含量与泥沙含量具有很好的相关性，约有超过90%的磷随地表灌溉径流的迁移是以吸附态的形式进行的。在结构性较好、导水率较高的土壤，其穿透流(through flow)也会成为磷素流失的重要途径。农田磷素的损失量主要取决于当地的降雨、地形、植被覆盖条件、土壤物理结构、施肥量以及灌溉方式等。在降雨强度较大或灌溉排水的情况下，磷的流失量较大。

农田钾元素主要包括速效钾和缓效钾。速效钾主要是指水溶性钾和代换型钾。降雨条件下，水溶性钾溶解于水随径流流失，代换型钾被土壤胶体吸附而随泥沙流失。速效钾的流失量受农田土壤侵蚀的影响很大，水蚀造成的速效钾流失量显著高于耕作侵蚀造成的速效钾流失。

2. 土壤有机质

土壤有机质包括土壤中破碎的动植物残体，微小生命体及其分解、合成的各种有机物质，微小的异源有机物质等，它既是生命活动所要求的基本物质基础，也是生命活动的产物。土壤有机质是植物矿质营养和有机营养的基本源泉，又是土壤胶体和形成土壤团粒结构、防止土壤板结的重要成分。土壤有机质数量和质量变化是土壤肥力和环境质量状况的最重要表征。

土壤有机质含量越高，土壤结构越稳定，抗蚀性越强。一般当土壤有机质含量小于 3.4% 时，土壤团粒体结构不稳定，土壤容易被侵蚀。

土壤侵蚀将导致土壤有机质的流失。土壤腐殖质颗粒细小，可随径流水或土壤颗粒移动。径流中的泥沙含有较多的细颗粒和腐殖质。径流携带是土壤有机质损失的重要途径。

3. 土壤有机碳

土壤有机碳是陆地碳库的重要组成部分。土壤有机碳(SOC)是地球表层系统中最大且最具有活动性的生态系统碳库之一。土壤侵蚀作为一个重要的地表过程，可引起陆地碳的迁移，对陆地土壤碳平衡和碳循环产生很大的影响。在农田生态系统中，通过施用有机肥料或将作物地上残体和根系归还到土壤中的方式，向土壤碳库中输入有机碳，这些途径有利于土壤有机碳含量的提高。农地土壤侵蚀对农地土壤有机碳的稳定性以及碳素平衡有重要影响，而不同类型的有机碳在农地土壤侵蚀过程中的流失、迁移及消长行为与过程也各有差异。

根据 SOC 饱和理论，有机碳首先在细颗粒中累积。当黏粒含量相对较低、有机质来源丰富或与黏粒结合的有机质量达到饱和时，有机质开始转向粗颗粒中累积。雨点的溅蚀和径流的剪切作用可引起土壤大团聚体的消散或破坏，释放原来受保护的 SOC。加之土壤 SOC 的密度较小(一般＜1.8 mg/L)且富集于土壤表层，所以易随地表径流迁移而损失。在土壤流失过程中，土壤有机碳(主要是颗粒态有机碳、黑炭)相对土壤矿物质而言优先从土壤中剥离。在剥离和迁移过程中，由于土壤团聚体的破坏，土壤中某些有机物组分的稳定性发生变化而被氧化分解，因而促进了土壤有机碳的持续损失。土壤剥离物中有机碳的富集系数(指剥离物中有机总碳与土壤有机总碳的比值)很高，说明从土壤中剥离出的物质中的有机碳出现了明显的富集现象。

土壤有机碳损失与农地土壤侵蚀之间关系密切。农地土壤侵蚀过程中的土壤 SOC 含量发生了显著变化。农地土壤侵蚀引起土壤水稳性大团聚体的分散和破坏，造成了富含有机碳的表层土壤的大量流失，从而导致与细颗粒和微团聚体结合的 SOC 迁移流失。耕作表土与亚表土的混合，促进了土壤细颗粒(粉粒和黏粒)的向下移动，加剧了有机碳的损耗。农地土壤侵蚀改变了土壤水分及温度，导致了有机碳矿化和腐殖化速率的变化。农地土壤侵蚀引起了土壤有效水分含量、有效根系分布深度以及水分和营养元素利用效率的降低，从而降低了土地生产力。土地生产力退化进而影响到归还土壤的作物残体数量，减少了颗粒态有机碳的形成。较低的植物生物量生产力进一步导致了有机质含量的下降和土壤结构的退化，因此有机碳进一步损失。强烈的风蚀和水蚀削平了土壤剖面，移除了表层土壤，暴露出富含碳酸盐的亚表层。而暴露的碳酸盐与酸性物质的反应则向大气中释放更多的 CO_2。

4.3.4　土壤微生物环境

土壤是微生物的天然培养基。土壤微生物是指土壤中除植物根茬等残体和大于 5 mm^3

土壤动物以外具有生命活动的有机物质的总称，其主要生物类群包括细菌、真菌、藻类和原生动物等。土壤微生物绝大多数属于有机营养型。

土壤中的微生物类群、数量、分布和组成直接受土壤温度、土壤水分、土壤结构、有机质含量和土壤 pH 值等的影响。在农地土壤侵蚀过程中，各种有机或无机营养成分的消长也必然会引起土壤微生物区系组成的变化。

不同条件下的土壤微生物区系存在较大差异。土壤微生物区系组成和数量是土壤质量变化最敏感的指标，也是土壤健康的决定性因素。农地土壤侵蚀过程导致了土壤微生物种群数量的逐渐减少以及土壤呼吸和代谢熵的降低，同时土壤生物化学反应中起着重要作用的土壤酶活性也有所减弱。随着对土壤微生物在生态环境中作用认识的逐渐加深，土壤微生物量、呼吸强度、代谢熵和酶活性等指标已成为研究土壤侵蚀过程对土壤质量影响的热点。

需要进一步研究的问题

1. 灌溉侵蚀和耕作侵蚀模型的建立。
2. 农地土壤侵蚀对农地水环境和土壤微生物环境的影响。
3. 农地侵蚀控制技术和侵蚀破坏农地恢复技术体系的建立。

思考题

1. 介绍农地土壤侵蚀的主要类型及定义。
2. 介绍不同农地土壤侵蚀类型的作用机理。
3. 介绍不同农地土壤侵蚀类型的影响因素。
4. 分析农地降雨径流侵蚀和灌溉侵蚀的相同点和不同点。
5. 介绍农地耕作侵蚀对水蚀和风蚀的影响。
6. 举例介绍农地土壤侵蚀的控制方法。
7. 介绍农地土壤侵蚀造成的土壤剖面构型变化。
8. 介绍农地土壤侵蚀对土壤机械组成和团聚体稳定性的影响。
9. 介绍农地土壤侵蚀对土壤容重、孔隙度、持水性、导水性的影响。
10. 介绍农地土壤侵蚀对土壤抗冲性、抗蚀性的影响。
11. 介绍农地土壤侵蚀过程中土壤养分的淋洗和径流携带损失过程。
12. 介绍土壤有机碳的分类及农地土壤侵蚀中不同类型有机碳的流失原理和过程。

参考文献

[1]陈渠昌，雷廷武，李瑞平. PAM 对坡地降雨径流入渗和水力侵蚀的影响研究. 水利学报，2006，37(11)：1290-1296.

[2]范昊明，周丽丽，武敏，等. 沟灌侵蚀研究进展. 水科学进展，2009，20(2)：298-303.

[3]方华军，杨学明，张晓平，等. 黑土坡耕地侵蚀和沉积对物理性组分有机碳积累与损耗的影响. 土壤学报，2007，44(3)：467-474.

[4]方华军，杨学明，张晓平，等. 耕作及水蚀影响下坡耕地土壤有机碳动态模拟. 土壤学报，2006，43(5)：730-735.

[5]方华军,杨学明,张晓平,等.土壤侵蚀对农田中土壤有机碳的影响.地理科学进展,2004,23(2):77-87.

[6]冯宏,郭彦彪,韦翔华,等.赤红壤丘陵坡地不同侵蚀部位土壤养分和微生物特征变异性研究.水土保持学报,2008,22(6):149-153.

[7]郭跃.试论农业耕作对土壤侵蚀的影响.水土保持学报,1995,9(4):94-98.

[8]韩建刚,李占斌,钱程.紫色土小流域土壤及氮磷流失特征研究.生态环境学报,2010,19(2):423-427.

[9]何文清.北方农牧交错带农用地风蚀影响因子与保护性农作制研究:博士学位论文.北京:中国农业大学,2004.

[10] 黄满湘,章申,晏维金.农田暴雨径流侵蚀泥沙对氮磷的富集机理.土壤学报,2003,40(2):306-310.

[11]黄少燕,查轩.坡耕地侵蚀过程与土壤理化特性演变.山地学报,2002,20(3):290-295.

[12]黄云凤,张珞平,洪华生,等.小流域氮流失特征及其影响因素.水利学报,2006,37(7):801-807.

[13] 贾科利,常庆瑞,王占礼,等.陕北坡耕地土壤侵蚀对土壤性质的影响研究.中国生态农业学报,2006,14(1):96-99.

[14] 贾红杰,傅瓦利,赵俊丽,等.重庆中梁山岩溶区耕作侵蚀影响因素研究.水土保持学报,2008,22(1):28-32.

[15] 雷廷武,袁普金,黄兴法,等.沟灌土壤侵蚀控制效应的室内模拟试验研究.农业工程学报,2002,18(3):26-30.

[16] 李嵘.黄土高原坡耕地土壤侵蚀对土壤有机碳的影响:硕士学位论文.北京:中国农业科学院,2008.

[17] 李勇,张建辉,Lobb D A,等.耕作侵蚀及其农业环境意义.山地学报,2000,18(6):514-519.

[18] 刘纪根,雷廷武.坡耕地施加 PAM 对土壤抗冲抗蚀能力影响试验研究.农业工程学报,2002,18(6):59-62.

[19] 马璠.作物植被对坡耕地土壤侵蚀的影响研究:博士学位论文.西安:西北农林科技大学,2009.

[20] 马萍.伊犁河流域坡耕地灌溉侵蚀试验研究:学士学位论文.西安:西北农林科技大学,2009.

[21] 苏培玺,赵爱芬,杜明武.绿洲农业不同种植方式防止土壤风蚀和保持土壤水分的比较.应用生态学报,2004,15(9):1536-1540.

[22] 苏正安,张建辉.耕作侵蚀及其对土壤肥力和作物产量的影响研究进展.农业工程学报,2007,23(1):272-278.

[23] 唐泽军,雷廷武,张晴雯,等.降雨及聚丙烯酰胺(PAM)作用下土壤的封闭过程和结皮的形成.生态学报,2002,22(5):674-681.

[24] 田光进,张增祥,赵晓丽,等.中国耕地土壤侵蚀空间分布特征及生态背景.生态学报,2002,22(1):10-16.

[25] 王晓燕,高焕文,李洪文,等.保护性耕作对农田地表径流与土壤水蚀影响的试验研究.农业工程学报,2000,16(3):66-69.

[26] 王占礼.黄土坡地耕作侵蚀及其效应研究:博士学位论文.西安:西北农林科技大学,2002.

[27] 王占礼,邵明安.黄土坡地耕作侵蚀对土壤养分影响的研究.农业工程学报,2002,18(6):63-67.

[28] 王占礼,邵明安,雷廷武.黄土区耕作侵蚀及其对总土壤侵蚀贡献的空间格局.生态学报,2003,23(7):1328,1335.

[29] 王占礼,邵明安,李勇.黄土地区耕作侵蚀过程中的土壤再分布规律研究.植物营养与肥料学报,2002,8(2):168-172.

[30] 夏卫生,雷廷武,刘纪根.PAM 防治水土流失的研究现状及评述.土壤通报,2002,33(1):78-80.

[31] 许峰,蔡强国,吴淑安,等.香根草植物篱控制坡地侵蚀与养分流失研究.山地农业生物学报,2000,19(2):75-82.

[32] 谌芸,何丙辉,赵秀兰,等.小江流域农地水土流失对水体富营养化的影响.水土保持学报,2010,24(4):31-35.

[33] 张建辉,李勇,Lobb D A,等.我国南方丘陵区土壤耕作侵蚀的定量研究.水土保持学报,2001,15(2):1-4.

[34] 张少良,张兴义,刘晓冰,等.典型黑土侵蚀区不同耕作措施的水土保持功效研究.水土保持学报,2009,23(3):11-15.

[35] 张晓艳.保护性耕作条件下土壤物理性状及土壤侵蚀研究:硕士学位论文.兰州:甘肃农业大学,2010.

[36] 张燕,张洪,彭补拙.等.不同土地利用方式下农地土壤侵蚀与养分流失.水土保持通报,2003,23(1):23-27.

[37] 张利华,李辉,张艳艳.基于^{137}Cs示踪法的丹江口小流域农用地土壤侵蚀研究.地理科学,2009,29(2):273-277.

[38] 张利华,龙昱,李辉,等.基于^{137}Cs示踪的丹江口市农用地土壤侵蚀与有机质流失分析.水土保持学报,2008,22(2):54-57.

[39] 张玉斌,郑粉莉,武敏.土壤侵蚀引起的农业非点源污染研究进展.水科学进展,2007,18(1):123-132.

[40] 赵沛义.作物残茬生物篱防治农田土壤风蚀及其影响机理研究:博士学位论文.呼和浩特:内蒙古农业大学,2009.

[41] 郑子成,何淑勤,吴发启.降雨条件下耕作方式对地表糙度的溅蚀效应.农业工程学报,2009,25(11):103-108.

[42] 朱青.坡耕地退化机理及侵蚀退化防治措施研究:博士学位论文.杭州:浙江大学,2007.

[43] 中华人民共和国水利部.2006 年中国水资源公报.北京:中国水利水电出版社,2006.

[44] 中华人民共和国国土资源部.2007 年中国国土资源公报.2007.

[45] 中华人民共和国环境保护部.2007 年中国环境状况公报.2007.

[46] 中华人民共和国国家质量监督检验检疫总局,中国国家标准化管理委员会.GB/T 21010—2007　土地利用现状分类标准.北京:中国标准出版社,2007.

[47] 国家技术监督局.GB/T 20465—2006　水土保持术语.北京:中国标准出版社,2006.

第5章　土壤侵蚀预报模型

[摘要]本章介绍土壤水蚀模型的分类方法以及国内外主要的土壤水蚀和土壤风蚀模型，并对主要土壤侵蚀模型的结构及其优缺点进行了叙述和讨论。

土壤侵蚀造成了大量的水土资源流失、营养元素迁移、泥沙淤积和水质污染等不良后果，直接威胁到人类的生存环境。因此，世界各国都在努力致力于土壤侵蚀的研究，以期逐步掌握土壤侵蚀发生的机理，对其进行预测预报，进而达到防治土壤侵蚀的目的。

5.1　土壤侵蚀预报模型类型

5.1.1　土壤侵蚀预报模型的发展

土壤侵蚀研究的传统方法是以实地观察、测量和建立侵蚀产沙与若干影响因子之间的经验统计关系(模型)为主。这种研究方法可取得可靠的研究结果，但将其应用于预报时则十分困难，这主要是因为：①无法阐明土壤侵蚀系统的功能如何随着控制因子的变化而变化。由于试验时的条件与应用时的条件有很大的差异，因此需对统计参数进行调整。而一般情况下，这种调整具有很大的随机性，在很大程度上受人的主观意志影响，因此其计算结果与实测值往往相差较大。②采用传统侵蚀研究方法，一般只能在空间或时间坐标上给出有限的土壤侵蚀信息。土壤侵蚀的发生、发展与演变过程并不清楚，因此无法验证土壤侵蚀随时间或空间的变化和分布规律，对土壤侵蚀防治工作缺乏实际指导意义。③研究成果的取得费时费力，且应用范围有限。

为了解决上述这些问题，人们开始考虑用数学模型方法对土壤侵蚀现象或过程进行模拟分析。土壤侵蚀模型研究是土壤侵蚀过程定量研究的有效手段，也是该领域研究的核心前沿。土壤侵蚀模型是用数学形式描叙地表面土壤颗粒团聚体的分离、搬运和沉淀过程。通过建立土壤侵蚀模型，可定量评价土壤流失状况，作为预测工具指导水土保持规划等的制定。以物理过程为基础的数学模型可解决土壤侵蚀发生的时空问题，促进人们对土壤侵蚀发生过程及其交互作用的理解。

近年来，各国水土保持领域的科学家都在致力于本地区土壤侵蚀产沙机理的研究，探索建立适合本地区的土壤侵蚀预测预报模型。美国和欧洲建立的土壤侵蚀模型大大加深了对土壤侵蚀过程及发生机理的理解，促进了土壤侵蚀理论的研究和发展。针对复杂多样的地貌条件以及严重的水土流失情况，我国开展的以陡坡地为代表的土壤侵蚀模型的研究是对国际土壤侵蚀机理研究的深化和补充。

5.1.2　土壤侵蚀预报模型分类

1. 按建模手段和方法划分

根据建模手段和方法的不同，土壤侵蚀预报模型通常分为经验模型、概念模型和物理模型等三种基本类型。

(1)经验模型

经验模型是三种模型中最简单的。经验模型是基于对自然界的观察和统计,通过对观测数据的分析,从中寻找土壤侵蚀的特性和规律,根据逻辑推理而建立。经验模型所需参数数量通常少于概念模型和物理模型。很多经验模型是建立在对集水数据随机分析基础之上的,其模型参数一般可以通过标定获得,但更多情况下是通过对基本试验数据校准转换而得到的。经验模型大都对集水系统进行了非现实的假设,而忽略了其物质输入比如降雨量和土壤类型等因素的非均匀性特点。不充足的气象覆盖网络和土壤的空间非均匀分布给经验模型的计算结果带来了较大的误差。经验模型一般是建立在假设条件不变的基础上,因此限制了经验模型在研究区域条件发生改变时而带来的影响。此外,经验模型也忽视了降雨和土壤侵蚀过程本身变化的影响。

尽管经验模型有较大的缺陷,但在许多基础数据及参数确定受限的情况下,经验模型仍不失为一种简单方便的预测预报方法。

(2)概念模型

概念模型介入经验模型和物理模型之间,因此也称为半物理模型。概念模型一般采用简化方法模拟物理过程,对某一物理过程的各个阶段分别采用简化手段进行处理或模拟。当观测数据、信息或基本原理缺乏时,一般要采用概念模型进行模拟。概念模型一般以水的空间整体形式作为研究对象,以沉积物连续性方程为基础而建立,主要用于预测土壤沉淀量。

(3)物理模型

物理模型是以土壤侵蚀的物理过程为基础,利用水文学、水力学、土壤学、河流泥沙动力学以及其他相关学科的基本原理,根据已知的降雨和径流条件描述土壤侵蚀产沙过程,预报在给定时段内的土壤侵蚀量。物理模型倾向于揭示土壤的侵蚀机理。土壤侵蚀物理模型包括了影响侵蚀各个因素的综合作用,考虑了不同因素之间的交互作用,因此其模拟结果是综合性的,而不仅仅是各个因子影响的简单叠加,在理论上较之经验模型更为精确。

2. 按建模研究对象划分

根据建模研究对象的不同,土壤侵蚀模型又有坡面土壤侵蚀模型和流域土壤侵蚀模型之分。从土壤侵蚀预报模型的研究对象看,土壤侵蚀模型近些年来已经从坡面土壤侵蚀模型向流域侵蚀产沙模型发展。由于坡面模型没有考虑相邻坡面、小区之间、坡面与沟道之间的径流泥沙作用过程,将它外推到流域时有很大的局限性。流域是自然界中完整的降雨—侵蚀—产沙系统,因而流域模型更符合实际情况。小区试验研究和坡面土壤侵蚀模型研究和发展是流域侵蚀产沙模型的基础。

流域土壤侵蚀预报模型又可分为集总式模型和分布式模型两种。集总式模型反映了流域的总体平均行为。分布式模型则将流域划分为若干个网络,通过对每个网格的赋值来反映影响土壤侵蚀的各种因素在流域内的差异。然后,根据一系列反映侵蚀过程的运算程序,计算各个网格的产流产沙量。最后进行合理归并,从而达到比较准确地预报整个流域产流产沙量的目的。分布式模型比集总式模型更能准确地反映自然小流域的侵蚀状况。随着科学技术的迅猛发展和计算机技术的日益完善,侵蚀产沙的研究得到了迅速的发展。特别在 20 世纪 90 年代后,遥感(RS)技术和地理信息系统(GIS)的发展和应用,为进一步提高土壤侵蚀模型精度提供了有力的工具,模型的研究也开始由集总式向分布式过渡。

5.2 土壤水蚀预报模型

土壤侵蚀预报模型是进行土壤侵蚀定量评价及动态监测的支撑工具，也是土壤侵蚀研究成果直接指导生产实践的具体体现。基于对水蚀过程和机理的认识，从 20 世纪 50 年代开始，世界各国陆续开展了水蚀预报模型的研发工作，并建立了各具特色的土壤水蚀预报模型。

5.2.1 国外水蚀预报模型

国际上水蚀预报模型研发过程大体经历了四个阶段：①收集试验观测数据，建立土壤侵蚀数据库，根据统计分析和通过对土壤侵蚀影响因子的概化，建立估算土壤流失量统计模型的阶段；②基于土壤水蚀过程的研究成果，结合泥沙连续方程和数理方法，开发土壤水蚀物理模型的阶段；③通过物理模型与 GIS 技术的有机结合，开发分布式土壤水蚀预报模型的阶段；④基于坡面和小流域水蚀预报模型的研究成果和地理信息系统的应用，开发区域土壤侵蚀模型的阶段。

1. 经验模型(ULSE 和 RUSLE 模型)

经验统计模型是通过试验资料和统计技术，确定影响土壤侵蚀的因素，得出计算土壤流失量的方程式。经验统计模型具有结构简单、考虑因素较为全面、在试验区内具有较高计算精度的优点，但其外延性差，应用的地域性限制较强。

通用土壤流失方程 USLE(universal soil loss equation)是美国 1959 年研制的用于定量预报农地或草地坡面多年平均年土壤流失量的一个经验性土壤侵蚀预报模型。该模型以美国落基山以东广大的区域性玉米带为基本观测对象，其数学表达式是一系列变量的乘积。1965 年，通用土壤流失方程以农业手册 282 号形式正式出版，其基本形式为：

$$A = R \times K \times L \times S \times C \times P \tag{5-1}$$

式中，A 为单位面积坡地的土壤流失量，主要是指降雨及其径流在坡面上出现细沟或细沟间侵蚀所引起的多年平均流失量[$t/(hm^2 \cdot a)$]；R 为降雨和径流侵蚀因子，用多年平均年降雨侵蚀力指数表示[$MJ \cdot mm/(hm^2 \cdot h \cdot a)$]；$K$ 为土壤可蚀性因子，表示为标准小区在单位降雨侵蚀力作用下单位面积上的土壤流失量[$t \cdot hm^2 \cdot h/(hm^2 \cdot MJ \cdot mm)$]；$L \cdot S$ 为地形因子，其中 L 为坡长因子，S 为坡度因子；C 为作物管理因子；P 为治理措施因子。

L、S、C 和 P 都是无量纲因子，分别定义为实际条件下的水土流失量与对应标准小区(22.13 m 长、9%坡度、顺坡耕作且处在休耕状态下的农田)条件下水土流失量的比值。

随着计算机技术的发展以及大量其他类型农业土地利用方式地区观测数据的累积，为提高预测计算精度及应用范围，从 20 世纪 80 年代开始对通用土壤流失方程进行了修正。1997 年正式出版了修订后的通用土壤流失方程 RULSE(revised universal soil loss equation)。修订通用土壤流失方程有两个主要突出特点：

①建立了计算机模型，并为用户提供了技术和使用手册。模型还提供了一些主要的参数和变量数据库，供用户根据实际情况选择使用。

②细化了各个因子的计算过程。

各因子的细化内容包括：a. 将降雨侵蚀力的计算扩展到美国西部地区，同时考虑了融雪侵蚀和洼地集水的影响;b.土壤可蚀性因子计算考虑了季节变化的影响,并给出了一些特殊类型土壤的可蚀性值;c.在坡度和坡长因子计算时,分别考虑了细沟侵蚀和细沟间侵蚀的差异,以及不同类型坡的组合;d.将覆盖与管理因子的比值表改为由前期土地利用方式、地表覆盖度、作物覆盖度、地表糙度和土壤水分5个次因子乘积形式的计算公式;e.在水土保持措施中,不仅将以前包括的措施(如等高耕作、带状耕作、梯田等)计算进行了改进,而且增加了其他一些措施;f.在上述所有各个因子的计算中,都充分考虑了季节变化或农事活动的影响。

USLE和RUSLE其形式简单,使用方便,可用来计算年平均土壤流失量,从而指导人们进行正确的耕作、经营管理以及采取适当的保护措施来保持土壤。它所依据的资料丰富,涉及区域广泛,因而具有较强的实用性,曾在世界范围内得到了广泛的推广。

但是,USLE所使用的数据主要来自美国落基山山脉以东地区,仅适用于平缓坡地,不适合于地貌类型复杂多样的地区。虽然修订后的通用土壤流失方程对部分因子条件已经拓宽,但其推广应用仍受到限制,将通用土壤流失方程应用于与原模型建立的背景条件有较大不同的地区时仍有极大的困难。例如,作物管理因子C值多变(美国玉米的C值大小有120余种)且变化幅度大(其值虽在0～1范围内,但可相差2～3个数量级)。另外,由于该模型只是个经验模型,缺乏对侵蚀过程及其机理的深入剖析,如仅考虑降雨侵蚀力因子,而未考虑与侵蚀密切相关的径流因子,坡长与降雨、坡度与降雨等有关因子的交互作用也被忽略,不能预报土壤侵蚀的时空分布,因此对于深入理解土壤侵蚀机理并无帮助,对于防止水土流失措施的选取也无能为力。

2. 物理过程模型

物理过程模型是在大量过程知识以及质量守恒、牛顿第二运动定律或热力学第一定律等普遍规律的基础上建立的,因此所建立的模型可在任何地区推广应用。物理过程模型可帮我们较好地理解侵蚀过程,可以提供一些与土壤侵蚀时空分布相关的信息;同时,如果在模型中能正确描述土壤侵蚀的物理过程,势必将提高管理措施和土地利用变化对土壤侵蚀影响方面预报的可靠性。反之,如果在模型中对侵蚀过程的定量表述不正确,将影响模型的预报精度。并且随着模型复杂性的增加,模型输入的不确定性将增加,因此误差传递也会随之增加。

(1)WEPP水蚀预报模型

WEPP(water erosion prediction project)模拟模型是由美国农业部于1985年组织农业研究局、土壤保持局、林业局和内政部土地管理局开发的。1995年8月发布了第一个官方正式版本WEPP95,包括坡面版和流域版。1998年推出了基于Windows平台的WEPP模型。WEPP作为新一代的土壤侵蚀预测预报计算机模型,可以预测土壤侵蚀及农田、林地、牧场、山地、矿区、建筑工地和城区等不同区域的产沙和输沙状况。

WEPP模型是在对细沟侵蚀、沟间侵蚀以及泥沙运动物理过程描述的基础上,基于水文学与土壤侵蚀科学而建立的一个连续过程模拟模型。WEPP模型没有利用USLE模型中的原理、参数及逻辑关系来预测侵蚀状况,它适合于研究环境系统(如气候)变化对水文及水力侵蚀过程以及水文过程及产沙之间相互作用的影响。WEPP模型涉及沉积物的运移和沉积、土壤固结、植被残余物分解和覆盖物对土壤剥离的影响、土壤入渗、细沟水力学、地表径流、作物生长、土壤蒸发、植被蒸腾、融雪、冻土对入渗和侵蚀的影响、不同耕作制度对土壤特性和地表粗糙度的影响等多种因素。WEPP模型可以预报和模拟每天或每次降雨入渗和地面径流过程产生的侵蚀和泥沙运移等,也可以计算日、月、年平均径流和泥沙运移状况等。

WEPP模型包括各种与土壤侵蚀有关过程的子模块，主要有侵蚀模块、水文模块、物生长和残余物模块、水分利用模块、水力模块和土壤模块。

①侵蚀模块(erosion processes)。WEPP模型将土壤侵蚀过程分为剥离、搬运和沉积3个阶段。侵蚀模块任务就是定量地描述剥离、搬运和沉积过程。土壤剥离(即侵蚀)分为沟内和沟间两种情况，沟内侵蚀是指由径流冲刷而引起的土壤剥蚀现象，而沟间侵蚀则是指在雨滴击溅和薄层水流作用下发生在坡面上的土壤侵蚀。沟内侵蚀量和沟间侵蚀量分别用沟内泥沙输移模型和沟间侵蚀泥沙输移模型计算。

沟内泥沙输移量计算公式为：

$$dG/dx = D_f + D_i \tag{5-2}$$

式中，G 为水流截面单位宽度的泥沙输移率[kg/(m·s)]；D_f 为细沟侵蚀率[kg/(m^2·s)]。D_f 在土壤发生剥离时为正，发生沉积时为负；D_i 为细沟间径流侵蚀率[kg/(m^2·s)]，D_i 与 x 不相关且总为正值；x 为沿下坡方向的直线距离(m)。

细沟间侵蚀是沉积物被运送到发生集中流的渠道或细沟的过程。因此，沟间沉积物或是被水流带离坡面或是沉积在细沟内。当水力剪切力大于临界土壤剪切力，并且侵蚀率小于剥离物运移能力时，按式(5-3)计算细沟的净土壤剥离量。

$$D_f = D_c\left(1 - \frac{G}{T_c}\right) \tag{5-3}$$

式中，D_c 为细沟水流的分离能力[kg/(m^2·s)]；T_c 为细沟流的输移能力[kg/(m^2·s)]。

当细沟水流的水力剪切力大于土壤临界剪切力，剥离能力直流按式(5-4)计算：

$$D_c = K_r(\tau_j - \tau_c) \tag{5-4}$$

式中，K_r 为细沟侵蚀度(s/m)；τ_j 为作用在土壤颗粒上的水流剪切力(Pa)；τ_c 为细沟土壤剥离临界剪切力(Pa)。

当细沟内含沙量 G 大于细沟径流输沙能力 T_c 时，细沟以侵蚀沉积为主，侵蚀率为负值。细沟侵蚀率的计算方程式为：

$$D_f = \frac{\beta V_f}{q}(T_c - G) \tag{5-5}$$

式中，V_f 为沉积物的有效下降速度(m/s)；q 为单位宽度流量(m^2/s)；β 为雨滴击溅扰动系数，通常降雨时取0.5。

沟间侵蚀泥沙输移模型为：

$$D_i = K \times I_c \times \sigma_{ir} \times S \times F \times (R_s/w) \tag{5-6}$$

式中，K 为修订后的沟间侵蚀度[(kg·s)/m^4]；I_c 为有效降雨强度(m/s)；σ_{ir} 为沟间流失率(m/s)；S 为泥沙输移率；F 为考虑雨滴冲击能量变化的调节因素；R_s 为沟间距(m)；w 为沟宽(m)。

②水文模块(hydrologic processes)。侵蚀过程是水文运动过程中力和能量作用的结果，其作用力的大小受地上及地下的作物特征、土壤特性、地貌特征和地面物质组成的影响。WEPP的水文模块由气候、入渗和冻融等若干组分组成。气候组分包括降雨量、降雨历时、最

大雨强与平均雨强的比率、最大雨强出现的历时与总历时的比率、风向、风速、最高温度、最低温度、露点温度、太阳辐射共10个逐日参数。这些参数可以逐日输入实测资料,也可借助气候发生器(weather generater-CLIGEN)模型直接生成。在一天的时间段内,WEPP也用这些参数来获取植物种植及其残余物以及土壤条件等。

WEEP中的入渗组分用Green和Ampt方程来描述。设斜坡土壤均质,入渗初期的入渗率等于降雨强度。随着降雨历时的延伸,土壤入渗率逐步减小。在土壤饱和或者地表积水后,土壤入渗率达到一常数值即最终入渗率。在入渗子模型中要求输入一些关键性参数如水力传导系数、孔隙度和土壤含水率等。当降雨强度大于土壤的入渗率,过多的降雨就顺坡形成坡面流、沟间薄水流和沟内集中股流。

③植物生长和残余物模块(plant growth and residue processes)。在WEPP中该模块用以估算地上植物的生长和地下植被残余物以及植物根部的分解过程,并可模拟其变化对土壤侵蚀的影响。用于农田植物生长模拟的模型与侵蚀和生产力影响估算模型EPIC(erosion-productivity impact calculator)相似,其描述的主要参数包括植物逐日生长状况、覆盖度、植株高度及其产量等。

④水分利用模块(water use processes)。水分平衡状况是估算土壤入渗量和地表径流量以及径流冲刷能力大小的重要依据。水分利用模块根据气候组分(降雨、温度和太阳辐射)、植物生长组分(叶面积指数、根系深度和残余物覆盖量)和入渗组分(入渗量)的数据,可以模拟计算每日的潜在蒸散量和实际蒸散量、地表径流量、土壤水下渗量以及土壤含水量的变化动态。

⑤水力模块(hydraulic processes)。水是形成水土流失的重要条件。当水流的剪切作用力大于土体的临界抗剪力时就会发生土壤侵蚀。水力模块运用动力波方程描述径流的运动过程,根据地表径流量、地表糙度、径流历时和峰值径流系数等资料计算地表径流对土壤的剪切作用力大小。

⑥土壤模块(soil processes)。影响土壤侵蚀的主要因素在于土壤本身。土壤模块模拟计算土壤及其地表特征的变化动态,其主要参数包括地表的自然粗糙度和人为粗糙度(如耕作田垄高度)、土壤容重和饱和导水性能以及土壤可蚀性和临界剪切力等。此外,耕作方式、风化程度、土壤团聚体、降雨等因素对土壤性质及地表特征有一定的影响。通过土壤模块也可模拟分析这些因素对土壤性质及地表特征的影响,从而为水文模块提供用于估算地表径流量、径流流速和入渗量等的基本资料。此外,WEPP模型还包括了土壤冻融、积雪和融雪过程,灌溉过程,渠道侵蚀过程以及拦蓄沉积过程等子模块。

基于侵蚀过程的WEPP模型具有以下三个显著特性:①模型能很好地反映侵蚀产沙量的时空分布及其变化情况;②模型的外延性好,易于在其他地区应用;③模型能较好地模拟泥沙的输移过程,包括某一特定点的侵蚀产沙量信息。WEPP模型的预测精度较高,是目前国际上应用最为广泛的土壤侵蚀预测模型。

但是,在WEPP土壤水蚀模型中仍有一些侵蚀机理问题,如表土结皮与土壤侵蚀的关系等有待进一步研究。WEPP模型适用于田块尺度范围,其最大范围约为260 hm^2,林地为800 hm^2。模型不适用于切沟和河道侵蚀,它只能用于对农田临时切沟或草皮水路的土壤侵蚀。坡地版WEPP土壤水蚀模型的模拟计算结果较好,而其流域版仍局限于较末级的集水区。由于WEPP模型涉及众多的子模型和参数,因此其实用性受到限制。要将WEPP模型实际应用于亚洲和欧洲等其他地区,需要建立和完善相应的数据库文件并进行相关参数的修正、模型的调试,因此该模型在北美以外其他地区的实际应用仍需相当长的时间。目前,研究人员正在开发研制 WEPP 模型与 GIS 的联合技术,以期降低模型参数确定的难度,减少模型应用的工作量,促进 WEPP 更广泛的应用。

(2)EUROSEM 模型

欧洲科学家在 20 世纪 80 年代开始建立适合于欧洲自然条件的土壤侵蚀模型。Morgan 等建立了基于物理成因的次降雨分布式欧洲土壤侵蚀模型 EUROSEM(the european soil erosion model)。EUROSEM 模型涉及植被截留、地面降雨量和树冠降雨量及其动能、树干径流量、地表洼地蓄水量、溅蚀和径流引起的土壤剥离和产沙量以及径流泥沙输移能力等,并考虑了土壤表层岩石碎块覆盖对土壤入渗、径流流速和土壤溅蚀的影响。EUROSEM 侵蚀模型除了可以计算径流量和土壤流失量以外,还可以生成次降雨水文图和产沙图。该模型适用于田间尺度和小流域,可作为选择水土保持措施的工具。

EUROSEM 模型将侵蚀分为细沟间侵蚀和细沟侵蚀两部分,可以在单独地块或小流域中预测水力侵蚀强度。EUROSEM 模型假设径流速度与沉积物浓度的比值控制土壤的侵蚀量,通过计算输沙量确定土壤流失量。依据动态质量守恒方程,计算径流量和输沙量:

$$\frac{\partial(AC)}{\partial t}+\frac{\partial(QC)}{\partial x}-e(x,t)=q_s(x,t) \tag{5-7}$$

式中,A 为过水断面面积(m^2);Q 为流量(m^3/s);x 为水平距离(m);t 为时间(s);C 为泥沙浓度(m^3/m^3);e 为单位长度径流的净侵蚀率[$m^3/(s \cdot m)$];q_s 为单位长度径流的外部泥沙输入量[$m^3/(s \cdot m)$]。对于细沟间地的径流,其 q_s 为零。

式(5-7)中的 e 由两部分构成,即

$$e=D_e+D_f \tag{5-8}$$

式中,D_e 为降雨引起的土壤颗粒分散量[$m^3/(s \cdot m)$];D_f 为径流引起的土壤净分散量,即径流分散量与沉积量的差值[$m^3/(s \cdot m)$]。

根据 EUROSEM 模型生成的水文模型,通过求解动态质量守恒方程,即可计算表面径流值 Q 和过水断面面积 A。Q 和 A 的关系为:

$$\frac{\partial A}{\partial t}+\frac{\partial Q}{\partial x}=r-i \tag{5-9}$$

式中,r 为细沟的降雨量形成的径流与减去坡面径流的拦截量后进入细沟的流量之和(m^2/s);i 为土壤入渗率(m^2/s)。

径流侵蚀能力通过 EUROSEM 模型与 KINEROS 模型的耦合模型计算。KINEROS 模型是建立在史密斯—帕兰格渗透模型和动力波理论基础上的物理过程分布式模型,可以模拟植被截留、入渗、地表径流和土壤侵蚀过程。EUROSEM 模型采用 Yang 的单位水流功率(Unit Stream Power,表示单位重量水体势能随时间的变化率)概念,描述土壤分离和泥沙输移动力学过程,模型具有较好的物理基础。

在降雨强度及降雨总量计算中,EUROSEM 模型假设降雨首先被植物冠层截留,然后分为穿透雨、叶流和茎流。在分别计算它们的动能后,再计算土壤溅蚀分离量,然后计算土壤入渗量。在减去地表填凹容量后,用动能波方程模拟地表径流线路,并对径流和地表之间的土壤

颗粒交换进行动态模拟。EUROSEM模型正确地模拟了细沟流和细沟间流，并用产沙量(sediment discharge)表示土壤流失量。当在流域尺度内运行EUROSEM模型时，模型将流域分为有相应边坡的不同沟道单元，并将边坡进一步分为土壤、土地利用方式和坡形特征相对一致的面或者单元。这些单元作为一系列的层面和沟道相连接。用数学方法对每一个单元分割成节点，从而计算每个时段每个节点上的径流量和产沙量。

与其他侵蚀预报模型相比，EUROSEM模型对于下述过程的描述具有比较突出的优越性：沟间与细沟的水沙运动以及覆盖对截流和雨滴打击能量的影响，岩粒(或地表粗颗粒)对入渗速度和溅蚀的影响，以及由于侵蚀和沉积造成的沟槽形状和尺寸的变化。

3. 基于地理信息系统的水蚀预报模型

地理信息系统(GIS)是土壤侵蚀预报的一种全新技术手段。它能获取RS和GPS提供的时间和空间信息，实时、动态地模拟土壤侵蚀的发生、发展及演化过程，精确、定量地估算流域的土壤侵蚀量，为动态模拟土壤侵蚀的时空变化提供了可能。近年来由于计算机技术和GIS技术的快速发展，水蚀预报模型的发展得到了有力的支持。土壤侵蚀模型与GIS技术集成的预报模型的研发已引起越来越多研究者的重视。

(1)LISEM模型

荷兰土壤侵蚀预报模型LISEM(Limburg soil erosion model)是根据ANSWERS模型和De Roo等1989年提出的对土壤侵蚀过程的描述，结合遥感和GIS技术，基于荷兰南部黄土区的实验观测资料于1996年开发的模型。

LISEM模型较详细地考虑了侵蚀产沙的各个过程，包括降雨、植被截留、填洼、入渗、表层水流、沟道水流、土壤分散及泥沙输移等过程，同时也考虑了拖拉机压痕和田间小路对水文和侵蚀过程的影响，并对上述各种过程分别建立了子模型。LISEM模型适用于1～100 hm^2的农业流域次降雨所产生的径流量和侵蚀量的计算，但不能应用具有多个子流域的大流域面积上的侵蚀产沙量的预报。LISEM模型以PCRaster GIS软件为基础，模型的程序代码完全用GIS命令构成。这种设计便于分析流域的空间变化，可以直接应用遥感数据和其他格式的GIS数据，方便了模型参数的输入和管理。但模型中的许多参数不易获取，必须通过一系列的野外观测获得，因此模型的运行费用较高。此外，LISEM模型对部分子模型仍采用统计学的方法表述，从而限制了该模型的推广应用。

(2)GeoWEPP

为了实现全国多个数据资料库的免费共享，美国科学家将WEPP模型与GIS技术相结合，开发研制了基于ArcView界面的GeoWEPP(Geo-spatial interface for WEPP)模型。WEPP模型与GIS技术的有机结合，既可直接利用数字化数据对土壤侵蚀量进行估算，同时也可直接输入各种地理数据，如数字高程模型和地形图等，便于评价流域水土保持规划的可行性。此外，更易于确定WEPP模型在不同地区的有关参数，从而促进WEPP模型在不同地区的应用。

(3)分布式区域土壤侵蚀SEMMED模型

荷兰学者De Jon等提出了用于地中海地区的半经验分布式区域土壤侵蚀预报SEMMED(soil erosion model for MEDiterranean regions)模型。该模型根据MMF(Morgan，Morgan and Finney)理论，综合考虑了土壤学、降雨、地面高程和植被分布的影响，适用于预测田块或坡面土壤的年流失量。SEMMED模型采用了多时相陆地卫星TM影像、GIS中的数字地形模型(DTM)和数字土壤图技术。通过多时相陆地卫星 TM 影像,按照植被光谱指数一个像元接一个像元地估算植被特征,并通过多时相方法评估植被覆盖度在生长期内的变化情况;利用 GIS 技术从 DTM 中提取地势起伏参数和径流流向,确定地形特征和估算地表径流的输沙能力;根据数字土壤图,评估土壤特性的空间分布。

SEMMED 模型通过利用各种可利用的数据资源,如遥感影像、数字高程模型(DEM)和数字化土壤数据库,模拟区域尺度上的土壤侵蚀过程,并可生成区域土壤侵蚀评价图,但这一模型一般不适用于面积较小的流域。对于土地利用规划和土地管理来说,它比采用小地块试验结果的简单外推法更具有指导意义。但 SEMMED 模型未考虑地表径流引起的土壤颗粒分离以及地表结皮的影响,对初始土壤水分存贮情况和土壤可分离指数十分敏感。SEMMED 模型不适用于特大暴雨条件下的土壤流失估算。

4. 侵蚀沟水蚀模型

(1)RILLGROW 细沟侵蚀模型

Favis-Mortlock 等提出了模拟细沟系统形成和发展过程的 RILLGROW 模型。RILLGROW 模型采用自组织动态系统方法描述小块裸露坡面上的细沟网络形成和发展过程,通过简单的规则确定微地形、径流路径以及土壤流失量之间的迭代交互作用。RILLGROW 模型需要输入详细的微地形数据,在模型运行中根据计算的土壤侵蚀量确定微地形的变化。RILLGROW 模型通过初始微地形数据生成细沟模式,没有明确区分细沟和细沟间的土壤侵蚀过程。细沟形成的水力学机理也过于概化,且忽略了入渗和沉积等许多重要过程的描述。RILLGROW 模型只适用于小面积区域,由于数据需求量和计算量大而不能用于流域甚至田块尺度。目前采用 C^{++} 语言开发的 Windows 界面下运行的新版 RILLGROW 模型,不仅可以在时间域上运行,同时也可以模拟沉积和击溅再分布过程,但仍然不能模拟土壤入渗等过程。

(2)EGEM 浅沟侵蚀模型

浅沟侵蚀模型或临时性切沟侵蚀模型 EGEM(the ephemeral gully erosion model)以一种非常简单的方式模拟浅沟复杂的时空变化,可估算单条浅沟的年平均土壤流失量。EGEM 模型由水文和侵蚀两个模块组成。水文模块是一个基于径流曲线数(curve number)的物理过程模型。侵蚀模块利用水文模块计算的输出结果,根据经验关系和物理过程方程计算浅沟的最终宽度和深度。EGEM 模型假定浅沟垂直向下切直至达到可蚀性较差的犁底层,且沿沟长方向的沟深是固定值。当有径流发生时出现峰值流量,然后根据峰值流量和径流总量计算土壤侵蚀量。由于通常认为深度>46 cm 的侵蚀沟属于切沟而不是浅沟,因此浅沟的最大容许深度是 46 cm。当达到最大沟深后,侵蚀沟将加宽而其深度不再增大。

(3)切沟侵蚀模型

Sidorchuk 建立了模拟切沟发展第一阶段的三维水力学 GULTEM 模型。GULTEM 模型可模拟计算切沟的沟深、沟宽和沟体积,但不能模拟沟头溯源侵蚀。Sidorchuk 于 1999 年又提出了动态切沟模型 DIMGUL(dynamic gully model)和静态切沟模型 STABGUL(static gully model)。Sidorchuk 认为切沟发展包括两个阶段:第一阶段的切沟发展时间占切沟整个发育阶段的 5%,此阶段切沟形态特征(长、深、宽、面积和体积)很不稳定,沟道快速形成且迅速发展;第二阶段是切沟发展的稳定阶段,该阶段占整个切沟发育阶段的绝大部分时间。第二阶段沿沟床的侵蚀和沉积现象很微弱,沟底和沟壁形态稳定。DIMGUL 模型建立在物质守恒和沟床形态变化描述基础之上,用于模拟切沟发展的第一阶段。STABGUL 模型假设切沟最终形态稳定，沟底高程和沟底宽度维持常值，用于模拟计算切沟形态的最终稳定参数。

5.2.2 国内水蚀预报模型

1. 坡面土壤流失预报模型

我国坡面土壤流失预报模型的研究始于 20 世纪 50 年代。最初的土壤侵蚀定量研究，主要是根据径流小区的观测资料，建立估算次降雨土壤侵蚀量的统计模型。20 世纪 80 年代后，以美国通用土壤流失预报方程 USLE 为蓝本，根据各地研究区的实际情况，通过修正建立了若干个地区性的土壤侵蚀预报模型。20 世纪 90 年代以来，基于土壤侵蚀过程的研究成果，尝试建立描述土壤侵蚀过程的物理模型。

江忠善等以沟间裸露地为对象，将浅沟侵蚀的影响以修正系数的方式进行处理，建立了计算沟间地次降雨的土壤流失经验模型，其表达式为：

$$A = a \times K \times P^{0.999} \times I_{30}^{2.637} \times S^{0.88} \times L^{0.286} \times G_s \times V \times C \tag{5-10}$$

式中，A 为次降雨侵蚀量（t/km^2）；a 为系数，无量纲；K 为土壤因子系数，无量纲；P 为次降雨量（mm）；I_{30} 为一次 30 min 降雨过程的最大降雨强度（mm/min）；S 为坡度（°）；L 为坡长（m）；G_s 为浅沟侵蚀影响系数，无量纲。当坡面无浅沟侵蚀时，$G_s=1$；V 为植被影响系数，无量纲；C 为水土保持措施影响系数，无量纲。对于裸露坡面，V 和 C 皆为 1。

该模型考虑了黄土坡面特有的浅沟侵蚀类型，模型结构符合黄土丘陵区的地貌特征。应用 ARC/INFO 地理信息系统软件，建立空间水土流失数据库，实现了侵蚀预报模型与 GIS 技术的结合。

蔡强国等基于坡面侵蚀产沙分散性规律，利用 GIS 技术，建立了坡面土壤流失预报模型。模型结构由次降雨坡面溅蚀量和坡面细沟侵蚀量两部分组成。

次降雨坡面溅蚀量方程：

$$D_b = 0.015 \times J \times (E_k/\lambda) \times e^{(2.68 \times \sin\theta - 0.48 \times C_v)} \tag{5-11}$$

式中，D_b 为坡面溅蚀量（kg/m^2）；J 为前期表土结皮因子，当前期无表土结皮时为 1；E_k 为降雨动能（J/m^2），$E_k=28.83+13.51\times \lg I$，其中，$I$ 为降雨强度（mm/min）；λ 为土壤抗剪切强度（kPa）。$\lambda=a e^{-bM_c}$，a 和 b 为由地表土壤容重确定的经验系数，M_c 为土壤含水量（%）；θ 为坡度（°）；C_v 为植被覆盖度（%）。

坡面细沟侵蚀估算方程：

$$D_r = 1.766 \times 10^{-7} E_r^{4.8} \lambda^{-0.5} \tag{5-12}$$

式中，D_r 为细沟侵蚀模数（kg/m^2）；E_r 为细沟水流侵蚀力（N/m^3）。$E_r=0.01\times\rho\times g\times H\times A\times\sin\theta$，其中，$\rho$ 为水的密度（1 000 kg/m^3）；g 为重力加速度（9.8 m/s^2）；H 为平均径流深（mm）；A 为单宽汇流面积（m^2）；θ 为地面坡度（°）；λ 的意义同前。

刘宝元等借鉴美国 USLE 的经验，根据实测资料建立了坡面土壤流失预报方程，即

$$A = R \times K \times L \times S \times B \times E \times T \tag{5-13}$$

式中，A 为多年平均土壤流失量[$t/(hm^2 \cdot a)$]；R 为降雨侵蚀力因子[$MJ \cdot mm/(hm^2 \cdot h \cdot a)$]；$K$ 为土壤可蚀性因子[$t \cdot hm^2 \cdot h/(hm^2 \cdot MJ \cdot mm)$]；$S$ 为坡度因子，无量纲；L 为坡长

因子，无量纲单位；B 为水土保持生物措施因子，无量纲单位；E 为水土保持工程措施因子，无量纲单位；T 为水土保持耕作措施因子，无量纲单位。

该模型根据我国水土保持措施的实际情况，将 USLE 中的作物和水土保持措施两大因子变为水土保持三大措施因子，即生物措施(B)、工程措施(E)和水土保持耕作措施(T)因子，但该模型与 USLE 类似，仅适用于不包含浅沟或切沟侵蚀的坡面。

2. 流域产沙模型

流域侵蚀产沙模型的研究同坡面土壤流失预报模型相比，起步较晚。江忠善和宋文经根据陕北绥德、子洲和延安以及晋西离石、陇东南天水等地的黄土丘陵沟壑区 10 条典型沟道小流域(0.18～187 km^2)在 1954—1970 年间的 406 场次洪水径流泥沙实测资料，通过多元回归分析，建立了未治理小流域次暴雨洪水产沙量的预报公式：

$$M_s = 0.37 \times M^{1.15} \times J \times K \times P \tag{5-14}$$

式中，M_s 为一次暴雨的流域产沙模数(t/km^2)；M 为一次暴雨的洪量模数(m^3/km^2)；J 为流域平均坡度，以比值计；K 为土壤可蚀性因子，以黄土中沙粒和粉粒占总量的比例表示可蚀性指标，以小数计；P 为与流域植被盖度有关的植被作用系数，是指有植被覆盖与裸露对照径流小区侵蚀量的比值，可通过查表得到。

一次暴雨洪水径流总量由式(5-15)确定：

$$W = 0.054 \times (L/J_0^{1/3})^{0.58} \times Q^{0.86} \tag{5-15}$$

式中，W 为一次暴雨洪水径流总量($10^4\ m^3$)；Q 为洪峰流量(m^3/s)；L 为流域长度(km)；J_0 为流域主沟道的平均比降(以比值计)。有了洪水总量 W，即可计算出洪量模数 M 值。从水土保持工程设计出发，建模者还给出了不同频率洪峰流量模数和洪峰流量的计算式，分别见式(5-16)和式(5-17)。

不同频率下设计洪峰流量模数的计算公式为：

$$q_p = C \times J_0^{0.37} \times A^{0.22}/L^{1.1} \tag{5-16}$$

不同频率下设计洪峰流量的计算公式为：

$$Q_p = C \times J_0^{0.37} \times A^{1.22}/L^{1.1} \tag{5-17}$$

式中，q_p 为设计洪峰流量模数[$m^3/(s \cdot km^2)$]；Q_p 为设计洪峰流量(m^3/s)；A 为流域面积(km^2)；L 为流域平均宽度(km)；C 为与重现期 N 有关的参数。$N=10$ 年时取 $C=220$，$N=20$ 年时取 $C=290$，$N=50$ 年时取 $C=420$。

通过地形图量测的数据，流域平均坡度 J 按式(5-18)计算：

$$J = \Delta H \times (0.5L_0 + L_1 + L_2 + \cdots + L_{n-1} + 0.5L_n)/A \tag{5-18}$$

式中，ΔH 为相邻两等高线间等高距(m)；$L_0, L_1, L_2, \cdots, L_n$ 为各条等高线长度(km)；A 为流域面积(km^2)。该模型结构较为合理，考虑的因素较全面，能反映小流域侵蚀动力、地形、土壤、植被等因素对流域产沙的综合影响，适用于计算黄土丘陵沟壑区没有或很少采用水土保持措施且面积小于 200 km^2 小流域的产沙量。

牟金泽和熊贵枢根据黄土丘陵沟壑区陕北子洲县岔巴沟流域的六个断面 8～11 年 246 次实测资料，选取洪量模数、洪峰模数、年径流模数、主沟道平均比降以及流域长度为指标，经回归分析得出小流域一次洪水产沙量和全年产沙量的预报模型。

一次洪水产沙量计算公式：

$$M_s = 0.25 \times (M + q_p)^{1.07} \times J_0^{0.2} \times L^{0.4} \tag{5-19}$$

年产沙量计算公式：

$$M_{s0} = 0.095 \times M_0^{2.0} \times J_0^{0.28} \times L^{0.25} \tag{5-20}$$

式中，M_s 为一次洪水流域产沙模数（t/km^2）；M 为一次洪水洪量模数（m^3/km^2）；q_p 为洪峰模数[$m^3/(s \cdot km^2)$]；J_0 为流域主沟道平均比降（%）；L 为流域长度（km）；M_{s0} 为年产沙量（t/km^2）；M_0 为年径流模数（$10^4\ m^3/km^2$）。

设计洪峰模数 q_p 按式(5-21)计算：

$$q_p = C \times J_0^{1/3} \times A^{0.18}/L \tag{5-21}$$

式中，A 为流域面积（km^2）；C 为与重现期 N 有关的参数。$N=10$ 年时取 $C=1.79\times10^5$，$N=20$ 年时取 $C=2.62\times10^5$，$N=50$ 年时取 $C=3.75\times10^5$；J_0 为流域主沟道平均比降（%）；L 为流域长度（km）。

设计洪量模数 M 按式(5-22)计算：

$$M = 0.26 \times q_p \times (L \times J_0^{1/3})^{0.54} \tag{5-22}$$

流域长度 L 按式(5-23)计算：

$$L = 1.58 \times A^{0.5} \tag{5-23}$$

主沟道平均比降 J_0 按式(5-24)计算：

$$J_0 = 0.61 \times A^{-0.42} \tag{5-24}$$

式中，q_p 为洪峰模数[$m^3/(s \cdot km^2)$]；J_0 为流域主沟道平均比降（%）；L 为流域长度（km）；A 为流域面积（km^2）。

该模型经用研究区以外的实测资料验证，其精度基本上满足实用要求。

尹国康和陈钦峦根据 1954—1982 年对晋、陕、甘黄土覆盖区 58 个小流域（0.193～329 km^2）的观测和调查资料，以径流模数、流域长度、流域沟壑密度、流域高差比、地面沟壑切割深度、流域植被盖度与治理程度、地面岩土抗蚀性因素等作为影响流域产沙量的主要指标，通过回归分析得出小流域年产沙量模型为：

$$M_s/M_w = 31.83 \times I^{0.83} \tag{5-25}$$

式中，M_s 为年产沙模数（t/km^2）；M_w 为年径流模数（m^3/km^2）；I 为流域地表综合特性指标。

模型中的参数 I 可按式(5-26)确定：

$$I = R_h^{0.6} \times D_h^{0.2} \times R_p^{-0.8} \times R_s^{-3.5} \tag{5-26}$$

式中，R_h 为流域高差比（%）；D_h 为地面崎岖度。$D_h=D\times h$，D 为沟壑密度（km/km^2），h 为沟

壑切割深度(m);R_p 为流域治理程度,即有效治理面积与流域总面积之比(%);R_s 为地面组成物质的抗蚀性因子,可查表获得。

该模型考虑的影响因素较全面,特别是考虑了治理措施对土壤流失量的影响。

范瑞瑜根据陕北、晋西、陇东不同地区 1954—1982 年 16 个小流域(0.18~187 km²)的实测资料,参照美国 USLE 模型结构,选用了降雨影响因子、土壤可蚀性指标、流域平均坡度、植被影响侵蚀系数和工程措施影响土壤侵蚀系数作为定量指标,通过多元回归分析,建立了小流域年产沙模型。其模型表达式为:

$$M_s = 6.49 \times R^{1.573} \times K^{1.235} \times J^{1.328} \times C^{1.491} \times P^{1.588} \tag{5-27}$$

式中,M_s 为年产沙模数[10^4 t/(km² · a)];R 为降雨影响侵蚀因子;K 为土壤可蚀性指标;J 为流域平均坡度;C 为植被影响侵蚀系数;P 为工程措施影响侵蚀系数。

降雨因子 R 按式(5-28)计算:

$$R = 10^{-3} \times (E_n + P_c^{0.88}) \tag{5-28}$$

式中,E_n 为年暴雨总能量之和(J/m²);P_c 为汛期降雨量(mm)。

土壤可蚀性因子 K 采用大于 0.05 mm 颗粒在径流中的含量与易溶盐百分含量之和表示(用小数表示)。

地形因子 J 根据流域地形图,按下式计算:

$$J = \Delta H \times (0.5L_0 + L_1 + L_2 + \cdots + L_{n-1} + 0.5L_n)/A \tag{5-29}$$

对地形起伏、山高坡陡的流域可按式(5-30)计算:

$$J = \frac{\Delta H \times \sum L}{A} \tag{5-30}$$

式中,L_0、L_1、…、L_n 为流域内各等高线的长度(km);ΔH 为相邻两等高线间的高差(km);$\sum L$ 为流域内等高线长度的总和(m);A 为流域面积(km²)。

作物因子 C 按式(5-31)计算:

$$C = \mathrm{e}^{-5.1724x} \tag{5-31}$$

式中,x 为流域汛期(6—9 月份)平均植被盖度(用小数表示)。

水保措施因子 P 按式(5-32)计算:

$$P = 1 - \frac{a_1^{1.35} + a_2 + a_3 + a_4 + a_5}{1\,500 \times A} \tag{5-32}$$

式中,a_1 为流域内淤地坝可淤面积(km²);a_2 为水平梯田面积(km²);a_3 为塬平地面积(km²);a_4 为水地面积(km²);a_5 为滩地面积(km²);A 为流域总面积(km²)。

该模型较全面考虑了影响小流域土壤流失量的有关因子,预报精度可以满足一般工程设计以及流域水土保持规划和综合治理时减沙效益计算的需要,适用于 200 km² 以内自然地理特征类似的流域。

3. 小流域水蚀预报模型

江忠善等根据黄土丘陵区小流域侵蚀产沙的基本特征及沟蚀严重的特点,将小流域的沟间地和沟谷地两个地貌单元区别对待，根据安塞站 1985—1991 年和子洲团山沟 1961—1969 年径流小区的观测资料，以及利用 RS 和 GIS 技术建立的地形数据库，分别建立了以计算沟间地和沟谷地单元地块土壤侵蚀为基础来推算小流域次降雨产沙量的分布式预测模型。沟间地的土壤侵蚀模型按式(5-10)描述的坡面侵蚀模型计算，沟谷地的土壤侵蚀量按式(5-33)计算：

$$M_g = \left(\frac{1}{n}\sum_{i=1}^{n} M_{si}\right) \times G \times C_g \times K \tag{5-33}$$

式中，M_g 为某一计算单元的沟坡网格土壤侵蚀模数(t/km^2)；M_{si} 为某一计算单元沟间地第 i 个网格的侵蚀模数(t/km^2)，该值由沟间地土壤侵蚀模型计算得到；G 为沟蚀系数，无量纲；C_g 为沟坡植被影响修正系数，天然荒坡为 1。对于人工林地和封育草地，该值可参照沟间林草地的计算方法并扣除荒坡植被现状覆盖度基数的影响后加以确定；K 为土质类型修正系数，无量纲。对于黄土该值为 1；n 为计算单元沟间地的网格总个数。

沟谷地土壤沟蚀系数 G 按式(5-34)确定：

$$G = 1 + \alpha \times [1.137 \times (P \times I_{30})^{0.14} - 1] \tag{5-34}$$

式中，α 为坡度修正系数；P 为次降雨量(mm)；I_{30} 为一次降雨过程中最大 30 min 降雨强度(mm/h)。

该模型分别建立了沟间地土壤侵蚀统计模型和沟谷地土壤侵蚀概化模型，可用于流域泥沙来源评价及水土保持规划等。模型结构简单合理，考虑因素比较全面。蔡强国等以晋西羊沟道小流域为研究对象，将小流域侵蚀产沙分为坡面、沟坡和沟道三个基本单元，分别建立了各单元的次暴雨土壤侵蚀产沙预报模型。其模型中的坡面子模型采用式(5-11)和式(5-12)描述的坡面侵蚀模型表达。沟坡子模型考虑了沟坡坡面侵蚀、泻溜侵蚀、重力侵蚀和洞穴侵蚀等过程。通过对某时刻的沟坡坡面侵蚀、泻溜侵蚀、重力侵蚀和洞穴侵蚀的计算，取其加权平均，确定预报流域某时刻沟坡土壤侵蚀模数的平均值。

沟坡坡面侵蚀按式(5-35)计算：

$$S_d = 511.07 \times Q_d^{0.865} \times S_c^{0.114} \tag{5-35}$$

式中，S_d 为次降雨沟坡侵蚀产沙模数(t/km^2)；S_c 为上部坡面来沙量(t/km^2)；Q_d 为沟坡径流深(mm)。

Q_d 可依据式(5-36)计算：

$$Q_d = 0.502 \times 10^{-3} \times I_{30}^{0.323} \times E_k^{0.871} \times Q_c^{0.331} \tag{5-36}$$

式中，I_{30} 为一次降雨过程中 30 min 最大降雨强度(mm/h)；E_k 为降雨能量[J/(m^2 · mm)]；Q_c 为上坡来水量(mm)。

红土沟坡上的泻溜侵蚀量按式(5-37)计算：

$$S_g = 349.324 \times P_a^{-0.631} \times I_{30}^{0.367} \times Q_g^{1.054} \tag{5-37}$$

式中，S_g 为红土沟坡侵蚀模数(t/km^2)；P_a 为前 9 天累积降雨量(mm)；Q_g 为红土沟坡径流深(mm)；I_{30} 为一次降雨过程中 30 min 最大降雨强度(mm/h)。

Q_g 可按式(5-38)计算：

$$Q_g = 1.07 \times 10^{-4} \times E^{1.14} \times I_{30}^{1.04} \times P_a^{0.14} \quad (5\text{-}38)$$

式中，E 为降雨能量[$J/(m^2 \cdot mm)$]；I_{30}为 30 min 最大雨强(mm/h)；P_a 为前 9 天累积降雨量(mm)。

重力侵蚀 S_h 按式(5-39)计算：

$$S_h = 2\,284.7 \times Q_h^{0.811} \quad (5\text{-}39)$$

式中，S_h 为重力侵蚀产沙模数(t/km^2)；Q_h 为径流深(mm)，$Q_h = 0.86 \times 10^{-6} \times I_{30}^{0.854} \times E^{-1.638}$；$E$ 为降雨能量[$J/(m^2 \cdot mm)$]；I_{30}为 30 min 最大雨强(mm/h)。

根据洞穴发生的位置，洞穴侵蚀量按沟头自然侵蚀量计算：

$$S_f = 368.33 \times Q_f^{1.04} \quad (5\text{-}40)$$

式中，S_f 为沟头自然实验小区侵蚀产沙模数(t/km^2)；Q_f 为沟头部分的径流量(mm)，$Q_f = 1.72 \times 10^{-4} \times I_{30}^{2.343} \times E^{0.783}$，其中，$E$ 为降雨能量[$J/(m^2 \cdot mm)$]，I_{30} 为 30 min 最大雨强(mm/h)。

沟道侵蚀量可用泥沙输移比表示。泥沙输移比 S_{DR}是指流域内流域输沙量与土壤侵蚀量之比。若 $S_{DR}<1$，发生堆积；$S_{DR}=1$，则侵蚀与堆积处于平衡状态。

$$S_{DR} = 0.027\,7 \times R^{-0.29} \times C^{0.19} \times S_m^{0.59} \times (E_a/E)^{0.44} \quad (5\text{-}41)$$

式中，R 为降雨量(mm)；C 为径流系数(%)；S_m 为最大径流含沙量(kg/m^3)；E_a/E 为大于 0.15 mm/min 雨强时的降雨动能与次降雨动能的比值。

当无法获取 S_m 及 C 值时，可按式(5-42)计算 S_{DR}值：

$$S_{DR}' = 0.738 \times P_a^{0.065} \times T^{-0.225} \times I^{0.66} \times (E_a/E)^{0.091} \quad (5\text{-}42)$$

式中，P_a 为前期影响降雨量(mm)；T 为降雨历时(min)；I 为平均雨强(mm/min)；E_a/E 的意义同式(5-41)。

流域内总侵蚀量 S 按式(5-43)计算：

$$S = Y/S_{DR} \quad (5\text{-}43)$$

式中，Y 为流域出口输沙量；S_{DR}为泥沙输移比。

5.3 土壤风蚀模型

国外土壤风蚀研究已有百余年历史，而土壤风蚀预报研究则相对较晚。风蚀预报研究大体上可分为 3 个阶段，即定性描述阶段、定量研究阶段以及风蚀方程的建立与完善阶段。风蚀模型可分为物理模型、经验模型和理论模型 3 类。物理模型描述了土壤风蚀中的各种物理过程，大都含有一些经验系数。经验模型的边界条件仅限于建模时的一系列实验条件，同时需要通过严格控制的实验来确定基本参数。理论模型具有较为广泛的适应性，但其预测精度取决于建立模型所采用的理论以及假设的正确性。

5.3.1 WEQ 风蚀方程

为了确定各种风蚀因子在土壤风蚀中的影响作用，进而提出风蚀防治措施，在美国农业部组织的土壤风蚀机理多年研究的基础上，伍德拉夫(Woodruff)和西多威(Siddoway)于 1965 年提出了土壤风蚀方程(WEQ)预报模型。该模型假设土壤风蚀过程类似于沿山坡而下的雪崩与碎屑物。WEQ 模型是第一个用于估算田间年风蚀量的模型，在过去几十年中被广泛应用和不断修订。WEQ 风蚀方程包含 5 组共 11 个变量：气候因子、土壤可蚀性、土壤表面粗糙度、田块长度以及作物残留物，其中土壤可蚀性与气候因子是最重要的因变量。

WEQ 风蚀方程的表达式为：

$$E = f(I, K, C, L, V) \tag{5-44}$$

式中，E 为年土壤风蚀量(t/acre，1 acre=4 046.86 m^2)；I 为土壤可蚀性(t/acre)；K 为土壤糙度因子，无量纲单位；C 为气候因子；L 为田块裸露长度(ft，1 ft=30.48 cm)；V 为植被因子，无量纲单位。

WEQ 风蚀方程考虑了主要风蚀因子对土壤风蚀量的影响。由于 WEQ 中的各个因子是相互关联的，因此在方程的求解过程中，不是求出各因子值后连乘，而是需要利用各因子之间的相关关系式和编绘的大量图表分步计算，计算工作量很大。因此，Skidmore 等于 1970 年提出了用计算机程序求解 WEQ 的方法，随后又制作了滑动计算尺以便于野外应用。

WEQ 风蚀方程仅能预报某一区域的年平均风蚀状况。但由于风蚀因子和风蚀量都具有明显的时空变异特征，年平均风蚀量不能精确地反映单个的风蚀事件，在指导防治土壤风蚀实践方面存在一定的不足。此外，WEQ 风蚀方程是一个经验模型，注重宏观上应用的方便，与微观的土壤风蚀机理脱节，得不到风蚀基础理论的支持。由于 WEQ 风蚀方程是建立在风洞实验结果以及有限的野外风蚀观测数据基础之上的，因此当应用于气候条件与建模条件相差较大的地区时，该模型计算结果误差较大。WEQ 风蚀方程不适用于大降雨量或极端干旱地区的土壤风蚀预测。

随着风蚀观测仪器的发展，WEQ 模型的局限性愈加明显。通过对 WEQ 方程的修正，形成了修正风蚀方程(RWEQ)。在充分考虑气象、土壤、植物、田块、耕作以及灌溉等因子的基础上，RWEQ 由式(5-45)和式(5-46)组成：

$$Q_x = Q_{\max}(1 - e^{-(x/s)^2}) \tag{5-45}$$

$$Q_{\max} = 109.8(W_f \times E_f \times S_c \times C_p) \tag{5-46}$$

式中，Q_x 为在田块长度为 x 处的风蚀量(kg/m)；$Q_{\max}$为风力的最大输沙能力(kg/m)；x 为地块长度(m)；s 为由正坡向负坡的转折点；W_f 为气象因子；E_f 为土壤可蚀性因子；S_c 为土壤结皮因子；C_p 为植被因子，包括平铺作物残留物、直立作物残留物及植被冠层。

RWEQ 风蚀方程需借助计算机语言求解，其视窗形式的界面便于人机对话和操作。40 多个地区的验证结果表明，只要有理想的气象、土壤、作物和农田管理等输入数据，RWEQ 风蚀方程可以取得比较精确的预报结果。与 WEQ 风蚀方程一样，RWEQ 风蚀方程是根据美国大平原地区的气象条件建立起来的，缺乏理论和物理过程基础。该模型有许多经验性参数，其普适性仍有待进一步验证和修正。

5.3.2 Pasak 风蚀模型

Pasak 于 1973 年提出了旨在预测单一风蚀事件的土壤风蚀预报模型，其方程式为：

$$E = 22.02 - 0.72P + 1.69V - 2.64R_h \tag{5-47}$$

式中，E 为风蚀量（kg/hm^2）；P 为不可蚀颗粒所占百分比；V 为风速（km/h）；R_h 为相对土壤湿度（%）。

Pasak 模型为一经验模型，只包括风速、土壤含水量和不可蚀颗粒所占比例等 3 个变量，模型简单，应用方便。但该模型缺少一些影响风蚀的重要因素如作物残留物以及土壤表面粗糙度等因子，因而在实际应用中具有很大的局限性。此外，即使在某单一风蚀事件中，风速和土壤含水量亦非恒量。

5.3.3 Bocharov 风蚀模型

土壤与风的相互作用是在特定的人类活动（人为条件）和气象条件（自然条件）下进行的。前苏联科学家波查罗夫（Bocharov）认为，土壤风蚀取决于包括地表土壤物质性质和若干气流特征参数在内的众多因素，并于 20 世纪 80 年代初提出了式（5-48）的土壤风蚀预报模型：

$$E = f(W, S, M, A) \tag{5-48}$$

式中，E 为风蚀程度；W 为风况特征；S 为土壤表层特性；M 为气象要素特征；A 为人类对土壤表面的干扰程度以及与农业活动有关的其余一些因子。

Bocharov 模型包括风况、表土特征、气象要素特征、人类对土壤表面的干扰程度 4 大组共 25 个影响土壤风蚀的因子。其中，风况包括风速（包括瞬时风速、日平均风速、年平均风速和最大风速等）、风向、气流湍流程度以及风速的频率分布等参数，土壤特征包括机械组成、湿度、团块结构（不可蚀成分含量）、表面结壳以及土壤结构的水稳性等，气象条件包括气温、土壤温度（土壤冻结）、降雨强度与降雨量以及空气相对湿度等。农业活动引起许多自然要素的变化，进而导致土壤风蚀的发生和发展。这些自然要素包括田块的起伏程度、上年度的土壤风蚀性质、顺风向田块长度、邻近田块的性质、周围防护条件（防护林结构、高度与间距）、土壤表面沟垄形状（高度、形状和间距）、土壤表面粗糙度、植被覆盖状况（高度、密度和投影盖度）、秋收后作物残留物的覆盖度、耕作方法和放牧程度。这些因子具有一个共同的特点，即在其余因子保持不变的条件下，其中任一因子的变化都可以引起风蚀量的变化。但各风蚀因子的作用并不是等效的，它们相互影响，具有复杂的内在关系。Bocharov 模型并未给出具体的定量关系，这些关系仍依赖于实验与野外观测研究，因此该预报模型只是一个抽象的概念模型，不能直接应用。

5.3.4 TEAM 风蚀分析模型

格利高里（Gregory）等于 1988 年提出了得克萨斯土壤风蚀分析模型（TEAM，Texas tech evosion analysis model）。该模型可以利用计算机程序模拟风速廓线发育以及因风引起的土壤运动。TEAM 模型计算风蚀的步骤如下：

①根据地表覆盖条件计算土颗粒位移高度和空气动力学粗糙度，并结合距地表 10 m 处的风速确定摩擦速度；

②根据距风障的距离、风障高度及其孔隙度确定风障对风速（摩擦速度）的减小程度；

③确定平均土颗粒（不包括黏粒部分）粒径的临界摩擦速度和地表湿度（在非降雨时假定土壤地表湿度与空气相对温度平衡）；

④在自然风力条件下调整阵风的临界摩擦速度；

⑤计算作物高度和作物残留物覆盖高度对摩擦速度的影响，其减小程度应是高度的函数；

⑥计算给定条件下土颗粒的最大传输速率；

⑦根据土壤可蚀性、摩擦速度和侵蚀面长度，计算长度系数(0～1)。

⑧调整实际传输速率和长度系数，计算土壤最大传输速率。

TEAM 风蚀模型的具体计算公式参见参考文献(Gregory 等，2004)。该模型从理论分析出发，结合实际观测资料确定了若干个系数，开辟了理论模型与经验模型相结合的思路，但其考虑的因子数量仍然十分有限，是一个简化的过程模型，不能够全面地反映土壤风蚀过程，因而不能应用于复杂的实际情况，预测结果仍有待于检验。

5.3.5 WEPS 风蚀预报系统

风蚀预报系统(WEPS)是美国农业部组织多学科科学家开发研究的一个以过程为基础的连续风蚀模型。该模型可以模拟每日的天气、田间条件及风蚀状况等。WEPS 由侵蚀、气象、作物生长、秸秆分解、土壤、水文、耕作 7 个子模型组成，包括主程序、用户界面输入部分、子模型部分及其有关的数据库以及输出控制部分。作物生长、秸秆分解、土壤、水文以及耕作子模型的功能在于决定土壤可蚀性、土壤特征、植被特征及其对气象因子输入的响应。当风速大于侵蚀临界值时，利用侵蚀模型即可计算土壤的流失量或堆积量。

WEPS 是目前土壤风蚀预报模型中最完整和全面的计算机计算模型。但该模型过程繁杂、工作量大，目前仍处于试验验证与完善阶段。

思考题

1. USLE 模型和 WEPP 模型的优缺点各是什么？
2. 土壤水蚀模型如何分类？各类土壤水蚀模型的优缺点各是什么？
3. 相对于 USLE 模型，RUSLE 模型做了哪些方面的改进？
4. 试述风蚀方程(WEQ)及修正风蚀方程(RWEQ)的优缺点。

参考文献

[1] 张洪江. 土壤侵蚀原理. 北京：中国林业出版社，2000.

[2] 雷廷武，邵明安，李占斌，等. 土壤侵蚀预报模型及其在中国发展的考虑. 水土保持研究，1999，6(2)：162-166.

[3] Nearing M A, Lane L J, Lopes V L. Modeling soil erosion. // Soil Erosion Research Methods. R Lad Soil and Water Conservation Society and St. Lucie Press，1994.

[4] Lane L J, Shirley E D, Singh V P. Modelling erosion on hillslopes. // (ed.) Modelling Geomorphological Systems M G Anderson. NewYork：John Wiley Pub，1998.

[5] Wheater H S, Jakeman A J, Beven K J. Progress and directions in rainfall-runoff modelling. // Modelling Change in Environmental Systems. Jakeman A J，Beck M B，McAleer M J. Chichester：John Wiley and Sons，1993.

[6] 牛志明，解明曙，孙阁. 非点源污染模型在土壤侵蚀模拟中的应用及发展动态. 北京林业大学学报，2001，23(2)：78-84.

[7] 蔡强国,刘纪根. 关于我国土壤侵蚀模型研究进展. 地理科学进展,2003,22(3):242-250.

[8] 符素华,刘宝元. 土壤侵蚀量预报模型研究进展. 地理科学进展,2002,17(1):78-84.

[9] Wischmeier W H. A rainfall erosion index for a universal soil-loss equation. Soil Sci Soc Am Proc, 1959,23(3):246-249.

[10] Wischmeier W H, Smith D D. Predicting rainfall erosion losses from cropland in east of the Rocky Mountains. Agric. Handbook. No. 282. Washington, DC, USDA,1995.

[11] Hudson N. Soil Conservation. 3rd ed:Iowa State University Press, USA,1995.

[12] Renard K G, Foster G R, Weesies G A, et al. Predicting soil erosion by water: a guide to conservation planning with the Revised Universal Soil Loss Equation (RUSLE). National Technical Information Service, USDA,1997.

[14] Renard K D, Forste G D, Weesies G A. Prediction rainfall erosion by water: a guild to conservation planning with the revised universal soil loss equation (RUSLE). USDA Agricultural Handbook No. 703. 1997.

[15] Nearing M A, Foster G R, Lane L J, et al. A process-based soil erosion model for USDA-Water Erosion Prediction Project Technology. Trans ASAE, 1989,32:1587-1593.

[16] Lane L J, Nearing M A. USDA-Water Erosion Prediction Project: Hillslope profile model document. NSERL report No. 2. National Soil Erosion Research Laboratory. USDA-ARS, West Lafayette. 1989.

[17] LISEM: A User Mannual. Dept. of Physical Geography, Univ. of Utrecht,1995.

[18] 牟金泽,孟庆枚. 陕北中小流域年产沙量计算//黄土高原水土流失综合治理科学讨论会资料汇编. 陕西:中国科学院西北水土保持研究所,1981.

[19] 牟金泽,孟庆枚. 陕北部分中小流域输沙量计算. 人民黄河,1983(4):35-37.

[20] Morgan R P C, Quinton J N, Smith R E, et al. The European Soil Erosion Model (EUROSEM): documentation and user guide. Silsoe College, Cranfield University,1998.

[21] De Roo A P J, Hazelhoff L H, Burrough P A. Soil erosion modelling using ANSWERS' and geographical information system. Earth Surf Proc and Landf, 1989,14:517-532.

[22] 汪东川,卢玉东. 国外土壤侵蚀模型发展概述. 中国水土保持科学,2002,4(2):35-39.

[23] Dept. of Physical Geography, Univ. of Utrecht. LISEM. A User Mannual,1995.

[24] De Roo A P J, Wesseling C G, Ritsema C J. LISEM: A single-event physically based hydrological and soil erosion modelfor drainage basins. II: sensitivity analysis, validation and application. Hydrological Processes, 1996,10(8):1119-1126.

[25] De Roo A P J, Wesseling C G, Ritsema C J. LISEM: A single-event physically based hydrological and soil erosion model for drainage basins. I: Theory, input and output. Hydrological Processes, 1996,10(8):1107-1118.

[26] 杨勤科,李锐. LISEM:一个基于 GIS 的流域土壤流失预报模型. 水土保持通报,1998,18(3):82-89.

[27] De Jong S M, Paracchini M L, Bertolo F, et al. Regional assessment of soil erosion using the distributed model SEMMED and remotely sensed data. Catena, 1999,37(3/4):291-308.

[28] Morgan R P C, Morgan D D V, Finney H J. A predictive model for the assessment of soil erosion risk. Agricultural Engineering Research, 1984,30:245-253.

[29] Favis-Mortlock D, Guerra T, Boardman J. A self-organizing systems approach to hillslop rill initiation and growth: model development and validation. IAHS Publication, No. 249. 1998. p53-61.

[30] Favis-Mortlock, D T. A self-organising dynamic systems approach to the simulation of rill initiation and development on hillslopes. Computers and Geosciences, 1998,24(4):353-372.

[31] Favis-Mortlock D, Boardman J, Parsons T, et al. Emergence and erosion: a model for rill initiation and development. // Proceedings of the Third International Conference on GeoComputation (CD). Abrahart R J University of Bristol, 1998.

[32] Groundwater P. The influence of model resolution on rill development: A numerical modelling study. Hydrological Processes, 2000,14(6):2173-2205.

[33] Woodward D E. Method to predict cropland ephemeral gullyerosion. Catena, 1999,37(2):393-399.

[34] Nachtergaele J, Poesen J,Vandekerckhove L, et al. Testing the Ephemeral Gully Erosion Model (EGEM) for two Mediterranean environments. Earth Surface Processes and Landforms, 2001,26(1):17-30.

[35] Aleksey S, Anna S. Model for estimating gully morphology. IAHS Publication, 1998,249:333-343.

[36] Sidorchuk A. Dynamic and static models of gully erosion. Catena, 1999,37(3-4):401-414.

[37] Woolhiser D A, Smith R E, Goodrich D C. KINEROS a kinematic runoff and erosion model: documentation and user manual. ARS, USDA. 1990. p77-130.

[38] 江忠善,王志强,刘志. 黄土丘陵区小流域土壤侵蚀空间变化定量研究. 土壤侵蚀与水土保持学报,1996,2(1):1-9.

[39] 江忠善,王志强,刘志. 应用地理信息系统评价黄土丘陵区小流域土壤侵蚀的研究. //第二届全国泥沙基本理论研究学术讨论会论文集. 北京:中国建材工业出版社,1995.

[40] 蔡强国,陆兆熊,王贵平. 黄土丘陵沟壑区典型小流域侵蚀产沙过程模型. 地理学报,1996,51(2):108-116.

[41] 蔡强国,王贵平,陈永宗. 黄土高原小流域侵蚀产沙过程与模拟. 北京:科学出版社,1998.

[42] 吴礼福. 黄土高原土壤侵蚀模型及其应用. 水土保持通报,1996,16(5):29-35.

[43] 张宪奎,许靖华,邓育江,等. 黑龙江省土壤侵蚀方程的研究. 水土保持通报,1992,12(4):1-9.

[44] 林素兰,黄毅,聂振刚,等. 辽北低山丘陵区坡耕地土壤流失方程的建立. 土壤通报,

1997,28(6):261-253.

[45] 杨武德,陈宝林,徐锴.红壤坡地不同利用方式土壤侵蚀模型研究.土壤侵蚀与水土保持学报,1999,5(1):52-58.

[46] 杨子生.滇东北山区坡耕地土壤流失方程研究.水土保持通报,1999,19(1):1-9.

[47] 黄炎和,卢程隆,付勤,等.闽东南土壤流失预报研究.水土保持学报,1993,7(4):13-18.

[48] 周伏建,陈明华,林福兴,等.福建省土壤流失预报研究.水土保持通报,1995,9(1):25-30.

[49] 金争平,赵焕勋,和泰,等.皇甫川区小流域土壤侵蚀量预报模型方程研究.水土保持学报,1991,5(1):8-18.

[50] 金争平,高志明,王正文,等.皇甫川流域小流域地块土壤侵蚀预报模型及其应用.//黄河皇甫川流域土壤侵蚀系统模型和治理模式.北京:海洋出版社,1992.

[51] 杨艳生,史德明,吕喜玺.长江三峡区的坡面土壤流失量和入江泥沙量研究.水土保持学报,1991,5(3):22-27.

[52] 陈法扬,王志明.通用土壤流失方程在小良水土保持试验站的应用.水土保持通报,1992,12(1):23-41.

[53] 江忠善,宋文径.黄河中游黄土丘陵沟壑区小流域产沙量计算.//第一次河流泥沙国际学术讨论会论文集.北京:光华出版社,1980.

[54] 牟金泽,熊贵枢.陕北小流域产沙量预报及水土保持措施拦沙计算.//第一次河流泥沙国际学术讨论会文集.北京:光华出版社,1980.

[55] 尹国康,陈钦峦.黄土高原小流域特性指标与产沙统计模式.地理学报,1989,44(1):32-45.

[56] 范瑞瑜.黄河中游地区小流域土壤流失量计算方程的研究.中国水土保持,1985(2):12-18.

[57] 汤立群,陈国祥,蔡名扬.黄土丘陵区小流域产沙数学模型.河海大学学报,1990,18(6):10-16.

[58] 谢树楠,王孟楼,张仁.黄河中游黄土沟壑区暴雨产沙模型的研究.北京:清华大学出版社,1990.

[59] 王星宇.黄土地区流域产沙数学模型.泥沙研究,1987(3):55-60.

[60] 廖超英,李靖,郑粉莉,等.国外土壤风蚀预报的研究历史与动向.水土保持研究,2004,11(4):50-54.

[61] 唐克丽.中国水土保持.北京:科学出版社,2004.

[62] Woodruff N P, Siddoway F H. A wind erosion equation. Soil Sci Soc Am Proc, 1965,29:602-608.

[63] Chepil W S. Width of field strips to control wind erosion. Kansas Agricultural Experimental Station Technical Bulletin,1957.

[64] Skidmoree L. Wind erosion climatic erosivity. Climate Change, 1986,9(1/2):195-208.

[65] Pasak V. Wind Erosion on soil. VUM Zbraslaav Scientific Monographs, 1973,

(3):78-89.

[66] Bocharov A P. A description of devices used in the study of wind erosion of soils. Amceind Publishing Co Pvt Ltd, New Delhi,1984.

[67] Gregory J M, Borrelli J, Fedler C B. TEAM: Texas erosion analysis model. In Proceedings of 1988 Wind Evosion Conference. Texas Tech. University, Lubbock, Texas. 1988.

[68] 廖超英,郑粉莉,刘国彬,等. 风蚀预报系统(WEPS)介绍. 水土保持研究,2004,11(4):77-79.

[69]Gregory J M,Wilson G R,Singh U B,et al. TEAM integrated,process-based wind-erosion model. Environmental Modelling & Software,2004,19:205-215.

第6章　土壤侵蚀常用研究方法

[摘要]水力侵蚀是目前世界上分布最广、危害最为普遍的一种土壤侵蚀类型。本章介绍目前国内外水蚀的主要研究方法,包括径流小区法、土壤侵蚀调查法、示踪法和室内模拟试验法。

自20世纪初以来,为了研究和掌握土壤侵蚀的发生发展规律,人们探讨了一系列的研究方法。20年代初,金陵大学美籍教授罗德民曾在山西沁源等地首次建立了径流小区,观测研究了不同森林植被和无植被土地的水土流失量状况。40年代初,又在甘肃天水等水土保持实验站相继建立了径流观测小区。目前,全国主要水土流失区均以径流小区作为研究水土流失规律的主要手段,并且结合室内模拟试验,为土壤侵蚀的定量评价和预报提供了重要的科学依据。

遥感技术(RS)的出现及其与地理信息系统(GIS)的结合,使土壤侵蚀研究进入了一个崭新的阶段。从野外实地考察步入到与航天航空影像的目视解译相结合,不仅提高了研究效率,而且将研究延伸至定性与定量相结合的评价阶段,从而促进了水土流失动态监测和侵蚀预报研究的快速发展。近年来,全球定位系统(GPS)技术的发展,进一步扩宽了土壤侵蚀微观动态过程研究的前景。土壤侵蚀的研究已经从定性到半定量或定量,由单一方法、单一手段研究到多途径、多学科协同研究的阶段。

6.1　径流小区法

土壤侵蚀的发生、发展和演变过程,是自然因素和人为因素综合影响作用的结果,因此需在野外和田间设置必要的试验设施。其中,径流小区法是目前普遍应用的研究方法之一。利用径流小区可以研究降雨、地形、土壤、植被、土地利用等单因子对水土流失的影响,也可用以研究流域的产流、产沙过程,为探讨土壤侵蚀规律和综合治理措施奠定了基础。

6.1.1　径流小区及其布设

1. 径流小区

径流小区法是坡面水蚀研究的基本方法。各国径流小区的分类和面积大小不尽相同。美国的径流小区分为试验小区和集水区。试验小区面积通常为2 m×22.1 m,其标准坡度为9%,多用来研究单因子变量对土壤流失的影响;集水区面积通常为数公顷到数十公顷,主要用来研究一个或少数几个因子对土壤流失的影响。加拿大的径流场(小区)大小可分为三种尺度,即面积数千平方千米(大尺度)、几十到几千平方米(中尺度)或1 m^2 到数平方米(小尺度)。

按面积大小不同,我国径流小区也可分为小区、大区和小流域三种规格。小区一般宽5 m,长为宽的2～8倍。水利部建议的标准径流小区宽为5 m(与等高线平行)、长20 m(水平投影)、水平投影面积为100 m^2、坡度为15°。大区也称小试验区,一般包括一个或几个微地形，主要用来研究多因子对土壤侵蚀的影响。小流域通常用于研究完整集水区的水土流失规律和综合治理效益。一般在沟道出口某一部位建径流观测站，研究流域的水沙输移规律和变化。

此外，根据试验研究的需要，在布设标准径流小区的基础上，也可补充必要的大型径流场或自然坡面径流场。在地形坡度陡峭、土壤透水性小、湿度大的地区，径流小区面积也可小些。对于特殊的试验，也可采用微小区（1 m^2）进行研究。

2. 径流小区规划及布设

标准径流小区是一种具有多用途的试验研究场所，其位置应布置在坡面平整、裸露无杂草的常年休闲的坡耕地上。因径流小区坡面具有不同的侵蚀特点以及影响因素，故规划时首先要选择有代表性区域的地段，主要包括地形和土壤，应考虑将研究成果推广到其他相似区域的可能性；其次要考虑环境因素的极端状况，如极大和极小坡度的试验、极端降水以及植被覆盖程度等条件；第三尽可能保持原有的土壤、地形等状态，同时尽可能使小区布置相对集中，以便于观测与管理。为了使不同径流小区的观测资料具有可比性，在试验设计中，通常以“组”为单位，即两个或两个以上的小区为一组。

径流小区一般包括排水渠、保护带、围埂、集水槽、引水槽和集流池（桶）几部分。每组小区应设置宽度不小于2 m的保护带。围埂布设在小区周围，以阻止径流进出小区，通常由混凝土预制块或砖砌筑。在小区上部有排水渠，防止坡面上部径流流入小区内；在其下方建集水槽和挡土墙，以避免径流的汇集冲刷和小区塌陷。挡土墙和集水槽用砖砌筑，砂浆抹面。集水槽由两端向中心倾斜。通过引水槽，将径流和泥沙导入集流口，并通过集流管引入集流池（桶）中。径流小区的平面布设如图6-1所示。

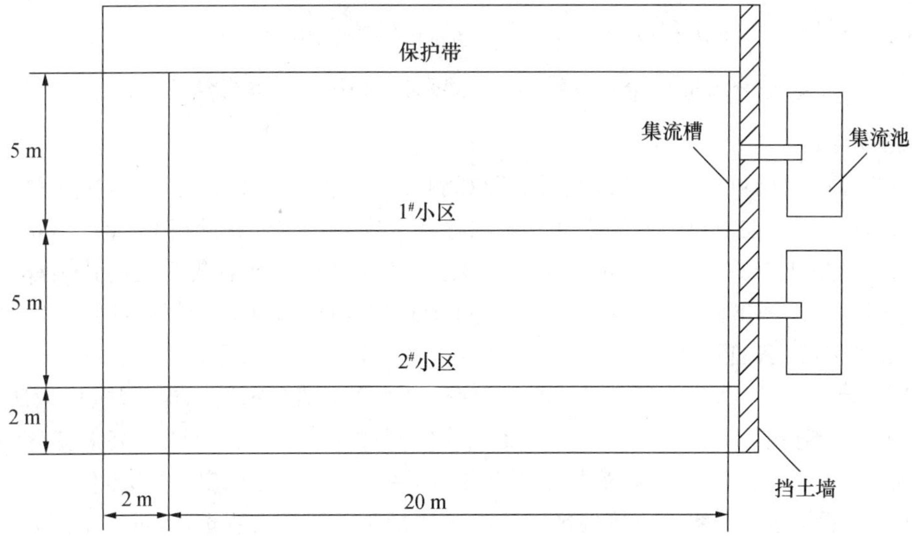

图6-1　径流小区平面布置示意图

3. 小区径流场建设步骤

①区域调查。调查区域地质、地貌、地形、土壤、土地利用、植被等自然条件和人为生产活动以及水土流失与治理现状等。

②选择试验场地。选择代表地段，并考虑面积大小及相关试验内容等。

③计算设计暴雨标准。由于径流测验有测流设施，故需要计算设计暴雨标准。通常对小区按 20 年一遇暴雨设计，对小流域可按 50 年一遇暴雨设计。

④安装观测仪器设备。按研究任务和要求，购置和安装自记雨量计、流量仪、采样器及烘箱、天平和分析仪器等。

6.1.2 径流小区测验

径流小区测验的主要内容是降水、径流及泥沙测验等。

1. 降雨观测

降雨以降雨量即以降落在地面上的水层深度来表示，以 mm 为单位。径流场须设置一台自记雨量计和相应的雨量筒，相互校验。若径流场分散，可适当增加雨量筒数量。为了防止蒸发损失，应在降雨结束后及时观测降雨。在降雨日按时(早 8 时或晚 6 时)换取记录纸，并相应量测雨量筒中的雨量。在暴雨期间，应在常规观测的基础上加密观测次数；对于特大暴雨，在无法进行正常观测时，应及时地进行实地调查。

2. 径流观测

降雨产流结束后，应立即观测收集的径流量。

①当采用集流池(桶)作为量水设备时，在产流结束后，可直接量测浑水位，计算或根据事先确定的水位—容积曲线推求径流总量。

②当量水设备为分水箱时，要用分水系数和分水量推求径流总量。当一次分流时，总径流量可按式(6-1)计算：

$$\text{径流总量} = \text{分水量} \times \text{分水系数} + \text{分水箱容量} + \text{接流桶容量} \tag{6-1}$$

当数次分流时，可依次从最后一级的分水量，逐级推求总径流量：

$$\text{径流总量} = \text{分水量} \times \text{分水系数}_1 \times \text{分水系数}_2 \times \cdots + \text{分水箱容积} + \text{接流桶容量} \tag{6-2}$$

3. 泥沙观测

泥沙应在降水结束以及径流终止后立即观测。首先将集水槽中的泥、水扫入集流池(桶)中，人工搅拌均匀。在池(桶)中用采样器采取柱状水样 2～3 个(总量在 1 000～3 000 cm^3)，混合均匀后从中取出 500～1 000 cm^3 浑水样，作为径流小区内本次收集径流的代表样。将水沙样静置 24 h 后，过滤出泥沙，然后在 105℃下烘干到恒重(6～8 h)，计算含沙量。若采用分水箱时，应分别采样，各自计算。

对于径流和泥沙，除直接测定外，也可采用分光光度法、红外线法、电容法、振动法、超声波法、激光法和 γ 射线等方法间接测定。雷廷武等(2002)建立了根据 γ 强度衰减变化测量含沙量以及通过液位变化时间测定径流量的动态测量系统，系统工作稳定，操作方便，省工省时，测量结果准确，不仅适合于室内土壤侵蚀试验中含沙量与径流量的测量，也可用于野外坡面土壤侵蚀试验小区的长期定点监测和其他相关试验研究。

4. 其他观测项目

此外，径流小区的观测项目还包括覆盖度、土壤水分或径流冲刷过程等。覆盖度测量的方法与林分调查的测定方法相同。土壤水分观测的一般间隔时间为 5 d 或 10 d，须定时观测各

注：分水系数＝总出水量/中孔出水量。设计时，要求分水系数的误差≤1%。

层土壤水分的变化情况。降水后需要加测，即从降雨后第 1 天起，逐日观测，直到土壤水分基本接近常值为止。

为了解径流冲刷过程，还需进行径流冲刷观测。观测时，除用流量仪量测径流量外，还需在现场观测径流的填洼时间、地表滞水开始和终止时间、坡面径流的流动形式和时间、侵蚀开始时间、细沟形式以及浅沟出现的时间和部位以及各时段的坡面水深和流速等。也可用拍摄照片的方式进行连续记录。

但径流小区法只能提供研究小区的净土壤流失量，在确定小区侵蚀沉积的空间分布特征上有一定的限制，小区内部的侵蚀过程处于“黑箱”状态。随着坡长的增加，泥沙很有可能发生沉积，因此测得的净土壤流失量不能代表较大的区域状况。径流小区法在获得较大区域的侵蚀与沉积信息方面面临着一定的困难，因此土壤侵蚀研究急需一种能同时提供研究区域侵蚀与沉积特征以及泥沙输移比的试验方法。

6.2　土壤侵蚀调查法

土壤侵蚀调查就是依据一定的方法和规则，将调查范围划分成若干个具有一定面积的调查单元进行调查的一种方法。根据统计学原理，调查有代表性的典型事件，经过统计分析，找出土壤侵蚀发生和发展的一般规律。调查样本的多少，视工作任务性质、要求及实际情况而定，通常应不小于小样本的统计要求。调查研究的方法主要有水文法、淤积法、测针法、地貌学方法和摄影测量法等。

6.2.1　水文法

水文学研究方法是建立在长期水文观测基础之上的。它是通过测量断面控制范围内的侵蚀量来研究土壤侵蚀现状的。利用观测的各种水文要素，通过测量断面控制范围内的侵蚀量，分析计算出流域在某时段内的平均水土流失量、最大流失量和最小流失量等特征值。

我国在各大河系的中下游均设有多级水文观测站（网），气象、径流以及泥沙观测资料较齐全。这些水文站（网）控制着各大江河的主要断面，通常控制面积均在数百平方千米以上，为较大范围内的土壤流失研究创造了条件。

由于目前水文测量技术的不完善，许多观测站（网）对通过监测断面的推移质泥沙数量的观测资料较少，因此求得的流域土壤侵蚀量往往是相对侵蚀量。此外，一个流域内排泄的总沉积物可能主要来源于某一次或某几次短暂的洪水事件中，因此准确地估计沉积物的排泄量经常需要长期的沉积物和流量观测资料。如果要用某一流域内悬移质泥沙量来求该流域的侵蚀量，首先要解决泥沙输移比的问题。在了解流域泥沙输移比的前提下，利用各水文站的长期水文观测资料研究该流域的侵蚀量仍是可行的方法。

水文学方法适用于具有足够长水文观测资料系列的区域，其研究范围大，代表性好，但研究结果的精度和可靠度受水文测量方法控制。

6.2.2　淤积法

淤积法是通过量测各级水库、塘、坝以及谷坊等拦蓄工程的拦淤量以及在对集水区调查的基础上，分析计算土壤侵蚀量的一种方法。在水利工程的拦蓄年限内，掌握拦蓄时间、集流面积、蒸发量、渗透量和利用消耗量以及有无分流或溢流损失等情况的详细资料，是采用淤积法合理评估流域土壤侵蚀量的关键。若拦蓄工程有多次溢流情况或采用底孔排水和排沙措施，就难以保证所获得资料的可靠性。

1. 有实测的库(或坝)基本资料时

库(或坝)的基本资料包括库区大比例尺地形图、库坝断面设计、库容特征曲线、建库及拦蓄时间、水库(或坝)的运行记录(放水时间、放水量、水库水面蒸发量、渗漏量及库岸崩塌情况等)以及设计时的水文和泥沙计算等。如果具有这些基本资料，可采用水沙量平衡法、地形图法或断面测量法计算流域的土壤侵蚀量。

(1)水沙平衡法

在某一时段内，水库(坝)上游的来水量(或来沙量)等于该时段水库(坝)下游的出水量(或出沙量)与库(坝)内的存量及其他损失之和，即

$$V_{w} = V_{w库} + V_{w出} + V_{w损} \tag{6-3}$$

$$V_{s} = V_{s库} + V_{s出} \tag{6-4}$$

式中：V_{w} 和 V_{s} 为水库上游在某时段的产流量和产沙量(m^3)；$V_{w库}$ 和 $V_{s库}$ 为库区在某时段的存水量和存沙量(m^3)；$V_{w出}$ 和 $V_{s出}$ 为水库(坝)下游在某时段的排水量和排沙量(m^3)；$V_{w损}$ 为库区在某时段内的总损失水量(m^3)。

水沙平衡法原理清晰，计算过程简单。但如果缺乏库(坝)运行期间的翔实记载资料，则难以完成每一分项的计算。

(2)地形图法

按照实测库(坝)区淤积状况的大比例尺地形图，根据每相邻两等高线所围面积的平均值乘以等高距，分层计算水体积。从总蓄积库容 $V_{总蓄}$ 中减去现存的水体积 $V_{蓄水}$，即可得到淤积的库容体积或流域土壤侵蚀量 $V_{淤积}$：

$$V_{总蓄} - V_{蓄水} = V_{淤积} \tag{6-5}$$

(3)断面测量法

通过对库区布设的若干个固定横断面的多次量测，绘制各横断面剖面图。利用相邻两横断面淤积面积的平均值与断面间距 L 之积求淤积体积 $V_{淤}$，进而计算出平均年侵蚀量和平均侵蚀模数：

$$V_{淤} = \frac{1}{2}\sum (A_i + A_{i+1}) \times L \tag{6-6}$$

式中，A_i 和 A_{i+1} 为相邻两横断面的淤积面积(m^2)。

横断面淤积面积 A 由平均淤积厚度 ($\bar{h}$) 和横断面淤积层的平均长度 ($\bar{l}$) 计算：

$$A = \bar{h} \times \bar{l} \tag{6-7}$$

实践表明，上述方法均可得到满意的结果。水沙平衡法多限于大型骨干工程，一般的中、小流域不具备详细的监测资料，难以应用。地形图法精度较高，但工作量较大，可作重点库坝研究用。横断面法方法既简便，又能取得各时段的淤积量，故被广泛采用。

2. 无库区基本资料时

小型库(坝)或水土保持拦蓄工程多没有库(坝)区基本资料或资料不完全，而这些工程又

分布广、数量大、形式多样，水沙蓄积明显。当无库区基本资料时，通过工程调查也可获得当地的水土流失状况，但此时的调查需要满足两个基本条件：①假设多年的集水区侵蚀产沙量全部淤积在库坝内，②掌握坝断面尺寸及基础标高数据。常用的调查方法有断面测量法、测钎法和地形类比法。

(1)断面测量法

断面测量法与有库区资料时的调查方法基本相同。此时一般把第一次施测的各横断面剖面图作为调查前的基础，然后再续测，以便得到各时段的水土流失量。

(2)测钎法

测钎法(或测坑法)基本原理与断面测量法相似，只是把测深方法改成用测钎量测或挖坑量测。测钎法一般适用于无水蓄积或淤积较浅的库(坝)以及少水的窖和池等工程。通过量各横断面的测淤积厚度以及相邻两横断面的间距，即可计算出某时段内集水区的总泥沙量，进而得出该区域多年平均侵蚀模数。

(3)地形类比法

利用沟谷地形逐渐演变的相似性原理，通过现有沟谷形态推求未知的淤积形态，进而估算淤积总量。在黄土区，过路坝、挡洪坝以及拦泥坝等工程的拦蓄效益明显，具有重要的水土保持作用，但这些工程一般既无设计资料或坝体规格等，又无地形图资料，因此可用本方法估算淤积总量，用以补充所需的土壤侵蚀资料，为水土流失治理提供一定的依据。

6.2.3　测针法

测针法是利用细长光滑的测针，插入土体内，观测其出露或埋淤的深度，进而推算土壤侵蚀状况的一种方法。测针法通常用于难以进行定量观测的切冲沟床陡坡或冲淤交替的区域。在不受人为干扰的区域如沙漠、林区、草原或沟坡等可大范围布设，进行长期观测。

利用测针法测定土壤流失状况时，应将测针牢固地垂直插入土内，避免受表土蠕动的影响。流水在遇障后会改变流态及其性质，因此测针应尽可能地细小光滑，以减少水流阻力或避免挡挂淤污物，但测针应能够标出刻度，且不易弯曲或折损。测针长度视剥蚀(淤积)强度决定，一般为十几厘米到几十厘米，有的长 1 m 以上。在测量时，为了提高测定精度和观测方便，可将测针垂直穿过一个较大垫圈后再钉入土内，垫圈底部应与地面保持齐平。当表土发生侵蚀下移时，垫圈在重力作用下沿测针下降，由此测定被侵蚀土壤的厚度。

测针布设后，依次编号并记录其出露地表的高度。在每次降雨之后，量测测针的出露高度或垫圈的埋淤深度，就可得到该次降雨引起的土壤侵蚀量。测针法不仅可以测定地面平均冲刷量及沉积量，也可用于测定细沟侵蚀量。方法简单，易操作，但测定精度较低。

6.2.4　地貌学方法

土壤侵蚀是一种地质作用方式，土壤侵蚀的发生将改变地表形态。由于人类活动的影响，侵蚀过程大大加快，因此地表起伏、裂点位置、沟谷密度以及沟谷面积等地貌因素也发生了相应的变化。根据这些地貌因素的变化和分布规律，从而预测土壤的侵蚀状况及其分布，是地貌学方法的基本原理，也是目前土壤侵蚀研究的重要方向之一。通过野外观察以及测量与土地侵蚀有关的各种地貌现象，利用地貌学法可定性或半定量地确定土壤的侵蚀强度。常用的地貌学方法有侵蚀沟测量法和侵蚀地形调查法。

1. 侵蚀沟测量法

坡面产生径流后，由于地表微地形起伏和土壤抗蚀性的差异，坡面水流将出现不同的分异与兼并。随着土壤侵蚀的不断发展，在坡面上逐渐出现了细沟、浅沟、切沟、冲沟、干沟和河沟的侵蚀沟谷系统，它们的形态变化反映了土壤侵蚀的历史和侵蚀的强弱。

为了衡量这一变化过程中不同沟谷的变化情况，前苏联学者提出了量测侵蚀沟谷的容积法。在全部集水面积上划定沟谷的出露范围，选择有代表性的地段，在坡面的上、中、下游分别设置量测断面(亦可等距离设置量测断面)。用皮尺或测绳测定每一量测断面上各沟谷的深度和宽度，计算出各量测断面上所有沟谷的平均冲刷深度和宽度以及两断面间沟谷的纵向曲线长度，从而计算调查区的侵蚀总体积和土壤侵蚀量。

若量测断面等距离布设，土壤侵蚀总体积按式(6-8)计算：

$$V_{总} = \sum (d_i \times h_i)L \tag{6-8}$$

若量测断面为不等距离布设，其计算公式为：

$$V_{总} = \sum (d_i \times h_i \times l_i) \tag{6-9}$$

式中，$V_{总}$为沟谷侵蚀总体积(m^3)；d_i 和 h_i 为第 i 个断面上沟谷的总宽度(m)和总深度(m)；L为等距布设断面时的沟谷纵向长度(m)；l_i 为不等距布设断面时两断面间的沟谷长度(m)。

侵蚀沟测量法在前苏联和东欧地区得到普遍推广。但由于本方法它忽略了坡面蚀量，所以计算结果往往偏小，观测值一般比实际侵蚀量小 10%～30%。此外，由于地表常受人为活动的影响，微地形变化一般较大，且调查多在暴雨后进行，因此侵蚀沟测量法常作为小范围的调查方法或作其他方法的补充。地貌学方法可适合于任何区域，但其定量化程度低，可靠性差。

2. 侵蚀地形调查法

侵蚀地形调查法是普遍采用的方法之一。朱显谟先生(1962)根据土壤发育层次的厚度、地形坡度、植被覆盖度和沟壑面积百分比等指标来确定土壤侵蚀强度。此后，经过大量的试验研究与验证，侵蚀地形调查法的有关指标得到了逐步完善。1984 年，水利部颁布了我国黄土区水力侵蚀强度分级标准及各级指标(表 6-1)，为侵蚀地形调查法提出了一个统一的规范。

表 6-1 不同水力侵蚀类型强度分级参考指标

级别		面蚀		沟蚀	
		坡度(坡耕地)	植被(林地、草地)覆盖度/%	沟壑密度/(km/km²)	沟蚀面积占总面积的百分数/%
Ⅰ	微度侵蚀(无明显侵蚀)	<3°	>90		
Ⅱ	轻度侵蚀	3°～5°	70～90	<1	<10
Ⅲ	中度侵蚀	5°～8°	50～70	1～2	10～15
Ⅳ	强度侵蚀	8°～15°	30～50	2～3	15～20
Ⅴ	极强度侵蚀	15°～25°	10～30	3～5	20～30
Ⅵ	剧烈侵蚀	>25°	<10	>5	>30

6.2.5　摄影测量法

1. 航空摄影测量法

利用全数字摄影测量方式制作水土流失模型的数字线划图(DLG)和数字高程模型(DEM),能直观、准确地反映水土流失情况。通过对 DEM 数据的处理和分析,可以计算出任意区域、任意地形在已知降雨条件下的水土流失量,为水土保持的研究提供了精确数据。航空摄影测量法利用小型飞机,在一定的时间间隔内进行两次摄影。然后在室内通过仪器对两套照片进行高程测量,从而求取侵蚀模数。

航空摄影测量法主要适用于地形条件较恶劣的地区,技术成熟,成本较低,但研究精度和作业面积有限,研究周期较长。航空摄影测量法的研究精度主要受飞机摄影比例尺的影响,摄影间隔时间对于其精度也有一定的影响。当间隔时间太短时,高程差不明显,测量效果较差;但当间隔过长时,则不利于及时掌握土壤侵蚀的变化情况。

2. 遥感研究法

遥感技术是指利用运载工具上的仪器,从远处收集地球表面目标物的电磁波信息以识别其性质的技术。现代遥感技术系统是多平台、多波段、多层次的立体化观测系统,并逐渐向系统分析和动态监测方向发展。除可见光(0.43～0.76 μm)外,其波段范围还包括有红外遥感(0.76～1 000 μm)和微波遥感(0.8～30 cm)。不同地物具有不同的光谱曲线,在航天、航空等不同信息源下呈现不同的影像色调。通过目标信息源影像的目视解译,结合野外调查则可判定土壤的侵蚀类型。目前,国内在这一研究领域已进行了大量的工作,并在软件研制和定量遥感方法研究等方面取得了显著的进展。

土壤侵蚀量的大小受自然因素和人类活动的综合影响,除与径流和降雨有关外,还与岩性、土壤、地质、地貌、植被以及土地利用等因素密切相关。因此,对土壤侵蚀强度的调查,可以转化为对土地覆盖、地表坡度以及植被覆盖度等间接指标的调查。遥感技术在获取这些宏观信息方面具有独特的优势。通过遥感地学分析、解译调查和制图,可以准确查明区域土壤的侵蚀现状(类型、强度及其分布)。

遥感方法适用于技术水平较高、具有一定软硬件条件的区域。该方法信息量大,数据更新快,可靠度高,获取结果的速度快,但调查结果受遥感数据精度的影响,一次性投入也较大,且要求有专门的技术人员。

6.2.6　土壤学方法

土壤是固、液、气构成的三相体系。受水、风等外营力作用后,除了发生破坏和位移外,三相体系的内部也会发生相应的变化。通过土壤剖面的观测与分析,探索土壤三相体系与侵蚀的关系,就构成了土壤学方法的理论基础。土壤学方法由贝内特(1926)提出,通过土壤剖面各层的现今厚度与原始厚度的比较,对土壤侵蚀强弱进行分类(表 6-2)。此方法作为一种定性的研究方法,在我国北方黄土区土壤侵蚀研究中应用较多。

土壤学方法适用于土壤剖面易于观测、结构明显的区域。该方法测定范围可大可小,直接、快速,但定量化程度较低。

表 6-2 土壤侵蚀分类、土壤剖面特征对照表

侵蚀强度分类	极弱侵蚀	弱侵蚀	中度侵蚀	强度侵蚀	剧烈侵蚀
土壤剖面特征	土壤剖面完整	A层保存厚度1/2	A层全部流失或保存厚度少于1/2	B层保存厚度少于1/2	C层出露并受侵

6.2.7 阶地剖面法

现代侵蚀的强度可以通过现代河网来估算；而对于历史侵蚀强度，可利用残留的阶地及不同时代发育的冲沟反演历史时期的河网密度。朱照宇等(1994)利用这一原理，提出了阶地剖面法，即用典型区域河谷断面的侵蚀率来研究地史时期的侵蚀过程。通过实测剖面上的物质侵蚀、堆积量及其时间段来求取其侵蚀速率。阶地剖面法所选择的河谷断面应具有较强的典型性，且均衡分布。

阶地剖面法适用于阶地发育较完善的地区，方法简单，易于操作，但研究时间跨度大，局限性大，计算精度一般。

6.3 示 踪 法

径流小区法在研究不同地形、不同措施等情况下的土壤侵蚀是有效的，但用它来推求大范围内的土壤侵蚀量时，由于不同部位侵蚀强度的差异，难以满足实际需求。由于受研究手段的限制，土壤侵蚀调查法也难以研究土壤侵蚀过程中的沉积现象以及侵蚀的分异规律等，从而影响土壤侵蚀机理以及水土流失预测预报的研究。示踪法的应用正是基于这一背景条件下逐渐发展起来的。

示踪技术在土壤侵蚀研究中的应用开始于20世纪60年代。Menzel(1960)利用沉降在径流小区内的^{90}Sr流失量与土壤流失量的关系，通过核素分析建立了核素流失量(或堆积量)与土壤侵蚀率以及泥沙淤积率之间的关系。此后，辛普森(1976)、Robbins(1979)、Knaus(1986)、田均良等(1992)先后运用该方法研究了土壤侵蚀。目前，在理论和技术上比较成熟的示踪技术主要有核素示踪法、REE(稀土元素)示踪法和土壤磁化特性示踪法等。

6.3.1 核素示踪法

随降雨或尘埃沉降到地面的放射性核素被土壤和有机质强烈吸附后，在土壤表层聚集而难以被水淋溶。在非侵蚀土地上，沉降的核素输入量可以作为观测区的核素背景值；而在侵蚀的土地上，土壤剖面中的核素含量小于该地区的背景值。在流域中有沉积的地方，核素含量及其分布深度大于非侵蚀土地上的核素含量和分布深度。因此，通过测定核素在地表水平面和垂直剖面上的空间分布，根据实测核素含量与背景值的差异，就可确定流域不同部位的土壤侵蚀率和土壤的侵蚀状况。这就是利用核素示踪法测定土壤侵蚀强度的基本原理。Rogowski和Tamura率先应用^{137}Cs示踪剂测定了径流量、土壤侵蚀量与^{137}Cs流失量，发现土壤侵蚀量与^{137}Cs流失量之间呈指数关系。此后，^{137}Cs示踪技术在土壤侵蚀研究中的应用开始受到重视，在理论和技术上较其他元素更为成熟。

^{137}Cs 示踪技术存在比较明显的优势。首先，^{137}Cs 的半衰期相对较长(30.2 a)，该技术可以长期应用；其次，该技术在一定研究范围内投资少、精度高、技术简单；此外，采用 ^{137}Cs 示踪技术也可以为研究土壤侵蚀与沉积的空间分布规律快速地积累大量数据信息。核素示踪法适用于具有较好参考剖面的地区，小范围内研究效果好。因受测试精度的影响，不太适合于大区域。

6.3.2　稀土元素(REE)示踪法

Knaus 等(1986)首先用稳定性稀土元素(REE)示踪和中子活化分析技术(INAA)相结合的方法，成功地测定了沼泽地的演变过程。随后，国内外学者应用该技术对土壤侵蚀以及小流域泥沙来源的研究取得了较大的进展。稀土元素示踪法原理是将 REE 与土壤均匀混合后布设于研究区的不同部位，使之在整个降雨过程中随径流泥沙一起迁移。通过采集径流池中的泥沙样品，利用中子活化分析技术测定其中的 REE 浓度，计算不同部位的侵蚀量，从而研究侵蚀与沉积的空间分布规律。REE 示踪法可在不同的地形条件下施放不同的元素，一次施放多次观测，从而完成对泥沙分布的监测和确定侵蚀产沙的部位及类型。稀土元素的布设方法主要有段面法、条带法和点状法三种。

REE 示踪法主要应用于室内模拟或小范围内的野外研究。因 REE 能被土壤颗粒强烈吸附，且难溶于水，淋溶迁移过程不明显，植物富集有限，对生态环境无害，土壤背景值较低，而中子活化后的检测灵敏度高等特点，可作为较理想的稳定性示踪元素。因此，REE 示踪技术在土壤侵蚀机理研究方面得到了较为广泛的应用。

6.3.3　磁性示踪法

E. Ventura(2001)提出了利用磁性示踪剂替代传统核素和稀土元素的示踪方法。磁性示踪法的原理是依据坡面流失泥沙沉积和分散后，土壤磁化系数的变化来反映研究区域的土壤侵蚀状况。通过利用磁铁矿粉和聚苯乙烯混合制成直径 3.2 mm、容重为 1.2 g/cm^3 的颗粒作为示踪剂，在其与土壤均匀混合后布设在土壤中，用磁力计测定土壤磁化系数的变化。

磁性示踪法可以精确测定坡面土壤侵蚀的空间变化，试验过程不破坏土壤状况。但磁化系数变化反映的只是区域内沉积物质的来源，而不是地形的变化。当在降雨强度较小时，流失泥沙中磁性示踪剂有富集现象。因此，在定量研究土壤侵蚀率时，需要布设各种粒径和分布密度的磁性示踪剂，这在一定程度上限制了磁性示踪剂在土壤侵蚀研究中的广泛应用。

6.4　室内模拟试验法

室内模拟试验不受时间和空间限制，而且能缩短研究周期，可人为控制试验条件与参数。虽然室内模拟试验是自然侵蚀现象的一种简化模拟过程，但由于可从物理角度理解各种侵蚀现象，因此已成为土壤侵蚀研究的重要手段之一。

6.4.1　人工降雨模拟装置

人工模拟降雨是研究水蚀的常用方法之一，该方法始于 20 世纪 30 年代。降雨模拟装置可有效控制和模拟不同的降雨强度和雨滴分布类型，因此可以在人为控制条件下从多方面研究降雨特性(如降雨量、降雨强度、雨滴大小和雨滴动能等)及各种边界条件(如坡度、坡长、植被以及土壤类型等)对土壤侵蚀的影响。人工模拟降雨可极大提高工作效率,不再需要等待自然降雨的发生,在较短时间内可获得大量的试验资料。并且能系统有效地控制影响因素,从而解决了天然降雨年际丰歉分配不均、数据积累慢、试验周期长的限制。美国早在 20 世纪 30 年代就开始了人工模拟降雨的试验研究,为通用土壤侵蚀方程(universal soil loss equation)和水蚀预报模型(water erosion prodiction project)的建立积累了大量的试验数据。

降雨模拟装置主要有两大类:一类是以喷头作为雨滴发生器,另一类以自吸泵输水、用孔板作为雨滴发生装置。这两类装置的均匀系数均在 0.8 以上,可达到一般试验的要求。

1. 雨滴直径测定

雨滴对地表的打击作用会引起地表土颗粒的分散和溅起,并可增大地表薄层水流的紊动。因此,雨滴直径的测定是土壤侵蚀研究中不可缺少的内容。雨滴直径测定主要有面粉球法和色斑法两种方法。

(1)面粉球法

面粉球法是将雨滴收集在盛有面粉的容器中。当下落雨滴与面粉接触后,每个雨滴就产生一个小小的湿面球。将容器连同雨滴形成的湿面球,一起置于烘箱内烘干并凝固成一个个硬面球,然后将面球从容器中取出称重,从而换算出其直径。

使用面粉球法测定雨滴直径时,预先要对面粉球体大小与形成面粉球的雨滴大小之间的关系进行校正,通过图解或计算,找出面粉球重量与比率(水滴重/面粉球重)的关系。在每次降雨观测后,根据标定的面粉球重量与比率关系图表或经验公式,由面粉球重量计算出相应的水滴重量。

雨滴直径计算的公式为:

$$d = 3\sqrt{\frac{6w}{\pi r}} \tag{6-10}$$

式中,d 为雨滴直径(mm);w 为水滴重量(mg);r 为水的密度。

(2)色斑法

色斑法也称为滤纸法。在滤纸表面涂上一薄层水溶性颜料的干粉末(通常是 1∶10 的曙红与滑石粉的混合粉末),放置在雨滴取样器中。当雨滴落在滤纸上后,就会形成一个永久性的圆形色斑。对每一个色斑进行量度后,根据预先率定的色斑直径与雨滴直径关系曲线以及滤纸上的大雨滴数量与小雨滴数量,就可计算出降雨雨滴的组成及其特征值。

2. 降雨强度控制

降雨强度是造成水土流失的主要因素之一。天然降雨特别是暴雨,其强度在时空上变化很大。即使是同一类型的暴雨,随着降雨历时的发展,雨强也会发生不同的变化,要模拟天然降雨强度及其变化过程是极其困难的。因此,在土壤侵蚀研究中,一般只模拟能引起明显土壤侵蚀或重要水文过程范围内的系列降雨强度。目前,降雨模拟装置的降雨强度主要是通过调节流量和控制压力来实现。以喷头为雨滴发生器的模拟装置,通过选用不同的喷头组合和不同的喷嘴直径控制降雨强度,一般雨强变化范围在 30～150 mm/h。以小孔为雨滴发生器的模拟装置,小雨强时可通过改变针头号和针头数目控制降雨强度,大雨强时则主要通过调节供水量和振动台频率实现不同雨强的控制效果。小孔雨滴发生器模拟的雨强范围一般在2～

100 mm/h。

3. 降雨持续时间

与其他因素相比，模拟降雨持续时间的长短并不重要，但试验时一般降雨时间应足够长，以便降雨能形成地表径流，且在降雨停止之前能使入渗达到某种稳定程度，或者以便于改变降雨强度。

4. 降雨试验结果的校正

通过收集降雨径流及泥沙量，可得到相应条件下的土壤流失量。但在不同地点和不同条件下使用降雨模拟装置，要保证相同的降雨强度是很难的，这样就会导致试验结果的差异。对于高强度的降雨，假设实际模拟的降雨强度与设计降雨强度之间的偏差不大，对土壤入渗率的影响也较小。因此，可将设计降雨强度减去实际入渗量或入渗率，得到校正后的径流量或径流率。

为了校正土壤流失量的测定值，需要知道降雨强度对土壤侵蚀的影响。大量研究结果显示，土壤侵蚀量与降雨强度一般呈二次方的正比关系。因此，实际土壤流失量可用式(6-11)进行校正。

$$\text{校正后土壤流失量} = \left(\frac{\text{设计降雨强度}}{\text{实际降雨强度}}\right)^2 \times \text{实际土壤流失量} \tag{6-11}$$

5. 不同地表条件的模拟

不同地表的模拟状况往往对试验结果影响较大。为了在试验室内获得与野外等效的土壤侵蚀状况，在尽量保持土壤剖面完整的前提下，进行室内人工模拟降雨试验。在模拟的不同地表条件下，测定侵蚀强度与影响因素之间的定量关系。

各种模拟条件应根据试验目的和客观条件进行选择。在模拟试验结束后，一般应通过天然条件下的观测结果加以检验和校正。

与天然降雨相比，用降雨模拟装置研究土壤侵蚀具有试验速度快、效率高、易控制和适应性强等优点，可以在较短时间内获得所需要的试验观测数据。同时，也可以根据试验目的，设计不同试验条件组合的试验方案，获得在天然条件下不易或难以观测到的数据。但是，利用降雨模拟装置研究土壤侵蚀也存在一定的局限性。大多数降雨模拟装置的降雨面积较小，难以完全模拟天然状态下的降雨雨滴大小分布以及降雨强度的空间分布，同时建造降雨模拟装置所需要的投资也较大。

6.4.2　溅蚀研究

雨滴降落到地表，首先发生的侵蚀环节是溅蚀。20 世纪 40 年代，Laws 和 Paisons 研究了雨滴大小、滴谱、雨滴终速以及它们与降雨强度之间的关系，为溅蚀研究提供了重要的依据。溅蚀室内模拟研究，一般采用溅蚀杯法和溅蚀板法。

1. 埃利森溅蚀杯法

埃利森溅蚀杯为一直径 80 mm、高 50 mm、面积 50 cm^2 的铜制圆筒，在筒底焊接有铜丝网。测定时，首先在网底铺上一薄层棉花，将土装满，置于贮水的托盘中，使其达到或接近饱和的水分状态，然后将实验圆筒放在雨下使其产生击溅。收集溅出杯外的土粒重量，烘干后称重，从而得到相应的溅蚀量。

后人对埃利森溅蚀杯进行了不断的改进。改进后的溅蚀杯实质上是一个高为 12 cm、直径为 35.68 cm(面积 1 000 cm^2)的圆筒,一般由白铁皮制成。圆筒底部中心留有 100 cm^2(直径 11.3 cm)的圆孔焊接底板,上、下分界面上各有两块隔板,以便收集上、下坡的溅蚀量。为了防止雨水蓄积而影响上、下坡溅蚀量的测定结果,在隔板上方与圆筒下部正中靠近底板的部位开有一收集孔嘴,用一导管将击溅土粒收集在采样筒中。

2. 溅蚀板法

溅蚀板是收集溅蚀泥沙样本的另一个装置,由埃利森收集板改装而成。溅蚀板由一块高 60 cm、宽 30 cm 的光滑平直泥沙采集板以及埋入土中的泥沙收集箱组成。溅蚀板示意图见图 6-2。

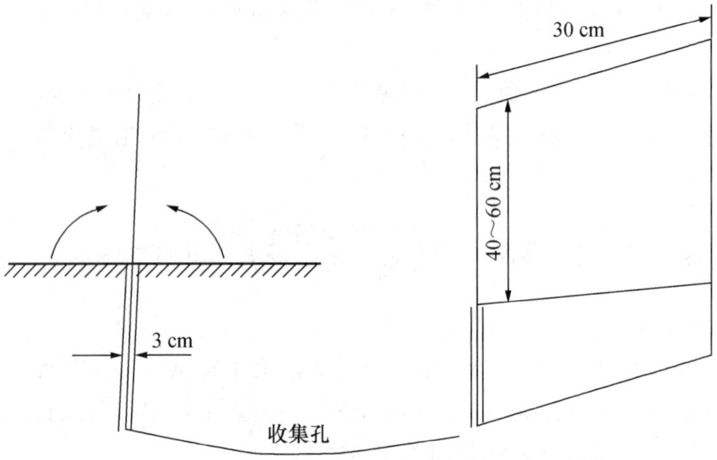

图 6-2 溅蚀板示意图

单个溅蚀板可以同时测定向上坡面和向下坡面的溅蚀量。溅蚀土粒的移动高度和水平距离一般多在 0.5 m 范围以内。将一组溅蚀板在田间平行排列,并与等高线平行,使向上坡面和下坡面击溅的土粒均能收集到。测量不同距离的溅蚀量,并将溅蚀量和距离(面积)绘成曲线,经过内插(外推)法,在曲线上找出单位面积最大溅蚀量及其水平距,得出不同降雨条件下的总溅蚀量。

由于方向及坡度等因素的影响,单个溅蚀板难以确定溅蚀量的来源。因此,运用溅蚀板法测定溅蚀量时,可将多块溅蚀板以不同的间距组合,或在溅蚀板前圈定固定面积,进而对不同降雨强度和不同坡面处理条件下的溅蚀量进行对比分析,即可求得相应坡面的溅蚀量和土壤溅蚀迁移量的分布情况。

上述两种方法不仅可以测定总溅蚀量,同时也能测定溅蚀的迁移量。但由于是一种室内模拟试验方法,测定面积有限,对测定结果有一定程度的影响,故溅蚀研究的实验装置和测定方法仍需进一步探索改进。

思考题

1. 简述土壤侵蚀调查的基本方法。
2. 地貌法调查土壤侵蚀的方法有哪些?试举例说明。
3. 简述溅蚀研究的基本方法及特点。

4. 简述土壤侵蚀淤积调查方法。

5. 简述径流小区的规划、布设及观测。

6. 简述人工降雨模拟的内容及注意事项。

7. 简述示踪法的基本方法及其原理与试验条件。

参考文献

[1] 水利电力部农村水利水保司. 水土保持试验规范. 北京:水利电力出版社,1988.

[2] 张阳生. 水土保持径流实验. 西安:西北大学出版社,1988.

[3] 吴发启. 水土保持学概论. 北京:中国农业出版社,2003.

[4] 姚文艺,汤立群. 水力侵蚀产沙过程及模拟. 郑州:黄河水利出版社,2001.

[5] 刘震. 水土保持监测技术. 北京:中国大地出版社,2004.

[6] 刘普灵,田均良. 土壤侵蚀稀土元素示踪法操作技术研究. 水土保持研究,1997,4(2):10-16.

[7] 张志刚,华珞,冯琰,等. 土壤侵蚀^{137}Cs 法研究进展. 首都师范大学学报(自然科学版),2003,24(4):82-86.

[8] Rltchie J C, Mchenry J R. Appllcation of radioactive fallout ^{137}Cs for measuring soil erosion and sediment accumulation rates and patterns: A review. J Environ Qual, 1990, 19: 215-233.

[9] 马琨,王兆骞,陈欣. 土壤侵蚀示踪方法研究综述. 水土保持研究,2002,9(4):90-93.

[10] 张宗祜. 黄土高原区域环境地质问题及治理. 北京:科学出版社,1996.

[11] 周佩华,田均良,刘普灵,等. 黄土高原土壤侵蚀与稀土元素示踪研究. 水土保持研究,1997,4(2):2-9.

[12] 卜兆基,孙金庄,周伏建,等. 水土流失定量遥感方法及其应用研究. 土壤学报,1997,34(3):235-245.

[13] 朱照宇,丁仲礼. 中国黄土高原第四纪古气候与新构造演化. 北京:地质出版社,1994.

[14] 陈永宗,景可,蔡强国. 黄土高原现代侵蚀与治理. 北京:科学出版社,1988.

[15] Ventura Jr E, Mark R, Nearing A, Norton L D. Developing a magnetic tracer to study soil erosion. Catena, 2001, 43: 277-291.

[16] 刘普灵,武春龙,琚彤军,等. 稀土元素示踪法在坡面土壤侵蚀垂直分布研究中的应用. 水科学进展,2001,12(3):331-335.

[17] Menzel R G. Transport of ^{90}Sr in runoff. Science, 1960, 131: 499-500.

[18] 田均良,周佩华,刘普灵. 土壤侵蚀 REE 示踪研究法初报. 水土保持学报,1992,6(4):23-27.

[19] 雷廷武,赵军,袁建平,等. 利用 γ 射线透射法测量径流含沙量及算法. 农业工程学报,2002,18(1):18-21.

[20] 王辉,雷廷武,赵军,等. 坡面径流量与含沙量动态测量系统. 农业机械学报,2005,36(1):79-82.

第 7 章　土壤侵蚀危害的预测评估

[摘要]本章主要介绍土壤侵蚀危害预测评估的内容、指标体系、评估方法和评判标准。土壤侵蚀危害预测评估的成果可直接服务于土壤侵蚀防治、工农业生产建设以及科学研究等方面，同时也可为土地经营以及土地可持续利用提供科学的依据。

土壤侵蚀可以破坏土地和农田，降低土壤肥力，淤积河床和淤塞水库、湖泊等，对土地的可持续利用、人民生命财产安全以及生态环境等造成严重影响。

我国西北黄土区、东北黑土区和南方花岗岩“崩岗”地区的土壤侵蚀最为严重。黄土高原的侵蚀沟头一般每年前进 1～3 m。宁夏回族自治区固原县在 1957—1977 年的 20 年内，平均每年损失土地 333 多 hm^2。吉林省白山市的坡耕地已被沟壑吞蚀 4 800 hm^2，占该市耕地总面积的 15%。黑龙江省的黑土区有大型冲沟 14.4 万条，已吞蚀耕地 9.33 万 hm^2。20 世纪 50 年代以来，辽宁省 12 个市由于土壤侵蚀已损失土地 71.2 万 hm^2。

土壤侵蚀导致土地“石化”和“沙化”面积的急剧扩大。贵州省六盘水市水城特区平均每年的“石化”面积增加 2 100 hm^2，重庆市万县每年增加“石化”面积 2 500 hm^2，湖北省秭归县平均每年增加 400 hm^2。在我国西北干旱草原和与风沙区相邻的黄土丘陵区，常因风蚀危害而导致土地“沙化”现象的发生。宁夏回族自治区 1961 年有沙化土地面积 18.87 万 hm^2，到 1983 年增加到 25.86 万 hm^2。地跨山西省与内蒙古自治区的东胜煤田，“沙化”土地面积 1977 年为 10 372 km^2，到 1996 年发展到 13 259 km^2，土地沙化面积占土地总面积的比例由 64.0%增加到 81.8%。

土壤侵蚀导致农田地力下降、干旱加剧。土壤中含有大量氮、磷、钾等各种营养物质，土壤流失也就是肥料的流失。我国东北地区辽宁、吉林和黑龙江三省共有坡耕地 561.47 万 hm^2，因土壤侵蚀每年损失氮 92.4 万 t、磷 39.9 万 t 和钾 184.4 万 t。湖北省坡耕地每年流失土壤约 2.1 亿 t，其中含有机质 273 万 t，氮和磷等养分 231 万 t。坡耕地的水、土、肥流失后，土地日益瘠薄，田间持水能力降低，加剧了干旱的发展。并且随着土壤侵蚀的增加，旱情有不断增加的趋势。据统计，全国多年平均受旱面积约 1 960 万 hm^2，成灾面积约 673.3 万 hm^2。

土壤侵蚀导致下游地区土地淤埋、河道淤积以及水利调控能力和水利工程效益的降低。坡地土壤侵蚀造成下游农田的水冲沙压，坡耕地被迫弃耕。据广西壮族自治区苍梧、岑溪、百色等 10 个市县的调查，常受泥沙淤埋的农田达 0.84 万 hm^2，每年因此而损失的粮食达 1 600 万 kg。土壤侵蚀使大量坡面泥沙被冲蚀、运搬后沉积在下游河道，削弱了河床泄洪能力，加剧了洪水危害。20 世纪 50 年代以来，黄河下游河床平均每年淤高 8～10 cm，很多地段已高出两岸地面 4～10 m，成为地上“悬河”。山西省修建的大、中、小型水库共有 40 多亿 m^3 库容，由于土壤侵蚀平均每年损失库容约 1 亿 m^3。内蒙古自治区 46 座水库已淤积 8 亿 m^3，占总库容的 45.5%。山西省汾河水库库容 7.26 亿 m^3，已淤积 3.2 亿 m^3，严重影响到太原市供水和 15 万 hm^2 农田的灌溉。四川省龚嘴水电站库容 3.6 亿 m^3，原设计为蓄水发电的水利枢纽。

1976年建成后至1987年就被泥沙淤满，从而该水利枢纽不得不改为径流发电。甘肃省碧口水电站5.21亿m^3的库容，1975年建成后到1987年已淤积库容的50%。全国各地由于土壤侵蚀而损失的各类水库、山塘等库容历年累计在200亿m^3以上。长江中游的洞庭湖，由于土壤侵蚀导致的泥沙淤积，加之沿湖围垦等，湖面面积由1949年的4 350 km^2缩小到1993年的3 641 km^2。湖底因泥沙淤积升高，导致其容量减少了40%，严重影响了洞庭湖的缓洪能力和湖周围的生态环境。

7.1　土壤侵蚀危害预测评估的内容及指标体系

7.1.1　土壤侵蚀危害预测评估的内容

土壤侵蚀危害预测评估的内容，包括土壤侵蚀模数、土壤允许流失量、土壤侵蚀类型分区、土壤侵蚀程度分级和土壤侵蚀强度分级等。

1. 土壤侵蚀模数

土壤侵蚀模数也称为土壤侵蚀率、土壤流失率或土壤损失幅度。它是指在自然营力（水力、风力、重力及冻融等）和人为活动等的综合作用下，单位时间内单位面积上表层土壤被剥蚀和发生位移的数量，其单位为$t/(km^2 \cdot a)$。土壤侵蚀模数也可采用单位时段内的土壤侵蚀厚度表示，其单位为mm/a。土壤侵蚀模数表示土壤的侵蚀强度，是衡量土壤侵蚀程度的一个量化指标。

年土壤侵蚀模数常用于反映水土流失的动态变化及发展趋势，是一个动态变量指标。而多年平均侵蚀模数则是一个相对稳定的常数，常作为侵蚀区土壤侵蚀状况的背景值，用于反映区域水土流失的严重程度。因此，区域年土壤侵蚀模数或多年平均侵蚀模数的评估与预测是土壤侵蚀模数研究的一个重要内容。

土壤侵蚀模数（土壤侵蚀量）与多种影响因素有关。降雨因子、土壤可蚀性因子（土壤质地、土壤有机质含量等）、地形因子（坡长、坡度等）、植被因子（植被类型和覆盖度等）以及水土保持管理措施等因子都影响土壤侵蚀模数的大小。土壤的再生速度比较缓慢，一般耕地的土壤侵蚀模数为10～100 $t/(hm^2 \cdot a)$，在我国南方地区这个损失大约需要5年时间才能恢复，而在干旱地区则要33年的时间才能恢复。因此，可以推断我国的土地生态系统正在逆向演变，防止水土流失的任务随着时间的进展将会越来越艰巨。

随着农业科学技术的进步，以及化肥、农药的大量使用和禽畜养殖业的快速发展，非点源污染逐渐成为主要的水环境污染形式，已经成为社会经济可持续发展所面临的最主要的环境问题。而水土流失是引起非点源污染的动力，也是非点源污染物的主要载体，并且土壤侵蚀本身就是一个大范围的非点源污染，因此土壤侵蚀模数的研究也是非点源污染研究的一项主要手段。

在土壤侵蚀理论中，土壤侵蚀量、土壤流失量和产沙量是一组概念完全不同的术语。土壤侵蚀量是指在雨滴分离或径流冲刷作用下土壤移动的总量，土壤流失量是指土壤离开某一特定坡面和田面的数量，产沙量则是指迁移到预测点的土壤流失量。我们在实际工作中测得的土壤侵蚀模数实际上是单位时间内单位面积上的土壤流失量、土壤损失幅度或产沙模数。

2. 土壤允许流失量

土壤允许流失量是指小于或等于自然成土速度的年土壤流失量，或者说是不至于导致土地生产力降低而允许的年最大土壤流失量。在农耕地的土壤侵蚀防治中，常用通用土壤流失方程式(USLE)或其他模型估算土壤的实际流失量。如果估算的土壤流失量低于该土地的土壤允许流失量，则表明该土地的利用合理，不需要采取治理措施。确定土壤允许流失量是一项较为复杂的工作，目前各国确定的指标还不完善，需进一步积累自然成土速率和土壤侵蚀对土壤生产能力影响等方面的资料。美国规定的各类土地利用方式下的土壤允许流失量为4～11.2 $t/(hm^2 \cdot a)$。我国也正在制定不同地区的土壤允许流失量值，其范围为2～10 $t/(hm^2 \cdot a)$。

3. 土壤侵蚀程度

土壤侵蚀程度是指在特定外营力作用和一定环境条件下，任何一种土壤侵蚀形式自其发生开始直到目前为止的发展状况。在土壤侵蚀的发生发展过程中，土壤侵蚀不仅受到外营力种类及其作用方式等的影响，它还受到地质、土壤、地形、植被等条件以及人为活动的影响，因此土壤侵蚀的表现形式可存在较大的差异。对于一种给定的土壤侵蚀形式，在不同条件下，其发展过程和发生阶段也不一样。

4. 土壤侵蚀强度

土壤侵蚀强度也称为土壤侵蚀的潜在危险性。它是指在特定外营力种类和其所处环境条件不变的情况下，某种土壤侵蚀形式继续发生发展的可能性大小。土壤侵蚀强度常用单位时间内单位面积上土壤以及土壤母质被侵蚀的质量表示。土壤侵蚀强度分为轻微、中度、严重等不同级别。由于各国的土壤侵蚀严重程度不同，土壤侵蚀强度分级也不尽一致，一般按照土壤允许流失量与最大流失量的差值内插分级。

7.1.2 土壤侵蚀危害预测评估的指标体系

监测技术往往不能直接得到土壤侵蚀模数、土壤允许流失量、土壤侵蚀类型分区、土壤侵蚀程度分级以及土壤侵蚀强度分级等这些数据，通常需要通过土壤预报模型而间接获取。因此，应建立相应的指标体系才能够进行预测评估。

土壤侵蚀预测评估指标大致有气象、地形地貌、地质、土壤、植被和土壤利用现状等六大类。每个类别中具体有若干个因子。

1. 气象指标

气象指标中主要包括降水量与降水强度以及最冷月平均气温、最热月平均气温、年最低温度、年最高温度等。降水因子是土壤侵蚀的外营力之一，主要表现在一次性降雨量和降雨强度两个方面。前期降雨量也影响土壤侵蚀的发生和发展过程。为便于计算，有时用平均降雨量作为降水指标。

2. 地貌指标

地貌指标主要包括山地、丘陵和平原地区的面积。地貌决定了整体地势和水文特点，记录了土壤侵蚀的过去、现在和未来的发展趋势。地形决定了降水量和外营力的再分配，影响地表物质的分离和搬运过程及其速度。坡度是土壤水蚀的重要指标之一。沟壑密度和海拔高度等地形因子也影响着土壤侵蚀的强弱。

3. 地质指标

地质指标中包括岩石种类以及岩石分布等。地质条件的差异在很大程度上决定着土壤的质地和土壤厚度，进而影响土壤侵蚀的发生和发展过程。

4. 土壤指标

土壤指标包括土壤质地与土壤类型。地面组成物质是土壤侵蚀的对象。地表物质的疏松程度、孔隙度、渗透力和结构状况等，直接影响土壤的抗侵蚀能力。

5. 植被指标

植被指标主要有植被结构和植被覆盖度等。植被对土壤侵蚀的影响主要体现在植被对洪峰的调节以及增加地表糙率和根系对土壤的固结等方面。不同的植被结构和植被覆盖度，对土壤侵蚀的防治作用及其过程也不相同。研究表明，当植被覆盖度大于70%时，土壤侵蚀强度可减小至土壤允许侵蚀量以下。

6. 土地利用现状指标

土地利用现状指标主要包括土地各种利用方式的面积及其在土地总面积中所占的比例等。

7.2　土壤侵蚀危害预测评估的方法

7.2.1　评估原则

土壤侵蚀危害预测评估的目的是为工农业生产、土地经营以及科学研究服务，因此在评价过程中应遵从以下基本原则：

1. 科学性原则

土壤侵蚀危害预测评估既要考虑侵蚀发生的成因，又要重视侵蚀发育与其形成特点之间的联系，使内因与外因相结合，宏观与微观相结合，抓住主要矛盾，把握土壤侵蚀总体规律，使预测尽可能准确、及时。

2. 实用性原则

土壤侵蚀危害预测评估成果应能够为土壤侵蚀防治、生产建设、科学研究等提供直接或间接的服务，为土地可持续利用提供科学依据。

3. 主导因子与次要因子相结合原则

土壤侵蚀危害预测评估在宏观上应抓住影响土壤侵蚀的主要因子，在微观上应注重影响土壤侵蚀的次要因子，既要突出重点又要顾全综合因素，从而使预测评估结果能够满足不同层次的生产与土壤侵蚀防治方面的要求与需要。

4. 可操作性原则

土壤侵蚀危害预测评估指标应容易获得，模型运算灵活方便，分级分类指标清晰直观、符合逻辑，结果便于应用。

7.2.2　评估方法与程序

作为较大区域的土壤侵蚀危害预测评估，一般采用专题制图仪(thematic mapper，TM)多波段扫描影像获取植被覆盖因子和土地利用现状因子，利用地形图结合数字高程模型(digital elevation model，DEM)获得地面坡度、沟壑密度、沟壑面积和高程等因子；通过现有专题图获取土壤类型、地貌类型、行政边界、流域边界等因子；通过典型调查与航片分析获得典型侵蚀类型分类标准及其他辅助因子。利用这些因子进行叠加，通过专家模型建立计算机土壤侵蚀分类系统，生成土壤侵蚀专题图和数据库。在此基础上进一步建立土壤侵蚀数学模型，并与专家模型进行对比，从而提高精度，最终利用土壤侵蚀模型对土壤侵蚀及其危害程度进行预测评估。

1. 资料准备与野外作业

首先需要采集TM影像，一般以近期TM假彩色合成数字影像为宜。图面资料应选择最新版本的1∶(50 000～100 000)地形图，在条件许可情况下可向国家测绘部门直接购买电子板地形图，供解译判读、行政及流域界线划分以及DEM生成使用。为提高影像信息可解译性，应广泛收集整理现有的基础研究成果以及地质图、地貌图、植被图、土壤图、沙漠化图、土壤侵蚀图、土地利用图、流域界线图等专业性图件。还要收集整理有关站(点)的水文和气象观测资料，包括水文站(点)的水文泥沙资料、实验站的土壤侵蚀观测资料、淤地坝的泥沙淤积资料等。

通过在各流域不同土壤侵蚀区域进行的外业路线调查，建立土壤侵蚀类型、程度和强度分级遥感解译标志，拍摄野外实况照片，用于土壤侵蚀强度的判读分析。

2. 数据处理

数据处理包括对数字的专题分类、图形矢量化处理、图幅编制以及其他有关声音及图片索引关系的建立等。

(1)图形分层处理

在对不同属性的图形进行分层处理时，应注意不同的系列专题图，其各图层的图框、坐标系应该一致，各图层的比例尺大小相同；每一层反映一个独立的专题信息；点、线、多边形等不同类的矢量形式不能放在一个图层上。

(2)图形分幅处理

大幅面的图形分幅后才能满足输入设备的要求。图形分幅包括规则图形分幅和以流域为单位的分幅两种方法。

规则图形分幅是把一幅大的图形以输入设备的幅面为基准，或以测绘部门提供的标准地图大小为标准，分成规则的几幅矩形图形。采用这种分幅方法时，应尽可能减少所分图幅的张数，以减少拼接次数；分幅处的图线尽可能少，以减轻拼接时线段连接的工作量；同一条线或多边形分到不同的图幅后，它们的属性应相同。

以流域为单位进行分幅。例如，为完成一个县的流域管理项目，可把一个乡或一个村作为一幅图进行单独管理。这样一幅图被分成若干个不规则的图形。这种分幅方式要以地理坐标为坐标系，同时要求不同图层的分幅界线最好一致。

(3)图形清绘与专题图输入

根据技术规范对各项专题图用事先约定的点、线、符号、颜色等做进一步清理，使图形整体清晰、不同属性之间区别明显。把图形和属性数据输入到计算机中，并把图形、属性库以及属性库的内容通过关键字联结起来，形成完整意义的空间数据库。对遥感影像需进行精确的纠正、合成、增强以及滤波等，并根据野外调查建立判读标准。

3. 专题指标提取

专题指标数据是一系列有组织和特定意义的指标要素的空间特征数据，也就是土壤侵蚀危害预测评估的指标系统，用于根据土壤侵蚀类型确定土壤侵蚀程度以及侵蚀强度。以卫星TM影像为信息源，结合历史资料，采用全数字人机交互作业方式或计算机自动监督分类方式，确定土壤侵蚀类型。

土地利用是资源的社会属性和自然属性的全面体现，最能反映人类活动及其与自然环境要素之间的相互关系，它是土壤侵蚀强度划分的重要参考指标。获取土地利用资料的最快办法，是利用遥感影像进行计算机监督分类，矢量化以后作为一个数据层面。对于小区域的土壤侵蚀预测评估，可以采用近期的土地利用现状图，输入到计算机以后作为现状层面使用。土地利用现状的类型划分，可参照国土资源局制定的土地分类标准。

土壤质地和土壤类型反映了土壤的可蚀性。土壤质地应尽可能依靠已有的成果资料，通过土壤图和地质图经综合分析后获得。土壤类型可根据现有的土壤图，输入到计算机以备使用。

沟谷密度是单位面积上侵蚀沟的总长度，用于反映一定范围地表区域内的沟谷数量特性，通常以每平方千米面积上的沟谷总长度（km/km^2）为度量单位。沟谷密度的发育和演化过程是地表土壤侵蚀过程的产物，因此沟谷密度是水力侵蚀强度分级的重要指标。任何级别的沟谷所引起的土壤侵蚀都具有相当强的环境意义，因此对山丘区沟谷发育程度的分析尤为重要。沟谷密度分析一般可依靠航片或利用地形图结合地理信息系统（geographic information system，GIS）技术生成。因为细小沟谷在卫星影像上无法完全识别，因而限制了卫星影像在沟谷密度分析中的应用。当利用航片分析沟谷密度时，首先在航片上分析水系类型，并根据不同的密度等级以小流域为单元，选择样区作为确定沟谷密度的样片，在GIS软件的支持下，生成以“km/km^2”为单位的沟谷密度结果。当利用地形图生成沟谷密度时，首先通过DEM模型计算出水系，然后计算沟系总长度。沟谷密度根据“行业标准”划分为$<1\ km/km^2$、$1\sim2\ km/km^2$、$2\sim3\ km/km^2$、$3\sim5\ km/km^2$、$5\sim7\ km/km^2$和$>7\ km/km^2$共5级。

数字高程模型（DEM）综合反映了地形的基本特征，如坡度、海拔高度以及地貌类型等，这些都是土壤侵蚀程度和强度分析的关键要素。坡度主要用于水力侵蚀类型的面蚀分级，依据“水土保持行业标准”，坡度分为$<5°$、$5°\sim8°$、$8°\sim15°$、$15°\sim25°$、$25°\sim35°$和$>35°$共6个等级；海拔高度是基本的地势特征，是冻融侵蚀程度和强度分级的主要指标。不同的高程带具有不同的环境条件和不同的人类活动程度，因而反映了不同的土壤侵蚀状况。地貌类型一般划分为山地、丘陵和平原等。

根据地形图上的行政区划划分行政界线，利用遥感影像直接获取流域界线。降水指标是根据研究区域内布设的气象站观测数据，建立等值线图，然后通过插值计算得到的。其他指标如泥沙含量、土壤水分状况、暴雨强度等用于计算土壤侵蚀模数的指标，可以通过气象站、水文站或现场观测或试验得到。根据水土保持试验研究站（监测点）所代表的土壤侵蚀类型区，对其实测径流和泥沙资料进行统计分析与计算。由于这类资料主要是标准径流场的资料，它只反映了坡面上的溅蚀量及细沟侵蚀量，故其数值通常偏小。全坡面大型径流场的资料能反映浅沟侵蚀，比较接近流域的实际情况，因此还需要收集各类小流域的径流和输沙资料。上述资料是建立坡面或流域产流产沙数学模型的重要基础数据。

4. 模型建立与结果生成

在获得土壤侵蚀各项指标以后，利用土壤侵蚀分类系统、专家经验模型或数学机理模型等，分析计算土壤侵蚀程度和土壤侵蚀强度，生成土壤侵蚀数据库。在完成土壤侵蚀类型、程度及强度分级判读后，利用GIS软件进行分幅编辑、坐标转换和图幅拼接等，然后在数据库中对其进行系统集成和面积汇总，并生成坡度、高程、流域以及土壤侵蚀类型、程度和强度等的图件以及数据，从而根据土壤侵蚀危害的评判标准分区评估土壤侵蚀危害的程度和严重性。

7.3 土壤侵蚀危害预测评估的评判标准

我国水力侵蚀分布的范围广、面积大，所涉及的侵蚀类型多。水力侵蚀基本上涉及农、林、牧等各业用地。我国水力侵蚀一般分为溅蚀和面蚀、沟蚀以及山洪侵蚀三大类。溅蚀是面蚀的初期形式，溅蚀的发生主要是由于地表处于裸露状态，其进一步发展必然是面蚀的发生。因此，在进行水力侵蚀调查时，溅蚀不单独作为一种土壤侵蚀形式，而将它归并到面蚀之内。

7.3.1 面蚀

溅蚀和面蚀是我国山区或丘陵区分布最广、面积最大的一种土壤侵蚀形式。由于面蚀发生的地质条件、土地利用现状和发展阶段的不同，面蚀又细分为层状面蚀、沙砾化面蚀、鳞片状面蚀和细沟状面蚀四种亚类。

1. 农耕地面蚀

在坡面农耕地上，面蚀主要包括均质土(黄土地区)上的层状面蚀、粗骨土(土石山区)上的沙砾化面蚀。当以上两种面蚀的发生程度较为严重时，土壤侵蚀就转化为细沟状面蚀。

(1)面蚀程度调查

农耕地面蚀程度调查主要以年平均土壤流失量作为判别指标。当实际土壤流失量在土壤允许流失量的范围之内时，则认为面蚀的发生对土地质量不具有危害性影响。因目前我国还未制定不同土壤侵蚀类型区的土壤允许流失量国家标准，表 7-1 中所列值可在实际应用中作为参考。

表 7-1 不同土壤侵蚀类型区土壤允许流失量 $t/(km^2 \cdot a)$

土壤侵蚀类型区	土壤允许流失量	土壤侵蚀类型区	土壤允许流失量
西北黄土高原区	1 000	南方红壤丘陵区	500
东北黑土区	200	西南土石山区	500
北方土石山区	200		

在缺少土壤流失量资料的地区，可通过下面几种方法分析得到土壤的年流失量值，并据此推算出面蚀的发生程度。

①侵蚀针法。侵蚀针法是在坡耕地上插入一根带有刻度的直尺，通过刻度观察土壤的侵蚀深度，由此计算出不同耕地上每年的土壤流失量。

②坡面径流小区法。坡面径流小区法是在坡面上选择不同地面坡度的农耕地建立径流小区。径流小区一般宽 5 m(与等高线平行)、长 20 m(水平投影)，其水平投影面积 100 m^2。在小区的上部及两侧设置围埂，下部布设集水槽和引水槽。在引水槽的末端设置量水、量沙设备。通过径流小区试验，则可计算出不同坡面农耕地的年平均土壤流失量。

③利用小型水库、坑塘的多年淤积量，推算其上游控制面积的年土壤侵蚀量。

④根据水文站多年输沙模数资料，采用泥沙输移比这一参数推算上游的土壤侵蚀量。

⑤对通用土壤流失方程式(USLE)中的各影响因子进行调查分析，选取适合研究区域实

际情况的参数值，利用该经验方程进行计算。

使用上述各种方法确定土壤侵蚀量时，均存在一定的误差。因此，在某一地区具体应用时，应对各种方法进行对比分析，找出其误差来源，并采用某些修正办法以保证计算或测定结果更趋于实际情况。

在应用上述方法估算土壤流失量时，一般需要较长的时间进行测定，而在实际的土壤侵蚀调查工作中，这往往是不可能的。因此，在实际土壤侵蚀调查工作中，常用现场剖面对比分析法，间接推算出土壤流失的数量，由此确定农耕地上的面蚀程度。

当采用土壤剖面对比分析法确定土壤侵蚀程度时，一般按表土流失的厚度，将面蚀程度分为4级。各种面蚀程度的耕作土壤状况以及面蚀程度划分标准见表7-2。

表7-2　农耕地面蚀程度与土壤流失量关系表

面蚀程度级别	面蚀程度	土壤流失相对数量
1级	无面蚀	耕作在淋溶层内进行，土壤熟化程度良好，表土具有团粒结构，腐殖质损失较少
2级	弱度面蚀	耕作层仍位于淋溶层，但腐殖质有一定损失，表土熟化程度良好，具有一定量的团粒结构土壤流失量小于淋溶层的1/3
3级	中度面蚀	耕作层已涉及淀积层，腐殖质损失较多，表土层颜色明显转淡。在黄土区通体有不同程度的碳酸钙反应，在土石山区耕作层已涉及下层的风化土沙。土壤流失量占到淋溶层的1/3～1/2
4级	强度面蚀	耕作层大部分位于淀积层内，有时也涉及母质层，表土层颜色变得更淡。在黄土区通体有明显的碳酸钙反应，在土石山区已开始发生土沙流泻至山腹的现象。土壤流失量大于淋溶层的1/2

在野外确定土壤流失厚度时，也可以参照调查单元上散生的乔灌木年龄及其根部出露地面的高度进行推算。

(2)面蚀强度判定

面蚀强度是在不改变土地利用方向和不采取任何措施的情况下，今后面蚀发生发展的可能性大小。因此，农耕地面蚀强度可根据某些影响土壤侵蚀的因子判定得到。一般情况下可根据农耕地田面的坡度大小，对其发生强度进行判定。

常将农耕地上的面蚀强度划分为5级，有时也可根据具体要求进行适当增减。农耕地田面坡度与其面蚀强度划分标准见表7-3。

表7-3　农耕地田面坡度与其面蚀强度划分标准

面蚀强度级别	面蚀强度	田面坡度
1级	无面蚀危险	≤3°
2级	有面蚀危险(包括细沟状面蚀)	3°～8°
3级	有面蚀危险和沟蚀危险	8°～15°
4级	有面蚀危害和沟蚀危害	15°～25°
5级	有重力侵蚀危险	≥25°

2. 非农耕地面蚀

在非农耕地坡面上，由于人为不合理活动如过度采樵和放牧以及自然因素等原因，使植物种类减少，生长退化，覆盖率降低，从而导致发生鳞片状面蚀。鳞片状面蚀发生程度及其发展强度主要与地表植物的生长状况、覆盖率高低及其分布是否均匀等因素有关。

(1)面蚀程度调查

鳞片状面蚀程度调查，主要参照地表植物的生长状况、分布情况及其覆盖率高低来确定。在有植物生长的地方，无地表鳞片状面蚀现象或只有较轻微的地表鳞片状面蚀发生；在无植物生长的地方，地表会有鳞片状面蚀的发生或较严重的发生。一般常将鳞片状面蚀程度划分为4级。各种植物生长状况下的鳞片状面蚀程度见表7-4。

表7-4 地表植物生长状况与鳞片状面蚀程度划分标准

面蚀程度级别	鳞片状面蚀程度	地表植物生长状况
1级	无鳞片状面蚀	地面植物生长良好，分布均匀，覆盖率一般大于70%
2级	弱度鳞片状面蚀	地面植物生长一般，分布不均匀，可以看出“羊道”，但土壤尚能连接成片，鳞片部分土壤较为坚实，覆盖率为50%～70%
3级	中度鳞片状面蚀	地面植物生长较差，分布不均匀，鳞片状部分因面蚀已明显凹下，鳞片间部分土壤和植物丛尚好，覆盖率为30%～50%
4级	强度鳞片状面蚀	地面植物生长极差，分布不均匀，鳞片状部分已扩大连片，而鳞片间土地反而缩小成斑点状，覆盖率小于30%

(2)面蚀强度判定

鳞片状面蚀强度判定标准，主要是参照地表植物的生长趋势及其分布状况来进行。通常将鳞片状面蚀强度判定标准分为3级。各级鳞片状面蚀强度与地面植物生长趋势如表7-5所示。

表7-5 地表植物生长趋势与鳞片状面蚀强度划分标准

面蚀强度级别	鳞片状面蚀强度	地表植物生长趋势
1级	无鳞片状面蚀危险	自然植物生长茂密，分布均匀
2级	鳞片状面蚀趋向恢复	放牧和樵采等利用逐渐减少，植物覆盖率在增加，生长逐渐壮旺，鳞片状部分“胶面”和地衣苔藓等保存较好，70%以上未被破坏
3级	鳞片状面蚀趋向发展	放牧和樵采等利用逐渐增加，而植物覆盖逐渐减少，生长日趋衰落

注：胶面是指由生长在岩石和土壤表面的菌藻类低等植物死亡后形成的暗黑色膜状物。

7.3.2 沟蚀

沟蚀的发生导致了土地资源的彻底破坏，它是山洪或泥石流等的固体物质的主要来源。对侵蚀沟道进行调查，了解沟蚀的发展阶段及其发展趋势，对控制沟蚀发展具有重要意义。通过调查沟道的发展阶段，确定沟蚀的发生程度及其发展强度。

沟蚀调查多以沟系为单位进行。一般情况下，规模较大的沟系，其侵蚀发展程度较为严重，但其今后的发展趋势将会逐渐减缓下来。反之，规模较小的沟系，其发展程度尽管目前较轻微，但如果不进行防治的话，将来的发展趋势可能会较为剧烈。因此，在进行沟蚀调查时，调查内容应主要集中在集水区的面积及其长度、侵蚀沟的面积及其长度、沟道内的塌土情况（包括重力侵蚀形式、数量及其发生位置等）、沟底纵坡比降、基岩或母质种类、集水区范围内的植物种类及其生长状况等方面。并据以上调查内容，确定沟蚀的发生程度和发展强度（表7-6）。

表7-6　沟蚀发生程度及发展强度分级指标表

沟壑占坡面的面积比/%	<10	10～25	25～35	35～50	>50
沟壑密度/(km/km^2)	1～2	2～3	3～5	5～7	>7
程度分级	轻微	中度	强度	极强	剧烈
强度分级	剧烈	极强	强度	中度	轻微

7.3.3　山洪侵蚀

山洪是山区常见的一种土壤侵蚀形式，一旦发生将对下游造成冲淘或沙压等危害。对山洪侵蚀进行调查，首先是要查清以往发生山洪的情况、发生规模、发生频率、造成的危害范围及危害程度，另外是判定今后发生山洪危害的可能性大小。

1. 山洪发生情况调查

调查以前发生山洪的情况常采用洪痕调查法、访问当地群众和山洪资料查询等方法。实际工作中，具体采用何种调查方法视可供调查的条件而定。有时也可采用几种方法联合调查，以便相互印证调查结果的可靠性。

山洪调查的主要内容包括集水面积、发生山洪时的降雨情况以及集水范围内的植被、地质、地形、土壤和土地利用状况等。分析山洪形成的原因、山洪历时、洪峰流量、淹没范围及其危害等，了解山洪对沟岸、河岸以及沟（河）床的侵蚀情况，并在山洪沟道下游及沟口开阔处，调查泥沙淤积情况以及淤积物组成等。

2. 山洪及其灾害预测

通过对历史上发生过的洪水灾害调查，预测当地可能发生山洪的气象条件、地质地形条件、植被条件以及山洪灾害发生的范围等，并提出相应的防治措施。

思考题

1. 土壤侵蚀的危害主要表现在哪几个方面？
2. 土壤侵蚀危害预测评估的内容包括哪些？
3. 简述土壤侵蚀危害预测评估的原则。
4. 土壤侵蚀危害预测评估的指标体系有哪些？

参考文献

[1] 关君蔚. 水土保持原理. 北京：中国林业出版社，1995.
[2] 王礼先. 水土保持学. 北京：中国林业出版社，1997.
[3] 王礼先. 水土保持工程学. 北京：中国林业出版社，2000.

[4] 景可,王万忠,郑粉莉.中国土壤侵蚀与环境.北京:科学出版社,2005.

[5] 水利部水土保持司.水土保持监督执法概论.北京:中国法制出版社,1995.

[6] 王礼先, Brooks K N.长江中上游水土保持及环境保护.北京:中国林业出版社,1995.

[7] 潘剑君.土壤资源调查与评价.北京:中国农业出版社,2004.

[8] 张洪江.土壤侵蚀原理.北京:中国林业出版社,2000.

[9] 王礼先.流域管理学.北京:中国林业出版社,1999.

[10] 刘震.水土保持监测技术.北京:中国大地出版社,2004.

[11] 焦居仁.水土保持生态建设法规与标准汇编.北京:中国标准出版社,2001.

第 8 章　土壤侵蚀控制原理及策略

[摘要]本章主要介绍土壤侵蚀的影响因素以及侵蚀控制的基本原理和方法，讨论各种控制措施的应用条件及其应用效果。增加土壤团聚体稳定性和降低径流侵蚀力是防治水力侵蚀的两大策略。同理，降低近地风速、减小土壤可蚀性是控制风蚀的关键。建立良好的植被条件对控制土壤侵蚀（不论水蚀还是风蚀）非常重要。

土壤侵蚀是指在水力、风力和重力等外营力以及人类活动作用下，土壤以及土壤母质被破坏、剥蚀、转运和沉积的过程。虽然土壤侵蚀具有一定的造地作用，目前的地形地貌以及土地可以说在很大程度上是长期地质侵蚀或自然侵蚀的结果，但人类活动引起的加速侵蚀（即超过自然侵蚀的那部分侵蚀）不仅加速了土壤侵蚀区表层肥沃土壤的剥离和流失，降低了土地的生产力，加大了下游地区水利工程的破坏，缩短了工程寿命及运行效益，并且增大了下游水体的环境负担，最终可能导致水质和环境质量的恶化。

水土资源是人类赖以生存的最基本的自然资源，是发展农业生产的基本要素。随着人口的增加以及人均自然资源量的减少，为了维持正常的食物和纤维供应，过多的人类活动必然会改变正常的自然土壤侵蚀的速率或强度，从而导致更强烈的水土流失现象。水土保持是防治水土流失，保护、改良与合理利用水土资源，维护和提高土地生产力，以利于充分发挥水土资源的生态效益、经济效益和社会效益，建立良好生态环境的事业。水土保持是对水土流失区或风沙区水资源和土地资源的保护、改良以及合理利用，它对改善水土流失地区的农业生产条件和环境条件，减少水、旱、风、沙灾害，实现水土资源的可持续利用具有重要的意义。

本章主要介绍土壤侵蚀控制的基本原理及策略，以便读者对水土保持有一个整体的了解和认识。对于各种具体措施的规划、设计和布置方案以及应用条件等，将在随后的章节中进一步详细讨论。

8.1　土壤侵蚀控制理论基础

水土保持措施实施的目的，是为了在给定的土地上维持水土流失强度小于临界水平，使土壤的实际侵蚀强度与其自然形成的速率保持同步，从而获得高水平的可持续生产能力。控制土壤侵蚀强度，避免土壤侵蚀对下游水体质量以及水库、渠道等水利工程设施或对作物生长的危害，避免因土地质量恶化而抛弃或降低土地应用方式的可选择性。

土壤侵蚀是一个自然过程或现象，人们不能够阻止土壤侵蚀的发生，但可以将其降低到可接受的水平。可接受的土壤侵蚀强度既要满足可持续农业生产发展的需要，又要使侵蚀对环境的不利影响降低到最小。水土保持工作应根据生态（经济）学原理、土壤侵蚀理论、水文学、土壤学等基本理论以及可持续发展原则，结合水利科学、农（林）业科学以及环境科学，利用系统工程方法对土地资源进行综合分析、系统整治。

8.1.1 水沙平衡原理

水沙平衡原理是水土保持工程措施规划和设计的基本依据之一。水土保持工程措施的布设，不仅要考虑水量平衡和冲淤平衡，同时也要求土壤侵蚀量应满足允许土壤流失量的要求。

1. 水量平衡原理

在一个给定的时段内，进入某一个给定流域的所有水量与流出该流域的所有水量之差应等于整个流域在该时段内的水量变化量，即

$$(P+R_{se}+R_{ge})-(ET'+R_{so}+R_{go}+U)=\Delta W \tag{8-1}$$

式中，P 为计算时段内流域的降雨量；R_{se}和 R_{ge}分别为计算时段内进入流域的地表径流量和地下径流量；R_{so}和 R_{go}分别为计算时段内流出流域的地表径流量和地下径流量；ET'为计算时段内的地表净蒸发量与作物蒸腾量之和(即腾发量)；U 为计算时段内国民经济总用水量；ΔW 为计算时段内流域储水量的变化量，正值代表流域内储水量增大，负值则表示减小。式中所有变量的单位为 mm。

如果所研究流域为闭合流域即地面分水线与地下分水线一致，则式(8-1)可简化为：

$$P=(ET'+R_{so}+R_{go}+U)+\Delta W \tag{8-2}$$

对于计算时段内国民经济总用水量 U，农业灌溉用水以及工业产品蒸发所消耗掉的水分计入腾发量内，而包含在产品本身的水分由于其量相对较小而忽略不计。设 $R_{so}+R_{go}=R$ 为计算时段内流出流域的总径流量，此时水量平衡方程可改写为：

$$P=ET+R+\Delta W \tag{8-3}$$

式中，ET 为包含国民经济耗水量在内的腾发量(mm)。

对于多年平均情况而言，流域储水量趋于某一常数，即式(8-3)中储水量变化量 ΔW 的多年平均值趋于零，因此式(8-3)可进一步简化为：

$$\overline{P}=\overline{ET}+\overline{R} \tag{8-4}$$

式中，$\overline{P}$、$\overline{ET}$和 $\overline{R}$ 分别为多年平均降雨量、腾发量和径流量(mm)。

式(8-4)表明，在闭合流域内，流域的多年平均降雨量等于该流域多年平均腾发量与多年平均径流量之和。因此，在一个流域内，降雨量、腾发量以及径流量是流域水量平衡的三大要素。

2. 冲淤平衡原理

沟(河、渠)的冲淤平衡主要考虑纵向平衡、断面平衡以及河床的平面平衡三个方面。沟(河、渠)的纵向平衡是指来水含沙量与沟(河、渠)输沙能力的平衡问题，断面平衡是指水流的冲刷作用、河床两侧土质的抗冲刷能力以及断面内横向输沙能力之间的平衡问题，而平面平衡则是指游荡型河流河床的平面稳定问题。

土壤侵蚀将产生泥沙。然而，只有部分被侵蚀的土壤流出了所在流域或运移至海洋，而大部分则沉积在山麓、洪积平原或河道内。河流泥沙按其搬运状态可分为悬移和推移两种类型。粉质和黏质等细颗粒一般以悬浮物的形式搬运，而砂和砾石等粗颗粒则以底沙的形式通过拖拉、滚动、滑动或跳跃等方式搬运，其搬运量分别称为悬移质输沙量和推移质输沙量。河流输

沙量是指在给定的时段内通过某处河床的流域总泥沙数量[MT^{-1}]。河流含沙量是指通过河道某一断面的水流中单位水体所含泥沙的质量[ML^{-3}]。

河流输沙量与泥沙的来量、河床特征(如河床坡度、粗糙度等)、河流流速和流量以及泥沙的物理性质(如颗粒组成等)等因素密切相关。这些因素之间的相互作用结果,决定了泥沙的搬运类型、泥沙数量以及河流挟带和搬运这些颗粒可利用的能量等。泥沙颗粒的物理性质主要由流域和河床的土壤、下垫层性质及其风化程度决定。

河流的输沙能力是指在一定水流条件下,单位水流能挟带、搬运的最大泥沙数量[ML^{-3}]。当水流能量超过搬运河流中所有泥沙来量所需要的能量时,河床将受到剥蚀或冲刷,反之河床则会淤积。当水流行沙量正好等于这一河段的输沙能力时,河床不冲不淤。一般,泥沙颗粒越大或河床坡度越小,河床越易淤积,反之则越易受到冲刷。

当河流泥沙的沉降速度小于河流水体的上浮速度时,悬浮质颗粒随水流一起运移,此时只需要很少的能量即可推动它们运移。悬浮质颗粒的沉降速度与颗粒的直径成正比。悬移质泥沙含量在水流的表面附近较小,而在下部较大,一般沿水深呈抛物形分布。对于粒径非常小的颗粒,例如黏粒,它们则在水体中均匀分布。

对于大多数河流而言,悬移质泥沙含量一般可用河水流量近似估算,即

$$SS = kq^m \tag{8-5}$$

式中,SS 为悬移质泥沙含量(mg/L);q 为河流流量(m^3/s);k 和 m 为系数。

从上游地区的土壤侵蚀到泥沙在河道中的运移是一个相当复杂的过程,因此产沙量、来沙量以及在某段河床中的冲淤量的计算也相当复杂。总的来讲,计算时需要考虑泥沙的来源、河道中泥沙的运移速率与泥沙量、泥沙在每段河流中的沉淀时间、泥沙搬运段与停留段之间的联系以及泥沙颗粒在运移过程中的变化等。泥沙运移量与土壤侵蚀速率之间的关系一般可用泥沙输移比表示,即

$$D_r = Y_s / T_e \tag{8-6}$$

式中,D_r 为泥沙输移比,无量纲;Y_s 为河流某断面的实测输沙量[$ML^{-2}T^{-1}$];T_e 为该测点以上流域的总侵蚀量[$ML^{-2}T^{-1}$]。

泥沙输移比与侵蚀地区的土壤质地、土地利用方式、气候条件、当地生态环境条件以及地理位置有关。不同流域具有不同的泥沙输移比,但泥沙输移比一般随着流域排水面积的增加而减小。例如,黄河的泥沙输移比较高,其中游黄土高原大部分地区的泥沙输移比接近1;而长江流域的泥沙输移比较小,一般在0.07～0.66之间,平均为0.23。

河道形状反映了河道的冲淤过程与水力变量之间的动态平衡结果。冲淤过程是水流能量与河床特性相互作用的结果,水力变量主要受河流流量和含沙量、河流纵向坡度、河床糙率、植被、地质条件和人类活动等的影响。

在给定水深和流量条件下,当河道中的水流为(近似)临界流时,河流处于近似稳定状态。亚临界流携带有较小的能量,因而对河床的作用力较小;而超临界流具有较大的能量,因此会对河床形成冲刷。亚临界流或超临界流可采用无量纲的弗鲁德(Froude)数 F_r 判断:

$$F_r = \frac{V}{(gd)^{1/2}} \tag{8-7}$$

式中，V 为河道某测定横断面的平均流速(m/s)；g 为重力加速度(9.8 m/s^2)；d 为该断面的平均水深(m)。

当 $F_r<1$ 时，河流为亚临界流；反之，当 $F_r>1$ 时，河流为超临界流。

3. 土壤允(容)许流失量

土壤在外营力作用下产生位移的物质量称为土壤侵蚀量[MT^{-1}]，而单位面积单位时间内的侵蚀量称为土壤侵蚀强度或土壤侵蚀速率[$ML^{-2}T^{-1}$]。土壤侵蚀强度通常以土壤侵蚀模数即每年每平方千米的土壤侵蚀总量[Mg/(km^2·a)]或每年侵蚀土层的平均厚度(mm/a)表示。根据土壤侵蚀模数，我国建立的土壤水蚀强度和风蚀强度分级标准见表 8-1 和表 8-2。

表 8-1 中国土壤水蚀强度分级标准

	级别	平均侵蚀模数/[Mg/(km^2·a)]	平均侵蚀厚度/(mm/a)
Ⅰ	微度	<200；500；1 000†	<0.15；0.37；0.74
Ⅱ	轻度	200；500；1 000～2 500	0.15；0.37；0.74～1.9
Ⅲ	中度	2 500～5 000	1.9～3.7
Ⅳ	强度	5 000～8 000	3.7～5.9
Ⅴ	极强度	8 000～15 000	5.9～11.1
Ⅵ	剧烈	>15 000	>11.1

† 分别指东北黑土区和北方土石山区、南方红壤丘陵区和西南石山区、黄土高原区。

表 8-2 中国土壤风蚀强度分级标准

	级别	床面形态(地表形态)	植被覆盖度(非流沙面积)/%	平均侵蚀模数/[Mg/(km^2·a)]	风蚀厚度/(mm/a)
Ⅰ	微度	固定沙丘、沙地和滩地	>70	<200	<2
Ⅱ	轻度	固定沙丘、半固定沙丘和沙地	70～50	200～2 500	2～10
Ⅲ	中度	半固定沙丘和沙地	50～30	2 500～5 000	10～25
Ⅳ	强度	半固定沙丘、流动沙丘和沙地	30～10	5 000～8 000	25～50
Ⅴ	极强度	流动沙丘和沙地	<10	8 000～15 000	50～100
Ⅵ	剧烈	大片流动沙丘	<10	>15 000	>100

成土过程是一个长期缓慢的过程。世界范围内平均成土速率大概为 0.01～7.7 mm/a。为保证土地具有一定的生产能力，土壤允许侵蚀速率应与成土速率相当或平衡。在长时段内能保持土壤肥力和维持土地生产力所允许的最大土壤侵蚀强度称之为土壤允许流失量。土壤允许流失量是区分不同侵蚀区域侵蚀强度的基础指标。当超过这一量值时，土地生产力将开始下降，此时需要采取措施对土壤侵蚀进行治理。据推算，在耕种条件下，约 30 a 可形成 2.5 cm厚的土层(在自然条件下，此土层的形成需要 300～1 000 a)，它相当于在年流失量达 1 125 Mg/(km^2·a)条件下成土与流失量可维持平衡。根据全国土壤侵蚀调查，我国土壤允许侵蚀量确定为：黄土高原区 1 000 Mg/(km^2·a)、南方红壤丘陵区和西南石山区 500 Mg/(km^2·a)、

东北黑土区和北方土石山区 200 Mg/(km^2 · a)，它们分别相当于土壤侵蚀分级表(表 8-1)中各地区土壤的微度侵蚀。

8.1.2 生态系统平衡原理

生态系统是指在一定空间领域中，共同栖居的生物群体与其所处周围环境之间不断进行的能量和物质循环和交流过程而形成的统一体。自然界的生态系统大小不一、形式多种多样。地球上的森林、荒漠、草原、湖泊、河流等组成了不同类型的大生态系统，而田块、池塘、一块草地等则组成了小的生态系统。水土保持是生态环境建设的主体，对因水土流失导致的生态系统退化而进行的修复与重建工作应遵循生态系统平衡原理。

1. 生态系统基本特征和功能

不论是陆地生态系统还是水域生态系统、不论地域大还是小，它们都是由生物和非生物两部分组成的。因此，按各组成部分的功能，可将生态系统分为非生物环境、生产者、消费者和分解者四种基本组成成分。非生物环境主要为生物成分提供生存场所和空间以及物质和能量。生产者是指能利用简单无机物制造有机物的自养生物，它包括所有的绿色植物和部分细菌。而只能依赖于消耗由生产者提供的有机物而存活的异养生物则称为消费者。分解者是指在生态系统中能连续不断地将复杂有机物逐步分解为简单无机物的异养生物，它们将有机物转化为无机物而返还到环境中去。这些异养生物主要包括细菌、真菌、放线菌、土壤原生动物以及一些无脊椎动物等。

生态系统具有整体性、有序性、时空结构以及网络结构等明显特征。生态系统的整体性是指生态系统是一个有机整体，其存在方式、目的和功能等都表现出高度的统一性和整体性。生态系统是一个全开放的非平衡系统，它与周围环境连续不断地进行着物质、能量以及信息的交换，从而为系统带来了活力，使系统本身的结构和功能得到发展。同时，通过与外界的交换使系统朝着与周围环境相平衡的趋势发展。生态系统的各组成要素之间存在着复杂的、非线性的相互作用与制约机制。

生态系统具有三维立体结构并随时间动态变化。在空间分布上，上层阳光充足，有利于光合作用，主要分布有绿色植物的冠层或藻类；中间层为分解层，主要分布有草类；下层为喜阴的地被植物层。由于动物对植物群落具有依附性，因此其分布也具有明显的多层次立体结构。生物群落的多层次分布使得空间、物质和能量得以充分合理的利用。随着时间的发展，生态系统不断进化，生物群落发生着演替和周期性变化等。

在生态系统中，各要素以及各子系统之间通过纵横交错的网络相互结合。通过食物链或食物网(多个食物链的交织结合)，生态系统中的生物成分与非生物成分之间建立了联系。因此，食物网在整个生态系统的结构和功能发展方面具有至关重要的作用。

生态系统具有物质循环、能量流动和信息传递三大基本功能。通过绿色植物，生态系统从外界环境(如大气、土壤或水体)中吸取营养物质及能量，进而被其他生物所利用。这些进入生态系统的物质和能量，也可以通过食物链或其他与周围环境之间的交换形式(如通过地质、气象或生物等因素)最终又返还到环境中，从而组成了生态系统内部之间或整个环境系统中的物质循环和能量流动过程。此外，生态系统通过多种方式，在生物种群之间、种群个体之间以及生物与其周围环境之间传递各种营养、物理、化学以及行为信息等，将生态系统各组分有机地联系在一起，从而调节生态系统的稳定性。

2. 生态系统的平衡和恢复

生态系统内部的物质循环和能量转换按照无机物→生产者→消费者→分解者→无机物的自然法则往复循环地进行。在一个生态系统内，如果原生植物相对稳定，生物量则有一个协调的比例，能量也相对平衡，此时生态系统则处于平衡状态，否则生态系统就会失去平衡或遭到破坏。

生态系统平衡是指生态系统在一定时间内，其结构和功能处于相对稳定的状态。生态系统平衡是动态平衡，它对外来干扰有一定的自我调节作用。当外来干扰(包括自然因素干扰如地震、洪水、火山爆发、泥石流等和人为因素干扰如工农业生产活动、城市化、战争等)超过生态系统的自我调节能力时，生态系统的基本结构或固有功能将发生退化、破坏或消失，从而导致生物多样性的下降、稳定性和调节能力的减弱以及系统生产力的下降等不利于生物或人类生存现象的发生，此即为退化生态系统或受损生态系统。

生态系统恢复是指根据生态学原理，通过一定的生物、生态或工程措施，阻止生态系统的退化过程，调整和优化系统内部及其与外部环境之间的物质、能量以及信息的流动过程及其时空时序，促进生态系统结构和功能尽快恢复到原有水平或更高的水平。生态系统恢复可分为人工恢复或自然恢复，其恢复难度和恢复速度与生态系统的受损程度、自我恢复能力以及恢复方向相关。一般人工恢复速度快于自然恢复速度。生态系统恢复的基本目标是实现生态系统地表基底(地质地貌)的稳定性；恢复植被和土壤，保证一定的植被覆盖率和土壤肥力；增加生物种类、维持生物多样性；提高生态系统的生产力和自我调节能力；减少或控制环境污染以及改善景观效果等。

8.1.3 生态经济系统平衡原理

流域生态经济系统是指由流域生态系统和流域经济系统共同组成的复合系统，它由人口、环境、资源、物质、资金和科技水平等基本要素组成。其中，人口是流域生态经济系统的核心要素，人类既是消费者又是生产者。流域生态经济系统是一个有序的、立体网络结构的开放式系统，它不断与外界环境进行着物质、能量以及信息交换，其生产和再生产过程的实质就是物质、能量、信息以及价值的交换和流通过程。因此，流域生态经济系统具有物质循环、能量交换、信息传递和价值增值的功能。

人口、经济和自然在再生产过程中相互联系、相互制约，从而使流域生态经济系统形成了统一的有机整体。流域生态经济系统平衡是指在生态平衡基础上的经济平衡，它是流域管理生态目标与经济目标高度统一的结果。流域生态经济系统平衡也是一种动态平衡，它主要表现为结构平衡、机制平衡和功能平衡等三种平衡功能。根据生态目标与经济目标的不同组合，流域生态经济系统平衡模式可分为以下几种：

(1)稳定平衡模式

在稳定平衡状态条件下，生态经济系统能适当抵御外部干扰而维持原有的结构和功能，即生态系统和经济系统能保持原有的生产能力和生产水平。

(2)自调平衡模式

在自调平衡状态下，生态经济系统能通过自身的调节能力抵御外部干扰而引起的异变现象，迅速恢复系统的稳定性，保证系统结构和功能的正常，维持原有的系统平衡状态。

(3)优化平衡模式

在优化平衡状态下，生态经济系统各要素以及系统的结构和功能都处于最佳的协调状态，生态经济系统在自调、稳定的平衡状态下不断完善和进化，从而保证生态系统和经济系统的稳步协调发展，维持其良性循环。

8.2　土壤水蚀控制原理与策略

8.2.1　土壤水蚀影响因素和控制原理

要了解土壤侵蚀控制的基本原理与策略，必须了解土壤水蚀的基本影响因素。土壤水蚀是指土壤表面颗粒在水流作用下移位和传输的过程。在雨滴打击动能或表面径流动能的作用下，表面土壤颗粒由一个位置移动到另一个位置，从而导致了土壤侵蚀的发生。因此，从物理意义上讲，侵蚀是一个能量消耗的过程，引起土壤侵蚀的能量来源于降落雨滴或地表径流。

土壤水蚀主要包括三种基本类型即面状侵蚀、沟蚀和重力侵蚀（块体运动）。面状侵蚀是指土壤表面的土颗粒和小团聚体在水力作用下分裂及其移位的过程，它主要由雨滴打击作用以及地表薄层面流或集中流引起的。沟蚀是指沟道中的土壤颗粒或大团聚体分裂和移动的过程。重力侵蚀是指在重力作用下大体积土体移位而引起的土壤侵蚀过程，它主要包括滑坡、土潜动和土崩等。

影响土壤侵蚀和泥沙迁移的主要因素见图 8-1。在给定的气候条件下，设法降低侵蚀主动力的影响，或改变影响土壤水蚀的被动力，如改变土壤特性、地形因子和土壤覆盖因素等，是减小土壤水蚀的基本策略和原则。设法避免产生侵蚀的条件或采用适当的土地利用方式，是避免水土流失或减轻其危害、维持土地生产力的最经济和最实用的方法。因此，在选择水土保持技术、制定水资源发展和管理规划以及从事流域管理或农业生产活动时，应充分考虑这些管

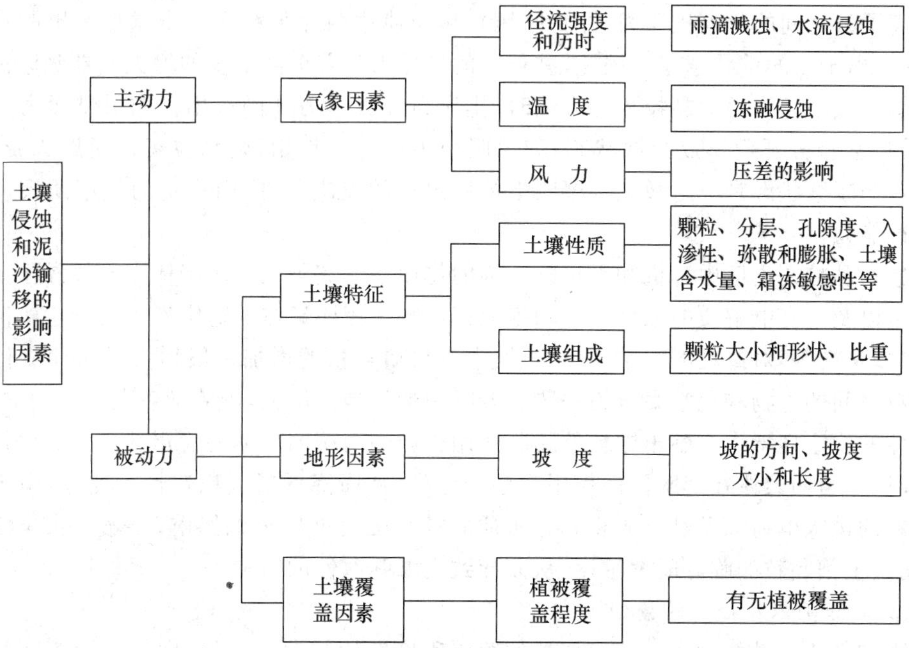

图 8-1　影响土壤侵蚀和泥沙迁移的主要因素

理措施对水土流失的影响，特别是对土层较薄的坡地、入渗性能较差或植被稀疏的易侵蚀土地更应如此。

从第3章土壤侵蚀形成机理的讨论中可以发现，土壤水蚀与降雨雨滴的打击动能以及地表径流的扰动作用密切相关。设法减小降雨和地表径流的动能或者增大土壤的抗蚀性可有效地减少水土流失。因此，所有的水土流失控制措施都应该从这两个方面入手。

1. 增加土壤团聚体的稳定性和抗蚀力

土壤团聚体的抗蚀性与土壤本身的物理化学性质有关。在干旱半干旱地区，土壤中的黏土矿物主要为蒙脱石。蒙脱石是一种由两层硅片和一层铝片组成的2：1膨胀型层状硅酸盐。黏土矿物特别是蒙脱石的含量多少是决定土壤化学反应性的主要组成部分。蒙脱石具有较小的层间电荷和大的比表面积（600～800 m^2/g）。当它与水分子接触时，水分子可以渗入到蒙脱石的层间，因此蒙脱石具有显著的膨胀性、高可塑性和大黏着力。四面体中的 Al^{3+} 对 Si^{4+} 的同晶置换以及八面体中的 Fe^{2+} 或 Mg^{2+} 对 Al^{3+} 的同晶置换，导致了蒙脱石基本单元体结构携带有负电荷，从而吸引外部溶液中的阳离子形成静电扩散双层。

扩散双层的厚度由两种相反的作用力所决定：一种是带有负电荷的黏粒表面对溶液中正电荷的静电吸引力（库伦力），它吸引阳离子靠近黏粒表面。静电吸引力与黏粒间距离的平方成反比。另一种力是溶液中以及被黏粒吸附的阳离子扩散远离黏粒、从而维持整个溶液相电荷平衡的布朗运动。由布朗运动引起的黏粒之间的排斥力随着黏粒间距离的增加而呈指数衰减。由于黏粒表面对溶液中二价阳离子的吸引力比对一价阳离子的吸引力大一倍左右，因此二价阳离子组成的溶液中的扩散双层厚度大约为一价阳离子溶液中扩散双层厚度的一半。此外，扩散双层厚度也随着溶液浓度的增加而减小。一般电解质浓度每增大100倍，扩散双层厚度则减小大约90%。

当两片黏粒互相靠近时，它们的扩散阳离子云重叠。只有在外力作用下才能克服这两个正电荷离子云之间的静电排斥力（即膨胀压），从而使这两片黏粒进一步靠近。扩散双层厚度越小，两个离子云的重叠越少。因此，黏粒间的排斥力随着溶液浓度的增大或被吸附离子的离子价增加而减小。当两片黏粒相互影响时，排斥力和吸引力共同作用。如果排斥力大于吸引力，则黏粒互相分开而形成弥散状态；如果吸引力起主导作用，则黏粒聚合而形成凝絮状态。土壤黏粒的凝絮状态是决定微观土壤团聚体稳定性的先决条件，而稳定的土壤团聚体具有更强的抗蚀能力。

凝絮的黏粒在土壤中有机和无机黏合剂的作用下形成了土壤团聚体。土壤黏土矿物的类型和含量以及平衡电解质的浓度大小和组成都影响土壤团聚体的稳定性。由于生物高分子聚合物（如多聚糖等）对黏粒的胶结作用，土壤中有机质含量的增加一般增大土壤团聚体的稳定性。土粒之间的生物和化学黏合力一般随着时间的发展而增强，因此随着老化时间的增加，土壤团聚体的稳定性增大。黏土颗粒的膨胀作用也影响土壤团聚体的稳定性。当膨胀性黏土与水接触时，土壤团聚体在膨胀压的作用下趋于分裂，从而降低了其稳定性。此外，由于对黏土矿物颗粒的边缘电荷以及黏土矿物和有机质胶体表面可变电荷的影响，土壤溶液pH值的提高，将增大土壤黏粒的临界凝絮浓度，从而导致土壤弥散性的增加。

2. 降低降雨以及径流的侵蚀力

降雨和径流的动能大小与地表植被的覆盖程度密切相关。例如，增加土壤表面的覆盖程度，可以降低雨滴对表面土壤颗粒的打击作用，减小土壤的溅蚀量；而增大土壤的入渗能力，可以降低地表径流的强度，减小其冲刷力；改善表面土壤团聚体的稳定性或增大土地的粗糙程度，可以降低径流速度及其对土壤的侵蚀能量。所有能达到上述目的的方法和措施，都能起到降低水土流失危害的作用。

为了有效地保护、改良和合理利用水土资源，水土保持工作应遵循调节地表径流、提高土壤抗侵蚀能力、因地制宜、综合治理的基本原则，坚持生态环境和经济效益兼优的原则，全面规划，预防、治理与养护兼顾，建立可持续发展的流域整体治理与经营模式。

对于气候适宜的地区，维持良好的植被覆盖条件是降低土壤侵蚀危害的最佳选择。而对于干旱地区，由于较难建立起良好的地面植被，因此设法通过土壤管理措施降低径流的流动速度或动能则是较为适宜的选择。防治水力侵蚀的关键是维持土壤表面对水具有一定的接纳能力。更多的水入渗到土壤中，不仅降低了地表径流形成的可能性，减小了径流量和水流冲刷力；同时，也更多地提供了植物生长所需的水分，促进植被的生长。茂盛的植物生长反过来又增大了土壤的蒸发量，降低了土壤含水量，从而增加了土壤的储水能力，为接纳下次降雨提供了更大的土壤库容。土壤水蚀预防的基本措施见表8-3。对于已经发生土壤侵蚀的区域，则需要采用一定的水土保持修复技术，以降低土壤侵蚀对当地生产的影响程度。

表8-3　水蚀和风蚀预防的基本措施

侵蚀类型	预防措施
水蚀	避免使用降低土壤入渗性能或渗透性能的土地管理方式
	采取措施如种草或草本植物等，尽可能增加植被覆盖
	建立牲畜饮水设施，减少径流的产生
	在陡坡上避免伐木或过度放牧
	在陡坡或对侵蚀敏感的土壤上设法避免集中水流的产生
	在农田中采用土壤侵蚀控制措施，增大土壤的入渗能力
风蚀	避免大规模或大面积的砍伐树木或灌木丛
	避免在已侵蚀土地上修建牲畜饮水设施
	在农田中修建防护林带
	维持良好的草、树和灌木系统
	在牧区以适宜的间距种植树木和灌木以减小风速

8.2.2　农田土壤水蚀控制措施及其控制效果

常见的农田土壤水蚀控制措施主要包括农业或生物学措施、土壤管理措施以及工程措施等(图8-2)。

1. 农业措施

农业(或生物学)措施主要是利用作物(植被)的根系，将土壤颗粒牢固地束缚在一起，从而降低土壤颗粒或团聚体被分离或运移的可能性，达到降低土壤侵蚀之目的。良好的植被生长既增大了土壤表面的覆盖程度，又可通过植被冠层截留，减小雨滴对表面土壤的打击力度和土壤侵蚀的强度。农业措施方便，便于在农田管理中应用，且能直接降低雨滴的冲击能力，增大土壤的入渗能力，减小径流量和径流速度，因此在选择土壤水蚀控制措施时应优先考虑。保持

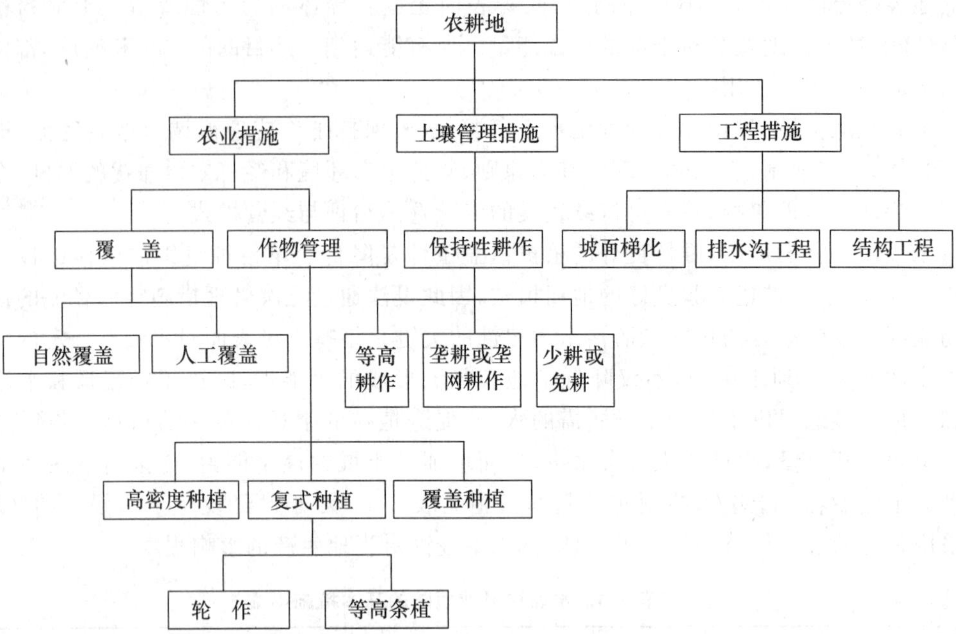

图 8-2　农田水土保持措施

性耕作措施在控制农耕地土壤侵蚀方面效果显著，推广应用前景良好。

2. 管理措施

(1)作物管理措施

作物管理措施是农田水土保持工作中最普遍采用的方法之一。作物管理措施主要包括水土保持栽培技术措施、农林复合种植技术措施以及旱作(或雨养)农业技术措施等。其作用与农业措施相似，主要是降低地表径流的动能，增大土壤的抗蚀力以及土壤的入渗能力，改善作物的生长环境。

水土保持栽培技术主要包括轮作技术以及(等高带状)间作、套种和混播技术等。因地制宜、充分有效地利用当地的自然条件是水土保持栽培技术的主要特点。实行轮作、间作、套种、混播以及不同的栽培制度，可充分发挥种植物的优势，扬长避短，相互促进，减少水土流失，培肥土壤，从而取得更大的经济效益。

农林复合种植技术将传统“平面”农业向“立体”农业转化，根据空间差或时间差概念，充分利用土地资源和水热资源，是一种可持续发展的现代高效集约农业生产系统。农林复合种植技术模式较多，应根据当地的自然资源状况选用。因地制宜，合理搭配生物种类，吸收传统农业的优良栽培技术如轮作等，长、短期效益与经济生态效益相互兼顾，达到增产、增收且可持续发展之目的。我国常用的几种农林复合种植模式，主要有等高生物篱埂梯田林—农复合模式、林—农—草轮作模式、林—农间作套种模式、林—牧模式以及林—渔模式等。

干旱地区旱作(或雨养)农业技术的关键是如何增强作物的生存能力、改善作物生长发育的环境条件以及充分有效地利用有限的降水资源。因此，选育抗旱作物品种、集蓄雨水、蓄水保墒、抗旱保苗等成为旱作农业稳产的保证。目前，化学保水剂的使用已成为一种重要的蓄水保墒技术措施，集蓄雨水技术如水窖等在我国西部干旱地区有较大面积的推广，各种新的抗旱保苗技术以及灌溉方式也不断地得以推广应用。

(2)土壤管理措施

土壤管理措施则是想方设法促进土地的生产力和植被的生长，改善土壤结构。这样，一方面可以增强土壤对侵蚀的抵抗力，另一方面通过土壤入渗性能的改善降低径流的侵蚀力。合理有效的土壤管理可以维持良好的土壤结构，提高肥力，从而改善植被覆盖和经济回报，降低雨滴和径流侵蚀力。高质量农田具有稳定性较好的土壤团聚体结构以及大的土壤入渗能力，因此土壤肥力高低一般是表征水土保持优良的关键性指标之一。

土壤管理措施主要包括水土保持耕作技术、土壤培肥技术以及土壤改良技术。良好的土壤管理措施同样可以起到降低水土流失、保持土壤肥力的作用。

水土保持耕作技术主要是指以保土、保水和保肥为主要目的的提高农业生产力水平的耕作措施。水土保持耕作，除了满足耕作的一般要求如形成适宜的苗床、掩埋有机肥、形成临时土壤团聚体、除草以及减少病虫害等外，更重要的是通过耕作形成地表洼地，增大土壤水库库容或降雨截留能力，以便储蓄更多的降雨，从而满足作物生长发育的需要以及达到减少水土流失之目的。目前我国推广的水土保持耕作技术主要有：以改变微地形为主的等高耕作法和沟垄耕作法等，以增加地面覆盖为主要目的的留茬覆盖、秸秆覆盖和地膜覆盖等，以改变土壤物理性质为主的少耕或免耕法等。大量的研究结果显示，少耕或免耕法可以极大地减小土壤侵蚀量(图 8-3a)。虽然地表径流量也相应地减少，但它的减小程度远小于土壤侵蚀量的减小程度(图 8-3b)。

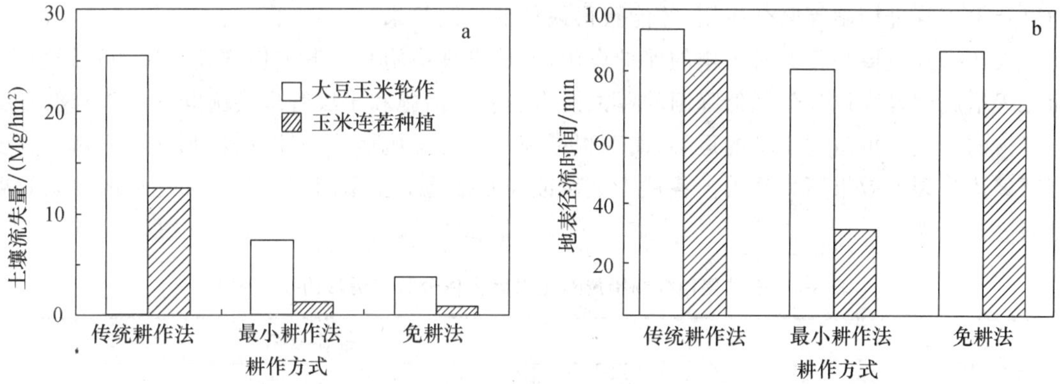

图 8-3 耕作方式对玉米田土壤侵蚀及地表径流的影响

土壤为粉质壤土，地表坡度为 5%。

土壤培肥技术措施是不断增加农田土壤肥力的一种综合性方法，应从农作物布局、耕作、轮作以及施肥等方面统筹考虑，用地与养地有机地结合起来，改善农田系统的物质和能量循环的水平，增强土壤中有机质的累积和分解，不断提高土壤蓄水保墒能力和土壤肥力。土壤有机质不仅可以改善土壤团聚体之间的黏聚力、促进土壤团聚体的稳定性，同时也可增大土壤的持水能力。因此，农家肥或绿肥的应用以及秸秆还田等措施，将极大地促进土壤肥力的提高以及土壤理化性质的改善，从而有助于保持水土。

水土保持耕作措施和土壤培肥技术是劳动人民长期农业生产经验的总结。随着现代农业的发展，土壤管理水平必须适应生产力的发展水平，从理论深度认识影响土壤理化性质变化的机理和因素，采用先进的土壤改良技术改善土壤的理化性质以及土壤团聚体的稳定性，从而降低农田水土流失的危害，维持现代高效优质农业的可持续发展。

聚丙烯酰胺(PAM)和工业生产的副产品磷石膏是两种在生产实践中广泛应用的减少土壤侵蚀的方法。PAM 主要是通过其胶结作用来增强土壤团聚体的抗侵蚀力,从而增大土壤的入渗能力和减小土壤的侵蚀速率。而磷石膏则是通过降低土壤的可交换钠百分比(ESP)水平和增大表层土壤的溶液浓度,从而达到降低土壤黏粒弥散和减少土壤侵蚀的目的。

3. 工程措施

为控制土壤水蚀或有效利用水土资源而修建的各种土工建筑物通称为水土保持的工程措施。修建水土保持工程的主要目的是防治水土流失、蓄水保土和充分利用水土资源。

工程措施主要是通过人为改变地貌形态,如缩短坡长或减小坡度、修建梯田或防护林带等,从而减小地表径流的能量。工程措施只能降低水流速度,并且投资和维修费用昂贵,对于一家一户的农民来说难于建设和正常运行。同时,工程建设可能会带来一定的不利影响。例如,梯田建设可能会影响或增大机械作业时的困难,也会将把底层肥力较低的土壤翻到地表而降低土地的生产力。况且,对于任何工程措施而言,如果设计标准过低,则具有一定的风险性。水土保持工程在降雨过程中的失事,可能会引起下游一连串工程失事的多米诺效应,此时引起的水土流失量将比未修建工程情况下的大得多;反之,如果设计标准过高,则会增大农田基建的投资量。此外,工程措施也不能有效地控制土壤团聚体的分裂(表 8-4)。因此,工程措施只能作为农业措施的补充。对于采用简单的农业措施不足以有效控制的、水土流失较严重的区域,则需采用一定的工程措施来增强水土流失的控制效果。水土保持工程措施必须与农业、生物以及土壤管理措施等联合应用,才能获得最佳的控制效果。

农业措施主要是强调对土壤的保护作用,土壤管理措施是强调如何增大土壤的抗侵蚀力,而工程措施则是强调如何降低降雨的侵蚀能力。农业措施和土壤管理措施既可有效降低土壤团聚体的分裂又可减少土壤的运移,而工程措施一般对土壤运移的控制较为有效,而对阻止土壤团聚体分裂的效果不太显著。各种土壤侵蚀控制措施对土壤团聚体分裂和运移的控制效果见表 8-4。

表 8-4 各种侵蚀控制措施对土壤团聚体分裂和运移的控制效果

措施类型	控制措施	控制效果					
		溅蚀		径流侵蚀		风蚀	
		团聚体分裂	土颗粒运移	团聚体分裂	土颗粒运移	团聚体分裂	土颗粒运移
农业措施	地表覆盖	良好	良好	良好	良好	良好	良好
	增大地表粗糙度	无效	无效	良好	良好	良好	良好
	增大地表洼地面积	有效	有效	良好	良好	无效	无效
	增大入渗	无效	无效	有效	良好	无效	无效
土壤管理措施	增施化肥或农家肥	有效	有效	有效	良好	有效	良好
	深翻土地或改善排水条件	无效	无效	有效	良好	无效	无效
工程措施	修建等高条田或田埂	无效	有效	有效	良好	有效	良好
	修建梯田	无效	有效	有效	良好	无效	无效
	修建防护林带	无效	无效	无效	无效	良好	良好
	修建排水沟	无效	无效	无效	良好	无效	无效

水土保持工程措施和水土保持管理措施是水土保持综合治理和控制的有机组成。水土保持工程措施必须结合水土保持管理措施才能取得最佳的水土保持效益，水土保持农业措施或林业措施为工程措施发挥最佳水土保持效益奠定了基础，两者相辅相成，互相促进，它们不能互相替代，也不可偏废。

除了地形和恶劣的自然条件等自然因素外，水土流失的关键因素之一是地表自然植被覆盖层的人为破坏。合理的管理措施是增加自然植被覆盖、减少水土流失、维持土地可持续利用的关键，它也是水土资源合理利用、良性循环和发展的基础。选择合理的水土保持管理措施并加以实施，不仅能减小水土流失强度、使水土流失量维持在可承受的水平之下，同时也可促进当地农业生产力水平和生活水平的提高。因此，良好植被条件的建立是水土流失防治的最终目标。在一定程度上讲，合理的水土保持管理措施的实施会产生长期的生态环境效应。

水土保持管理措施就像我国传统的中药，其疗效虽然缓慢，但其具有治本固源之功效。而工程措施就像西药，它能迅速控制急性病的快速恶化或进一步发展。水土保持工程措施能使得水土保持治理工作在较短的时间内显现出较明显的治理效果。在自然条件恶劣或水土流失严重的情况下，只采取管理措施难以快速建立起良好的植被条件、短期内难以获得较明显的治理效果，此时应结合工程措施综合治理，防止水土流失状况的进一步恶化。

但需要注意的是，工程设施的建设只是水土流失治理过程中的一个中间环节或短期目标。任何工程都有一定的设计寿命，特别是对水土流失较为严重的地区，水土保持工程可能会较快地失去其工程效益。此外，工程建设会对原有的自然植被产生一定的破坏，在工程建设过程中以及建成后的初期，水土流失的恶化状况不仅不能得到有效的遏制，反而在短期内会有急剧加速的可能。因此，在考虑采用工程措施时，应充分考虑工程的投资、寿命及其治理效益，综合测算分析，并结合水土保持管理措施的实施，最大程度地发挥工程效益。如果不结合合理的水土保持管理措施的实施，任何工程措施都不可能长久地维持其水土保持效益。

此外，水土保持工作应在整个小流域内全面规划，综合治理。上下游治理工作相互配套，坡沟兼治，工程措施与农业或林业措施合理配置，这样才能取得水土流失治理工作的最大经济、社会和环境生态效益。

8.2.3　非农耕地土壤水蚀控制措施

前面所讨论的水土流失控制措施，不论是工程措施还是管理措施主要是针对农耕地等生产力水平较高的土地而言。而对于非农耕地如林业用地或牧业用地，由于其相对较低的生产力水平以及土壤侵蚀强度，水土保持措施的选用则具有它们各自的特点。因为工程措施较为昂贵，除非水土流失将严重威胁下游地区的生产发展或生态环境，或者工程措施的采用对当地人们生存是必需的，或者增加的经济效益大于治理工程的投资，否则在非农耕地一般不宜采用工程措施控制水土流失问题。非农耕地的水土保持措施见图8-4。

植被管理对非农耕地的水土流失控制至关重要，它是非农耕地水土保持工作的基础。植被管理措施主要包括林业措施和植物措施，例如建设水源涵养防护林，护坡薪炭林，放牧林，

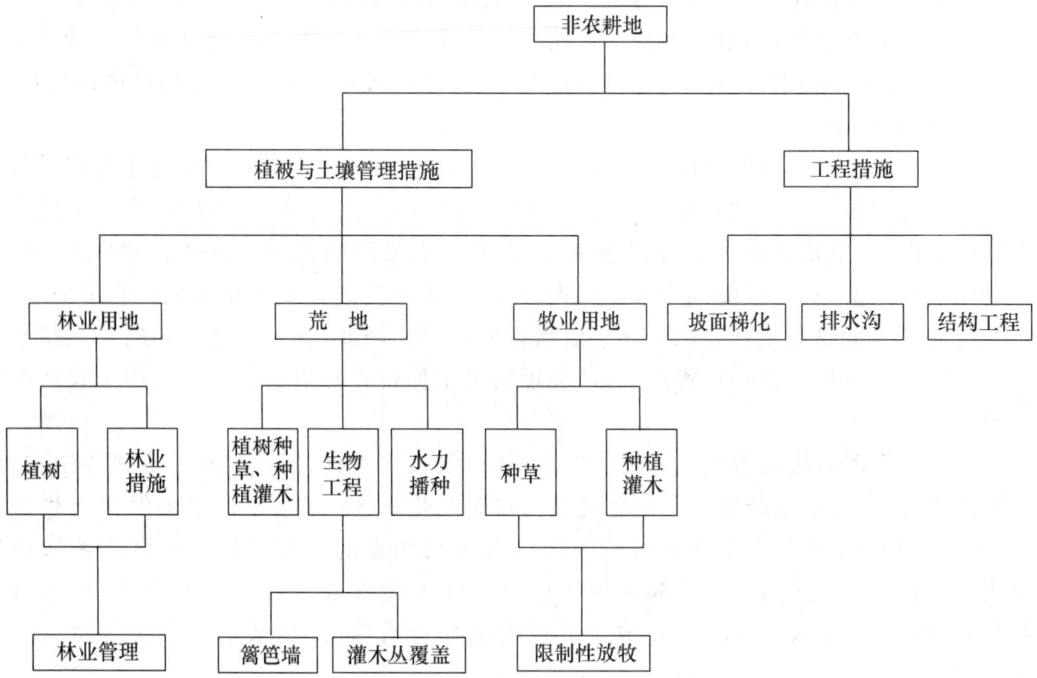

图 8-4　非农耕地水土保持措施

沟、渠、水库岸滩和道路的防护林以及废弃矿场等特殊地点的工程绿化等。通过植树种草，涵养水源，保持水土，防风固沙，改善生态环境，开展多种经营，提高水土保持的经济效益和社会效益。

植被管理措施具有多种作用：①增大地表覆盖或郁闭度，通过植被冠层的截流减小雨滴对土壤表面的直接打击；②降低地表径流的流速和近地面风速，减小径流的冲刷力和风力，调节近地面小气候；③通过植被根系的束缚作用，增强表面土壤的抗蚀性；④植被根系的生长下扎会改善土壤的入渗性能；⑤植被的蒸腾作用可增大根系区土壤水分的消耗，增大土壤水库库容，从而储蓄更多的降雨；⑥植被冠层落叶以及部分死亡根系增大了土壤的有机质含量，从而提高了土壤肥力及生产力；⑦植被的建立改善了生态环境，促进了多种经营的发展以及社会和经济效益的提高。

1. 土地潜在生产能力分类

在特定的自然气候条件下，适宜的土壤条件是土地科学利用的前提，而适当的土地利用是农业高产和水土流失有效控制的基础。正确的土地利用是按照土地的潜在生产能力水平，对每块土地进行可持续性的、并可获得经济效益的生产经营活动。

地力分类可以使得人们在不遭受较大土壤侵蚀危害的条件下，决定土地的利用方式以及水土保持措施的种类。地力分类可按照气候因素、地质条件、适宜性以及分类目的，制定相应的分类标准或分类系统。不同的国家或地区具有不同的地力分类系统。按照土壤侵蚀的风险程度，美国地力分类系统将土地分为八类，前四类适宜于农业耕种，而后四类则适宜于牧业、林业或其他用地（表 8-5）。

表 8-5　美国地力分类系统

级别	土地性质	适宜利用方式	
Ⅰ	在正常管理条件下可安全耕种，无风险。非常好的土壤。土层厚，土地生产力高，地表平整	农耕地	
Ⅱ	应用中具有中等程度的限制和中等程度的侵蚀问题，中等风险。好土壤。土层中等厚度，地表微坡。需要排水设施		
Ⅲ	应用中具有严重的限制，严重风险。中等好的土壤。地表中等陡坡，侵蚀较为严重，土壤肥力低。需要轮作和其他措施		
Ⅳ	作为农业用地具有非常严重的限制和风险。土壤较好。宜用作草地或偶尔耕作。地表坡度大，侵蚀严重		
Ⅴ	具有永久植被，不宜耕作。用作林牧业用地没有限制，无风险。地表水平，侵蚀轻微。作牧场时应避免对植被的破坏	林牧业用地	非农耕地
Ⅵ	不宜耕作。用作林牧业用地具有中等限制，中等风险。土层薄，地表坡度大，土壤侵蚀严重。作牧场时不要破坏地表植被	林牧业用地	
Ⅶ	用作林牧业用地具有严重限制，严重风险。土层薄，土壤易侵蚀，地表坡度大。雨量充沛时可用作林业用地，否则可作牧业用地，但此时必须严格管理	林业用地	
Ⅷ	不宜用作为林牧业用地	野生动植物或娱乐场所用地	

2. 牧区土壤水蚀控制措施

由于牧区一般干旱少雨，土壤肥力较低且多为沙质，土层较薄，因此不能进行高强度的农业生产活动。对于管理良好的牧场，由于地表植被覆盖较好，一般不会产生侵蚀现象。只要通过适宜的管理措施，改善水平衡关系和植被覆盖状况，牧场的土壤侵蚀即可得到有效的预防和控制。

草场一般不需要采用工程措施控制土壤侵蚀问题。对于管理不良的牧场土地，由于其较低的生产力水平，只能采用便宜的简单工程措施控制水土流失。这些工程措施建设的目的不是控制土壤颗粒的运移，而是通过削减径流动能来改善地表植被的生长状况或增大土壤的入渗能力。草场常用的水土保持工程措施是草场犁沟和人工建造的地表洼地。通过沿等高线犁出一系列犁沟或在草场上建设一系列简单的人工洼地，则可在这些沟内或坑内截流降雨或上游的径流，既可减小径流沿坡面的冲刷力，又可延长土壤的入渗时间、增大入渗量。当然，利用草地上的天然洼地也可集蓄草原地区宝贵的降水资源，作为简单灌溉水源或后备草源地，从而促进畜牧业的发展。

草场土地的管理对水土保持工作极为重要。正确的管理是通过充分有效地利用降雨资源，促进植被生长，改变因不良植被生长状况和高水土流失强度而引发的更为恶劣的植被生长条件这一恶性循环状态。草场管理的关键是根据当地的自然资源条件，选择合理的载蓄量。过度放牧将恶化草场植被，导致多年生植物减少，杂草丛生。所有这些情况降低了生产力水平，进一步恶化了水土流失状况。轮牧和圈养是降低草场水土流失的有效措施。

3. 林区土壤水蚀控制措施

与农耕地相比，由于林木冠层截留以及地表落叶覆盖的影响，林区土壤的侵蚀问题一般比较小。天然林地区一般不需要工程措施来控制侵蚀问题,但人工林地区一般在幼苗期或采伐后需要。水平畦沟和等高沟是林区常用的两种主要水土保持工程,其作用与牧区的工程相似,主要是降低地表径流动能和延长入渗时间。水平畦沟应用于较陡的坡地(30%～75%),而等高沟则应用于较缓的坡地(<30%)。

林区的土壤侵蚀主要发生在采伐期或采伐期以后。在林木的正常生长期,通过工程措施以及旨在增大地表植被覆盖的管理措施,即可有效地控制土壤侵蚀问题。在林木采伐期,选择性采伐对树木冠层以及地表植被破坏和扰动的影响远小于全部砍伐,因此选择性采伐更有利于缓解或控制水土流失问题。此外,林区的道路也会引起较大的侵蚀问题。采伐后林地植被的快速恢复,对于控制林区水土流失相当重要。因此,合理采伐以及采伐后植被的迅速恢复是林区降低水土流失的重要步骤。

4. 道路及废弃地土壤水蚀控制措施

农业用路的规划应借助于航空照片尽可能沿山脊布置,这样既可避免排水难题,又便于道路的日常维修和水土保持工作。如果不能沿山脊布线,道路则应沿等高线以较缓的坡度布置。道路坡度一般应控制在 1∶(100～500)的范围内,以便于交通和明渠排水设施的布置。如果坡度较大,此时道路两侧排水设施的布置以及水土流失控制将会成为一个重要问题。当道路坡度大于 1/20 时,水土流失将会非常严重。此时,道路采用“Z”字形布置对交通和水土流失的控制较为有利。

减少道路侵蚀的关键是合理解决道路的排水问题。排水设计的基本原则是尽可能多地截留径流并将其安全地导流到其他位置。农用土石路的排水主要包括横向排水和纵向排水。土石路上的车辙既会阻止路面积水排向道路的两侧,同时在具有坡面的道路上也有可能发展成为冲刷沟,因此需要在路面修建较浅的低洼区以便使路面积水排向道路两侧。由于道路建设一般切断了自然径流的通道,导致道路高侧邻近区域的径流汇集至路面,因此沿道路路边的排水则更为困难。对于坡度较小的道路,一般只需在道路高侧边修建边沟排水。边沟一般可建成宽浅式的铺草明沟。但当边沟的坡度大于 1/50 时,土质排水沟已不再适用。

道路建设导致水土流失加剧的另一个原因是土质削坡和路堤。过湿的土壤不仅增大了土体的自重,同时也极大地降低了土壤的抗剪强度,从而加剧了水土流失或发生滑坡的可能性。对于较陡的高削坡或路堤,可采用挡土墙等工程措施维持边坡的稳定性。对于土质削坡和路堤的坡面侵蚀,可以通过各种方法建立植被以及秸秆或由其他材料做成的网格覆盖等措施加以控制。

对于城镇建设以及厂矿废弃土地的侵蚀问题,主要可通过工程措施或结合植被建立来控

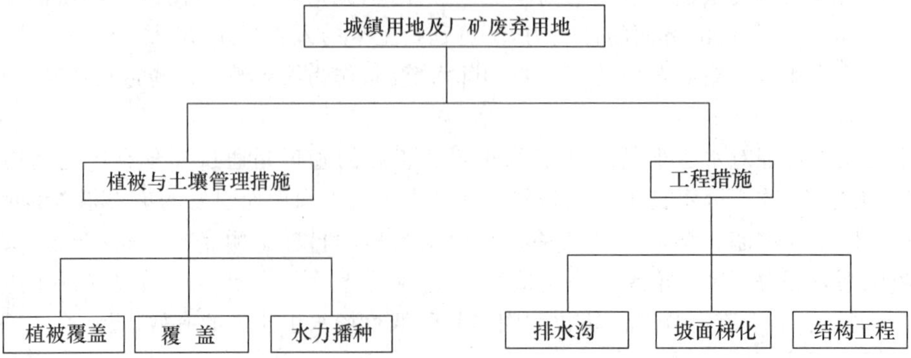

图 8-5 城镇用地及厂矿废弃地的水土保持措施

制边坡的稳定性以及废弃土地表面的水土流失(图 8-5)。常用的工程措施主要包括挡土墙工程、排水设施建设、斜坡处理以及表土保护等。废弃土地的土壤改良、培肥以及选择适宜植物种类及其立苗,是尽快在废弃土地上建立起植被覆盖的关键。

8.3　土壤风蚀控制原理与策略

土壤风蚀主要发生在干旱半干旱地区。总的来讲,风蚀是土壤在一个相对长期的时间内缓慢移动的过程,而水蚀是一个相对短期的较快移动过程。影响土壤风蚀的主要因素有风速、土壤抗蚀性、降雨以及植被状况(图 8-6)。在干旱地区,风蚀和水蚀这两个过程在移走土壤方面具有相互加剧的作用效果。

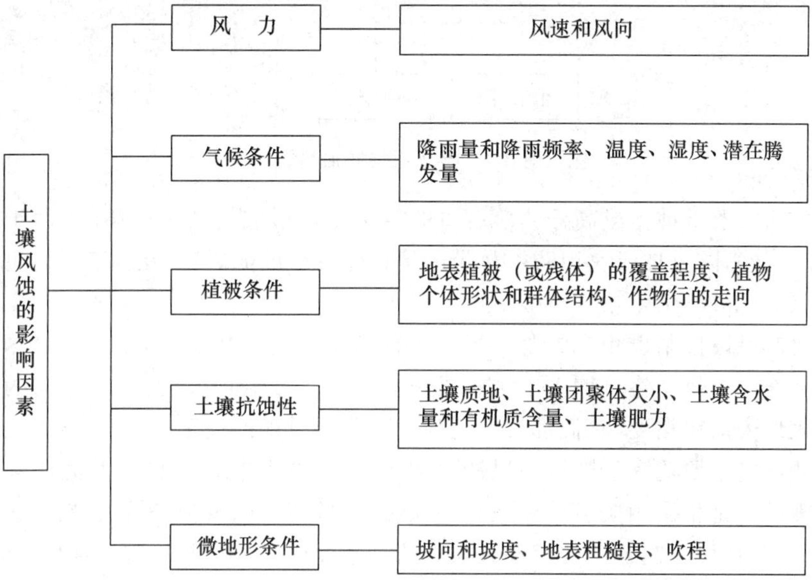

图 8-6　土壤风蚀的影响因素

风蚀是一个自生过程。风蚀一旦发生,则较难控制或阻止,因此风蚀的预防比控制或治理更为重要。风蚀预防的基本措施见表 8-3。

农业土地的风蚀会引起严重的经济和环境危害。风蚀控制措施一般可分为土地利用方式、作物管理措施、土壤管理措施以及工程措施(图 8-7)。风蚀控制的基本原则是,采用正确的土地利用方式,设法降低近地面风速和减小土壤的可蚀性,如增大土壤含水量或地表粗糙度等以及移走风道上的沉积物等。大多数土壤水蚀控制措施对土壤风蚀的控制也是有效的(表 8-4)。

正确的土地利用方式是预防风蚀的关键。只有生态上可接受的土地利用方式,才能保证风力侵蚀治理的成功。根据土地潜力类型,不适宜农耕的土地应避免农业利用,弃耕还草,这样才能避免生态环境恶性循环的怪圈。

农耕地上最常用的作物管理措施是设法增大土壤含水量,休耕和覆盖是增加土壤水分的有效方法。土壤表面的保护性覆盖不仅能有效地减少水蚀,同时也是风蚀控制的关键措施。相对于其他材料的人工覆盖而言,植被和植物残体覆盖是最有效、最经济和最常用的风蚀控制

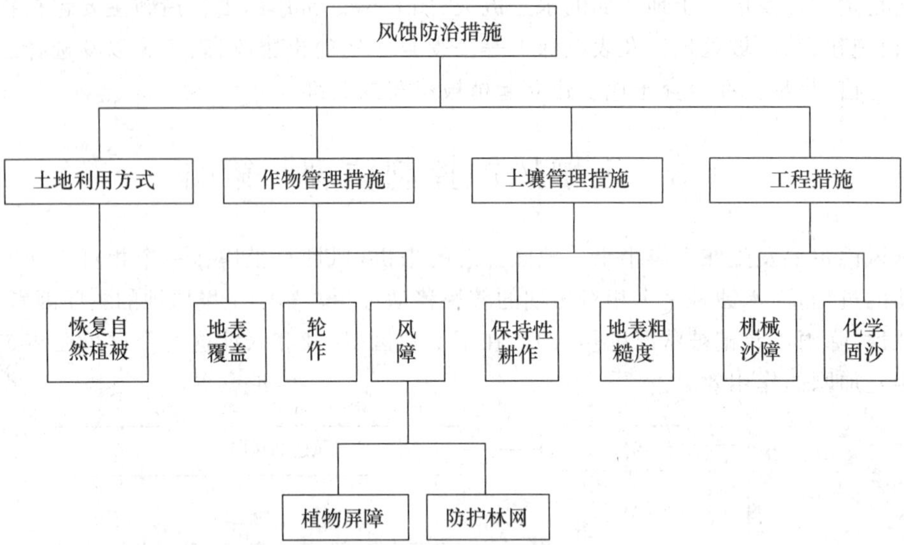

图 8-7 土壤风蚀防治措施

方式。垂直风向的条带种植或高低错落有致的条植作物形成的植物屏障，有助于降低风蚀发生的可能性。当然，防风林或农田防护林带的建设也可形成障碍物，从而有效降低风速或风蚀危害。

耕作方式对风蚀控制也相当重要。当土壤有可能发生风蚀危害时，耕作应尽可能创造更大的地表粗糙度。少耕免耕可增大土壤表层作物残体的覆盖程度，而垂直风向的犁沟或作物垄埂也可增大地表的粗糙度，它们都会一定程度地降低风蚀的危害。

工程治沙措施主要适宜于严重的风沙侵蚀地区，它主要包括机械沙障固沙和化学固沙两类。机械沙障固沙是指采用柴、草、树枝、灌木、黏土、鹅卵石以及板条等材料，在沙面上设置各种形式的障碍物，从而控制风沙的流动方向和流动速度或增大沙粒的起动速度，达到降低风蚀强度之目的。通过各种类型的地表人工覆盖阻止沙粒的起动，从而起到固沙的作用，或是通过在风道上建立各种沙障阻断沙粒移动的路径，缩短吹程，降低风速，从而减少输沙量以及防治风沙危害。化学固沙则主要是通过在沙地上喷洒化学胶结物质例如沥青乳剂等，加强表层沙粒之间的黏结程度及其整体的机械稳定性，从而起到抗风蚀的效果。

8.4 土地植被的恢复与重建

从以上的讨论中可以发现，地表植被对土壤侵蚀不论是水蚀还是风蚀的控制相当重要。大多数的水土保持措施在很大程度上是为了改善地表植被的建立条件或增大地表植被的覆盖程度。

由于自然条件特别是气候条件的限制，一些地区的自然植被比较稀疏，以致引起了较为严重的水土流失现象。这类土地基本上处于一种恶性循环状态，即不良的植被覆盖引起土壤入渗能力降低，导致较大的地表径流（或风的侵蚀力）和较严重的水土流失，从而形成更为不良的地表植被条件。形成这一恶性循环的原因之一可能是入渗与径流之间的关系问题，即入渗过小而导致的地表径流过大。改变这一状况可从增大土壤入渗入手。这样不仅可降低土壤的侵蚀力，同时也可增大土壤水分的储存量，为植被生长提供更充足的水分条件，从而改变水土流失的恶性循环；另一个原因可能与土壤肥力有关。通过增施有机肥或化肥、采用土壤改良技术或者选择适宜的植物种类，改变植物的生存或生长条件。对于生态环境较为脆弱的地区，应尽可能筛选适宜当地自然条件的土生植物种类，慎用外来植物品种。大量的实践证明，一些外来植物品种虽然在短期内能获得较为满意的结果，但由于各种原因，长期栽种不仅不能改善当地的生态环境，反而会起到相反的作用。因此，植被种类的选择及其相互之间的合理搭配，对于这类地区自然植被状况的修复至关重要。特别需要注意的是，对于水土流失严重的地区，试图将其他土地利用方式改变为农耕地的做法是不经济的，也是不科学的，其结果只会加重水土流失的程度、恶化当地的生态环境条件。

对于由管理不良而引起的土壤侵蚀，可采用前面介绍的各种水土保持措施，加速自然植被的建立和恢复，改善管理水平，提高地表植被的覆盖程度，即可降低水土流失量，逐步改善当地的生态环境条件和水土流失状况。

思考题

1. 影响土壤水蚀的主要因素是什么？
2. 土壤水蚀控制的基本原则是什么？
3. 简述农耕地土壤水蚀控制的主要措施及其控制效果。
4. 对于非农耕地，如何防止或控制其水土流失？
5. 土壤水蚀控制的主要工程措施有哪些？
6. 简述土壤风蚀控制的基本原理及方法。
7. 为什么说维持良好的地表植被是水土保持工作的关键？

参考文献

[1] Arakeri H R，Donahue R. Principles of Soil Conservation and Water Management. New Delhi：Mohan Primlani for Oxford & IBH Publishing CO. ，1985.

[2] Brady N C. The Nature and Properties of Soils. 10 th edition. USA：A Simon & Schuster company，1990.

[3] Brooks K N，Ffolliott P F，Gregersen H M，DeBano L F. Hydrology and the Mmanagement of Watersheds. 2nd ed. Iowa：Iowa State University Press，1997.

[4] Hudson，N. Soil conservation. B. T. Batsford Limited，London，1989.

[5] 李法虎. 土壤物理化学. 北京：化学工业出版社，2006.

[6] Morgan R P C. Soil Erosion and Conservation. UK：Logman Scientific and Technical，1986.

[7] Shainberg I，Letey J. Response of soils to sodic and saline conditions. Hilgardia，1984，52(2)：1-55.

[8] 唐克丽. 中国水土保持. 北京：科学出版社. 2004.

[9] 王礼先，朱金兆. 水土保持学. 2 版. 北京：中国林业出版社，2005.

[10] 吴发启. 水土保持学概论. 北京：中国农业出版社，2003.

第 9 章　水土保持林草措施

[摘要]本章在概述水土保持林草措施的发展、在水土保持中的地位和作用、建设的关键问题及林草保持水土的原理和功能等基础上，主要阐述水土保持林草建设的布局和配置、水土保持造林种草技术以及水土保持林草抚育、管护技术。

我国古代水土保持措施主要是根据农民的一些实践经验逐步总结形成的，例如沟洫、甽田、区田等水土保持耕作措施；陂塘、陂田、梯田和汰沙淤地等小型水利工程和农田建设；封禁护林和营造经济林果以及林草与工程相结合的拦泥护堤、护沟等措施。以上措施多各司其职，尚未形成统一体系。近百年来"治水与治源"、"治河与治田"思想和实践的发展，尤其是近半个世纪以来以小流域为单元的综合治理，逐步形成了以水土保持工程措施、耕作措施和生物措施为主的水土保持治理理念。随着生产发展的需要，以保水、保土为主要目标的三大措施，逐渐融合了水土资源合理利用以及寓开发于治理之中的新思路，水土保持措施的内涵有了新的发展，形成了由水土保持林草措施、工程措施和耕作措施组合的三大措施体系。本章主要介绍水土保持林草措施。

9.1　概　　述

9.1.1　水土保持林草措施的发展

人类社会的出现，首先是以掠夺自然资源维护其生存。从狩猎、刀耕火种到毁林、毁草的伐木、耕垦、放牧等农牧业生产的大发展，人们已从破坏自然资源而得到的惩罚中吸取了教训，愈来愈深刻地认识到恢复或重建林草的必要性和重要性，于是在水土保持工作中形成和发展了与工程措施相对应的生物措施。生物措施的初期含义主要是指还林还牧，但生物措施概念不确切，在生产实践中往往出现林草措施、植被措施或林草植被措施等多种名称，不统一。这里所提出的林草措施，与工程措施和耕作措施相对应，既体现了恢复或重建林草，维护生态平衡，同时又包含了发展畜牧业、经济林果业等林草资源的合理开发与利用。

水土保持林草措施是针对林草遭破坏的水土流失区或土地荒漠化地区，通过封禁、自然恢复或人工造林种草的措施，以增加地面林草覆盖、防止水蚀风蚀和改善生态环境为主要目标，并与改善农业生产条件结合，兼顾林草资源合理开发利用的生态工程。因此，水土保持林草措施，不同于一般林区、牧区或果园区的植被建设，应以保持水土、改善生态环境为前提，同时适地适时兼顾发展经济林(果)、草和林草资源的合理利用，增加群众的收入。

世纪之交，退耕还林(草)工程全面启动，这是我国生态建设史上的重大突破，其实施的规模之大、覆盖面之广、投资之巨，为世界罕见。退耕还林、恢复林草是加强中西部地区生态建设的主体和根本性措施，具有重大的现实意义和深远的历史意义。

9.1.2　林草措施在水土保持中的地位和作用

根据水热条件和地貌类型，中国境内几乎可以见到北半球所有的植被类型。在东部季风区主要分布着森林植被，从北向南依次分布着寒温带针叶林、温带针阔混交林、暖温带落叶林、亚热带常绿阔叶林、热带季雨林及雨林。西部内陆区主要分布着草原和荒漠植被类型，西藏高原则分布着各类高寒植被类型。

人类社会的出现，致使天然植被发生了巨大的变化。随着人口的增长和农、林、牧业生产活动的发展，以农作物为主的人工植被代替了部分天然植被。同时，滥垦、滥伐、滥牧的落后生产方式，不仅使林草遭到了严重破坏，而且导致了土壤侵蚀的急剧发展以及洪、旱灾害发生频率的增加和灾情的加剧。

黄河流域是中华民族文化的发祥地，是我国早期的政治、经济和文化中心，农业垦殖发展较早，林草的破坏和土壤侵蚀的发展也较严重。历史上的黄土高原承袭了地质时期全新世中期的最佳暖湿期(距今 5 000～7 000 年)，林草丰茂。距今 3 000 年以来，自然气候呈现出冷干化的趋势，这一阶段也是人类活动开始转向强盛的时期。自新石器时期到公元前这一时期，自然环境的演变和人类活动对林草的破坏尚未引起自然生态平衡的明显失调。直到隋唐时期(公元 609—1220 年)，黄土高原地区人口已剧增到占当时全国人口的 25%左右。农业生产的大发展，带来了林草的大破坏以及黄河决、徙灾害频率的剧增。

宋代以前，长江流域一带森林植被尚未遭到明显破坏。东汉时四川森林覆盖率达60%～70%。唐代时四川盆地的森林覆盖率为 35%，盆周山地则在 70%～80%。三峡地区的垦殖指数仅 3.4%，人口密度 5.1 人/km^2。自宋至明代，鼓励屯垦，加之人口南迁，以及大片伐木建宫和造船业的兴起，森林开始大面积破坏，尤其山丘区开发的扩展，水土流失也开始趋于明显。

清代以来，我国进入了全国性的毁林毁草以及土壤侵蚀加剧的时期。明末清初全国人口仅为 6 000 万左右，到清代中后期已猛增至 4 亿人左右。此时三峡地区人口已达 160 万左右，人口密度 38.2 人/km^2，为唐代的 7 倍。北方人口大批南移，包括进入云南、贵州、广东、广西及海南岛一带，亚热带和热带雨林遭到破坏。南方大片原始森林遭破坏，致使植被丰茂的亚热带地区出现了水土流失严重、荒山秃岭甚至石漠化的景观。东北地区大批汉民移入，尤其是俄、日帝国主义的掠夺，致使东北三省大片原始森林破坏惨重。在西北地区，垦殖和放牧向草原地带纵深发展，导致草场退化和土地沙漠化的扩展。

20 世纪 90 年代以来，我国频繁发生的干旱、洪涝灾害和沙尘暴，均与植被的破坏以及水蚀风蚀的发展密切相关。在跨入 21 世纪的历史时期，国家做出了西部大开发的战略部署，同时把水土保持生态建设作为西部大开发的切入点，进一步确立了水土保持林草措施的重要地位和作用。

水土保持林草具有立体多点防侵蚀的特点，可在短期内提高植被覆盖率，达到蓄水保土、改良土壤和培肥地力的目的。不仅能有效控制水土流失和土地荒漠化，改善生态条件，同时又是农林牧副业生产的可再生资源，是生态系统的生产者，能有效促进水土保持生态效益、社会效益和经济效益的同步增长。与工程措施相比，水土保持林草措施对地表的破坏程度小，投资少，应用广泛，意义更加深远。因此，水土保持林草措施是协调人与自然和谐，实现资源和环境可持续发展的关键性措施，也是我国大江大河治理和防灾减灾的根本性措施之一。世界各国政府在水土保持工作中都非常重视林草的作用。

9.1.3 水土保持林草建设的关键问题

人口增长是耕地扩展的起因，耕地的增加是以破坏自然植被为代价的。据联合国环境规划署(UNEP)和粮农组织(FAO)调查，地球2/3的陆地曾被森林所覆盖，其面积达76亿hm^2，而现在仅剩下了26.4亿hm^2。亚洲农地的80%来自森林。中国有着五千年的文明史和悠久的耕垦史，大面积的植被破坏与人口的快速增长和耕垦的发展有着密切的联系。

通过封禁、自然恢复植被，或封禁加人工修复，或人工造林种草重建植被，均是改善生态环境、防止土壤侵蚀的有效措施。但是当自然景观变成人类居住环境，人口密度每平方千米由数人达数百人，且人地矛盾以及生态环境恶化日益尖锐的情况下，实施水土保持林草措施及其可持续发展，需要解决以下几个关键问题。

(1)林草建设与农林牧用地优化结构问题

除人类已无法生存的、必须实施人口生态迁移的沙漠化或石漠化地区外，林草建设应根据当地人口、自然和社会经济基础，从调整农林牧用地的结构入手。在人多地少的地区，在贯彻实施大于25°陡坡耕地退耕还林(草)的同时，通过建设高效基本农田，使农民由依靠国家以粮代赈的被动参与，逐渐变成建设和保护美丽家园的自觉行动，由温饱型走上自力更生、可持续发展致富的道路，并进一步扩大退耕还林(草)面积。在人少地多的地区，以发展集约化高效农业和规模化林草建设为目标，优化农林牧用地结构，甚至包括少数农户的生态搬迁，进行山、水、田、林、路、村全面规划，实施连片的大面积林草建设。以封山绿化为主，结合生态修复或进行人工建造。

(2)林草建设生态效益与经济效益问题

水土流失区林草建设最紧迫的任务在于遏制生态环境恶化的趋势。因此，林草建设应以生态效益为主，同时应重视或兼顾经济效益，尤其在人口密度大的地区更为重要。具体措施主要包括以下几方面：草、灌植被建设与发展轮封、轮牧或舍饲畜牧业相结合；封育保护已有林区和营造生态林保护区与发展桑树、杜仲、苹果、柑橘等经济林果相结合；林草资源的合理开发利用与发展产品深加工相结合，如种植沙棘、柠条林与发展畜牧业和沙棘果实加工、枝条加工业(纤维板)相结合。在开发水土保持农林牧产品时，按市场经济规律，及时调整经济林、果等产品。并通过“四荒”拍卖、租赁、股份制等多种形式，使林草建设由小片承包发展为规模化的商品生产基地。

(3)林草建设与水利水保工程协调发展问题

干旱缺水是水土流失区普遍存在的问题，是植被建设中最主要的限制因素，尤其在干旱、半干旱的黄土高原地区更为突出。即使在降水量较多的南方丘陵山区，由于年际年内降水分配不均、丰枯悬殊，干旱与洪涝灾害也常交替频繁发生。因此，水土流失区在以植被建设为主改善生态的同时，必须重视水资源的供需问题，加强蓄、排、引等小型水利水保工程设施的建设，调节洪与旱、丰与枯的不均衡。蓄水工程、陂塘、蓄水池、集流微灌技术、旱作节水农业、坝系农业及小型水库建设等均是生态建设系统工程的重要组成部分。

(4)林草建设应与侵蚀环境调控相结合

当今水土流失区的坡耕地，虽然历史上曾是茂密的森林或草原，由于经历了长期掠夺性开垦，随同大量的水土流失已形成了恶化的生态系统，退耕后不可能立即恢复或重建原有的林草，植被的自然恢复尚需经历草、灌、乔的演替过程。人工建造林草，必须与侵蚀环境整治和调控相结合，其水量平衡为主要矛盾。研究掌握林草生长与地圈、大气圈的能流和物质循环的动态平衡规律，才能保证植被的可持续发展。遵循林草与其生存环境协调发展的规律，选择适地适时的先锋性与后续性树、草种。在年降雨量 400～500 mm 以上的地区，自然封育恢复植被是最为简便有效的途径。在环境较为恶劣的地区，可采取自然封育与强化整地改土等人为修复工程相结合。

9.1.4　林草保持水土的原理和功能

1. 林草保持水土的原理

林草植被一般可以分为三个层次，即冠层、枯落物层和根系层，它们是保持水土的主要作用层，是植被保持水土的机制所在。当降雨到达林冠层时，一部分降雨被林冠层枝叶和树干临时容纳，尔后又蒸发返回大气中，产生降雨的第一次再分配。剩余雨量到达枯落物层，再度消能后，通过吸收、分散而进行第二次再分配。植被冠层和枯落物层的截留作用消除了部分或全部的降雨动能。同时，林草植被的树干及枯落物对径流起滞缓、分散和过滤作用，可减小径流速度，延长汇流时间，降低洪峰流量。此外，通过物质交换和根系的机械运动，植被可降低土壤容重，增大孔隙度，改善土壤理化性质，从而提高土壤稳渗速率以及林地涵养水源能力，增加土内径流，变地表水为土壤下渗水，对增加地下水源具有极其重要的意义。

(1)冠层

冠层是植被与其生存环境进行能量与物质交换的第一活动层，其作用主要表现在截留降水和削弱雨滴能量。冠层的截留量视植被类型及其郁闭度、降水量和降水强度而不同，一般占总降水量的 12%～35%。冠层对降水的截留，一方面减少了林地内的降水量，防止雨滴对地表的直接击溅；另一方面改变了降水的再分配，滞后了林下降雨和产流时间。截留的降水，一部分被植被消耗或蒸发掉，另一部分沿茎干流入土壤。

冠层截留量与林分特性有关，不同林型或树种间的冠层截留率差异较大。例如，东北蒙古栎林的降雨截留率为 19.9%，而白桦林和红松林的则为 25.9%。同为灌丛，荆条由于枝叶稀疏，降雨截留率仅为 2.3%，而祁连山茂密的灌丛混交林降雨截留率却高达 66.2%。南方杉木的降雨截留率平均为 15.8%～17.6%，而马尾松和毛竹林的林冠平均降雨截留率则分别为 10.3%和 11%。

林冠截留量与林分郁闭度关系密切。当刺槐林的郁闭度为 0.3～0.5 时，其降雨截留量为 49.3 mm/a；而当郁闭度提高到 0.5～0.8 和 0.8 以上时，降雨截留量随之分别增加到 62.9 mm/a和 94.1 mm/a。

不同的枝叶吸水性能也影响降雨截留率的大小。辽东栎林枝叶的吸水率为 22.5%～28.8%，其降雨截留率为 23.7%；而山杨和白桦林枝叶的吸水率为 17.0%～23.4%，其降雨截留率为 16.2%～21.0%。我国主要森林生态系统林冠降雨截留量和截留率见表 9-1。

表 9-1　我国主要森林生态系统林冠降雨截留量和截留率

森林生态系统	代表类型	林分郁闭度	平均降水量/(mm/a)	平均截留量/(mm/a)	截留率/%
寒温带、温带山地落叶针叶林	落叶松林	0.4～0.7	751.1	142.2	18.9
寒温带、温带山地常绿针叶林	油松、樟子松、云杉林	0.5～0.9	640.0	134.0	20.9
温带山地落叶与常绿针叶林	桦、椴、栎、槭与红松林	0.7～0.8	696.0	202.8	29.1
温带、亚热带山地落叶阔叶林	栎、杨、桦、椴等混交林	0.7～0.9	853.3	146.3	17.1
亚热带西部高山常绿针叶林	高山松、冷杉林	0.7～0.8	1 230.4	425.3	34.6
亚热带山地常绿阔叶林	米椎、罗浮栲、木荷等混交林	0.8～0.9	1 749.0	271.5	15.5
亚热带、热带东部山地常绿针叶林	杉木、马尾松、柳杉、金钱松	0.6～0.9	1 366.5	263.1	19.3
亚热带、热带西南部高山常绿针叶林	云南松、华山松林	0.6～1.0	925.9	150.5	16.3
热带半落叶季雨林		0.7～0.9	1 826.2	529.5	29.0
热带山地雨林		0.8～0.9	2 608.0	626.7	24.0

注：数据来自刘世荣等编著的《中国森林生态系统水文生态功能规律》。

森林植被冠层降低了降雨动能。树冠截留作用削减的降雨动能占降雨能量的17%～40%，灌木草本层为44.4%，枯枝落叶层为9%左右。然而，当降雨雨滴通过冠层时，受枝叶撞击、分散和聚积，改变了原有的雨滴谱，因此雨滴直径会有所增大。例如，在冠高7～8 m的乔木林下，因雨滴质量显著增加，其下落终速降幅不大，但雨滴动能比空旷地增大3～4倍，出现“远看青山在，近看水土流”的情况。

树干茎流的大小，不仅与降雨量有关，还与树种的形态结构如林木的分枝角度、枝条粗细、枝条弯曲或垂落等状况有关。在降水特性相同的条件下，不同树种间的树干流量差异十分明显。2002年中国科学院千烟洲试验站各树种的干流量以木荷林为最大，达41.1 mm；其次是湿地松林，为5.7 mm；杉木林最小，只有3.1 mm，分别占降水总量的1.75%、0.24%和0.13%。人工林阔叶树种的树干茎流大于针叶树种的树干茎流。

(2)枯落物层

枯落物层(地被物层)包括林冠下草被活地被物层和由枯枝落叶组成的死地被物层。枯落物层在调节地表径流、改良土壤结构、增加入渗、提高土壤的抗径流侵蚀能力和削减击溅侵蚀等方面具有重要作用。枯落物层具有较大的吸水能力和透水性，可以增加坡面粗糙度，起到滞缓坡面径流、拦截泥沙的作用。从物理学角度讲，降水能量经过枯落物做功，使能量得以减少，从而减小坡面侵蚀。

①枯落物对溅蚀的影响。雨滴打击地表引起的土壤破坏和迁移现象是土壤侵蚀的重要形式之一。森林防止雨滴击溅侵蚀的根本原因是由于枯落物层对地表的覆盖。据研究，山杨林地0.5 cm枯落物可减少溅蚀76.4%，1 cm枯落物可减少溅蚀97.5%；油松林地1 cm枯落物

可减少溅蚀量79.7%,1.5 cm枯落物可减少溅蚀量94%。当枯落物层厚2 cm时,山杨和油松林下基本可消除溅蚀现象。

此外,枯落物具有显著的水源涵养和土壤保持作用。去掉枯落物覆盖的山杨林地的地表径流比有枯落物覆盖的林地增加2.66倍,土壤流失量增加9.15倍。

②枯落物阻滞径流的作用。枯枝落叶层具有增加地表糙率的功能。当地表径流在地被物层上形成时,其流速因受阻而明显减缓,从而增大了入渗时间,达到减少地表径流的目的。试验资料表明,在坡长为60 m的坡面上,天然次生林、人工林和裸露荒坡的汇流时间分别为30～40 min、10～20 min和5.9 min。林地的汇流时间是荒坡的1.8～7.7倍,说明林分阻延径流的作用十分明显。

枯枝落叶阻滞流速的效果随枯枝落叶层厚度的增加而增大,但随坡度和径流深度的增加而减小。在径流深1 mm、坡度20°、枯落物厚度0.5 cm的条件下,油松枯落物使1 m长坡面上的径流流出时间比裸地延长11.6 min;而当枯落物厚度增加到3 cm时,径流流出时间延长15.3 min。

③枯落物的持水作用。枯枝落叶层吸水作用的大小,取决于其本身的厚度和性质。乔木林地的枯落物贮量一般在10 t/hm^{2}以上,生长良好的林分可达20～40 t/hm^2,最高可达60 t/hm^2。枯落物的吸水率多为其干重的2～3倍,有的阔叶树种可达4倍以上。枯落物的最大吸持水量一般在1～5 mm之间,高的可达10 mm。枯落物截留的降雨量介于20～90 mm。

枯落物的分解程度影响其持水能力。常绿针叶林的未分解层、半分解层和全分解层所占的比例分别为25.2%、38.8%和36.0%,而各层贮水量所占的比例分别为18.8%、56.8%和24.4%,说明半分解层的贮水能力最高。林地枯落物贮量对其持水量有重大影响。常绿阔叶林、常绿针叶林和草丛的枯落物贮量分别为24.7、21.6和9.1 t/hm^2,而其贮水量分别为54.7、46.6和16.3 t/hm^2,表明阔叶林林地枯落物层涵养水分的能力较针叶林和草丛的强。

④枯落物抑制蒸发的作用。枯落物层疏松多孔,是热的不良导体,因此土壤增热较慢;同时,土壤蒸发散失的水汽受到枯落物层的阻滞,向大气的逸散较慢,从而导致林地较少的蒸发。枯落物层具有较显著的保水能力,对促进土壤水分的有效利用和维持水分的动态平衡十分有益。

枯枝落叶抑制水分蒸发的作用与土壤的含水量有关。当土壤水分含量较低时,土壤蒸发的抑制效果不明显。当土壤水分高于田间持水量的3/4时,蒸发抑制的效果随土壤水分的增加和枯落物层厚度的加大而提高。当土壤含水量为田间持水量的1/2时,在油松枯落物覆盖层厚度分别为2 cm和5 cm的条件下,5个月的平均日蒸发量分别比裸土减少了13.5%和27.1%;而当土壤水分为田间持水量时,在相同的枯落物覆盖厚度条件下,日蒸发量分别减少了66.8%和77.4%。林地的枯落物层一般可减少约1/4的蒸发量。枯落物层增大了林地对水分的利用,并可保护地面免遭降雨径流的直接侵蚀。

(3)根系层

土壤的抗侵蚀能力是指土壤承受水力、风力、重力、冻融等外营力破坏、分散(离)、搬运和沉积的能力。土壤的抗侵蚀能力主要取决于土壤的内在特性,如土壤的容重、渗透性能、机械组成、孔隙状况、有机质含量以及水稳性团聚体含量等指标。土壤抗侵蚀性指标包括抗蚀性

(anti-erodibility)和抗冲性(anti-scouribility)。抗蚀性是指土壤抵抗水分分散和悬浮的能力，主要与土壤内在的物理化学性质有关。抗冲性是指土壤抵抗径流机械破坏和推移的能力，主要与土壤物理性质以及外在的生物因素有关。植被通过改善土壤的自然侵蚀环境从而提高土壤的抗侵蚀能力。

植物根系在稳定土壤结构、提高土壤抗冲性、防治土壤侵蚀等方面的作用往往是地上部分所无法比拟的，具有不可忽视的作用。植被尤其植物根系是改善土壤侵蚀环境的一个重要因素。植物根系的主要作用在于稳定和固持土壤结构，提高土壤的渗透性和贮水量。如何有目的地选育对土壤结构形成及其稳定最为有效的优良造林树(草)种，并将其与人工林的地力改善和环境调控相结合，是当今和未来我国土壤侵蚀环境调控与人工林持续发展所面临的严峻挑战。生态系统中的植物根系对渗透及抗侵蚀性等土壤结构动态功能的影响，是一个多学科交叉的新的研究领域。

土壤的渗透性是植被所具有的多种有益水文生态功能(入渗、减流)的基础。林草尤其是森林植被，因其对土壤的改良作用，可迅速增强土壤水分的调节作用。林地土壤的贮水量是指土壤中非毛管孔隙对降水的短期滞蓄量，它与非毛管孔隙度和土层厚度有关。植被根系不仅能网络固持土壤，而且腐烂的根系可提高土壤的有机质含量，其细小根系或根毛穿插在土体中，亦可防止土体在水中的分散和破碎，从而增强了土壤的抗冲性、抗蚀性和抗剪强度。

通过径级≤1 mm 须根的作用，林木根系可以提高土壤水稳性团聚体的数量。当林龄小于 4 年时，根系的机械缠绕固定作用改善了紫色土的结构。随着林龄的增加，土壤有机质含量显著增加。此时，根系缠绕固定土体的直接作用和增加的有机质的间接作用共同改善土壤结构。死根可提供有机质，而活根可提供作为土粒团聚体胶结剂的分泌物，它们与须根的穿插和缠结作用共同促进了土粒团聚，使土壤中直径＞3 mm 的大粒级水稳性团聚体含量增加，从而增强了土壤的抗分散和抗悬浮能力。

植物根系对土体抗剪强度的影响主要决定于土壤中根系的表面积和抗拉力的大小。大表面积的根系增加了根与土体间的摩擦力，抗拉力较大的根系增大了根系的抗拉断力，因此较粗的根系可增大土体的固持力和斜坡稳定性。林龄 6～10 年、10～19 年、20～29 年、30～40 年以及＞40 年的白榆根系，一般可分别提高土体抗剪强度 0.04、0.08、0.13、0.15 和0.18 kg/cm^2。

草被植物的根系量大、须根密集，茎叶枯落物和衰老退化的根系腐烂后可有效改善土壤的物理性状。试验结果证明，百喜草和葛藤草地的土壤容重分别比空旷地的减小 0.33 g/cm^3 和 0.23 g/cm^3，非毛管孔隙度分别是空旷地的 2.41 倍和 1.85 倍，总孔隙度分别是空旷地的 1.21 倍和 1.13 倍，土壤含水量分别比空旷地增加 5.41％和 3.38％，土层贮水量分别比空旷地增加 228.85 t/hm^2 和 94.92 t/hm^2，渗透速率分别是空旷地的 2.59 倍和 2.34 倍。

2. 林草的水土保持功能

坡面林草植被一般可以减小地表径流量和土壤冲刷量分别达 50％和 90％以上。四川紫色土地区有林区(桤、柏混交林区)和无林区(荒草坡区)的试验结果显示，林地坡面具有较好的滞洪、减沙效益(表 9-2)。

表 9-2 有林区和无林区的坡面径流量与泥沙量

雨量/mm	有林区(桤、柏混交林区)		无林区(荒草坡区)		植被效益	
	径流模数/[m³/(km²·a)]	侵蚀模数/[t/(km²·a)]	径流模数/[m³/(km²·a)]	侵蚀模数/[t/(km²·a)]	径流模数削减/%	侵蚀模数削减/%
103	17 960	24.3	22 020	44.0	18.4	44.8
79	4 130	54.0	5 490	67.9	24.8	20.5
32	3 130	33.7	4 650	37.7	32.7	10.5

与荒坡相比,长江三峡地区的杉木和马尾松成林可分别减少地表径流 91.7%和 88.0%,减少泥沙 97.8%和 86.9%。黄土高原的刺槐、柠条成林和沙打旺草地可分别减小径流量 90.8%、91.1%和 77.9%,减小泥沙量 97.1%、99.6%和 93.3%,因此刺槐、柠条成林和沙打旺草地减少径流和泥沙的效果均十分显著。

流域是产水产沙的基本单元。由于地形和下垫面的多样性,流域植被水土保持功能的发挥比单个群落复杂得多。与无林区相比,一般有林集水区的产流产沙量较小,汇流特性较弱,洪水过程也更趋于扁平(表 9-3),这充分体现了林地的滞洪及减沙效益。

表 9-3 有林区和无林区次洪水水文特性对照分析

项目	洪峰模数/[m³/(km²·a)]	洪现时间	涨洪历时/h	退洪历时/h	洪水历时/h	洪量模数/[m³/(km²·a)]	径流系数	汇流速度/(m/s)	汇流时间/h	输沙模数/[t/(km²·a)]
有林区	102.96	19:00	8	16	24	1 870	0.06	0.09	16.2	9.0
无林区	169.74	18:00	7	11	18	2 530	0.08	0.14	6.7	12.2
植被效益	削减 39.3%	滞后 1 h	延缓 1 h	延长 5 h	延长 6 h	削减 26.1%	减小 25%	减小 35.7%	增长 9.47	减少 26.2%

流域植被对河川径流量的影响目前存在不同结论。森林植被变化对流域产水量的影响幅度在不同水文生态区之间差别很大,即使在相同水文区内的不同试验流域,这种差别也较大。一般认为,在我国北方地区,森林植被覆盖率的增加减小了流域产水量;而在南方亚热带地区,森林植被覆盖率的增加则增大了流域的产水量。前苏联专家认为,森林植被增大了河川径流,而其他国家的研究成果表明,森林植被的增加可减小河川径流量。

林草必须具备良好的群落结构(包括郁闭度、枯落物层厚度和根密度)和一定的覆盖率,才能实现保持水土、涵养水源的作用。由于林分郁闭度和灌草盖度对降雨的截持、吸收和下渗的影响,次降雨产流量和产沙量并不随降雨量或降雨强度的增加而增大。乔灌植被的覆盖度与水土保持效益密切相关。当林分覆盖度由 10%增加到 95%时,林地土壤侵蚀模数则由 507 减小到 29 t/(km²·a);当林分覆盖度超过 40%时,其侵蚀量小于坡面的允许侵蚀量。在不同降雨条件下,林地比坡耕地减水减沙的效益随着盖度的增加而增大,但其增加幅度随着盖度的增大而逐渐减小。当盖度>30%时,即可产生较为明显的减水减沙作用;而当盖度>70%时,减水减沙效益基本趋于稳定。

不同林分的初损历时和初损雨量差异显著。从开始降雨到开始产流这段时间称为初损历时,其间的降雨量称为初损雨量。初损历时和初损雨量随林分密度的增大而增大。油松林、刺槐林、草地和农地的初损雨量最大可分别达 7.6、5.3、5.1 和 0.7 mm。林分密度对产沙量的影响也十分显著。油松林和刺槐林密度与产沙量之间一般存在如下关系：

油松林地 $$Q_s = -215.23 \times \ln D + 1\,971.8 \quad R^2 = 0.87 \tag{9-1}$$

刺槐林地 $$Q_s = -248.57 \times \ln D + 2\,279.8 \quad R^2 = 0.94 \tag{9-2}$$

式中，Q_s 为产沙量（t/km^2）；D 为林分密度（株/hm^2）；R^2 为相关系数。

植物根系可以提高土壤抗冲性，根系分布密度（个/cm^2）与土壤抗冲性呈幂函数关系。天然草地根系可提高表层土壤抗冲力 15～20 倍。林地枯落物层对土壤侵蚀的影响也十分显著，1 cm 厚枯落物层覆盖的地表可减少土壤侵蚀量 80%。

9.2 水土保持林草建设的布局和配置

水土保持林草的布局和配置以防治水土流失、提高水源涵养能力、改善生态和保障农业稳产高产为目的。因此，林草植被体系内各个林种的布局与配置，必须根据当地的自然生态平衡条件、防治水土流失的目的以及发展林业生产的需要，进行全面规划，精心设计，合理布局。在规划中要做到因地制宜，因害设防，将林草措施与工程措施紧密地结合起来，把眼前利益和长远利益结合起来，做到长短结合，以短养长。在林种配置形式上，应根据当地的实际情况，实行乔、灌、草相结合，网、带、片相结合，用材林、经济林与防护林相结合，要以较小的林地面积力求达到最大的防护效果和产生最大的经济效益。总之，树草种配置要求充分利用立体空间，以便提高水土保持和水源涵养的能力。

9.2.1 林草建设配置原则

（1）适地适树适草原则

在掌握植物地带性分布规律和生态特性的基础上，根据具体的气候、土壤和水分条件，选择和营造适应当地的以乡土树、草种为主的林草植被，同时引进优良的树种或草种，通过试验，逐步推广。应注意速生先锋树、草种与后续树、草种的适时配置，以充分发挥立地生产潜力，获得较好的生态、经济和社会效益。

（2）因害设防、综合治理原则

水土流失严重地区存在着土壤肥力退化、抗旱蓄水能力下降和生物多样性减少等一系列问题。在干旱、半干旱的黄土高原地区，水分条件是林草建设的首要限制因素。人工建造林草植被应与保水、蓄水、引水整地工程（水平沟、窄条梯田或节水灌溉等）相结合。南方石质丘陵山区的土壤问题较突出，苗木栽种应配以营养钵（杯）等措施，以改善植被的立地条件。

针对各地块应采取层层设防的措施，源头发展水源涵养林，坡面配置水土保持林，坡脚设置护坡护岸林，形成一个综合防治体系，并按立地类型条件、水资源评价以及林种的要求设计造林类型。

（3）生态与经济兼顾原则

林草建设是一项综合的系统工程，在考虑生态效益的同时，必须考虑经济效益，才能调动农民的积极性，持续地发挥生态效益。应根据各分区的自然、社会和经济特点，实行多树（草）种、多林种结合，乔、灌、草结合，最大限度地发挥植被的多功能效益。

(4)植物的功能性和共生性原则

林草植物的种类多样,它们在涵养水源、保持水土以及调节气候和美化环境等方面的功能各不相同,要按照当地的自然条件以及水土流失治理的具体要求,选择适宜的造林树(草)种。同时,不同植物的生长习性不同,在设计混交林时必须考虑植物的共生性。

9.2.2 典型区林草建设布局模式

水土保持林草建设的布局首先应遵循两个基本规律,一是植被地带性分布规律,二是人类活动影响下的社会经济规律。这两个基本规律都因土壤侵蚀的发生发展而呈现一定的变化,从而呈现区域分异。这是进行水土保持林草建设布局的直接依据。

人类活动对林草破坏导致的土壤侵蚀加剧和生态环境恶化已直接影响到原有植被的恢复和重建。以反映自然、社会经济和土壤侵蚀现状的全国土壤侵蚀区划为我国水土保持建设规划奠定了基础。这里着重讨论我国各侵蚀分区的水土保持林草建设布局,依次为东北黑土漫岗区、黄土高原区、南方红壤丘陵区、北方土石山区、南方石质山区、风力侵蚀为主地区以及沿海区,共7个分区。

1. 东北黑土漫岗区

东北黑土漫岗区主要分布在松花江中上游,是大兴安岭向平原地区过渡的山前波状起伏台地,也是我国主要的商品粮生产基地之一。坡耕地侵蚀较为突出,许多地方已由面蚀发展到沟蚀。上游林区也因森林大量采伐,干旱或洪涝灾害频繁发生。此外,本区还有一定程度的风蚀。

东北黑土漫岗区的水土保持应以漫岗坡耕地治理为主,相应地治理侵蚀沟和风蚀。为此,在林草布局上应沿坡耕地等高线布设灌木带或草带,形成坡式梯田的地埂林(草);对"V"形沟壑,修筑柳谷坊,种植以杨、柳为主的沟坡水保林;对"U"形沟道,布设防冲林。封禁保护天然林和天然草地,对采伐迹地以营造水源涵养林为主。风蚀地区布设农田林网和防风固沙林,保护和改良天然草场。

2. 黄土高原区

黄土高原区分布在黄河上中游地区,地貌以黄土丘陵沟壑为主。植被覆盖率低,一般森林覆盖率仅为7%左右。毁林毁草、陡坡开垦较为突出,面蚀和沟蚀都很严重,崩塌或滑坡等重力侵蚀活跃。生态环境较为恶化,植被建设任务繁重。

黄土高原区的面蚀和沟蚀防治同等重要。应以修建梯田为主的基本农田建设为核心,调整土地利用结构,促进陡坡退耕还林还草,实行草、灌、乔结合,以小流域为单元综合治理。在干旱和半干旱地区的水土保持林,以灌木为主,发展以苹果为主的包括梨、枣、杏等经济林。沟道实施柳谷坊、淤地坝以及沟坡水保林与沟底防冲林相结合的综合治理。在砒砂岩地区,大力发展以沙棘为主的水土保持林。在水蚀风蚀交错区,应强化以草灌为主的防风固沙林和水土保持植被的建设。由于本区土壤的蓄水库容大,降水量少,坡面径流有可能做到全部拦蓄。

3. 南方红壤丘陵区

红壤丘陵区主要分布在长江上中游和珠江中下游的闽、浙、赣、粤、海、台等省(区)以及部分紫色丘陵区,是我国水蚀分布范围最广的地区。土壤侵蚀类型除一般的面蚀和沟蚀外,还有崩岗侵蚀,其侵蚀模数可达5万 $t/(km^2 \cdot a)$ 以上。本区水热资源丰富,属亚热带常绿阔叶林区。由于人口密度大,垦殖发展迅速,林草破坏严重,有的地区甚至出现了光秃裸露的"红色沙漠”(花岗岩风化物)。

红壤丘陵区的降雨量大,径流系数和径流量都很大,水土保持措施应根据蓄排结合的原则选用。充分利用南方优越的水热条件,加大封山育林(草)和退耕还林(草)的力度,结合发展经济林果和薪炭林,较快提高植被的覆盖率。坡耕地治理以修建梯田为主,提高单产,促进退耕还林或发展农林复合系统。侵蚀沟和崩岗的治理宜采用工程和林草相结合的措施。在侵蚀沟沟头和崩岗崩口的以上部位修造截水沟埂,营造防护林;在沟坡和崩壁区域种植防护林草,在沟底和崩口的底部修建石谷坊或柳谷坊。

4. 北方土石山区

北方土石山区主要分布于松辽、海河、淮河以及黄河等四大流域。土层浅薄,土质松散,且夹杂石砾。在山高坡陡地区,暴雨后常出现突发性山洪和泥石流。

北方土石山区应大力营造各种防护林(草)和用材林,改造残次林和疏林,修建各类蓄水保土工程,积极发展经济林果和多种经营。陡坡耕地实行退耕还林种草,缓坡地整修水平梯田,并合理利用沟滩造田。在比降大、下切活跃的支毛沟上修建石谷坊,巩固沟床。在京、津、冀的山区,可在支毛沟上修建坝阶,建成基本农田和果园。

5. 西南岩溶区

西南岩溶区主要分布在长江上游和珠江上游,区内降水充沛,山多山高平坝少,土壤资源稀缺。其中,黔和桂2省(区)石灰岩山区的坡耕地,因水土流失而“石漠化”的面积发展很快,直接威胁着群众生存。滇、川2省的滑坡和泥石流对沟口和下游地区的危害严重。

西南岩溶区的水土保持工作应以小流域和山系综合治理为中心,恢复和扩大林草植被。实行天然林保护工程,支持重点林区的结构调整,从采伐转向营林管护。利用本区降雨量多、气温高的优势,对遭到破坏的林草地实行封育,恢复天然植被,控制水土流失。对25°以上的陡坡耕地实施退耕还林(果)还草,配合坡面截水沟或蓄水池等小型排蓄工程,防止土壤侵蚀,保护耕地土层。结合绿化山区,发展商品价值高的当地经济植物。合理开发利用水土资源,采用工程与林草措施相结合的方法,加强泥石流沟的治理,防止“石漠化”以及滑坡或泥石流的发生。在“石漠化”严重的地区,林草建设应与生态移民措施相结合。

6. 风力侵蚀为主地区

风力侵蚀为主地区主要是指东北西部、华北北部和西北大部地区。这些地区的土壤侵蚀以干旱风力侵蚀为主,区内风沙面积大,多为沙漠和戈壁,适宜治理的荒漠化面积约为31万km^2。风力侵蚀为主地区的自然条件恶劣,草地“三化”(退化、沙化、碱化)严重,生态环境十分脆弱,部分地区土地沙漠化呈扩展趋势。

风力侵蚀为主地区的水土保持工作重点应强化林草建设,控制土地沙漠化的扩大趋势。以“三北”风沙防护林为主干,以大中城市、厂矿和工程项目周围为重点,结合兴修水利设施,采取植物固沙或沙障固沙等措施,大力开展以植被建设为重点的治沙工程。在沙荒地营造大面积的防风固沙林,在湖、盆和滩地建造绿洲、农田防护林或护牧林。在一些立地条件较好或有灌溉条件的地段,可发展用材林或适当发展薪炭林。积极经营河谷杨树林,以防护河岸,并且可供应部分当地用材。与当地水资源平衡调节管理相结合,保护胡杨林。东北地区的西部风沙区应大力营造农田防护林,实行乔、灌、草相结合,保护当地生态环境。分布在内蒙古、新疆、青海、四川的草原区应以保护现有草地植被为重点,加强改良,提高载畜能力。推行先进的放牧技术,提高畜牧业水平。

7. 沿海区

沿海区北起辽宁，南至广西，共包括10个省(自治区、直辖市)的沿海地区。近40年来，虽已营造海岸林带8 000 km，并以此为依托，一面伸入内陆，发展农田林网，绿化荒山；一面拓展外海，绿化海岛。但由于该区地处海陆交替、气候突变之地带，台风、海啸、干旱、洪涝、水土流失等自然灾害频繁，土壤盐碱化、沙化明显，且边治理边破坏的现象常有发生，给当地工农业生产造成了严重危害。

沿海区的水土保持工作应以保护现有海岸林带为中心，大力发展人工造林种草，修筑和巩固海堤，建设、保护沿海生态环境。在起伏不平的沙滩和沙丘地区以及易受风蚀和沙化的地带，营造防风固沙林。在土壤干旱瘠薄、林木稀疏、风蚀或水蚀危害严重的沿海山地丘陵地区，营造水土保持型防护林。在盐碱滩地和涝洼湿地，土壤黏硬，杂草丛生，营造沿海防护林的难度较大，对这些地区应在造林前先行挖排水沟或采取沟洫台田等措施进行改良，并选种耐盐碱的树草种。对已垦殖的近海岸地区的农田，应结合农林间作措施营造农田林网。

9.3　水土保持造林种草技术

9.3.1　树(草)种的选择

选择适宜的树种或草种是整个林草培育中的首要任务，也是最重要的一项工作。应该注意，这里所讨论的树种或草种的选择要求是理想化的。在现实世界中很难找到具备所有要求的树种或草种，很多情况下只能满足其中一条或几条。因此，实际工作中应依据树种或草种选择的基本原则，具体情况具体分析确定。对于林业和水土保持工作者来说，山区荒山荒坡、水土流失地、土地严重退化地以及城市工矿边缘或闲置地的环境条件总体上是固定不变的。例如，干旱始终是北方林业生态工程建设中的主要限制因子。在选择树草种时，其抗旱性指标是最重要的限制因素。因此，在环境与树(草)种的矛盾中，必须把环境因素放在第一位，即环境决定树(草)种。

1. 树种选择的原则与方法

(1)选择原则

树种选择需要进行多方面的综合考虑，不同的林业生态工程类型对林种的具体要求不同。通常情况下，树种选择必须满足两条基本原则。首先，树种的各项性状(经济效益和生态效益性状)必须符合既定的培育目标，即定向原则；其次，树种的生态学特性与立地条件相适应，即适地适树的原则。这两条原则缺一不可，相辅相成。定向原则要求的是林木培育的效益，适地适树原则则是实现效益的手段。没有目的的适地适树是无意义的，不适地的树种则无法把效益变为现实。树种选择的正确与否，也要用定向目标来检验。

树种选择除了上述两条基本原则外，还有两条非常重要的辅助原则。第一条是生物学稳定性原则。生物学稳定性系指人工林须具有稳定的结构，生长发育良好，能获得较高的生物产量，具有抵抗极端环境的能力，并且在一代及其下一代表现一致。一个树种在幼林期表现好，并不一定代表它在中壮林阶段也表现好。如果经不住极端的环境变化，例如在遭遇最低气温或病虫害等危害时毁灭，那就不能算是一种优秀的树种。第二条是可行性原则。有些树种各方面表现都很好，但由于种子或苗木没有来源或来源有限，不可能大面积应用。例如，一些大粒种子的来源较为困难,从而限制了它的大面积推广应用。此外,一些树种的栽培技术复杂,投入大,成本高,经济上不合算。

以上原则应综合考虑,灵活运用,总体上应做到生物与经济兼顾。在实际生产中,要具体研究造林目的对树种的要求,具体分析树种的生物学特性,贯彻适地适树原则,切忌过分强调"集中连片"等,因为其结果只能是"有什么苗种什么树",难以形成稳定、速生、丰产的林分,出现幼林成活率低,保存率低,生长不良,成林不成材的"小老头林",从而难以达到期望的造林目的,收不到预期的效果。在造林工作中,如果树种选择不当,不仅影响造林成果,而且造成劳力、种苗以及资金的浪费,挫伤群众造林的积极性,贻误造林时机。辩证地处理好需要与可能之间的关系,科学地选择造林树种。生物目标与经济目标兼顾,是造林目的与实现这一目标手段的有机结合。此外,应优先考虑乡土树种。优良的乡土树种是指在区内分布最普遍、生长状况优良、适应当地自然条件的树种。这些树种是对当地条件长期适应后发展起来的树种,因此对当地条件适应性强、生长稳定、抗性强、容易繁殖、易于推广应用。

(2)选择方法

树种选择没有固定的方法,但为了避免不科学的主观臆断,应尽可能使其科学化和程序化。

树种选择的一般程序可概括以下几个步骤。首先,要根据培育目标定向选择树种。不同的林业生态工程类型,其培育目标不同,因此对树种的要求也不同。应按照培育目标对树种的具体要求,分析可能应选树种的有关性状,经过对比鉴定提出树种选择方案。其次,详细了解林业生态工程建设区或造林地段的立地性能,分析可能应选树种的生态学特性,通过对比分析,按适地适树的原则选择树种。为了获得更可靠的树种选择结果,可对拟选树种进行对比试验。在建设区的典型地块上,栽植拟树种,经过整个培育周期的对比试验,筛选出若干种更具有前途的推荐树种,剔除其他易遭失败的树种。但对比试验过程一般需要时间较长,人力和物力投入较多。因此,在生产上不可能对各树种都通过试验比对后,再进行造林推广。在许多情况下,仅凭借树种的天然分布、生长状况和生态学特性以及参评专家的林木培育经验,就可决定树种类型的选择。当然,此时树种选择的是否恰当与参评专家的学术水平和经验密切相关。通过对现有人工林的调查研究,掌握不同树种在各种立地条件下的生长状况,是树种选择最常用的方法之一。调查现有人工林,一方面可掌握某一树种在不同立地条件下的生长状况,得出该树种的适生立地范围;另一方面,在同一立地类型条件下对多树种进行调查及立地评价,可为树种选择做出更好的判断。

总之,在确定树种选择的最终方案时,应按照林业生态工程的配置原则和树种选择原则,经充分对比各种可选造林树种的立地性能及其生态学特性,并依据现有林分的生长状况,把造林目的与适地适树的要求结合起来统筹安排。同一地区或地块上,可能有几个适用树种,同一树种也可能适用于几种立地条件。经过分析比较,将最适生、最高产、经济价值最大的树种列为该区或地块的主要造林树种,而将其他树种,如经济价值高但对立地条件要求苛刻,或适应性很强但经济价值低的树种草种,列为次要树种。此外,要注意选择的树种不要单一化,要把针阔树种或珍贵树种也考虑在内,使所确定的方案既能充分利用和发挥多种立地的生产潜力,又能满足多方面的需要。在最后确定树种选择方案时,还要考虑选定树种在一定立地条件上的落实问题。把立地条件较好的造林地优先供给经济价值高、对立地要求严的树种,而把立地条件较差的造林地留给适应性较强而经济价值较低的树种。同一树种若有不同的培育目的,应分配在不同的地段。例如,大径材的培育应分配较好的造林地,而薪炭林或小径材可在立地条件较差的地块或区域上培育。

2. 草种选择的原则与方法

草种选择的原则与方法与树种选择的相似,同样要求生态与经济兼顾。不同的草种具有不同的生物学特性,因而对于生存条件有不同的要求,因此必须根据种草地的生境条件如气候条件和土壤条件选择适宜的草种。同时,也应考虑种植和管理的成本。例如,有些草种在种植初期表现较好,但很快就会出现退化。而另一些草种虽然各性能指标都较好,但管理技术要求高、投入大。总之,选择的草种,其发芽率以及生长和发育状况必须正常且管理经济。当然,草种选择也要注意其定向目标,牧草培育应选用较好的立地,而水土保持草的培育则可选用较差的立地。此外,在采用乔、灌、草结合措施时,应选择耐阴的草种。

草种的选择方法,一是通过对现有草地(特别是人工草地)和草坪的调查,获得草种生长状况如生物量、生长量和覆盖度等有关资料,经分析比较确定适宜的草种;也可以通过试验研究确定。在拟种草地区选择有代表性的地块,引进种植不同的草种,观察其生长情况,从而筛选出适宜的草种。由于草种的生长周期短,通过试验确定适宜的草种类型也是一种较为常用的方法。

9.3.2　水土保持造林种草的整地技术

整地是造林种草的一项非常重要的工序,是保证造林成活、草发芽以及出苗整齐的一项最重要的技术措施之一。造林整地与农业整地、苗圃整地有许多相似的特点,但它也有自身的特殊性。首先,因为造林土地的类型多、条件差,多处于未经耕作过的自然状态,这就决定了整地任务和方法的多样性和艰巨性。其次,造林地分布的地域广、面积大,自然条件复杂,很大一部分处在人烟稀少、交通不便的偏僻地区,这就决定了造林整地只能更多地采取局部整地的方式。第三,人工林的栽培周期长、根系深广,而同一块地在造林后又不可能年年进行整地,往往培育一代只整地一次,所以造林前整地的技术规格要求越高,其持续的持续时间越长。因此,每一块地的整地规格要求应该满足苗木前期生长的需要。

种草前的整地工作与农业整地基本相同,一般采用全面整地。但在山区、丘陵区或坡度陡、地形破碎的坡地上种草,也可采用局部整地措施如采用水平沟、鱼鳞坑等。其整地方法与农地整地方法没有区别,只是需要在种植带上进行细致翻耕与平整,然后进行播种。

1. 造林地清理

造林地清理是造林整地翻垦土壤前的一道工序。造林地清理主要是清理造林地上的灌木、杂草、杂木等植被,或是清理采伐迹地上的枝丫、伐根和倒木等剩余物。清理的主要目的是改善立地条件和卫生状况,并为随后的土地翻垦和幼林抚育管理创造便利条件。对无林区、植被稀少或不茂密的水土流失地区,可不进行造林地清理而直接翻垦。

2. 造林地整地方式

造林地整地方式可分为全面整地(全垦)和局部整地两种类型。其中,局部整地又分为带状整地(带垦)和块状整地(块垦)。

(1)全面整地

全面整地是翻垦造林地的全部土壤。这种整地方式对改善土壤理化性质的作用大,对杂草或灌木清除的彻底,便于机械化作业以及实行林粮间作,全面整地的幼林生长条件也比采用局部整地的效果好。但全面整地用工比较多，投资较大，成本高，且受地形条件（如坡度）、环境状况（大石块、伐根）以及经济条件限制，主要适用于平原区速生丰产林的造林地、平原地区的荒坡、草原、无风蚀危险的固定沙地、盐碱地、坡度小于25°的平缓坡地或水平梯田等。在山区或丘陵区，实施全面整地的面积不宜过大，以每隔3 m宽的植被保留带整理一条30 m左右的宽带较为适宜，否则易造成水土流失。

（2）局部整地

局部整地是指只翻垦造林地部分土壤的整地方式，包括带状整地和块状整地两种形式。

带状整地是以长条状形式翻垦造林地土壤，并在翻垦部分之间保留一定宽度的原有植被或原状地面。带状整地可明显改善造林地的立地条件，预防或降低土壤侵蚀的发生，且便于机械化作业。带状整地是山区、丘陵区和北方草原地区重要的整地方法，主要类型有水平沟、反坡梯田、犁沟、高垄等。

块状整地是呈块状翻垦造林地的一种方法。块状整地多用于地形较为破碎或坡面较陡的情况。块状整地灵活性大，能适应各种造林地条件，省工省力，但其改善立地条件的作用相对较差。块状整地的主要类型有穴状、块状或鱼鳞坑等。

3. 造林地整地技术规格的确定

造林地整地的技术规格包括整地的深度以及宽度和长度（局部整地）等。整地技术规格的制定，应有一定的科学依据。

（1）深度

整地深度是整地各种技术指标中最重要的一个指标，其在改善立地条件方面的作用比整地面积的作用大得多。因此，适当增加整地深度、加厚疏松肥沃土层，往往比加大整地面积更能给林木的生长发育创造更适宜的环境。整地深度的确定应首先考虑造林地区的气候（尤其是降雨量）特点，其次应考虑造林的立地条件，此外还需考虑土壤厚度以及苗木和林木根系的分布特点。通常情况下，整地深度不能小于25 cm，从而保证根系充分伸展而不窝根。

（2）宽度

当采用局部整地方式时，在坡度陡、植被盖度小、杂草灌木高度低的地段，破土宽度与保留地宽度的比一般为1∶（1～3），而在坡度缓、植被盖度大、杂草灌木高度高的地段一般为（1～2）∶1。

（3）长度

整地长度是指带状或块状整地时带或块的边长。整地长度随地形破碎程度、裸岩和坡度的不同而不同。整地长度越大，一般越有利于种植点的均匀配置。有条件允许的情况下，整地长度应尽量长些。但当地形较破碎、坡度较陡的情况下，整地长度应短些。

4. 造林地整地季节

选定适宜的整地季节可以较好地改善立地条件，提高造林成活率，节省整地用工，降低造林成本。一般整地分预整地（或提前整地）和随整随栽两种情况。预整地是整地比种植提前1～2个季节，随整随栽则是整地与种植同时进行。

5. 种草与草坪建植整地

种草整地、牧草栽培整地和水土保持种草整地一般包括土壤耕作和基肥施放两个内容。

草坪建植整地，即坪床准备，是草坪建植的首要基础工作。坪床质量好坏直接关系到草坪功能的维持。在建设草坪前，应对建设场地进行必要的调查和测量，制定可行的方案，尽量避免和纠正诸如底土处理或机械施工引起的土壤压实等问题。坪床建设包括场地清理、翻耕、平整、土壤改良以及排水灌溉系统设置和施肥等。

9.3.3 水土保持林草种植方法

造林方法有播种造林、植苗造林和分殖造林，一般情况下多采用植苗造林。在直播容易成活的地方可采用人工播种造林，而在偏远、交通不便、劳力不足而荒山荒地面积大的地方则可采用飞播造林。对于一些萌芽力强的树种，可根据情况采用分殖造林。牧草、水土保持种草和草坪建植，则一般采用播种。

1. 造林方法

造林方法一般有播种造林、植苗造林和苗木栽植等。播种造林也叫直播造林，它是以种子为造林材料，直接播种到造林地造林的种植方法。播种造林可分为人工播种和飞机播种。人工播种造林常用的播种方法有撒种、穴播、块播和条播等。

植苗造林具有多种分类方法，按苗木栽植的植穴形状不同可分为穴植、缝植和沟植等，按苗木根系是否带土可分为裸根栽植和带土栽植，按同一植穴内栽植的苗木数量多少可分为单植和丛植造林，按使用工具不同可分为手工栽植和机械栽植。

分殖造林是利用树木的营养器官如枝条、根或地下茎等作为造林材料进行造林的方法。根据所用营养器官的不同，分殖造林又可分为插条、插干、压条、分根、分蘖及地下茎造林等方法。通常把插条和插干造林方法统称为插木造林，即切取树木的枝条或细干做造林材料直接插植于造林地。分殖造林能保持母本的优良遗传特性，施工技术简单、省工、成本低，适用于能迅速产生大量不定根的树种，并要求造林地具有良好的湿度条件。

2. 造林季节

造林的适宜季节应是种子或苗木具有适于发芽生根的环境条件（主要水分及温度条件）和易于保持幼苗体内水分平衡的季节。在我国，春季、夏季（主要指雨季）、秋季和冬季（在土壤不结冻的地区）都可以造林。但由于我国地域辽阔，从南方到北方自然条件相差悬殊，必须因地制宜地确定造林季节和具体时间。但不同的地区、树种或造林方法都有各自最适宜的造林时机，必须根据不同的造林树种特性和当地气候条件、立地条件等因子全面考虑。

3. 种草和草坪建植方法

广义上的种草材料包括种子或果实、枝条、根系、块茎、块根或植株。普通种草以播种为主，它是牧草生产中的重要环节之一。草坪建植除播种外，还有植生带、营养繁殖等环节。

9.4 水土保持林草抚育与管护技术

9.4.1 幼林抚育管理

人工林幼林的抚育管理，通常是指在造林后至郁闭前这一阶段时间内所进行的各种抚育管理措施，包括幼林地管理、幼林林木抚育、林下植被管理等，其目的是为了改善苗木或幼树的生活环境，排除不良因素的影响，提高造林成活率和保存率，促进林木生长，加速郁闭，提高造林质量。新造幼林一般要经历缓苗、扎根、生长并逐步进入速生的过程。所以，人工林幼林的抚育管理是人工林管理的关键阶段，对以后能否获得最大生物产量并及早发挥经济防护效益至关重要。俗话讲“三分造林，七分管护”或“只造不抚，白费工夫”就是这个道理。

1. 幼林地管理

幼林阶段基本处于散生状态，此阶段林木的主要问题是对外界环境条件的适应问题。造林初期的抚育管理措施主要是松土、除草、中耕、灌溉、施肥等。通过增加土壤水分和养分以及改善土壤条件，促进苗木生根成活。采用幼林地的林农间作种植模式，既有利于幼树生长，又能尽快增加经济收益，从而实现以短养长的水土保持林地经营方针。

2. 幼林林木抚育

人工幼林林木抚育是指在幼林时期对苗木、幼树个体及其营养器官进行调节和抑制的各种措施，主要包括间苗、平茬、修枝、接干等。林木抚育的目的在于提高幼树形质，促进幼树更好地向培育方向发展，迅速达到郁闭，保证幼树迅速生长，增加林分的稳定性。

3. 林下植被管理

林下植被是森林的重要组成成分之一。良好的林下植被是保护地表、防止侵蚀、促进林木生长的主要因素。特别是对水土保持林和水源涵养林，林下植被的作用尤为重要。在幼林林分尚未郁闭的情况下，林下植被担负着保护地表的重要角色，同时也发挥着不可替代的生态作用。

适当的修枝和疏伐，从而改善林下光照条件是林分郁闭后保护林下植被的重要方法。在林分郁闭后，林下光照条件发生了剧烈变化。由于得不到生长所必需的光照条件，一些喜光的植物生长开始衰退或逐渐退出林地，而耐阴性强的植物短期内尚未发育壮大。所以，幼林郁闭后的一段时间内将出现喜光植物与耐阴植物交替的真空阶段。为了防治水土流失，在可能情况下，可通过人工手段适当引入一些耐阴植物，以解决这一过渡阶段的地表保护问题。在干旱半干旱地区，人为引入林下植被时必须考虑林地水分的平衡问题，应适当控制引入植物的生产力，以避免因引入林下植被而加剧林地土壤干化的发展。

林下植被以高度较小的下繁型草类为宜。草本植物的新陈代谢周期较短，可以较快地改善林地土壤条件，从而提高林地土壤的蓄水能力。

9.4.2 成林管理

成林管理就是对人工林的组成和密度及其林木个体的生长发育进行管理和控制，主要包括人工修枝、抚育间伐、采伐更新以及低价值人工林的改造，其目的是最大限度地发挥森林的生态防护功能和经济效益。

1. 抚育间伐

从幼林郁闭起到主伐前一个龄级为止，为促进留存林木的生长而进行的采伐称为抚育间伐。抚育间伐的作用是调整混交林林分组成，淘汰非目的树种，为目的树种迅速生长创造良好的条件；调整纯林林分密度，保证留存木具有合理的营养空间；缩短林木培育期，增加单位面积的生产量，增强林木对各种自然灾害的抵抗能力；提高森林的各种防护效能。

进行抚育间伐与森林自然稀疏的客观规律密切相关。抚育间伐的实质是以人工稀疏代替自然稀疏，给优良的留存木创造足够的营养空间。一般将抚育间伐分为除伐、疏伐和卫生伐三类。除伐主要是在混交林幼林中除去非目的树种。疏伐是在单纯林中为调整林分密度而伐去部分株数的过程。卫生伐是为改善林分卫生状况，伐去一些已患病虫害的林木。

森林抚育间伐的方式及其强度因树种和立地条件不同而异。任何种类的抚育间伐，都要解决砍伐木的选择、采伐强度和采伐时期三个重要的技术问题。

2. 采伐更新

培育森林的目的在于不断地生产木材和发挥森林的多种效益。当森林达到某种年龄后，林木生长开始减缓，材质下降，防护效能减弱，在此情况下应及时采伐表林，培育新林。在人工林成林生长到某一成熟年龄(防护林为防护成熟龄，即超过此龄防护效能开始持续下降)后进行的采伐称之为主伐。主伐后需清理采伐迹地并进行林木更新。

按照一定的空间配置和时间顺序，对成熟林分(或某种特定意义的成熟，如防护成熟)进行主伐。主伐方式分为皆伐、渐伐或择伐。

在森林采伐后，需通过天然或人工方法，使新一代森林重新形成，这一过程称为森林更新。森林更新方法有天然更新和人工更新。天然更新是通过天然下种或伐根萌芽、根系萌蘖等方式形成新林。天然更新能充分利用自然力，节省劳力和资金，通常适用于交通不便、人口稀少地区的森林更新。水源涵养林位于河流上游，一般人工更新条件差，故常用此法。人工更新系采用人工种植的方法更新形成幼林。若条件许可，小流域的防护林应尽可能采用人工更新。人工更新所需的时间短，成林快，质量高，但其投资相对也高。有时可将天然更新与人工更新结合起来，以便节省劳力和资金。

9.4.3　人工草地管理

1. 田间管理

播种后和幼苗期以及两年生以上人工草地的田间管理主要包括松土补种、中耕培土、松土除杂草、灌溉排水、刈割及防治病虫害等。

2. 人工更新

牧草生长一定时期后，就会开始衰退，植被变稀疏，产量降低，草质劣化，杂草增长。在这种情况下，必须及时进行更新。既可以一次全部更新，也可以分带逐年更新。一次更新是将草地全部翻耕，施肥整地后重新播种。分带更新是在草坡上沿等高线方向划分出若干个更新草带，带宽一般 3～5 m，带距视更新年限而定。对于需两年更新完毕的草地，带距一般为 3～5 m，3 年的为 6～8 m，依此类推。草带之间需挖水平沟，以分段拦蓄径流，防止冲蚀。这种更新法既不耽误放牧、割草，也不影响水土保持，在劳动力少而牲畜多的地区可以普遍采用。

3. 草田轮作

草田轮作是指采用牧草绿肥与农作物倒茬种植的一种轮作形式。草田轮作是积极恢复和提高土壤肥力、合理利用土地、用地与养地结合、农业与牧业紧密配合、省工省肥以及粮草兼收的好方法。此外，草田轮作也能够增加覆被，改良土壤，是减少水土流失的一项有效措施。

9.4.4　封山育林、育草

封山育林、育草是以封禁为基本手段，封禁、抚育与管理相结合，促进森林和草地形成的林草培育措施。封山育林、育草的目的是恢复林草植被、防治水土流失以及提高林草效益。封山育林、育草主要适用于水土流失严重的荒地、残林、疏林地和退化的天然草地。在水土流失的荒坡或残林和疏林地采取封山育林措施，在草场退化导致水土流失的天然草地则采取封坡育草措施。

在荒地治理中，应将封山封坡育林、育草与人工造林种草统一规划，统一实施。对通过封育手段可以恢复的林草植被，宜采取封育措施；对于单靠封育不能恢复的林草植被或必须新种林草才能满足发展生产需要和建成商品生产基地的区域，则应采取人工造林或种草措施。

封山育林、育草具有投资成本低、成林成草效果突出、生态效益明显的优点。在我国江河上游和水库上游地区，大多分布着天然林、天然残次林、疏林、灌木及天然草地。这些地区往往交通不便，人口相对较少，人工造林种草所需的投资和劳动力都明显不足。因此，封山育林、育草是江河上游和水库上游地区建设水源涵养林的一项尤为重要的措施，其本身也是一项林业生态工程。

水土保持林草措施有待进一步研究的问题

1. 不同树种、不同形态枯落物对薄层径流糙率系数的影响及其作用的大小；
2. 不同水土保持林草配置的生态效益、社会效益和经济效益的比较研究；
3. 不同水土保持林草根系对网络固持土壤作用的对比研究；
4. 降雨与林草特性变化对小流域水文变化贡献率的定量研究。

思考题

1. 水土保持林草措施是怎样实现其防治水土流失目标，并促进地方经济发展的？
2. 如何最大限度地发挥水土保持林草的生态、社会和经济效益？
3. 水土保持林草的抚育、管护技术主要有哪些？

参考文献

[1] Stednick J D. Monitoring the effects of timber harvest on annual water yield. Journal of Hydrology，1996，176：79-95.

[2] Whitehead P G，Robinson M. Experimental basin studies international and historical perspective of forest impacts. Journal of Hydrology，1993，145：217-230.

[3] 陈永瑞，刘允芬，刘琪璟，等. 千烟洲试验区大气降雨特征及人工林树干茎流特征. 江西科学，2003，21(3)：175-179.

[4] 韩冰，吴钦孝，刘向东. 林地枯枝落叶层对溅蚀影响的研究. 防护林科技，1994，(2)：7-10.

[5] 侯喜禄，曹清玉，白岗栓. 陕北黄土区不同森林类型水土保持效益的研究. 西北林学院学报，1994，9(2)：20-24.

[6] 焦菊英，王万忠，李靖，等. 黄土丘陵沟壑区水土保持人工林减蚀效应研究. 林业科学，2002，38(5)：87-94.

[7] 解明曙. 林木根系固坡力学机制研究. 水土保持学报，1990，4(3)：7-14.

[8] 雷瑞德. 华山松林冠层对降雨动能的影响. 水土保持学报，1988，2(2)：31-39.

[9] 李德生，刘文彬，许慕农. 石灰岩山地植被水土保持效益的研究. 水土保持学报，1993，

7(2):57-62.

[10] 李世东.中国退耕还林研究.北京:科学出版社,2004.

[11] 李勇,武淑霞,夏侯国风.紫色土区刺槐林根系对土壤结构的稳定作用.土壤侵蚀与水土保持学报,1998,4(2):1-7.

[12] 刘伦辉,刘文耀.滇中山地主要植物群落水土保持效益比较.水土保持学报,1990,4(1):36-42.

[13] 刘世荣,温远光.中国森林森林生态系统水文生态功能规律.北京:中国林业出版社,1996.

[14] 刘向东,吴钦孝,赵鸿雁.黄土高原油松人工林枯枝落叶层水文生态功能研究.水土保持学报,1991,5(4):87-91.

[15] 刘向东,赵鸿雁,吴钦孝.森林植被垂直截留作用与水土保持.水土保持研究,1994,(3):13-17.

[16] 龙忠富,唐成斌,钱晓刚,等.几种草被植物保持水土效益的研究.水土保持研究,2002,9(4):136-138.

[17] 马雪华.四川米亚罗地区高山冷杉林水文作用的研究.林业科学,1987,23(3):253-265.

[18] 孙立达,朱金兆.水土保持林体系效益研究与评价.北京:中国科学技术出版社,1995.

[19] 唐克丽.中国水土保持.北京:科学出版社,2004.

[20] 王礼先,张志强.森林植被变化的水文生态效应研究进展.世界林业研究,1998,11(6):14-23.

[21] 王协康,方铎.植被措施控制水土流失机理及其效益研究.四川大学学报,2000,32(2):13-16.

[22] 王佑民,刘秉正.黄土高原防护林生态特征.北京:中国林业出版社,1994.

[23] 王佑民.中国林地枯落物持水保土作用研究概况.水土保持学报,2000,14(4):108-113.

[24] 王治国,张云龙,刘徐师,等.林业生态工程学——林草植被建设的理论与实践.北京:中国林业出版社,2005.

[25] 吴长文,王礼先.林地坡面水动力学特性及其阻延地表径流研究.水土保持学报,1995,9(2):32-38.

[26] 吴钦孝,李勇.草本植物根系提高表层土壤抗冲力的实验分析.水土保持学报,1990,4(1):11-16.

[27] 吴钦孝,刘向东,苏宁虎.山杨次生林枯枝落叶蓄积量及其水文作用.水土保持学报,1992,6(1):71-76.

[28] 吴钦孝,赵鸿雁,刘向东,等.森林枯枝落叶层涵养水源保持水土的作用评价.土壤侵蚀与水土保持学报,1998,4(2):23-28.

[29] 吴彦,刘世全,付秀琴,等.植物根系提高土壤水稳性团粒含量的研究.土壤侵蚀与水土保持学报,1997,3(1):45-49.

[30] 杨大三.鄂西三峡库区防护林研究.武汉:湖北科学技术出版社,1996.

[31] 张建军,毕华兴,魏天兴.晋西黄土区不同密度林分的水土保持作用研究.北京林业大学学报,2002,24(3):50-53.

[32] 张建军.晋西黄土区坡面水土保持林地产流产沙的观测分析.北京林业大学学报,1996,18(3):14-20.

[33] 赵鸿雁,吴钦孝,刘向东.森林枯枝落叶层抑制土壤蒸发的研究.西北林学院学报,1992,7(2):14-20.

第10章 水土保持工程措施

[摘要]本章介绍水土保持工程措施的内容、作用与分类,阐述了常见水土保持工程措施的规划布置及其设计原则,包括坡面治理工程、沟道治理工程、小型蓄排引水工程和山地灾害治理工程。

水土保持工程措施是应用工程原理,为防治水土流失,保护、改良与合理利用山区、丘陵区和风沙区水土资源而修筑的各种工程设施。水土保持工程措施是小流域水土流失综合治理措施体系的重要组成部分,应与水土保持农业耕作措施、水土保持植物措施配合实施。通过采用各种工程措施,改变局部地形(如坡改梯、淤地坝等),拦蓄地表径流,增加土壤入渗,防治土壤侵蚀,改善农业生产条件,充分利用光、热和水土资源,建立良好的生态环境,从而达到防止水土流失,保护、改良和合理开发利用水土资源的目的。按照修建目的及其应用条件,水土保持工程措施一般可分为坡面治理工程、沟道治理工程、小型蓄排引水工程和山地灾害治理工程四类。

早在奴隶社会时期,我国黄河流域就有大禹"平治水土"的传说。在从西周到魏、晋、南北朝的历史长河中,随着农业生产的发展,古人提出了合理利用土地的理念,并采用了蓄水保土、保护山林和平整土地等水土保持措施。自唐、宋之后,创造了在塬坡及丘陵坡地修筑梯田和在沟壑中筑坝拦泥淤地的措施,并在一些干旱地区,修建了水窖、涝池、山塘等小型拦蓄措施。明代周用提出"沟洫治黄"论,主张在流域内修建沟洫,拦蓄径流泥沙;徐贞提出在上游采取"散水"措施,把洪水分散拦蓄利用,使其散而不聚。清代胡定提出"汰沙澄源"的主张,即在黄河上中游各支流的沟壑中筑坝淤地,拦截泥沙,减少泥沙入黄。近代水利专家李仪祉提出荒山荒坡造林种草,防止冲刷;在坡耕地修阶田,开沟洫,截留田间雨水;在沟中修坝堰、谷坊,在溪沟中截留雨水,制止沟壑发展,变荒沟为良田。张含英提出的黄土高原保持水土、控制泥沙治理措施中包括"对流域以内土地之善用(农作、草原、森林三者,按地形与土壤划分使用)、农作法之改良(采用等高种植和轮作等法)、地形之改变(采用新式阶田之法)以及沟壑之控制"。

中华人民共和国成立后,我国水土保持工程有了新的发展。全国制定了不同层次的水土保持规划,并将水土保持作为生态建设的主体,大力推行以小流域为单元的水土保持综合治理,取得了显著的生态效益、社会效益和经济效益。我国幅员辽阔,不同地区的水土流失类型和危害程度各异,自然条件与社会经济发展水平千差万别,水土流失综合治理经验丰富,因此应根据各地区的土地利用和社会经济发展规划,科学规划和布设水土保持工程措施。

10.1 坡面治理工程

坡面治理工程是为了防止坡地水土流失,通过改变局部地形、增加降雨入渗就地拦蓄,或拦蓄坡地径流作为灌溉水源、满足作物灌溉及人畜用水需要而修建的各类工程设施。其目的是保持水土，防治坡地水土流失，改善生产条件，为农业稳产、高产和生态环境建设创造条件。同时，将未能就地拦蓄的坡地径流引入小型蓄水工程，集中使用。在有重力侵蚀危险的坡地上，修筑排水工程或支撑建筑物防止发生滑坡。

坡面治理工程应以小流域为单元，根据土地利用规划和土地适宜性评价结果，以就地入渗拦蓄或合理排蓄为原则，适当兼顾行政区划的完整性，从分水岭到坡脚、从上游到下游，全面规划，建立完整的坡面水土流失防治体系。同时，坡面治理工程措施应与林草措施或农耕措施等合理配置，综合实施。坡面治理应做到保护与开发利用相结合，因地制宜，因害设防。在条件许可的地方，坡面治理工程应以改善农业生产条件为主要目的，通过基本农田（梯田、坝地）建设，发展经济林果业或畜牧业，提高经济效益。应尊重自然规律，综合考虑不同地区的水土流失特点、自然条件和社会经济状况，合理选择水土保持工程类型，优化设计，提高治理措施的经济性和实用性，确保安全性。

坡面治理工程措施主要有梯田、护坡与固坡工程、山坡截流沟、水平沟、拦水沟（埂）、水平阶等。

10.1.1 梯田工程

梯田是在丘陵、山坡地上沿等高线方向修筑的条状阶台式或波浪式断面的田地。梯田是山区或丘陵区常见的一种基本农田形式，是改造坡地、保持水土、全面发展山（丘陵）区农业生产的一项重要措施。我国水土保持法规定，坡度在25°以下的坡地一般可修成梯田种植农作物，25°以上的坡地则应退耕植树种草。

梯田工程的主要作用是改变坡地的地形条件，减缓坡度或变坡地为平地（水平梯田），增加水分入渗，截短径流流程，减小水流流速、径流量和冲刷能量，防止水、土、肥的流失，为作物生长创造必要的条件。此外，梯田便于机耕和灌溉。因此，梯田工程能显著增加农作物产量。我国黄土高原旱作梯田的作物产量一般是坡耕地的2～5倍，水浇梯田则可高达10～20倍以上，从而为陡坡耕地退耕还林还草、建立良好生态农业结构创造了基本的物质条件。梯田工程是合理垦殖利用山坡地、促进农林牧副业全面发展的重要手段。

梯田种类很多。按田面平整程度划分，梯田有水平梯田、隔坡梯田、坡式梯田和软埝（埝地）；按田坎（埂）建筑材料划分，梯田有土坎（埂）梯田、石坎（埂）梯田、生物坎（埂）梯田以及土石混合坎（埂）梯田；按种植利用情况划分，梯田有水稻梯田、旱作梯田、造林梯田、果树梯田、茶园梯田、桑园梯田和橡胶梯田等。

1. 水平梯田

水平梯田是山丘区重要的基本农田形式。水平梯田是将坡地一次修平而形成的田面为水平面的阶台式梯田。在缓坡地上修建的条长、面宽的水平梯田一般称为埝地或条田。按田坎（埂）建筑材料的不同，水平梯田可分为土坎水平梯田和石坎水平梯田。

(1)梯田工程规划

应统一规划山水田林路，实行坡面水系、田间道路和梯田综合配套，优化布设。对坡面进行规模治理，梯田应集中连片。农作梯田应在坡度25°以下的坡耕地上修建。梯田工程设计应选择土石方量少和工程投资省的方案，且应便于机械耕作。梯田田面应尽可能宽大，生土平整，表土复原，尽量做到梯田修筑当年不减产。梯田宜一次修平，在人口密度大的地方也可分年修平。因地制宜，就地取材选取埂坎材料，并尽可能减少埂坎占用耕地的面积。

耕作区规划必须以土地利用规划和社会经济发展规划为基础，根据农、林、牧全面发展和土地合理利用的要求，研究确定农、林、牧业生产的用地比例和具体位置，选择坡度较缓、土质较好、水源及交通条件较好以及有利于实现机械化和水利化的地方，以水系、道路为骨架，建设具有一定规模、集中连片的高产稳产基本农田。然后，再根据地形条件，划分耕作区。

在塬川等缓坡地区，一般以道路或渠道为依据划分耕作区；在丘陵陡坡地区，一般按自然地形，以一面坡或峁、梁为单位划分耕作区。每个耕作区面积一般以 3.33～6.67 hm^2 为宜。如果耕作区位于坡地的下部且其上部有暴雨径流下泄时，应在耕作区上缘开挖截水沟，以拦截上部的来水。并将拦截的径流引入蓄水池或在适当的地方排入排水沟，保证耕作区不受冲刷。

在每个耕作区内，根据地面坡度、坡向等因素，划分地块。地块应沿等高线布设，以长条形或带状为主。当坡面有浅沟等复杂地形时，地块布设应“大弯随势，小弯取直”，尽可能减少土方搬运量且应有利于机械耕作。地块长度一般为 150～200 m，最好不要小于 100 m，否则影响机耕效率。梯田田面的纵向比降以 1∶(300～500)为宜，以利自流灌溉时行水。纵向比降最大不应超过 1∶200，否则易引起冲刷。

在耕作区规划中，如有不同乡镇或村的插花地，可根据“自愿互利”和“等价交换”原则协商调整，以便于耕作和管理。

梯田附属建筑物布设的合理与否直接影响梯田工程的建设速度、质量、安全和生产效益。梯田附属建筑物规划主要包括坡面蓄水拦沙设施规划、梯田区道路规划和灌溉排水设施规划三个内容。

坡面蓄水拦沙设施包括“引、蓄、灌、排”等缓流拦沙附属工程。坡面蓄水拦沙设施规划时，应保证各设施之间以及各设施与梯田工程之间的紧密结合。规划程序上可按“蓄引结合，蓄水为灌，灌余后排”的原则，根据各层梯田的布置情况，由高台到低台逐台规划。每层梯田的径流量和泥沙拦蓄量，可按拦蓄区 5～10 年一遇一次最大降雨量产生的径流量或全年土壤可蚀总量为依据计算。

山区道路应保证耕作机具能顺利进入每一耕作地块，并且应具有一定的防冲和排水设施，分段将排水引入旱井或蓄水池，保证路面完整与畅通。在丘陵陡坡地区，道路规划应着重解决机械上山问题。西北黄土丘陵沟壑区，上部多为 15°～30°的坡耕地，下部多为 40°～60°的荒陡坡，而沟道底部的比降较小。因此，该区的道路也应相应地分为上、下两部分。坡下部的道路一般顺沟布设，路面比降接近和稍大于沟底比降；而坡上部的道路一般应沿坡面呈“S”形盘旋而上。在塬、川缓坡地区，由于地面广阔平缓，道路一般沿地面等高线的走向布设。主干线道路的路基宽度一般不小于 4.5 m，转弯半径大于 15 m，路面坡度不大于 11%，个别短距离的路面坡度亦不能超过 15%。田间小道可结合梯田埂坎修建。

梯田建设不仅可控制坡面水土流失，而且可为农业进一步发展创造良好的生态环境。在梯田工程规划的同时，应对梯田区的灌溉排水设施进行规划，以进一步提高梯田工程的经济效益。灌溉排水设施规划应根据当地的水利建设情况，规划布置水源、引水建筑、输水配水系统、田间渠道系统、排水泄洪系统等灌溉排水系统。围绕梯田工程建设，合理布设蓄水灌溉和排洪防冲工程，在充分利用拦蓄径流和当地雨水资源的基础上，缓解或避免梯田干旱或洪涝灾害的威胁。在坡地梯田区，灌排系统建设以蓄水灌溉为主，并结合坡面蓄水拦沙工程规划、坡地梯田面积和水源（当地降水径流）情况，布设池、塘、埝、库等蓄水和渠系工程。在冲沟梯田区，灌排系统建设不仅要考虑灌溉用水，而且排洪和排涝设施建设也十分重要。冲沟梯田的排洪渠系布设可与灌溉渠道相结合，平日输水灌溉，雨日排涝防冲。成片梯田区的水系和道路布设见图 10-1。

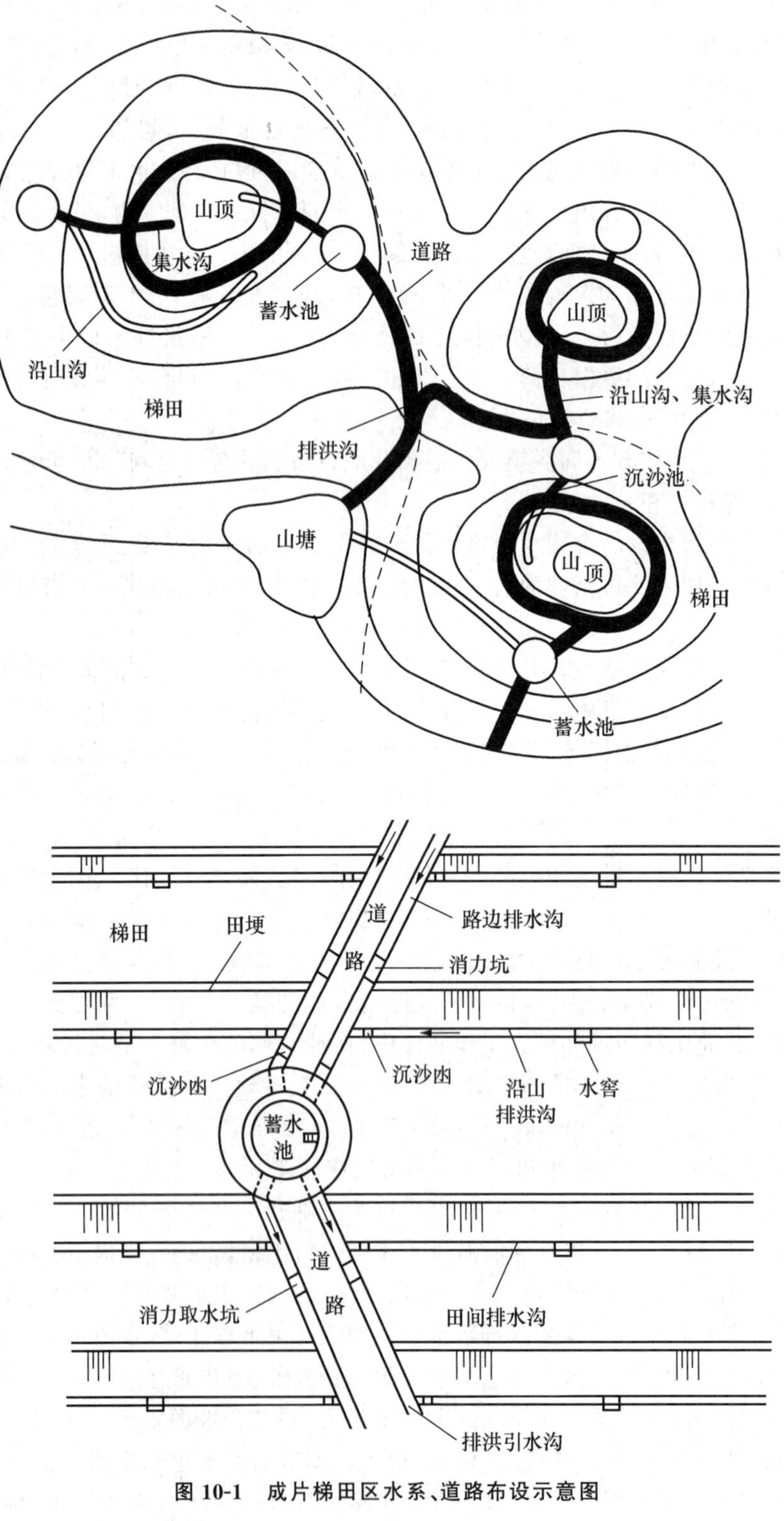

图 10-1 成片梯田区水系、道路布设示意图

(2)梯田断面设计

水平梯田的断面要素如图10-2所示。水平梯田断面设计的基本任务是确定在不同条件下梯田的最优断面。所谓的“最优”断面需同时满足机耕与灌溉布设要求、保证安全与稳定以及最大限度地省工三项要求。其关键是确定适当的田面宽度和埂坎坡度。由于各地的具体条件不同,最优的田面宽度和埂坎坡度也有所不同。

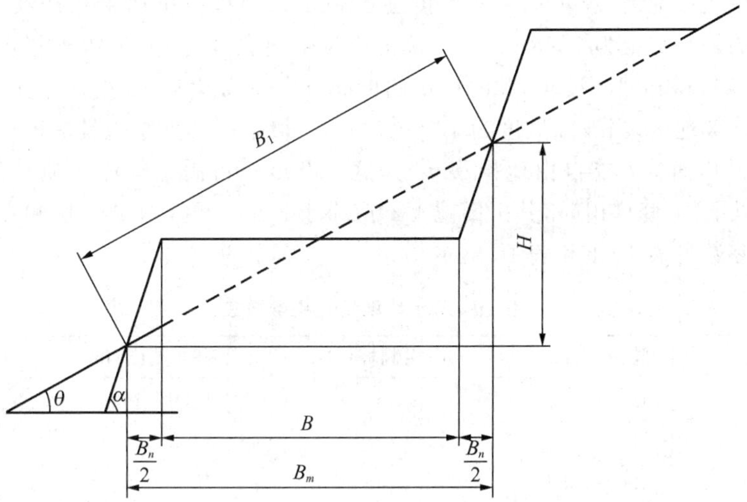

θ. 地面坡度(°)　H. 埂坎高度(m)　α. 埂坎坡度(°)　B. 田面净宽(m)
B_n. 埂坎占地(m)　B_m. 田面毛宽(m)　B_1. 田面斜宽(m)

图10-2　水平梯田断面要素图

根据土质和地面坡度,一般先确定梯田的田坎高和侧坡(指田坎边坡),然后计算田面宽度。也可根据地面坡度、机耕和灌溉需要先确定田面宽,然后计算田埂高。从图10-2可以看出,田面愈宽,耕作愈方便;但田坎愈高,挖(填)土方量愈大,用工愈多,田坎也愈不稳定。在黄土丘陵区,一般梯田的田面宽以30 m左右为宜,缓坡上可宽些,陡坡上宜窄些,但最窄不要小于8 m;田坎高度以1.5~3 m为宜,缓坡上应低些,陡坡上可高些,而田坎最大高度不要超过4 m。

梯田断面各要素尺寸具体可按式(10-1)至式(10-5)计算:

田面毛宽:　$$B_m = H \cdot \cot\theta \tag{10-1}$$

埂坎占地:　$$B_n = H \cdot \cot\alpha \tag{10-2}$$

田面净宽:　$$B = B_m - B_n = H(\cot\theta - \cot\alpha) \tag{10-3}$$

埂坎高度:　$$H = B/(\cot\theta - \cot\alpha) \tag{10-4}$$

田面斜宽:　$$B_1 = H/\sin\theta \tag{10-5}$$

式中,θ为地面坡度(°);H为埂坎高度(m);α为埂坎坡度(°);B为田面净宽(m);B_n为埂坎占地(m);B_m为田面毛宽(m);B_1为田面斜宽(m)。

当挖、填土方数量相等时,梯田挖(填)方的断面面积S(m^2)和每公顷土方量V(m^3/hm^2)可由式(10-6)和式(10-7)计算:

$$S = \frac{1}{2} \times \frac{H}{2} \times \frac{B}{2} = \frac{HB}{8} \tag{10-6}$$

$$V = S \times L = \frac{HB}{8} \times \frac{10\ 000}{B} = 1\ 250H \tag{10-7}$$

式中，S 为挖（填）方的断面面积（m^2）；V 为每亩梯田的土方量（m^3/hm^2）。其他符号意义同前。

梯田最优断面设计的关键是确定最优的田面宽度。所谓"最优"田面宽度是指在保证适应机耕和灌溉条件下的最小田面宽度。根据不同地形和坡度条件，在不同地区应采用不同的田面宽度。在残塬缓坡地区，农耕地一般坡度在 5°以下。当拖拉机携带悬挂农具掉头转弯时，掉头转弯所需的最小直径为 7～8 m；当拖拉机携带牵引农具时，掉头转弯需要的最小直径为 12～13 m。按照机耕和灌溉要求，此时梯田的田面宽度一般以 30 m 左右为宜。

对于丘陵陡坡地区，当坡面坡度为 10°～25°时，一般采用小型农机具进行耕作。小型农具在 8～10 m 宽的田面上就能自由地掉头转弯，这一宽度也可满足畦灌或喷灌的要求。因此，在陡坡地（25°以下）上修梯田时，其田面宽度不应小于 8 m。长江流域土坎和石坎水平梯田的常见规格尺寸参数见表 10-1 和表 10-2。

表 10-1　土坎梯田规格参数表

原地面坡度(°)	田坎高度/m	田坎侧坡(°)	田面宽度/m	埂坎占地率/%
5	1.0～1.5	65	11.0～16.4	7.3～6.3
		75	11.2～16.7	5.6～3.8
8	1.0～1.5	65	6.7～10.0	11.5～9.9
		75	6.8～10.3	8.9～7.2
10	1.0～1.5	65	5.2～7.8	14.3～12.3
		75	5.4～8.1	11.0～9.0
15	1.0～1.5	65	3.3～6.6	21.0～16.9
		75	3.5～7.0	16.2～11.9
20	1.5～2.0	65	3.4～4.6	24.3～22.6
		75	3.7～5.0	17.7～15.9
25	1.5～2.0	65	2.5～3.4	30.4～28.4
		75	2.8～3.8	22.2～20.0

表 10-2　石坎梯田规格参数表

原地面坡度(°)	田面宽度/m	田坎高度/m	田坎侧坡(°)	土石方量/(m^3/hm^2)
10	10～12	1.9～2.2	75	2 370～2 745
		1.8～2.1	85	2 250～2 625
15	8～10	2.3～2.9	75	2 880～3 630
		2.2～2.7	85	2 745～3 375
20	6～8	2.4～3.2	75	3 000～4 005
		2.3～3.0	85	2 880～3 750
20	4～6	2.1～3.2	75	2 625～4 005
		1.9～2.9	85	2 370～3 630

(3)梯田建筑材料

梯田埂坎形式或建筑材料的选择要因地制宜。有石料的地方可修建石坎梯田,其稳定性和抗冲性比土坎要强,且占耕地少;无石料的地方,可修土坎梯田,此时选择合适的田坎侧坡,同样可达到安全稳定的目的。

砌筑石坎的材料包括条石、块石、卵石、片石或土石混合等。在地面出露页岩且土层薄的地方,宜选毛条石筑坎;由于石灰岩或花岗岩等不便开成料石,此时宜选修块石田坎;在靠近河谷或沉积带、卵石分布广的地区,宜修筑卵石田坎;在千枚岩或片麻岩地区,宜修筑片石田坎。在石料造价较高而土层较厚的地方,为减少占地、增加田坎稳定性和发展地埂经济林草,埂坎形式可选用下部为砌石、上部为土料的土石混合坎。石坎一般高为 1~2.5 m,侧坡一般为垂直。

无石料可取的地方宜修建土坎。土坎侧坡和外坡坡度的大小由土坡的稳定性决定。在给定土质和坎高条件下,必须保证埂坎的安全稳定,同时尽可能减少占地量和用工量。梯田埂坎的稳定性主要受梯田埂坎坡度(α)、埂坎高度(H)、土壤内聚力(c)、土壤内摩擦角(ϕ)、土壤湿容重(γ)以及田面外部荷载等因素的影响。应通过土坡稳定性分析计算,确定埂坎的稳定坡度。

(4)梯田施工

梯田修筑首先需要定线。可根据地面坡度与梯田宽度,沿等高线测定埂坎线,做到“大弯就势、小弯取直”,合理确定挖填分界线,以求填挖土方量尽量平衡。表土较肥沃,因此施工时应首先移走表土至某一地点保存,然后在工程结束时再取回表土,回填至梯田表层,以保证新建梯田当年不减产。工程施工过程中应尽量保留表土,一般要求表土保留至少 70%以上。在梯田施工中常采用逐台下翻(图 10-3)、中间堆土(图 10-4)、逐行置换(图 10-5)或轮翻开槽取土等方法保留表土,它们分别适用于陡、中、缓坡以及地形较复杂的缓坡或中坡。

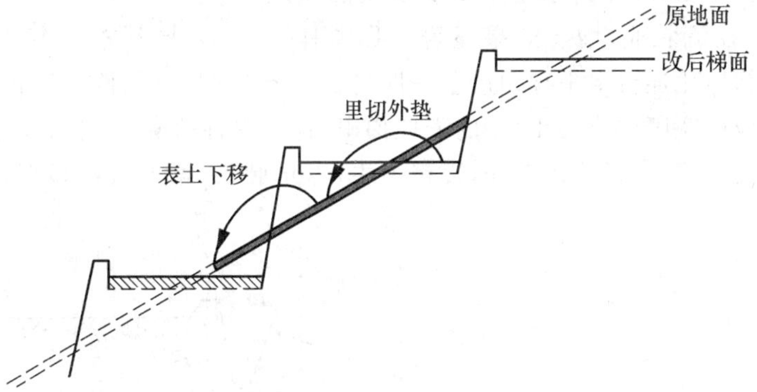

图 10-3　逐台下翻法示意图

在田坎修筑时,应清基至坚实的底土,并修成倒坡。如果是石基,需除去风化强烈的裂隙部分。一般坎内填土与田坎施工同时进行,保持等高。在工程完工时,填土面的地面高程应略高于设计地面工程,以保证压密沉降后的田面工程达设计水平。水稻梯田还应修筑防渗层。

(5)新修梯田丰产技术与养护

由于打乱了土层,新修梯田往往填方地段的作物生长好,而挖方地段的作物矮小,缺苗断垄,从而导致当年减产,因此需采取有效措施,加强管理,才能有好的收成。常采用的措施有深翻改土,增施肥料,套种绿肥,选种先锋作物,充分利用埂坎和加强梯田养护等。

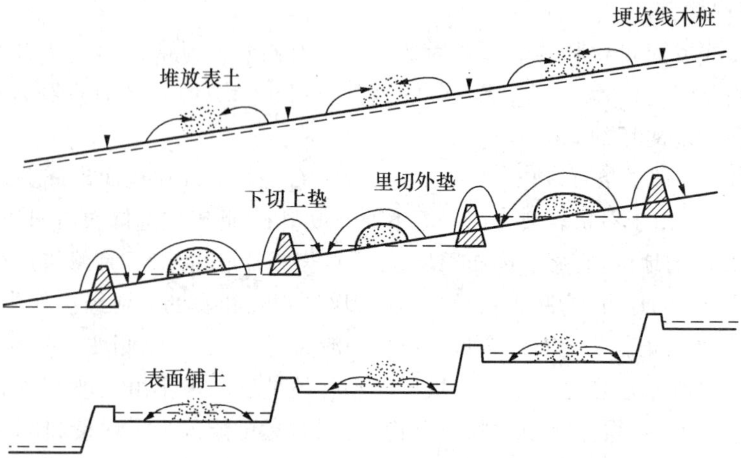

图 10-4 中间堆土法示意图

2. 隔坡梯田

根据拦蓄利用径流的需求，在坡面上修建一层水平梯田，在其上方留出一定面积的原坡面，从而将坡面产生的径流拦蓄于下方的水平梯田面内，这种平坡相间的复式梯田被称做隔坡梯田(图 10-6)。在坡度 25°以下的坡地上修建隔坡梯田一般可作为水平梯田的过渡形式。

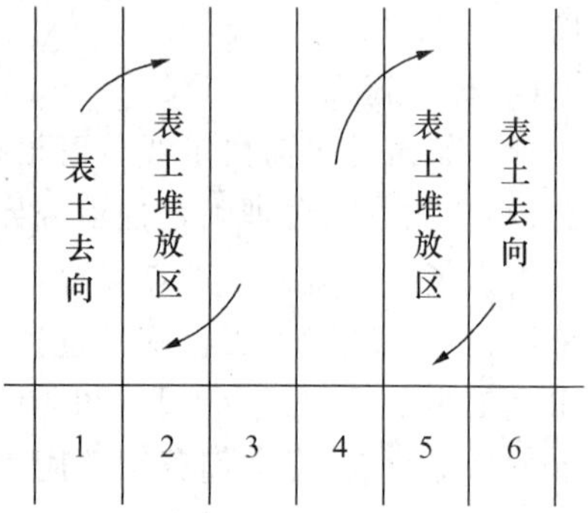

图 10-5 逐行置换法示意图

(1)隔坡梯田特点

隔坡梯田建设比连台梯田省工、省料，且可将坡面上的径流拦蓄于梯田内，既保持水土又减少坎壁的蒸发量，是一种典型的径流农业，增产效果显著。我国甘肃定西地区的隔坡梯田比连台水平梯田产量一般高 13%～200%。陕西延安将小于 25°的坡地，修成田面宽度与坡面宽度比值为 1∶1 的隔坡梯田，梯田内种植糜谷、小麦等农作物，实行沟垅种植。坡面上种植牧草，实行草田轮作，以粮为主，以草肥田，增产效益显著，且坡面的坡度逐年减缓。

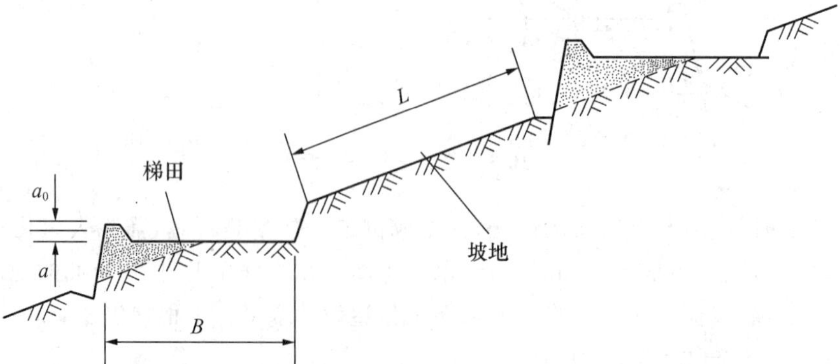

图 10-6 隔坡梯田断面图

L. 坡地宽度(m) *B*. 平地宽度(m) *a*. 蓄水埂有效拦蓄高度(cm) a_0. 安全超高(cm)

(2)隔坡梯田设计

隔坡梯田设计主要是确定水平田面与隔坡两部分的宽度。水平部分的宽度可按水平梯田的设计方法确定,隔坡的宽度依当地水土流失的情况和水平梯田的拦蓄有效期(即水平梯田拦沙容积淤满的年限)而定。在水平梯田拦蓄有效期一定时,水土流失越严重的地方,其隔坡的宽度与面积就越小。甘肃隔坡水平梯田的拦蓄有效期一般按 5 年设计,其黄土丘陵沟壑区水平梯田的宽度应是隔坡流失面宽度的 1/5～1/3。根据黄河上中游管理局的资料,在降雨量为 300～400 mm 的条件下,黄土高原 20°左右坡地上的隔坡面积与水平田面面积的比例一般为:农作物(3～5)∶1、经济林木(6～8)∶1。

3. 坡式梯田

坡式梯田是田面顺坡向倾斜的梯田,一般修在坡度为 10°以下的较缓坡面。坡式梯田沿等高线构筑挡水拦泥的土埂,埂间仍维持原有的坡面不动。依靠逐年翻耕与径流冲淤,土壤由高处移向低处,拦蓄于土埂内。通过不断加高田埂,使田面坡度逐渐变缓。随着地埂的逐年加高,最后变成水平梯田。

(1)坡式梯田设计

坡式梯田的断面形状如图 10-7 所示。设计坡式梯田时,首先应根据地形和坡度确定地埂的走间和间距,然后根据暴雨径流量与泥沙冲刷量,求出地埂单位长度应具有的容蓄量以及能满足此容蓄量的地埂高度及其断面。

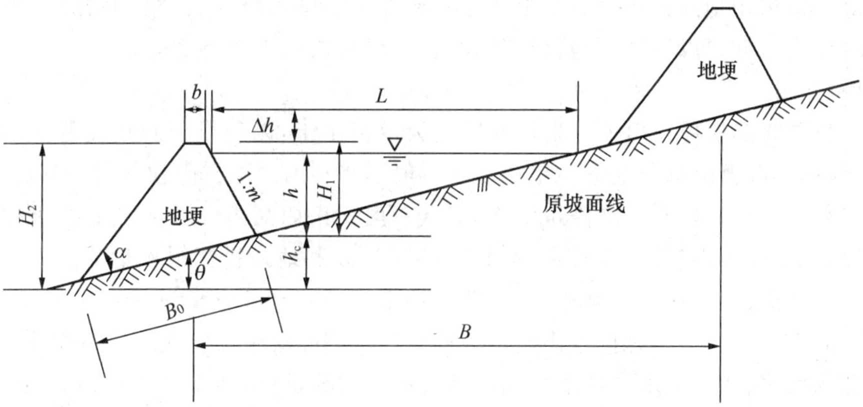

图 10-7　坡式梯田断面示意图

坡式梯田的地埂间距按水平梯田宽度设计,地埂拦蓄量可按最大一次暴雨径流深与年最大冲刷深或多年平均冲刷深度之和进行计算。

地埂内侧高度可按式(10-8)计算:

$$H_1 = h + \Delta h \tag{10-8}$$

式中,h 为地埂最大拦蓄高度(m);Δh 为地埂安全超高,一般取 0.5 m。

埂间坡面产流量可按式(10-9)计算:

$$Q = B(h_1 + h_2) + V_0 \tag{10-9}$$

式中,B 为地埂水平间距(m);h_1 为最大一次暴雨径流深(mm),可根据各地最大一次暴雨量推算或查有关手册;h_2 为最大冲刷深度(mm);V_0 为 3 年期间因耕作而翻入埂内的土方量(m^3/m)。

(2)坡式梯田施工

坡式梯田施工多采用人工培修地埂的办法,一般包括测定基线、清基培埂、踩平踏实、拍打牢面、加设横档等步骤。施工时需注意加大低洼处的地埂宽度与高度,保证埂顶高程。在集流洼地要修筑水簸箕或截水坑等小型蓄水工程,分段拦蓄径流,以免冲毁地埂。在有鼠害的地方,需加以防治。地埂培修好后应注意养护并逐年加高,一般每3年需加高一次。

据我国山西省水土保持研究所资料,在正常降雨年份,坡式梯田可减少径流30%~50%,减小土壤冲刷量50%~70%,平均增产18%(扣除地埂占地后的净增产为6.4%)。通过修建坡式梯田并使其最终变为水平梯田,一般所需的人工量仅为一次修平的30%~40%,且可在较短期内使较大面积的坡耕地得到初步治理。在采用坡式梯田的同时,如果结合采用沟垄耕作、水平犁沟、垄作区田等水土保持耕作法,其保持水土与增产的效果更为显著。

4. 其他梯田形式

(1)软埝

软埝是在缓坡地(一般小于6°~7°)上每隔一定距离等高筑埝而成的一种波浪式梯田,又称宽埂梯田。软埝是改造缓坡地、防止水土流失的一项工程措施。软埝一般近似沿等高线设置,每条田面基本等宽。软埝的两侧坡平缓,因此便于耕作。如果田面有低洼的集水区,一般应填土找平,也可分段填土以拦蓄径流。取土找平或采用翻转犁耕地是加速由软埝田变为水平梯田的有效措施。一般软埝的高度为30~35 cm,两侧边坡1∶(8~6),田面宽度15~50 m。软埝一般采用拖拉机带动的铧式犁、筑埂器、平地机等机械修筑。软埝在我国陕北洛川地区应用较广。将3°以下的塬地修成软埝后,一般可增产10%~20%。

(2)果树梯田

我国一般果树都栽种在山地。果树梯田是为保持水土,以利果树栽培而修建的梯田。修筑果树梯田时,一般由山脚向上修。果树梯田一般不修到山顶。在山顶保留一部分植被,以利防风和保持水土。用石块或土料修筑田坎,田坎一般比田面高出15 cm左右。果树梯田的田面宽度一般为2~4 m,田面以反坡向内倾斜1°~3°,以利地表径流缓慢地流入靠坎脚的排水沟内。为减小水流速度、防止土壤冲刷,一般在排水浅沟的出口处安置一个与排水沟同宽但高出沟底10 cm左右的平台。总排水沟按山势或天然水流的流路加以人工改造而成。采用石块砌筑沟壁和沟底,并在总排水沟坡度较大的地方设消力池,以缓冲水力冲刷和沉淀泥沙。

(3)果树台田

根据地形、地面坡度、降雨条件以及果树生长情况,在山区或丘陵区的坡地上修建的田面平整、彼此相连的网络状小田块,称为果树台田或果树池田。果树台田一般长3~5 m、宽2~3 m,其拦水埂高0.3~0.4 m、埂宽0.3~0.5 m。在每一小田块中央,种植1~2棵果树。果树台田是低山丘陵区发展果树经济林的一种水土保持坡面工程技术。台田的蓄水、保土和保肥作用显著,为果树生长、发育创造了良好的水肥条件,从而促进了果树增产。台田技术在黑龙江、吉林、辽宁和内蒙古东部地区得到了广泛应用,获得了良好的经济、生态和社会效益。

(4)反坡梯田

反坡梯田是田面向内倾斜一定坡度的梯田。反坡梯田蓄水保土、抗旱保墒能力较强,改善立地条件作用较大,有利于作物和林木生长。但反坡梯田修建花费劳力较多,一般用于地形较平整、坡面不破碎的地方。反坡梯田包括农用反坡梯田和造林反坡梯田。农用反坡梯田的反坡坡度一般不大于3°,田面宽5~12 m;造林反坡梯田的反坡坡度一般为3°~15°,田面宽1~

3 m。农用反坡梯田的修筑方法与水平梯田相似，而造林反坡梯田的修筑方法与水平阶相似。

10.1.2　护坡与固坡工程

1. 护坡工程

护坡工程是对不稳定斜坡、岩体、土体所采取的防护性工程措施。护坡工程主要包括挡墙护坡、砌石护坡、抛石护坡、喷浆护坡、格状框条、混凝土护坡以及锚固护坡等形式。在工程实践中，一般采用综合护坡工程。在满足防护要求的前提下，尽可能同时满足植被恢复和重建条件，以期达到工程护坡与植被护坡有效结合的最佳效果。

(1)挡墙

挡墙又称挡土墙，是用来防止崩塌、小规模滑坡以及大规模滑坡前缘的再次滑动。挡墙构造有重力式、倒 T 形或 L 形、扶壁式等(图 10-8)。

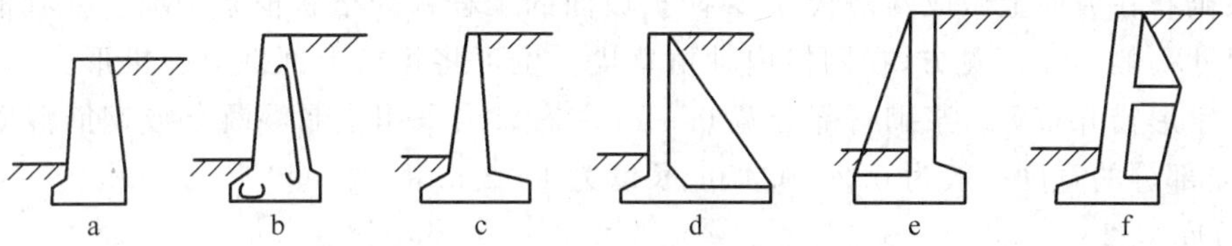

图 10-8　挡墙横断面图

a. 重力式　b. 半重力式　c. 倒 T 形　d. 扶壁式　e. 支垛式　f. 棚架扶壁式

重力式挡墙可以防止滑坡和崩塌，适用于坡脚较坚固的基础，具有较大的承载力，抗滑稳定性较好。重力式挡墙又可分为片石垛、浆砌石挡墙、混凝土或钢筋混凝土挡墙以及空心挡墙(明洞)等。对于浅层中小型滑坡，重力式挡墙宜修建在滑坡面前；若滑坡体较薄且具有多个滑动面时，则可分级修建档墙。片石垛可就地取材，施工简单，透水性好，适用于滑动面在坡脚以下不深处的中小型滑坡。若滑动面出露在斜坡上较高位置且坡脚基底较坚固时，可采用空心挡墙(明洞)。

其他几种类型的挡墙多用于防止斜坡崩塌，一般用钢筋混凝土修建。倒 T 形挡墙用材少、自重轻，适用于 4～6 m 高度的土坡；扶壁式和支垛式挡墙因有支挡，适用于 5 m 以上高度的土坡。

(2)砌石护坡

砌石护坡分为干砌石护坡和浆砌石护坡两种形式。干砌石适用于易受冲刷、有地下水渗流的土质边坡。干砌石护坡的坡度应根据边坡土体性质和结构而定，一般为 1∶(2.5～3)。浆砌石护坡坚固，适宜于多种情况，但投资较高。对于坡度小于 1∶1、坡体高度小于 3 m、坡面涌水现象严重的情况，需在浆砌石护坡层下铺设厚 15 cm 以上的反滤层。当坡面坡度在 1∶(1～2)之间、坡面可能遭受水流冲刷时，宜采用浆砌石护坡。

(3)抛石护坡

因在雨季时易遭受洪水淘刷，因此在沟岸或河岸的坡脚地段应采用抛石护坡。抛石护坡包括散抛块石、石笼抛石或草袋抛石等方式。散抛块石适宜于沟(河)水流速 3～5 m/s 的情况，石笼抛石护坡适于流速大于 5 m/s 的坡段，草袋抛石护坡宜用于坡脚受洪水冲淘或边坡梯度大于 1∶(1～1.5)的坡段。

(4)混凝土护坡

在边坡极不稳定、坡脚可能遭受强烈洪水冲淘的较陡坡段,宜采用混凝土(或钢筋混凝土)护坡,必要时可加锚固定。在坡度小于1∶1、高度小于3 m的坡面,宜采用混凝土砌块护坡;坡度在1∶(0.5～1.1)之间的,宜采用钢筋混凝土(预制)砌块护坡。当坡面涌水较大时,应设反滤层和修筑盲沟排水。

(5)喷浆护坡

在基岩有细小裂隙但无大崩塌的防护坡段,可采用喷浆机进行喷浆或喷混凝土护坡,以防止基岩风化剥落。喷涂水泥砂浆的沙石料,其最大粒径为15 mm,水泥和沙石的重量比为1∶(4～5),沙率为50%～60%,水灰比为0.4～0.5,速凝剂的添加量为水泥重量的3%左右。在岩石风化、崩塌严重的地段,需在加筋锚固后再喷浆。

(6)格状框条护坡

用浆砌石在坡面上做成网格状,用以防护坡面的工程称为格状框条护坡。格状框条护坡的网格尺寸一般为2 m见方,在网格内种植草皮。也可将每格上部做成圆拱形、上下两层网格呈“品”字形错开布置。浆砌石部分宽0.5 m左右。当采用预制混凝土或钢筋混凝土构件时,混凝土部分的宽度一般为0.2～0.4 m、长度为1～2 m。

2. 固坡工程

固坡工程是为防止斜坡、岩体和土体下滑移动,保证边坡稳定而修建的坡体加固工程。固坡工程主要包括削坡开级和反压填土、抗滑桩、排水工程、滑动带加固工程以及植物固坡措施等。

(1)削坡开级和反压填土

削坡主要用于防止中小规模的土质滑坡和岩质斜坡崩塌。削坡通过减缓坡面坡度而减小滑坡体的体积和下滑力,从而保持坡体的稳定。对于高且陡的岩质斜坡,当岩体破碎、节理缝隙发达、有可能发生崩塌坠石时,应剥除危岩,削缓其坡顶部。当斜坡高度较大时,削坡常分级留出平台。开级则是通过开挖边坡,修筑阶梯或平台,截短坡长,改变坡型、坡度和坡比,从而达到降低荷载重心、维持边坡稳定的目的。土质边坡一般通过削坡开级,将其坡面作成直线形、折线形、阶梯形或大平台形。当石质边坡的坡度陡直、坡面呈“凸”字形、荷载不平衡或存在软弱交互岩层且岩层走向顺坡时,可采用削坡开级的方法稳定其边坡。

反压填土是在滑坡体前面的坡脚处堆土加载,以增加其抗滑力。将填土分层夯实,筑成抗滑土堤。土堤的外露坡面采用干砌片石或种植草皮保护,土堤的内侧修渗沟。土堤和老土间应修建隔渗层,并且需修建地下水引排工程。

(2)抗滑桩

抗滑桩是指穿过滑坡体并将其固定在坡基上的桩柱。抗滑桩工程所需的土方量小,省工省料,施工方便,工期短,是广泛应用的一种抗滑措施。根据滑坡体厚度、推力大小、防水要求和施工条件等,可选用木桩、钢桩、混凝土桩或钢筋(钢轨)混凝土桩等作为抗滑桩。抗滑桩的材料、规格和布置要能满足抗剪断、抗弯、抗倾斜、阻止土体从桩间或桩顶滑出的要求,因此抗滑桩应有一定的强度和锚固深度。木桩可用于浅层小型土质滑坡或对土体仅起临时拦挡作用的情况。木桩强度低,抗水性差,所以防止滑坡发生常用钢桩和钢筋混凝土桩。

(3)排水工程

通过排水可减少地表水和地下水对坡体稳定性的不利影响,从而提高现有坡体的稳定性,或在坡度增大的条件下不降低坡体的稳定性。排水工程包括地表水排水工程和地下水排水工程。

地表水排水工程既可拦截斜坡以外的地表水，又可防止斜坡上地表水的大量渗入，将斜坡内地表水尽快汇集排走。地表水排水工程又分为防渗工程和水沟工程。修建防渗工程的目的是防止雨水、泉水和池水的渗透。防渗工程包括整平夯实和铺盖阻水两种类型。当斜坡上有松散的土体分布时，应填平坑洼和裂缝并整平夯实。铺盖阻水是一种大面积防止地表水渗入坡体的措施。铺盖材料主要有黏土、混凝土或水泥砂浆。黏土一般用于较缓的坡。水沟工程包括截水沟和排水沟。截水沟布置在斜坡范围之外，用以拦截、旁引地表径流，防止地表水向斜坡汇集。排水沟工程可采用砌石、沥青铺面、半圆形钢筋混凝土槽或半圆形波纹管等形式，也可采用不铺砌的沟渠。不铺砌沟渠的渗透量大、防冲效果差。排水沟布置应充分利用自然沟谷，一般呈树枝状布置在斜坡上。

地下水排水工程用以排除和截断地表以下的渗透水流，主要包括渗沟、暗沟、排水孔、排水洞或截水墙等。渗沟一般布置在滑坡体前或泉眼和低洼潮湿地方下侧附近的稳定土层内，并应铺砌防渗。渗沟深度一般大于 2 m，以便充分疏干土壤水。排除浅层（约 3 m 以内）的地下水可采用暗沟。暗沟分为集水暗沟和排水暗沟两种。集水暗沟用来汇集浅层地下水，然后通过连接集水暗沟的排水暗沟把汇集的地下水排走。排水暗沟的底部可布设有孔的钢筋混凝土管或石笼，并可铺设不透水的杉皮、聚乙烯布或沥青板，在其侧面和上部则设置树枝及砂砾组成的过滤层，以防淤塞。

排水洞的作用是拦截和疏导深层地下水。排水洞分为截水隧洞和排水隧洞。截水隧洞修筑在需要治理的斜坡外围，用来拦截和旁引补给水。截水隧洞的轴线应大致垂直于水流方向。排水隧洞则布置在需治理的斜坡内部，用于排泄地下水。在不稳定的斜坡上，隧洞应布设在滑坡体滑动面的下方，洞顶高程必须切割隔水层的顶板。排水隧洞应沿平行于滑坡体滑动的方向布置，隧洞边墙及拱圈应预留泄水孔和填筑反滤层。如果地下水大量流向斜坡区，可在斜坡区上游的附近布设截水墙，截断和收集地下水并将其排至安全区。

(4)滑动带加固工程

滑动带加固工程是指通过机械或物理化学方法，提高滑动带强度、防止滑动带沿软弱夹层滑坡的工程措施。滑动带加固方法有普通灌浆法和化学灌浆法等两种类型。

普通灌浆法是指用由水泥或黏土等材料制成的浆液灌浆加固的方法。为提高灌浆效果，应首先采用高压气水冲洗软弱滑动带，清除破碎岩土，然后填入混凝土或借助一定压力把浆液灌入裂缝。这种方法既可增大坡体的抗滑能力，又可防渗阻水。

化学灌浆法是指采用高分子化学材料配制的浆液，借助一定的压力把浆液灌入裂隙中从而达到加固之目的。浆液充满裂隙后不仅可增加滑动带的强度，还可以防渗阻水。我国常用的化学灌浆材料有水玻璃、铬木素、丙凝、氰凝和尿醛树脂等。

10.1.3　坡面沟渠工程

为防治坡面水土流失而修建的截排水设施统称坡面沟渠工程，主要包括截流沟、排水沟、蓄水沟、引水渠（堰沟）和灌溉渠等。坡面沟渠工程是坡面治理的重要组成部分，其主要作用是拦截坡面径流，引水灌溉；排除多余来水，防止冲刷；减少泥沙下泄，保护坡脚农田；巩固和保护治坡成果。

1. 规划原则

坡面沟渠工程应与梯田、耕作道路、沉沙蓄水工程同时规划，并以沟渠、道路为骨架，合理布设截流沟、排水沟、蓄水沟、引水渠(堰沟)、灌溉渠和沉沙池等工程，形成完整的防御和利用体系，并按高水高排或高用、中水中排或中用、低水低排或低用的原则进行设计。坡面沟渠工程位置应尽量避开滑坡体或危岩等地带，同时注意节约用地，减少交叉建筑物(如涵洞等)数量，降低工程投资。面积较小的坡面，其沟渠工程系统可视为一个排、引、灌小区。当坡面面积较大时，可划分为几个排、引、灌单元，分区布置。

根据不同的防治对象，因地制宜地确定沟渠工程的类型和数量，并综合考虑坡面上截、排、引、灌工程的布设。有时，截流沟和排水沟也可兼作引水渠或灌溉渠。以经果林为主的坡面梯田，应根据降雨和汇流面积，合理布设截水沟和排水沟，并结合水源条件规划引水渠和灌溉渠；以种植林草为主的坡面，一般均匀布设蓄水沟。如果坡面上游的集水面积较大，应规划截流沟或排洪沟。

截流沟一般应下接排水沟，并在连接处前后修建沉沙、防冲设施。在梯田区域内承接背沟两端的排水沟，一般应垂直等高线布设，作为路边沟或路代沟(微凹处)。土质排水沟应分段设置跌水，在跌水处铺设草皮或石块衬砌等用以防冲消能。坡面沟渠的比降应根据截水、排水和用水的位置而定。当截水、排水、用水的位置在坡面时，截流沟和排水沟可沿等高线布设，沟底比降应满足不冲不淤流速。当沟底比降过大或与等高线垂直布设时，必须采用防冲措施。

2. 截流沟

截流沟是指在坡面上横贯坡向、每隔适当距离人工修筑的具有一定纵坡的沟道。截流沟改变了坡长，截短了地表径流的流程，因此可减小径流冲刷，并将拦截的坡地径流排至蓄水工程用以灌溉农田、草地或林地等。山坡截流沟与梯田、涝池、蓄水池、沟头防护工程以及引洪漫地等措施的相互配合，对保护和灌溉其下部的农田、防止沟头前进、防止滑坡、维护村庄和道路安全等具有重要作用。

(1)截流沟布置

坡度在40%以下的坡面均可修建截流沟。截流沟与纵向布置的排水沟相连，从而把径流排走。截流沟在坡面上一般均匀布置，沟间距依坡度的陡缓而异。坡度较陡时，截流沟的沟间距应小些；坡度较缓时，沟距可大些(表10-3)。布置截流沟时，应先实地勘查蓄水工程的位置和容积、坡面地形和地表植被等，收集降雨资料，然后确定截流沟的布设位置和线路。为防止滑坡，应在滑坡可能发生的上游边界以外5 m处设置一条截流沟。当坡面面积和径流流速较大时，可设置多条截流沟。在傍山公路或多级削坡平台马道的内侧，结合工程情况设置截水沟。此时，公路或马道的平面应稍向内侧倾斜，以利于向截流沟内汇集水流。

(2)截流沟断面设计

为保证水流的不冲不淤流速，沟底应保持一定的坡度。当设计流量为0.03～0.10 m^3/s时，沟道纵坡一般取1∶(300～1 000)；当设计流量为0.1～0.3 m^3/s时，可取1∶(800～1 500)。

设计洪峰流量按式(10-10)计算。

$$Q = C \cdot i \cdot A \tag{10-10}$$

式中，Q为过水流量(m^3/s)；C为流量系数；i为最大暴雨强度(m/s)；A为集水面积(m^2)。

表 10-3　坡面截流沟的一般间距

坡度		沟间距/m	坡度		沟间距/m
百分比/%	角度(°)	(沿斜坡距离)	百分比/%	角度(°)	(沿斜坡距离)
3	1.7	30	9～10	5.1～5.7	16.5
4	2.3	25	11～13	6.3～7.4	15
5	2.9	22	14～15	8.0～9.1	14
6	3.4	20	17～23	9.4～12.6	13
7	4.0	19	24～37	13.3～20.0	12
8	4.6	18	38～40	21.0～21.8	11.5

设计沟道横断面时，先假设一横断面，按谢才公式计算流速：

$$V = C\sqrt{Ri} \tag{10-11}$$

$$C = \frac{1}{n} \cdot R^{1/6} \tag{10-12}$$

式中，V 为流速(m/s)；C 为谢才系数($m^{1/2}/s$)；R 为水力半径(m)；i 为沟道比降；n 为沟道糙率。

根据式(10-12)求得的流速 V 若在不冲不淤流速的范围内，则按 $Q=V\times W$ 校核沟道断面的实际过水流量(W 为沟道过水断面积，m^2)。若实际过水流量与洪峰设计流量相符，则该设计横断面可行，否则需改变断面尺寸，重新设计。当截流沟较长时，为减少土方量、节省劳力，截流沟各段可取不同的过水断面面积，因此应分段设计沟道的过水断面尺寸。但当集水面积不大、沟道不长时，可只设计一个沟道断面尺寸。

3. 水平沟

水平沟一般用于荒坡治理时的造林整地，它可拦蓄一定的径流泥沙。水平沟沿等高线开挖，平面布置一般呈"品"字形排列，每个水平沟长 3～5 m，植树 3～5 棵。水平沟设计主要是确定其断面大小、挖方量及间距(图 10-9)。

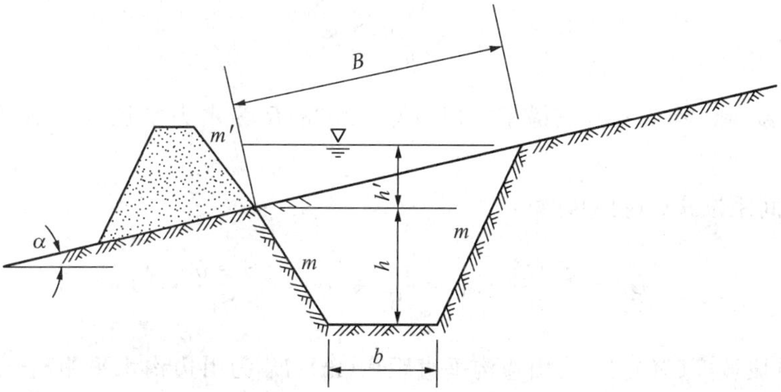

图 10-9　水平沟断面示意图

水平沟单位长度上的蓄水容积 $V_{蓄}$(m^3/m)按式(10-13)计算：

$$V_{蓄} = (b + mh)h + \left[b + 2mh + \frac{1}{2}(m + m')h'\right]h' \quad (10\text{-}13)$$

单位长度上的挖方量 $V_{挖}$（m^3/m）按式(10-14)计算：

$$V_{挖} = (b + mh)h + \frac{1}{2}(b + 2mh)^2 \frac{\tan\alpha}{1 - m\tan\alpha} \quad (10\text{-}14)$$

沟上口开挖宽度 B(m)按式(10-15)计算：

$$B = \frac{b + 2mh}{\cos\alpha - m\sin\alpha} \quad (10\text{-}15)$$

沟间距 L(m)按式(10-16)计算：

$$L \leqslant \frac{V_{蓄}}{W} \quad (10\text{-}16)$$

式中，b 为沟底宽(m)；h 为沟深(m)；h'为开挖部分以上的最大蓄水深(m)；m 为挖方部分的边坡系数；m'为填方部分的边坡系数；α 为地面坡度(°)；W 为单位面积来水量(m^3/m^2)。

水平沟的挖深、底宽、蓄水深以及边坡等尺寸根据土层厚薄、土质、降雨量和地形坡度等确定。在一般情况下，水平沟的挖深和底宽均可取 0.3～0.5 m、挖方边坡系数取 1∶1、填方边坡系数可取 1∶(1.2～1.5)、蓄水深 0.7～1.0 m、沟间距约 2 m 左右。造林水平沟可放大尺寸，以便多拦蓄降水促进树木成活。

4. 山边沟

山边沟一般在坡面上沿等高线方向修建，且修筑时应根据设计径流泥沙拦蓄量，合理设计沟间距。山边沟配合坡面等高耕作、地面种植覆盖型作物或草类、地面残茬覆盖或工程排水系统等实施，可取得更好的保持水土效果。山边沟设计主要是确定其断面尺寸和间距。

山边沟一般采用梯形或内斜宽底的三角形断面(图 10-10)。沟内流速 V(m/s)按式(10-17)计算：

$$V = \frac{1}{n}R^{2/3}S^{1/2} \quad (10\text{-}17)$$

式中，n 为沟道糙率。沟底及两侧糙率一般 n 取 0.028；R 为水力半径(m)；S 为沟纵坡，一般取 1/100。

山边沟的间距按式(10-18)计算：

$$L_v = \frac{S + h}{10};L_h = \frac{L_v}{S} \times 100 = \frac{S + b}{S} \times 10 \quad (10\text{-}18)$$

式中，S 为沟纵坡坡度(%)；L_v 为山边沟垂直距离(m)；L_h 为山边沟水平距离(m)；b 为山边沟底宽(m)。

一般缓坡(坡度＜20%)上的山边沟，其沟底宽度宜采用 2.0 m 宽型；坡度＞20%的陡坡，宜采用 1.5 m 的窄型山边沟。

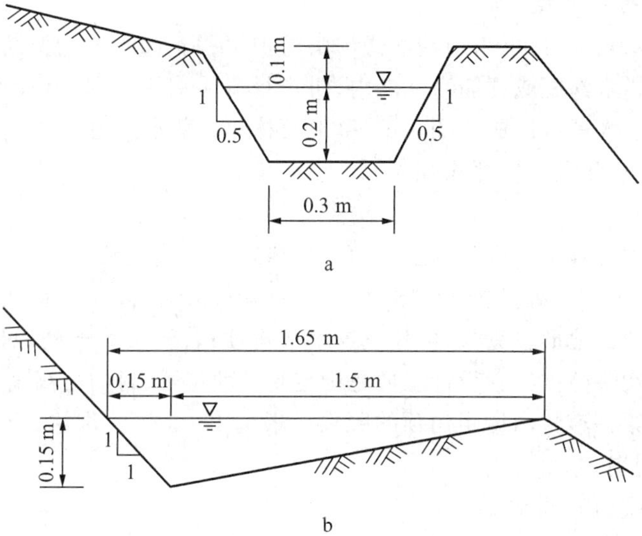

图 10-10　梯形山边沟和内斜宽底三角形山边沟示意图

a. 山边沟梯形断面图　b. 山边沟三角形断面图

10.2　沟道治理工程

沟道治理工程是为了固定沟床、防止或减轻山洪及泥石流危害，在沟道中修筑的水土保持工程。沟道治理工程主要用于保护沟头、制止沟道溯源侵蚀，防止沟岸崩塌扩张以及抬高沟道侵蚀基准面、制止沟床下切。沟道治理工程是流域水土流失综合治理的关键工程。沟道治理工程包括沟头防护工程、谷坊、拦沙坝、淤地坝和沟岸防护工程等。

10.2.1　规划布置原则

沟道治理工程必须按照坡沟兼治以及治理与开发利用相结合的原则进行全面规划。沟道治理工程应以小流域为单元进行全面规划，从沟头到沟口，从沟坡到沟底，从支毛沟到干沟，从上游到下游，按照沟道网体系，科学合理地布设沟道治理工程。例如，在沟头修筑沟头防护工程，沟坡整地造林种草，沟底修谷坊、淤地坝（或拦沙坝）、蓄水池等，建成完整的沟道工程防治体系。

在沟头以上的集水区内布设梯田、小型蓄水工程或造林种草等，层层拦蓄雨水和径流，控制水土流失，削减乃至消除对沟道的侵蚀动力，达到坡沟兼治的目的。在布设沟道治理工程时，应治理、保护和利用并举，合理开发利用沟道的水土资源，使之协调发展。例如，修建淤地坝工程，将拦蓄沟道内的下泄泥沙与营造基本农田等结合起来，既防治水土流失，又发展农业生产。根据治理流域沟道的地质、地形、气候、土壤、植被等自然条件以及人类活动的影响程度，选用适当的治理措施。此外，沟道治理工程应与坡面治理工程相结合，统一规划，综合治理。

10.2.2　沟头防护工程

沟头防护工程是为了防止沟头前进而在沟头修建的一种排蓄坡面径流的工程，其作用是防止沟头前进。沟头防护工程一般分为蓄水式和泄水式两类。

1. 蓄水式沟头防护工程

当沟头上游来水较少时，可采用蓄水式沟头防护工程。蓄水式沟头防护工程将沟头集水区内的径流拦蓄在拦水沟埂或埂墙涝池之内，防止径流从沟头下泄，从而避免引起溯源侵蚀。拦蓄的径流可以用于人畜饮用或灌溉农田、草地及林地。蓄水式沟头防护工程包括沟埂式、埂墙涝池式、围埂林带式和多级坝埂式等。

(1)沟埂式

沟埂式沟头防护工程是在沟头以上的山坡上修筑与沟边大致平行的若干道封沟埂，并在距封沟埂上方 1.0～1.5 m 处开挖与封沟埂平行的蓄水沟，拦截和蓄存从坡面汇集而来的地表径流。若沟头坡地的地形较完整，可作成连续式沟埂；若沟头坡地的地形较破碎，可作成断续式沟埂。沟埂式沟头防护工程设计主要是确定封沟埂位置、封沟埂高度、蓄水沟深度以及沟埂长度及其道数。第一道封沟埂距沟顶的距离一般为 2～3 倍的沟深，至少相距 5～10 m 以上，以免引起沟壁崩塌。

沟埂间距可用式(10-19)计算：

$$L = H/I \tag{10-19}$$

式中，L 为封沟埂的间距(m)；H 为埂高(m)；I 为最大地面坡度(%)。

沟埂长度、埂高和沟深等尺寸，根据设计来水量、设计蓄水容积、沟头地形坡度和土质等条件决定(图 10-11)。确定时，首先初步拟定沟埂尺寸及长度，计算出沟埂的蓄水容积 V。若 V 接近设计来水量 W(可按 10～20 年一遇的暴雨计算)，则设计的沟埂断面满足要求。若 W 比 V 小得多，则可缩小沟埂尺寸及长度；若 $W>V$，则需增设第二道沟埂。在最上方的封沟埂蓄满水之后，水将溢出进入第二道沟埂。因此，为了确保封沟埂的安全，可在埂顶每隔 10～15 m 间距挖一个深 20～30 cm、宽 1～2 m 的溢流口，并辅以草皮铺盖或石块铺砌，使多余的水通过溢流口排入下方的蓄水沟埂内。

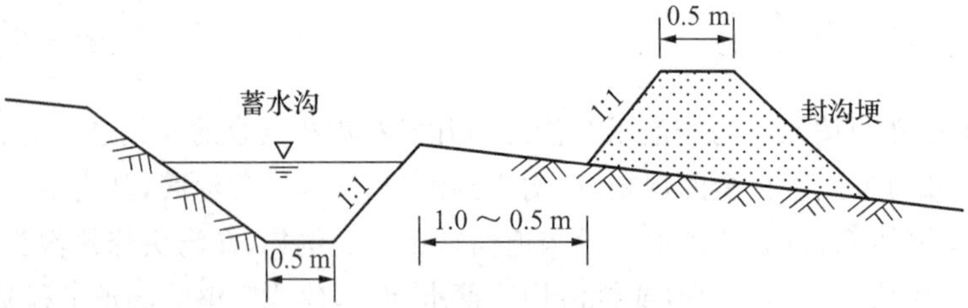

图 10-11　封沟埂与蓄水沟断面图

(2)埂墙涝池式

当沟头以上的汇水面积较大并有较平缓的坡面时，则宜开挖埂墙涝池群。各涝池之间应互相连通，组成一个连环涝池群，从而最大限度地拦蓄地表径流，防止和控制沟头侵蚀，同时涝池内的存蓄水也可用于灌溉。涝池尺寸与数量等参数应与设计来水量相适应，以避免水少池多或水多而涝池容纳不下现象的发生。设计来水量一般按 10～20 年一遇暴雨设计。也可在埂墙涝池式沟头防护工程的埂墙内侧栽种乔灌木林带，从而形成埂墙林带涝池式沟头防护工程。埂墙涝池式沟头防护工程布置如图 10-12 所示，埂墙林带涝池式沟头防护工程布置如图 10-13 所示。

(3)围埂林带式

在集流面积不大、沟头上部形状为扇形且坡度比较均匀的农田边沿,可采用围埂林带式沟头防护工程。围埂林带式沟头防护工程建设步骤一般为:首先围绕沟头修筑一道围埂,埂高 1.0～1.5 m,长度视沟头具体状况而定。每隔 20 m 修建一横向土堤,阻止地表径流在围埂内侧向流动。然后在围埂与沟缘线之间的破碎地带种植灌木,围埂内侧种植 10 m 宽左右的乔灌混交林。在坡面构筑田间工程,将降水就地拦蓄入渗在田块之内(图 10-14)。

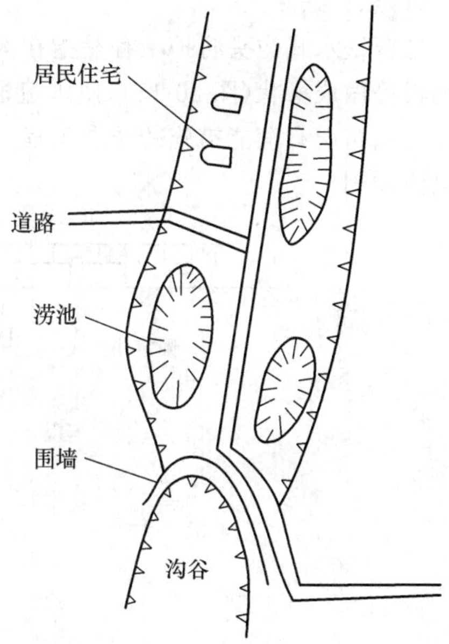

图 10-12　埂墙涝池式沟头防护工程布置图

2. 泄水式沟头防护工程

在沟头来水量较大、沟埂不能有效拦蓄径流,或沟头溯源侵蚀对村镇、交通要道以及其他重要设施威胁较大且没有修建蓄水式沟头防护工程的地方,可设计泄水式沟头防护工程。泄水式沟头防护工程的作用是将沟头以上部位汇集的径流安全地排入沟道中,避免冲刷,防止沟头溯源前进。泄水式沟头防护工程一般包括悬臂跌水式、陡坡式和台阶跌水式三种类型。

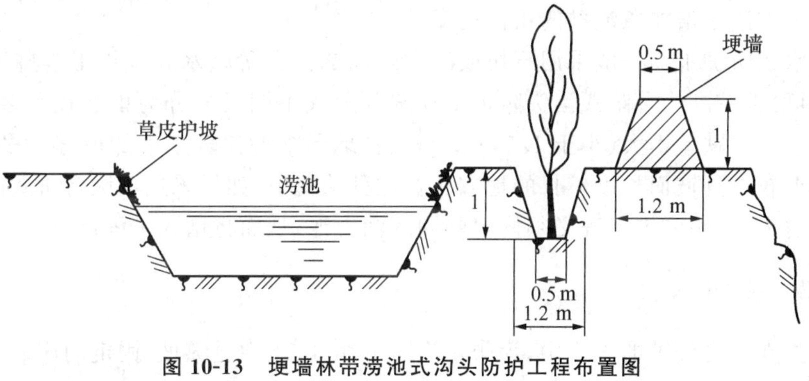

图 10-13　埂墙林带涝池式沟头防护工程布置图

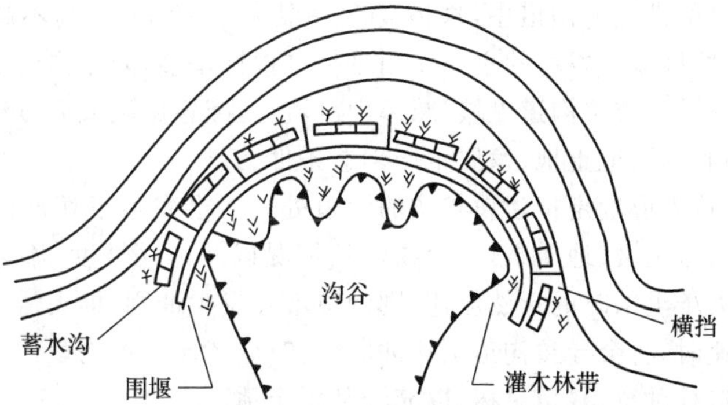

图 10-14　围埂林带式沟头防护工程布置图

(1)悬臂跌水式

悬臂跌水式沟头防护工程是指在沟头上方水流集中的跌水边缘,采用木板、石板、混凝土或钢板等做成槽状(图 10-15),使水流通过水槽直接下泄到沟底,不让水流冲刷沟头墙壁,并且在沟底布设有消能措施的防护工程。消力池可用浆砌石砌筑而成,也可将碎石堆于跌水基部以防冲刷。

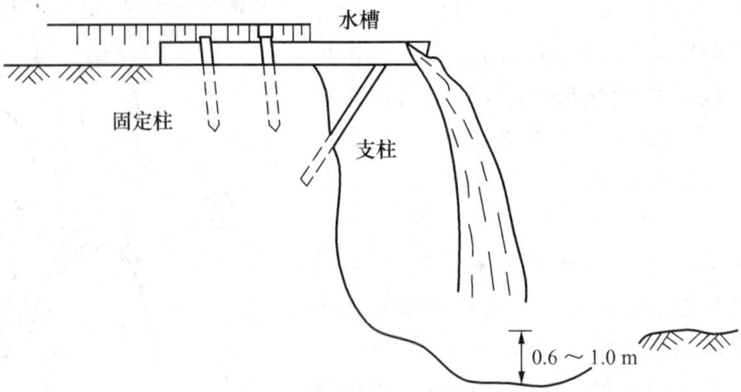

图 10-15 悬臂跌水式断面图

(2)陡坡式和台阶跌水式

陡坡式沟头防护工程一般用于落差较小而坡面较长的地方。为了减少急流的冲刷作用,有时采用人工方法来增加急流槽的粗糙程度。

台阶跌水式防护工程一般采用石块或砖砌筑而成。台阶跌水式防护工程施工简便,但需料较多,质量要求较高。台阶式沟头防护工程按其形式不同又可分为单级式和多级式。单级台阶式跌水多用于跌差不大(小于 1.5～2.5 m)且地形落差比较集中的地方。多级台阶式跌水多用于跌差较大且坡面长度较长的地方。在这种情况下,如果采用单级台阶式跌水,因落差和下游流速过大,沟头防护工程必须修建坚固的消力池,从而将增大工程造价。

10.2.3 谷坊

谷坊是指在易受侵蚀的沟道中,为防止沟床下切、减小沟道纵坡、固定沟床而修筑的土、石等小型挡水建筑物(坝)。谷坊又名防冲坝、沙土坝或闸山沟等,是水土流失地区沟道治理的一种主要工程措施。谷坊横卧在沟道中,坝体高度一般为 1～3 m,最高不超过 5 m。谷坊常修成多个梯级,形成谷坊群体。谷坊的主要作用是抬高侵蚀基准,防止沟底下切;抬高沟床,稳定山坡坡脚,防止沟岸扩张;减缓沟道纵坡,减小山洪流速,减轻山洪或泥石流危害;拦蓄泥沙,使沟底逐渐台阶化,为利用沟道土地、发展生产创造条件。

在布设谷坊时,首先应确定拟建设谷坊的沟道处是否会发生下切冲刷。影响沟道下切冲刷的主要因素包括沟床土壤、地质条件、植物生长情况以及沟底坡度、流速和流量等。如果估算的沟床允许流速大于洪水时的天然流速,则沟道不会发生冲刷,即无需修建谷坊。当沟床允许流速小于山洪流速时,将会导致沟道下切冲刷,此时应考虑在该沟段修建谷坊。谷坊拦满泥沙后可在谷坊库区造林种草,栽植果树,以充分利用土地。

1. 谷坊分类和类型选择

谷坊可按建筑材料、使用年限以及透水性等进行分类。按建筑材料,谷坊可分为土谷坊、柳谷坊、干砌石谷坊、浆砌石谷坊、混凝土谷坊和钢筋混凝土谷坊等。根据使用年限不同，谷坊可分为永久性谷坊和临时性谷坊。一般浆砌石谷坊、混凝土谷坊和钢筋混凝土谷坊多为永久性谷坊，其余的多属于临时性谷坊。按透水性不同，谷坊可分为透水性谷坊和不透水性谷坊。土谷坊、浆砌石谷坊、混凝土谷坊、钢筋混凝土谷坊等为不透水性谷坊，而只起拦沙挂淤作用的插柳谷坊、干砌石谷坊等则为透水性谷坊。

谷坊类型的选择取决于地形、地质、建筑材料、劳力、技术、经济、防护目标和对沟道利用的远景规划等多种因素。由于在一条沟道内往往需要连续修筑多座谷坊、形成谷坊群，这样才能达到预期效果，因此谷坊工程建设一般需要较多的建筑材料。当前我国山区经济普遍尚不发达，在政府资助经费有限的情况下，往往需先考虑劳动力和经济因素，选择能就地取材的谷坊类型。如果当地有充足的石材料，可修筑石谷坊。在黄土区则可修筑土谷坊。对于为保护铁路、居民点等有特殊防护要求的山洪或泥石流沟道，则需选用坚固的永久性谷坊，如混凝土谷坊等。

2. 谷坊设计

(1)谷坊位置选择

基岩埋藏深度或沙砾层厚度是选择谷坊坝址的重要依据之一。谷坊坝址一般应选择在谷口狭窄或沟床基岩外露处，且坝址上游应具有宽阔平坦的贮沙空间。在有支流汇合的情形下，谷坊坝址应选择在汇合点的下游。谷坊不应设置在天然跌水附近的上下游，但可设在有崩塌危险的山脚下。当不具备钻探条件时，可以根据一些地质迹象初步估计。当沟道两岸或沟底有部分基岩外露、两岸及附近沟底的基岩外露或沟底有大石堆积时，以及坡度较大的沟道上游部位，基岩埋深一般较浅。但当沟底无大石堆积或沟底狭窄而沟岸呈“V”形分布的地方，沙砾层一般较厚、基岩埋置较深。

在石质沟道中筑坝时，应清除表面的风化层。当基岩面向下游倾斜时，要把基岩面凿平或凿成凹凸不平的表面。在土质沟道中筑坝时，应挖基槽和修建截水墙。基槽宽度与坝顶宽度相同，槽深为坝高的一半。坝体应与两岸应坚固连接，一般坝体应插入两岸土体内部 1 m 以上。

当建设谷坊群时，谷坊间距与谷坊高度以及淤积泥沙表面的临界不冲坡度有关。在谷坊淤满后，其淤积泥沙的表面不是水平的，而是具有一定坡度的斜面，这一坡度称为稳定坡度。淤积物表面的稳定坡度与坝后淤积土的土质有关，一般沙土的稳定坡度为 0.005，黏壤土为 0.008，黏土为 0.01，含有卵石的粗沙为 0.02。

谷坊的间距 L 按式(10-20)计算：

$$L = H_0/(I - I_0) \tag{10-20}$$

式中，H_0 为谷坊的有效高度(m)；I 为沟底原来的纵坡；I_0 为坝上游泥沙淤积面的稳定纵坡。

(2)谷坊断面设计

谷坊高度和间距应根据建筑材料、沟道地质、地形条件等因素确定。谷坊高度应满足在设计承受的水压力和土压力条件下不破坏为基本原则。谷坊间距则与谷坊高度以及淤积泥沙表面的临界不冲坡度等有关。谷坊布设如图 10-16 所示，谷坊横断面设计见图 10-17。

谷坊的断面形状和尺寸与修筑材料有关。我国土谷坊及干砌石谷坊常采用的断面尺寸分别参见表 10-4 和表 10-5。

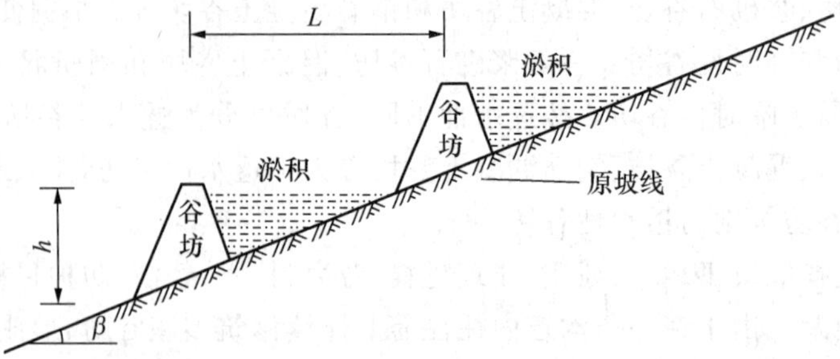

图 10-16 谷坊布设示意图

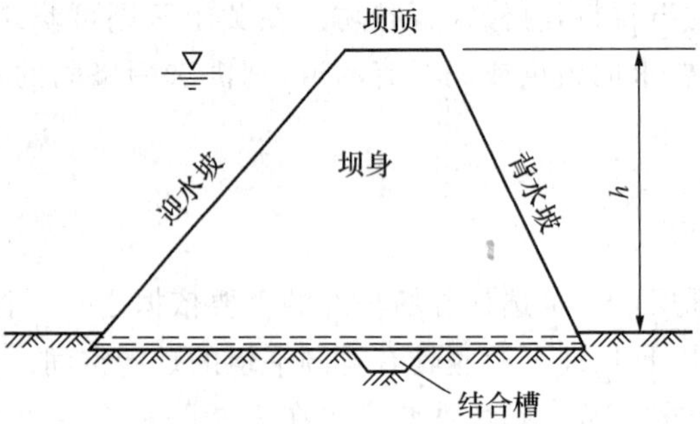

图 10-17 谷坊横断面示意图

表 10-4 土谷坊常用断面尺寸

坝高/m	顶宽/m	坡比		坝脚宽/m	坝身需用土方量/(m^3/m)	心墙尺寸/m			
		临水面	背水面			上宽	下宽	底宽	高度
1	1.0	1∶1	1∶1	4.0	3.8	—	—	—	—
2	1.5	1∶1.5	1∶1.0	6.0	7.0	0.8	1.0	0.6	1.5
3	2.0	1∶1.5	1∶1.5	10.0	18.0	0.8	1.0	0.6	2.5
4	2.0	1∶2.0	1∶1.5	16.0	36.0	0.8	1.5	0.7	3.5
5	3.0	1∶2.5	1∶2.0	25.5	71.3	0.8	2.0	0.9	4.5

表 10-5 干砌石谷坊常用断面尺寸

坝高/m	顶宽/m	坡比		底宽/m
		临水面	背水面	
1	1.0	1∶0.5	1∶1	2.5
2	1.5	1∶0.5	1∶1	4.25
3	2.0	1∶0.5	1∶1	6.5
4	2.0	1∶0.5	1∶1	8.0
5	2.0	1∶0.5	1∶1	9.5

为了安全地宣泄通过谷坊的洪水，需在谷坊坝体设置溢洪口。溢洪口一般为矩形，其断面尺寸根据由汇水面积、设计暴雨量以及径流系数等推算的设计洪峰流量来确定。在没有降雨量观测资料的地区，可通过洪水痕迹调查推算洪峰流量。浆砌石谷坊和钢筋混凝土谷坊的溢洪口一般设在谷坊顶部，其断面尺寸可用宽顶堰公式计算：

$$b = Q/(M \times h^{3/2}) \tag{10-21}$$

式中，Q 为设计流量(m^3/s)；b 为溢洪口宽度(m)；h 为溢洪口水深(m)；M 为流量系数。$M=0.35\sqrt{2g}=1.55$，g 为重力加速度(9.81 m/s^2)。

土质溢洪口断面一般为梯形或三角形，设置在沟岸两侧的坚实土层上，以保证坝身安全。土质溢洪口的尾部紧接排洪渠。土质溢洪口的断面尺寸可用明渠均匀流公式计算：

$$A = Q/V \tag{10-22}$$

$$A = (b + ph)h \tag{10-23}$$

$$V = C\sqrt{Ri} \tag{10-24}$$

$$R = A/x \tag{10-25}$$

$$C = \frac{1}{n}R^{\frac{1}{6}} \tag{10-26}$$

$$x = b + 2h\sqrt{(1 + p^2)} \tag{10-27}$$

式中，A 为溢洪口断面面积(m^2)；Q 为设计洪峰流量(m^3/s)；V 为相应的流速(m/s)；b 为溢洪口底宽(m)；h 为溢洪口水深(m)；p 为溢洪口边坡系数；R 为水力半径(m)；i 为排水渠比降(%)；C 为谢才系数；x 为溢洪口断面湿周(m)；n 为糙率，土质渠取 0.025，混凝土渠取 0.002。

式(10-22)至式(10-27)需通过试算法求解。

为了防止溢流洪水冲淘坝基下游的沟床，应在谷坝下游设置护坦或消力池。消力池长度一般为坝高的 1～2 倍，宽度为溢洪口宽度的 1.5 倍，深度为 0.5 m 左右。消力池施工时，要做好清基工作。

3. 几种常见谷坊类型

(1)土谷坊

土谷坊是指用土料在沟道上游段修筑的小土坝。土谷坊高度一般小于 3 m。按修筑土料及施工方法，土谷坊可分为均质土谷坊、黏土心墙(或斜墙)土谷坊、混凝土心墙土谷坊、塑料薄膜心墙土谷坊和尼龙袋心墙土谷坊等。

均质土谷坊适宜于在土料充足的沟道上修筑。均质土谷坊以壤质土料为宜，也可采用砂土与黏土的混合土料。为保证坝体与基础的牢固结合，均质土谷坊需开挖结合槽。在缺乏低透水性土料的地方，宜修建黏土心墙土谷坊。黏土心墙土谷坊用黏土作心墙，以防止渗水破坏坝体。墙体两侧用普通土料填筑。也可在上游坝坡修筑黏土斜墙，而在坝体部位采用透水性较大的土料，即修建黏土斜墙土谷坊。在缺少黏土的地方，可修建混凝土心墙土谷坊。用混凝土预制板做土谷坊的心墙，坝体则用透水性较大的土料填筑。

修筑土谷坊必须做好清基工作。清除坝基处的表土、草皮、树根以及有机质含量较大的土壤，直至露出坚实的土层或基岩。然后，再沿坝轴线挖结合槽，使坝体与基础紧密结合。土谷坊不允许洪水从顶部溢流，因此应修溢水口。溢水口一般修筑在沟岸两侧的坚实土层上，以保证坝身安全。如果沟岸土质松软且溢流水深较小(10～20 cm)时,可种草皮防冲。如果溢流水深较大,可用浆砌石在坝面修筑溢水口。

(2)干砌石谷坊

干砌石谷坊是指用块石干砌而成的沟道低坝(图 10-18)。干砌石谷坊具有良好的透水性,不设泄水孔也能自动排走坝后积水,没有整体倾倒的危险。但干砌石谷坊所用石料较多,此外干砌块石在浮力作用下易被水冲动而脱落。如果砌体中的某一块石脱落,可能危及整个谷坊的安全。因此,施工时要将块石安放平稳,互相咬紧。干砌石谷坊的高度一般不超过 3 m。干砌石谷坊用料量可根据表 10-6 确定。

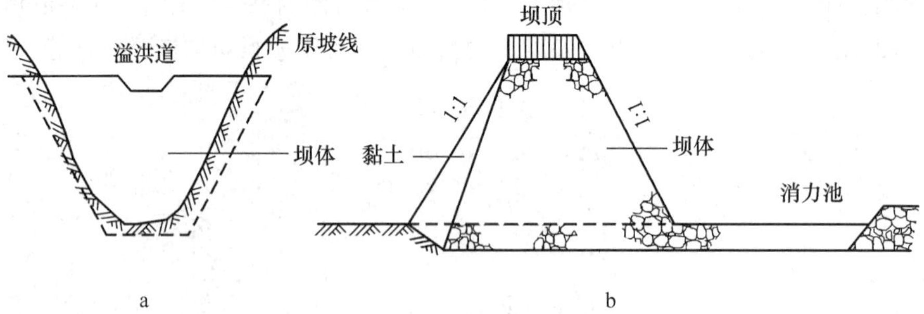

图 10-18 干砌石谷坊示意图

a. 正面图 b. 纵断面

表 10-6 干砌石谷坊用料量表

坝高/m	顶宽/m	坡比		底宽/m	每米坝长石料用量/(m^3/m)
		迎水面	背水面		
1.0	1.0	1∶0.5	1∶1	2.5	1.75
1.5	1.2	1∶0.5	1∶1	3.45	3.49
2.0	1.5	1∶0.5	1∶1	4.5	6.0
2.5	1.8	1∶0.5	1∶1	5.55	9.19
3.0	2.0	1∶0.5	1∶1	6.5	12.75

(3)浆砌石谷坊

浆砌石谷坊是指以块石或青砖为原料,用灰浆作为黏结材料而修建的小型拦挡建筑物。浆砌石谷坊适宜修建于土石山区有常流水的沟道。浆砌石谷坊又分为全部浆砌和表面浆砌两类。表面浆砌是指只在上下游坝坡及顶部用灰浆衬砌,而在坝体内填干石块的谷坊。浆砌厚度一般为 0.8 m。表面浆砌石谷坊的抗冲能力大于干砌石谷坊,但由于其坝体内部是透水性较强的干砌石,因此浆砌部分在水压力作用下容易损坏。在缺乏粗石料的地方,也可采用青砖砌筑坝体,用灰浆勾缝。灰浆一般用 1∶2 或 1∶3 的石灰砂浆,用水泥砂浆砌筑的效果会更好些。

按坝体形状,浆砌石谷坊也可分为阶梯式、拱坝式及梯形式。阶梯式浆砌石谷坊常采用较方正的大块石铺砌而成。坝体的下游坡度一般为 1∶1,上游坡度为 1∶0.2。下游坡自下而上逐层收缩,砌成阶梯状,形成多级小跌水,起消能作用。拱坝式浆砌石谷坊宜在沟窄水急的沟道内修筑,利用拱的作用把上游水流和泥沙的压力通过坝体传递到两岸。因此,谷坊两侧沟岸的岩石要坚固,否则不宜采用拱坝式浆砌石谷坊。梯形式浆砌石谷坊的断面尺寸较大,稳定性较高,但用料较多。坝顶宽度一般为 0.8～1.0 m,下游坝坡 1∶(1～2),上游坝坡 1∶0.5。

修建浆砌石谷坊时要做好清基工作。对于石帮石底的坝址,要清除风化层,露出坚硬岩石。当岩石倾斜度较大时,需要将对岩基凿成凹凸不平的面,或凿几个大缺口,将较大的石块嵌入,使砌石与沟底结合成一体。对于土帮土底的坝址,坝基及两岸需要挖深 0.5 m 以上,必要时可考虑打桩。如果沟道的洪水流量较大,则需在坝下游修建护坦。护坦长度一般为坝高的2～3 倍,厚度为 50～70 cm。

(4)柳谷坊

柳谷坊是在沟道上游段的沟底用活柳桩横向成排地栽入土中,用柳梢编织成篱,然后用土料堆填而成。柳谷坊又称柳桩编篱谷坊。柳谷坊宜修筑在支毛沟上部的土质沟床上,一般为单排式或多排式。修筑柳谷坊时,在定线和清基后,在沟床上开挖一道深和宽均为 0.5 m 的沟槽,且需将两端伸入两侧沟坡 1 m。然后,沿沟槽上、下游两侧各栽一行长 1.5 m、直径 5～10 cm 的柳桩,柳桩插入土中 0.5 m,桩距 20～25 cm。埋桩时应注意防止损伤柳桩外皮,并使芽眼向上。用基部直径 1.5 cm 左右的两年生柳梢在桩上编篱,两端均插入沟坡 1 m。编篱呈拱形,拱背向上,其曲度为篱长的 1/8 左右。编篱的中部要稍低于两侧,以防止沟道流水通过时冲毁两侧沟坡。柳篱编成后,在迎水面培土、夯实,形成 1∶2 的侧坡。两排柳篱之间用土填平压实,填土高度与柳篱齐平。填土稳定后可在迎水坡及顶部种草皮防冲。在修筑柳谷坊的当年或第 2 年,柳桩即可萌芽生长,沟底逐步形成分段的柳篱挂淤林带,不仅具有防止沟蚀的作用,而且可以生产柳条,获得一定的经济效益。植物谷坊如图 10-19 所示。

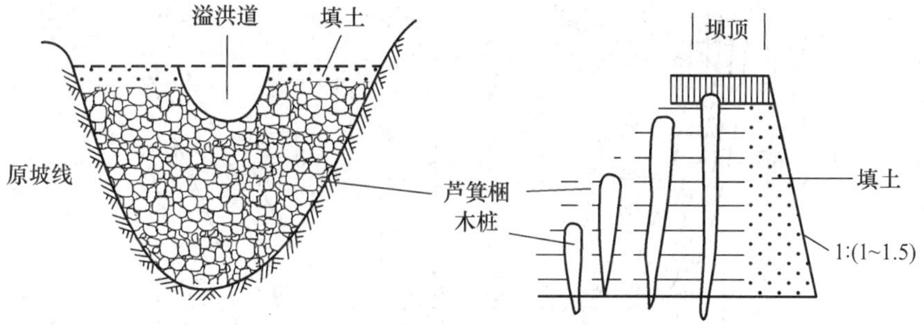

图 10-19　植物谷坊示意图

(5)混凝土谷坊

混凝土谷坊是指在沟道上用混凝土修筑的小型拦挡建筑物,适宜于土石山区有常流水的沟道。混凝土谷坊抗冲力强,不易塌毁,可以溢流,但成本较高。为节省混凝土,可在混凝土中加块石修筑坝体。石块要有棱角,每块石块的平均重量一般为 17～45 kg。混凝土谷坊的迎水坡坡比一般为 1∶(0.1～0.5),背水坡 1∶(0.2～0.5)。

10.2.4　淤地坝

淤地坝是指在沟道内修建的用于拦泥淤地的治沟工程,其主要作用是滞洪、拦泥、淤地、蓄水、建设农田、发展农业生产、减轻河流泥沙。坝内所淤成的土地称为坝地。在一条沟内修建多个淤地坝是我国黄土高原水土流失严重地区重要而独特的治沟工程体系。

我国修建淤地坝有三四百年的历史。淤地坝多建在丘陵沟壑区的支毛沟内,一般坝高为

10～50 m。据测算，坝高 25 m 以下的中小型淤地坝，每公顷坝地可淤积泥沙 4.5 万～6.0 万 t，淤地坝及其坝系工程的减沙效益占总拦蓄量的 60%～70%。淤地坝拦淤后形成的土地，土壤湿润肥沃，抗旱能力强，产量高，比坡地增产 3～10 倍。我国在黄河中游地区已修建淤地坝 10 余万座，淤出坝地达 20 万 hm^2，对发展农业生产、控制入黄泥沙发挥了重要作用。实践证明，淤地坝是我国黄河中游水土流失地区沟道治理的一项行之有效的水土保持工程措施。

1. 淤地坝组成、分类和分级

淤地坝主要作用是拦泥淤地，一般不长期蓄水，其下游一般也无灌溉要求。随着坝内淤积面的逐年提高，坝体与坝地较快地连成一个整体，坝体实际上是一个重力式挡泥(土)墙。

淤地坝的工程结构由集流面积、库容大小和流域水文条件等决定。一般淤地坝由坝体、溢洪道、放水建筑物三个部分组成。集流面积较小的中小型淤地坝，则可由坝体和溢洪道或泄水洞两部分组成，其布置形式如图 10-20 所示。坝体是横拦沟道的挡水拦泥建筑物，用以拦蓄洪水，淤积泥沙，抬高淤积面。溢洪道是排泄洪水的建筑物。当淤地坝的洪水位超过设计高程时，洪水由溢洪道排出，以保证坝体安全和坝地的正常生产。放水建筑物多采用竖井式和卧管式，将沟道的常流水、库内清水等通过放水设备排泄到下游。反滤排水设施是为排除坝内地下水、防止坝地盐碱化和增加坝坡的稳定性而设置的。淤地坝的设计、施工、管理技术与水库有相同的方面，也有不同的方面。淤地坝在构成上也要求大坝、溢洪道和放水涵管“三大件”齐全。但由于其主要作用在于拦泥而非长期蓄水，因此淤地坝的设计洪水标准比水库大坝的低，坝坡比较陡，对地质条件的要求也较低，坝基和岸坡处理以及背水坡脚的排水设施也相对较为简单。淤地坝在设计和运用上一般可不考虑坝基渗漏和放水骤降等问题。

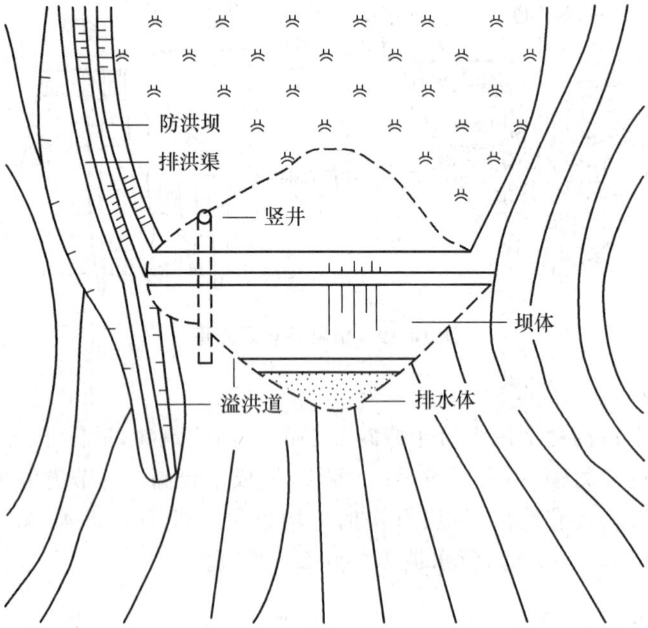

图 10-20 淤地坝示意图

淤地坝按筑坝材料的不同可分为土坝、石坝、土石混合坝等，按其用途可分为缓洪骨干坝和拦泥生产坝等，按施工方法不同可分为夯碾坝、水力冲填坝、定向爆破坝、堆石坝和砌石坝等。

淤地坝一般根据库容、坝高、淤地面积和控制流域面积等因素分级。参考水库分级标准，淤地坝一般可分为大、中、小三级。表 10-7 为黄河中游水土保持治沟骨干工程技术规范所列的分级标准，可供参考。

表 10-7 淤地坝分级标准表

分级标准	库容/10^4 m^3	坝高/m	单坝淤地面积/hm^2	控制流域面积/km^2
大型	500～100	＞30	＞10	＞15
中型	100～10	30～15	10～2	15～1
小型	＜10	＜15	＜2	＜1

2. 坝系规划

坝系是指在流域内，根据沟道（沟系）治理需要而修建形成的以生产坝为主，拦泥、生产、防洪、灌溉相结合的坝库工程体系。在一个流域内可能修有多种坝，有淤地种植的生产坝，有拦蓄洪水、泥沙的防洪坝，有蓄水灌溉的蓄水坝等。坝系可分为干系、支系、系组。在某级支沟中的坝系，称为某一级淤地坝支系，干沟上的则为干系。在一条沟道中，视沟的长短可分为一个或几个系组。合理的坝系布设方案，应满足投资少、多拦泥、淤好地，使拦泥、生产、防洪、灌溉四者紧密结合为完整的体系，以达到综合利用水沙资源的目的，尽快实现沟壑川台化。

(1)规划原则

必须在流域综合治理规划的基础上，对上下游、干支沟的坝系进行全面规划，统筹安排。坚持沟坡兼治、生物措施与工程措施相结合以及综合、集中和连续治理的原则，将植树种草、坡地修梯田和沟壑打坝淤地有机地结合起来，以形成完整的水土保持体系，最大限度地发挥坝系调洪拦沙、淤地增产的作用。充分利用流域内的自然优势和水沙资源，满足生产上的需要。各级坝系，应自成体系，相互配合，联合运用，调节蓄泄，确保坝系安全。并且在坝系中布设一定数量的控制性骨干坝，形成安全生产的中坚工程。在流域坝系规划的同时，应提出交通道路规划。对泉水和基流水源，应提出保泉和蓄水利用方案，充分利用当地水资源。为避免坝地的盐碱化影响，规划中应拟就防治措施，以防后患。

(2)坝系布设方案

坝系布设由沟道地形、利用形式以及经济技术上的合理性与可能性等因素来确定。常见的坝系布设方案主要有上淤下种、淤种结合布设方式，上坝生产、下坝拦淤布设方式，轮蓄轮种、蓄种结合布设方式，支沟滞洪、干沟生产布设方式，多漫少排、漫排兼顾布设方式，以排为主、漫淤滩地布设方式，高线排洪、保库灌田布设方式，隔山凿洞、邻沟分洪布设方式以及坝库相间、清洪分治的布设方式等。

淤地坝在流域内的建坝密度应根据降雨情况、沟道比降、沟壑密度和建坝淤地条件，按梯级开发利用原则，因地制宜地规划确定。在沟壑密度 5～7 km/km^2、沟道比降 2%～3%适宜建坝的黄土丘陵沟壑区，每平方千米可建坝 3～5 座；在沟壑密度 3～5 km/km^2 适宜建坝的残垣沟壑区，每平方千米建坝 2～4 座。在沟道比较大的土石山区，每平方千米建坝 5～8 座比较适宜。

坝系规划完成后，应合理安排建坝顺序。对于大流域，一般按先上游后下游的顺序修建淤地坝；对于小流域，可按先下游后上游、先支沟后干沟的顺序修建。对于集水面积在 1 km^2 以内的小支沟，先在沟口或下游修建第一座坝。待其淤平后，再修其上游的第二座坝。在第二座坝拦泥淤地过程中，可保护第一座坝安全生产。当第二座坝淤平后，再在其上游修建第三座坝。如此依次向上游推进，直至修完。在修建淤地坝的同时，修建治坡工程，减轻沟道洪水泥沙压力，确保坝地生产安全。对集水面积 3～5 km^2 或更大的支沟，淤地坝一般应从上游开始向中、下游依次修建。淤地坝的坝高和库容等技术指标应依次逐渐增大。也可在中游和下游同时各修一座中型淤地坝，待其淤平后再逐步向上游推进筑坝。对集水面积为 10～20 km^2 的主沟，一般应在主沟上游和两岸支沟的淤地坝建成后，再在其中、下游建设大型的淤地坝，以减轻中、下游淤地坝的洪水泥沙负担，降低工程造价。

在沟中有常流水或泉水集中露头处，选择适当位置修建小水库或蓄水池，以供人畜饮水或浇灌坝地。同时，应在沟上游修建淤地坝或治沟工程，拦蓄洪水。泥沙沉淀后，排放清水入库存蓄利用，以延长水库寿命。

3. 淤地坝规划与水文计算

在小流域坝系规划的基础上进行淤地坝规划和设计。淤地坝规划和设计内容包括确定枢纽工程位置、设计洪水标准和工程规模、枢纽及结构建筑物组成、工程运用规划和工程实施规划、工程枢纽平面布置及技术经济指标等，并估算工程效益。

淤地坝规划时，应收集或测定坝址附近的地形、地貌和地质资料，所在流域的水文气象资料以及当地的社会经济发展状况资料等。收集的资料项目主要包括流域位置、面积和水系，地形图和地质断面图，暴雨、洪水、径流和泥沙情况，温度和冻结深度，建筑材料分布、结构性质和储量，流域人口、劳力和家畜状况，土地利用现状、水土保持类型区和水土流失情况，交通运输、电力、施工机械等。

(1)坝址选择

淤地坝坝址选择必须结合坝系整体规划、工程枢纽布置、地形和地质条件、淹没情况和经济条件等综合考虑。一个好的坝址必须满足拦洪或淤地效益大、工程量小和工程安全三个基本要求。结合坝址的选定，提出具体的坝型建议。坝址选择一般应考虑以下几点：

①坝址处在地形上要求河谷狭窄、坝轴线短，库区宽阔容量大，沟底比较平缓。坝址附近应有宜于开挖溢洪道的地形和地质条件以及在大坝分期加高时布设放、泄水建筑物的位置。

②坝址附近应有良好的筑坝材料(土、沙、石料)，取用容易，施工方便。建筑材料的种类、储量、质量及其分布情况影响坝的类型和造价。采用水坠坝时应有足够的水源，在施工期间所能提供的水源应大于堆积坝体土方量所需的水量。

③坝址处的地质构造应稳定，两岸无疏松的坍土和滑坡体，断面完整，岸坡不大于 60°。坝基岩性应均匀、压缩性小。坝址应避开活断层和较大裂隙，应避开沟岔、弯道或泉眼。在有跌水的地方，坝址应选择在跌水的上方。坝扇不能有冲沟，以免洪水冲刷坝身。同时应尽量避免淹没村庄、大片耕地、交通要道和矿井等，减小库区淹没损失。

(2)设计洪水标准

根据淤地坝性质、重要性和可能危害程度确定设计洪水标准。表 10-8 为黄河中游水土保持治沟骨干工程技术规范提出的淤地坝设计洪水标准，可供参考。大型淤地坝下游如有重要的经济建设项目、交通干线或密集的居民居住区，应根据实际情况适当提高设计洪水标准。

表 10-8　淤地坝设计洪水标准表　a

项　目		分级标准		
		大型	中型	小型
洪水重现期	设计	50～30	30～20	20～10
	校核	300～200	200～100	100～50
设计淤积年限		15～10	10～5	5～2

拦洪坝是坝系防洪拦沙的骨干工程，主要作用是滞洪削峰，保护下游淤地坝、小水库和村镇的安全。随着洪水泥沙的淤积，拦洪坝后期将逐步淤满而成为淤地坝。拦洪坝的防洪设计标准应与水库防洪标准相同。因其兼具拦泥特点，亦应考虑有一定的设计淤积年限(表 10-9)。

表 10-9　拦洪坝设计洪水标准表　a

项　目		总库容/10^4 m^3	
		500～100	100～50
洪水重现期	设计	50～30	30～20
	校核	500～300	300～200
设计淤积年限		30～20	20～10

(3)洪水总量与洪峰流量计算

洪水总量与洪峰流量计算以设计频率的暴雨强度为基础，根据流域面积大小，分别确定设计频率下的不同设计暴雨历时，以设计暴雨历时控制洪水总量。并通过选定合理的造峰历时，控制洪峰流量。大型或重要中型淤地坝的洪峰流量计算，应采用两种以上方法进行计算，并对其计算结果经综合分析后选定。这里仅介绍采用图表法和设计暴雨推算法计算洪峰流量和洪水总量，其他方法参见水文学教科书或专著。

①图表法。当小流域所在地有水文手册时，应按照各类淤地坝的设计降雨频率和确定的暴雨历时，查阅手册中相应的暴雨洪峰模数与洪量模数，然后乘以坝库以上集水面积求算设计洪峰流量和设计洪水总量：

$$Q = FM_q \tag{10-28}$$

$$W = FM_w \tag{10-29}$$

式中，Q 为设计洪峰流量(m^3/s)，F 为坝库以上集水面积(km^2)，M_q 为洪峰模数[$m^3/(s \cdot km^2)$]，W 为设计洪水总量(m^3)，M_w 为洪量模数(m^3/km^2)。

②设计暴雨推算法。洪水总量按式(10-30)计算：

$$W = 1\,000\,KRF \tag{10-30}$$

式中，W 为洪水总量(m^3)，R 为暴雨量(mm)，F 为集水面积(km^2)，K 为径流系数。其中，R 和 K 值可通过查阅当地气象站、水文站或水保站资料得到或根据原始水文气象资料经频率分析后求得。

洪峰流量估算应先根据集水面积和流域形状，确定洪水汇流速度与洪水历时，然后再用概化的三角形面积关系式，按式(10-31)计算洪峰流量。

$$Q = 2W/T \tag{10-31}$$

式中，Q 为洪峰流量(m^3/s)，W 为洪水总量(m^3)，T 为洪水历时(s)。洪水历时包括涨水历时与退水历时，应根据有关观测资料或经验分析确定。

(4)流域年均输沙量计算

流域年输沙量为年悬移质输沙量和年推移质输沙量之和。在有长期实测资料且资料系列足够长时，历年悬移质年输沙量的平均值具有一定的稳定性，可以用 40～50 年的实测悬移质资料计算多年平均悬移质输沙量。鉴于目前一般水文站的泥沙观测年限不长，特别是小流域资料更短，因此对中、小型库坝的悬移质来沙量，应根据不少于 15 年的泥沙资料作为计算依据。泥沙资料年限不足 15 年时，应设法插补延长资料，然后分析系列的代表性，计算代表期内的多年平均悬移质输沙量。对于无泥沙资料的地区，库坝悬移质年来沙量估算要根据实际调查资料，用多种方法估算，经分析比较后进行确定。常用的泥沙估算方法有输沙量模数图(或侵蚀模型图)法以及利用已建库坝淤积测算资料或根据水库或淤地坝的淤积量调查估算拟建库坝得来沙量。

多年平均推移质年输沙量的估算，目前应用较多的方法是根据推移质占悬移质的比例系数法计算。通常采用式(10-32)计算推移质输沙量：

$$\overline{W}_b = B\overline{W}_s \tag{10-32}$$

式中，$\overline{W}_b$ 为年推移质输沙量(t/a)；$\overline{W}_s$ 为年均悬移质输沙量(t/a)；B 为系数。一般情况下，平原地区河流的 B 取 0.01～0.05，丘陵地区河流取 0.05～0.15，山区河流取 0.15～0.30。因此，流域年均输沙量 W(t/a)为：

$$W = \overline{W}_s + \overline{W}_b \tag{10-33}$$

对于集水面积较小的流域，流域年均输沙量也可采用下式进行简化计算：

$$S = FM_s \tag{10-34}$$

式中，S 为年均输沙量(t)，M_s 为年均侵蚀模数(t/km^2)，F 为坝库以上的集水面积(km^2)。

在进行水文计算时，如果设计坝库的上游有其他坝库，且能全部拦蓄上游集水面积内的洪水和泥沙，则应从设计坝库的集水面积中减去上游坝库的集水面积，即只计算设计库坝的净集水面积，然后再进行前述的各项计算；如果上游坝库不能全部拦蓄其洪水和泥沙，则应在上述计算的基础上，再加上上游坝库排出的洪水和泥沙。当集水面积上已采用某种水土保持措施时，则应考虑其减小洪峰、洪量和年输沙量的作用，然后再进行前述各项的计算。

(5)淤积年限的确定

淤积年限可按式(10-35)计算：

$$N = \frac{V \cdot \gamma_s}{W} \tag{10-35}$$

式中，N 为淤积年限(a)，V 为库容(m^3)，W 为多年平均年来沙量(t/a)，γ_s 为淤泥密度，可取 1.3 t/m^3。

对于修建有排沙设施或有排沙机会的库坝，其淤积年限 N(a)按式(10-36)计算：

$$N = \frac{V \cdot \gamma_s}{W(1-\eta)} \tag{10-36}$$

式中，η 为库坝排沙比。根据不同的库坝排沙运用方式，库坝蓄洪拦沙运用时，η 取 0.01～0.1，库坝蓄洪排沙运用时，η 取 0.2～0.5，库坝蓄清排浑时，η 取 0.5～0.8。

(6)集水面积估算及库容曲线绘制

淤地坝集水面积的大小决定淤地坝的径流量和输沙量。集水面积的估算可采用求积仪法、方格法、几何法、经验公式法等。淤地面积和库容的大小是淤地坝工程设计与方案选择的重要依据。淤地面积和库容大小与坝高有关。当确定淤地面积和库容时，一般需先绘制坝高与淤地面积和库容的关系曲线。绘制方法有等高线法和横断面法。

等高线法利用库区地形图，按地形条件选择等高距。等高距一般为 2～5 m。计算时，首先量出各层等高线间的面积，再计算各层间的库容以及累计库容，然后绘制出坝高—库容以及坝高—淤地面积关系曲线。相邻两等高线间的体积为：

$$V_n = (F_n + F_{n+1}) \times H_n / 2 \tag{10-37}$$

式中，V_n 为相邻两等高线之间的体积(m^3)；F_n 和 F_{n+1} 分别为相邻两等高线对应的面积(m^2)；H_n 为两相邻等高线间的高差(m)。

当没有库区地形图时，可用横断面法粗略计算淤地面积和库容。首先，量测出坝轴线处的沟道横断面，在坝区内沿沟道的主槽中心线量测出沟道的纵断面。然后，选择若干有代表性的沟槽(或沟槽形状变化较大)处量测出其横断面。计算库容时，在各横断面图上，以不同的高度线为顶线求出其相应的横断面面积；由相邻两横断面面积的平均值乘以其间距离，求得此两横断面在不同高程时的容积。然后把不同高度线对应的各部分容积相加，即为不同坝高时的库容。在上述计算过程中，量得每个横断面在同一坝高时的顶部宽度，根据相邻两断面的顶部距离，则可求得两个横断面之间的水面面积。同一坝高时各个横断面之间的水面面积累加，即为该坝高时的淤地面积。最后，根据不同坝高计算求得的库容和淤地面积，绘出坝高—库容—淤地面积关系曲线。当坝区内有较大支沟时，计算中应将相应水位以下的支沟容积或面积加入。

4. *淤地坝建筑物设计*

(1)坝高确定

淤地坝的总坝高等于拦泥坝高度、滞洪坝高度以及安全超高之和，可用式(10-38)计算：

$$H = H_1 + H_2 + H_3 \tag{10-38}$$

式中，H 为坝体总高(m)；H_1 为拦泥坝高度(m)；H_2 为滞洪坝高度(m)；H_3 为安全超高(m)。淤地坝坝高与库容的关系见图 10-21。

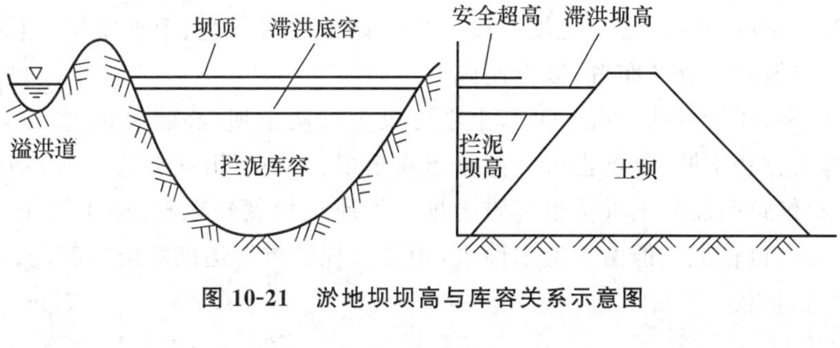

图 10-21　淤地坝坝高与库容关系示意图

拦泥坝高度受淤地面积、淤满期限、工程量和施工方法等因素影响。淤地坝的淤地面积随着坝高的增加而增大,但其增长速度逐渐减小甚至趋近于停止。因此,在确定拦泥坝高时需作技术与经济方案比较,以较少投资获得较大的淤地面积。淤满期限是确定拦泥坝高度的重要参数,其值应在确保防洪安全的前提下以尽早受益的原则确定。淤地坝一般在汛期后动工,次年汛期前达到防汛坝高。因此,应根据设计洪水位、施工方法和劳力供应等情况,估算可能完成的工程量,分析完成设计坝高的可能性。

淤地坝拦沙库容可用式(10-39)计算:

$$V_1 = N(W - \Delta W)/\gamma \tag{10-39}$$

式中,V_1 为拦沙库容(m^3),W 为年均来沙量(t),ΔW 为年均排沙量(t),N 为淤积年限(a),γ 为淤泥干容重(1.3~1.4 t/m^3)。

根据计算出的淤地坝拦沙库容,然后从坝高—库容曲线上即可查得拦泥坝高度(H_1)。

淤地坝库容包括拦泥库容和滞洪库容。滞洪库容用以储存由防洪建筑物暂时拦蓄的洪水。滞洪坝高度的确定可按以下步骤推算。

①根据淤地坝等级,按规定频率的设计洪水标准与校核标准,确定洪水总量与洪峰流量;

②据此设计溢洪道的最大排洪量,并求得与最大排洪量相应的溢洪道最大过水深度,根据此值即可确定滞洪坝高度;

③从坝高—库容关系曲线,查得拦泥库容以上与滞洪坝高度相应的滞洪库容。特别注意,滞洪库容应与来洪量和排洪量相协调;

④当淤泥面有一定比降(一般为1%~2%)时,实际滞洪库容比从曲线上查得的数值偏小。因此,计算滞洪库容时应根据当地具体情况,给予适当调整(减小5%左右)。

淤地坝的安全超高主要取决于淤地坝高度的大小,可按表10-10的数值选用。

表 10-10 淤地坝安全超高表

m

坝高	<10	10~20	>20
安全超高	0.5~1.0	1.0~1.5	1.5~2.0

(2)土坝设计

①土坝枢纽布置及坝型选择。土坝是由土料填筑而成的挡水建筑物,它是淤地坝和小型水库采用最多的一种坝型。土坝枢纽布置既要安全可靠,又要经济合理;既要尽可能避免施工干扰,又要考虑运行管理的方便。枢纽建筑物以坝为主体,此外还包括泄洪建筑物、放水建筑物以及灌溉引水建筑物等。

土坝枢纽应根据坝址地形和地质条件合理安排。在高山深谷地带,河谷窄、山坡陡,建筑物不易分散布置,岸坡溢洪道常与土坝连接。丘陵地带的河谷宽、山坡平缓,且常有垭口可布置溢洪道,因此建筑物可分散布置,以方便施工。

按土料组成和防渗设施位置的不同,土坝可分为均质土坝、心墙土坝、斜心墙土坝和多种土质坝等;按施工方法不同,土坝也可分为碾压式土坝、水中填土坝以及水力冲填(水坠)坝等。只采用一种土料修筑而成的土坝称为均质土坝。均质土坝就地取材,施工简单,投资少,对坝基的地质条件要求也较低。但由于透水性大,均质土坝的抗渗透破坏能力较弱;并且坝坡一般较平缓,因而工程量较大。

为了减小坝体渗漏，可修建心墙土坝，即在坝体中用透水性较小的黏性土做防渗心墙，置于坝体中部，构成不透水心墙，而在心墙两侧的坝体则用透水性较强的土料(砾石或风化土料等)填筑。直心墙土坝的水压力和土压力只能由心墙和下游坝壳的抗滑力抵抗。当下游坝坡较陡、坝基土层的摩擦系数较小、抗滑稳定安全系数不够时，就要改缓坝体的下游坝坡，因而增加工程量。另外，土石坝也可修筑成斜心墙土石坝。当坝址附近储藏有多种土质例如黏土、轻沙壤土、风化岩石等时，本着就地取材、因材设计的原则，可将各种土料合理分配，布置在坝体的适当部位，从而形成多种土质坝。如在土坝的某些部位配置堆石、石渣、风化岩块，或是在堆石坝中采用黏壤土作斜心墙而修筑的坝，则称为土石坝。土石坝可充分利用坝址附近的土石料或利用基坑或溢洪道开挖的弃渣筑坝，这对于山谷坝址尤其重要。水力冲填坝是利用丘陵沟壑区的天然地形，用水将沟壑两岸高处的泥土冲成泥浆，通过输泥沟输送到两边筑有围埂的坝面沉淀池中，泥浆经脱水固结后形成均匀密实的坝体。与碾压坝相较，水力冲填坝省去了土料运输和碾压工序。在地形和土料适宜的情况下，修建水力冲填坝可以节省劳动力，加快建设速度，降低工程造价，但一般情况下水力冲填坝的工程量比碾压坝的要大一些。由于泥浆脱水固结需要一定的时间，为避免滑坡，水力冲填坝施工时坝体的升高速度受到一定限制。此外，由于土料的干容重较低，抗剪强度较小，因此坝坡的坡度一般较平缓些。

为了排除坝地内的地下水，淤地坝一般选择透水性较强的均质土坝等坝型，并设置反滤排水设施，以防止坝地的盐碱化。心墙土坝，因难以排除地下水和坝地内积水，随着地下水的积聚，坝地土壤容易发生次生盐碱化，所以应谨慎选用。

②土坝断面尺寸的拟定。在土坝设计中，土坝断面尺寸的拟定非常重要，它直接影响到土坝工程是否安全可靠以及是否经济合理。

坝顶宽度与坝高有关。坝体愈高，则坝顶也应愈宽。坝顶宽度可参考表 10-11 选定。当坝顶有交通要求时，应根据交通部门的有关公路等级规定确定其宽度。

表 10-11　坝顶宽度参考表　m

坝高	<10	10～20	20～30	>30
坝顶宽	2	2～3	3～4	4～5

土坝坝坡的陡缓是决定坝体稳定的主要条件之一，可根据坝高、土料、施工方法和坝前是否经常蓄水等条件，参考已建成的同类土坝拟定。对坝高超过 15 m 的土坝，背水坡应加设马道，以增加坝身的稳定性和减少暴雨对坝坡的冲刷。马道宽度为 1.5～2.0 m。一般在马道处变坡，上陡下缓。水坠坝的坝坡还应考虑冲填泥浆浓度、冲填速度和围埂宽度等施工条件确定。水坠坝的坝坡应满足在施工期间的坝体稳定。为防止滑坡事故的发生，水坠坝的坝坡应比夯碾坝缓些。表 10-12 列出了一些山西省土坝坡度的经验数据，可供选用坝坡时参考。

③淤地坝排水。根据排水的部位不同，淤地坝的排水设施分为坝趾排水和坝地排水两部分。

均质土坝的坝体渗透性可分为稳定渗透和不稳定渗透两个阶段。汛期的渗透属于不稳定渗透，而坝体内的地下水渗透属于稳定渗透。淤地坝所控制的流域面积多在 30 km^2 以内，其洪水历时较短，洪峰较大而流量较小。在汛期，入坝的洪水经溢洪道和泄水洞排泄，一般只需几天即可排完，因此不稳定渗透对坝坡稳定的影响较小，而地下水的稳定渗透对下游坝坡的稳定性则具有较大的影响。所以，对坝基排水不良或建筑在有常流水沟道的大中型淤地坝，均应设置坝址反滤排水，以降低坝体内浸润线的逸出点位置，从而增加下游坝坡的稳定性。坝趾排水常用的设施型式包括棱式反滤排水体、表面排水体、水平沙沟（褥垫）排水体以及管式排水体等。

表 10-12 土坝坝坡参考表

施工方法	筑坝土料	冲填速度/(m/d)	坝高/m 10	20	30	40
水力冲填坝	沙壤土	0.15	1∶0.5	1∶0.44	1∶0.4	1∶0.36
		0.30	1∶0.44	1∶0.4	1∶0.36	1∶0.33
	轻粉质壤土	0.15	1∶0.44	1∶0.4	1∶0.36	1∶0.33
		0.30	1∶0.43	1∶0.36	1∶0.33	1∶0.31
	中粉质壤土	0.15	1∶0.44	1∶0.36	1∶0.33	1∶0.31
		0.30	1∶0.36	1∶0.33	1∶0.31	1∶0.29
	重粉质壤土	0.15	1∶0.36	1∶0.33	1∶0.31	1∶0.29
		0.30	1∶0.33	1∶0.31	1∶0.29	1∶0.27
夯碾坝	上游坝坡		1∶0.67	1∶0.5	1∶0.4	1∶0.33
	下游坝坡		1∶0.8	1∶0.67	1∶0.5	1∶0.4

棱式反滤排水体可降低浸润线，增加下游坝坡的稳定性，但所用石料较多，维修较麻烦。棱式反滤排水体的高度可按坝高尺寸选择（图 10-22）。表面排水体（或斜卧式排水体）的用石料较少，便于观察和修理，且表面排水体施工可在坝体土料填筑完成后进行。但表面排水体不能降低浸润线，只能防止下游坝坡的土料被渗水带走和冲刷。

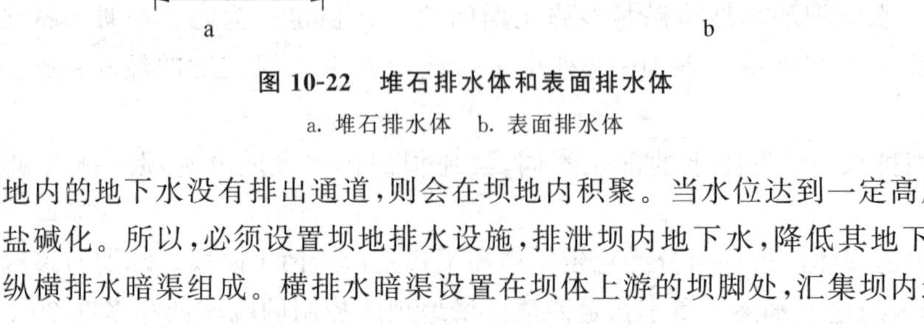

图 10-22 堆石排水体和表面排水体

a. 堆石排水体 b. 表面排水体

如果坝地内的地下水没有排出通道，则会在坝地内积聚。当水位达到一定高度时，坝地土壤就会发生盐碱化。所以，必须设置坝地排水设施，排泄坝内地下水，降低其地下水水位。坝地排水可由纵横排水暗渠组成。横排水暗渠设置在坝体上游的坝脚处，汇集坝内地下水；纵排水暗渠设在坝体的底部，与横排水暗渠垂直或与水流方向成一定锐角，其末端与坝趾排水体相连，从而将横排水暗渠中的水排至下游坝体外。纵横排水暗渠的条数可根据地下水来水量、坝地面积以及沟底比降等因素确定。

④坝体土方量与土坝稳定计算分析。根据设计的总坝高和坝坡，在坝址地形图上绘制坝坡线，然后按等高线分层计算坝面面积和层间坝体的土方量。各层土方量的累加即为坝体的总土方量。

为保证坝体的稳定与安全，须对土坝的稳定性包括坝基滑动和坝坡滑坡进行分析计算。根据工程等级、坝型和筑坝土料等，综合考虑土体(包括筑坝土料、淤积泥土、坝基土体)的物理力学性质、坝高、坡比、坝体渗透性和施工方法等因素，采用圆弧滑动法或折线法计算分析坝体的稳定性。一般情况下，当坝高小于 10 m 时，可用图解法计算；中、大型工程宜采用圆弧滑动条分法计算，其具体计算方法参见《土力学与岩石力学》等资料。

(3)溢洪道设计

淤地坝或小型水库采用的防洪建筑物多为溢洪道。溢洪道设计及其施工质量是确保淤地坝安全的主要环节，所以对溢洪道工程必须有足够的重视。

①溢洪道位置。溢洪道布置是否适当，直接影响淤地坝工程的安全和投资。溢洪道位置取决于坝址地形和地质条件等。溢洪道布置时，应尽量利用天然的有利地形条件如分水鞍(或山坳)等。这样既可节省土石方开挖量、缩短工期，又可减少工程投资。溢洪道处的两岸山坡应稳定，以免泄洪时发生滑塌等事故。溢洪道位置最好选择在岩石上，以降低工程造价。如果溢洪道坐落于土基上，应将其全部做在挖方的地基上，同时应采用浆砌石或混凝土衬砌，以防止泄洪时对土基冲刷。溢洪道应尽量直线布置，力求泄洪时水流顺畅。溢洪道的进口距离坝端应不小于 10 m，出口应远离下游坝脚至少 20 m 以上。如果由于地形限制无法直线布置，溢洪道进口的引水渠可采用圆弧形曲线布置，并在弯道凹岸处做砌护工程，而其他部分宜直线布置。此外，溢洪道应避免与泄水洞布置在同一侧，防止水流互相干扰而影响卧管的安全。

②溢洪道型式和断面尺寸的确定。淤地坝溢洪道主要包括明渠式溢洪道和溢流堰式溢洪道两种类型。明渠式溢洪道是指在红胶土或岩石上开挖的明渠排洪道，一般不需要做砌护工程。明渠式溢洪道适用于小型淤地坝和临时性溢洪。

明渠式溢洪道的断面形状视地基情况而定。一般在岩石上可采用矩形断面，非岩基上宜采用梯形断面，其边坡为 1∶(0.3～1)。断面尺寸可根据断面形状、设计最大泄洪流量和设计的滞洪水深，按水力学明渠均匀流公式计算：

$$q_m = \omega \times C \times \sqrt{R_i} \tag{10-40}$$

式中，q_m 为设计最大泄洪流量(m^3/s)；ω 为溢洪道的过水断面面积(m^2)；C 为流量系数，$C=\frac{1}{n}R^{1/6}$；R 为水力半径(m)；n 为粗糙系数，土渠取 0.022 5～0.025，石渠取 0.03～0.045；i 为溢洪道明渠段的纵坡，可视地形和地质情况取 1∶(50～200)。

溢洪道断面尺寸采用试算法计算。根据已知的设计最大泄洪流量 q_m 和滞洪水深 $H_{滞}$，假设一个溢洪道宽度 b 值，按式(10-40)计算出流量 q_i。当 $q_i=q_m$ 时，其对应的 b 值即为明渠式溢洪道的底宽。将求得的断面高度尺寸加超高 0.5～1.0 m 即为溢洪道的高度。

溢流堰式溢洪道的种类很多,可分为台阶式、跌水式和陡坡式等,最常用的是陡坡式溢洪道。溢流堰式溢洪道的结构简单、水流平顺、施工方便、工程小,在大中型淤地坝和小型水库工程中采用较多。陡坡式溢洪道通常由进口段、陡坡段和出口段三部分组成(图 10-23)。陡坡式溢洪道断面尺寸的计算过程参见《水工建筑物》等相关资料。

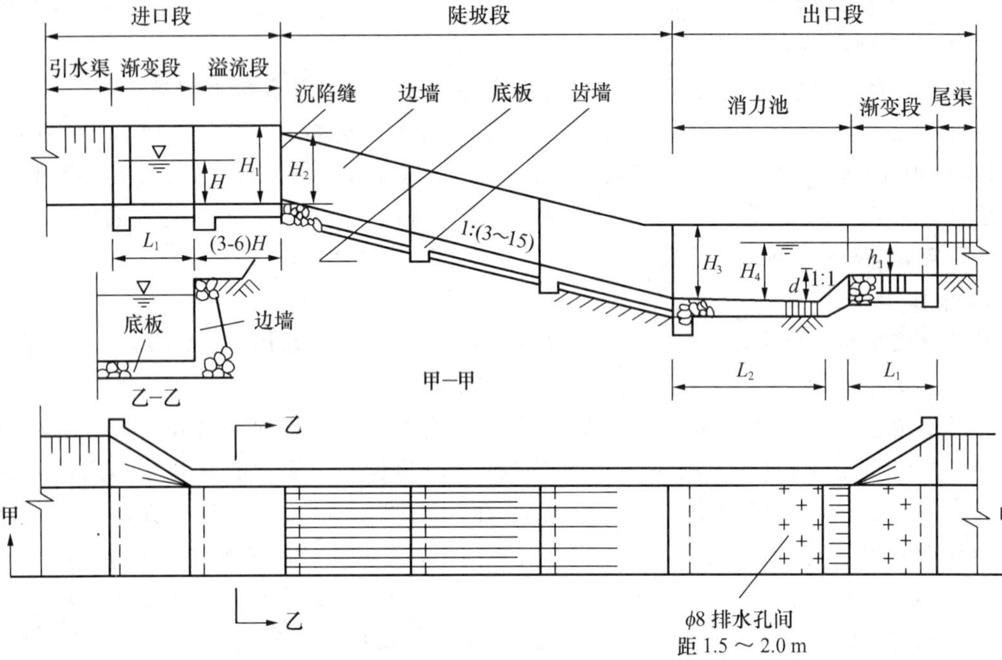

图 10-23　陡坡式溢洪道示意图

(4)放水建筑物

放水建筑物是淤地坝工程不可缺少的组成部分。对于未淤满的淤地坝,通过放水建筑物排泄小型洪水,放空库容,蓄洪落淤,拦蓄连续洪水,保证坝体安全。对于已淤满或计划淤种的淤地坝,及时排泄沟道内的常流水和坝地内积水,尽可能尽早利用坝地发展生产。当淤地坝暂作蓄水防洪坝使用时,可通过放水建筑物对下游土地放水灌溉。放水建筑物主要由取水和输水两部分组成。取水建筑物的形式有卧管和竖井。对水头较高、流量较大或兼有排沙要求的水库可采用放水塔。输水建筑物多采用输水涵洞。输水涵洞与卧管或竖井连接,埋在坝下,与坝轴线基本垂直。

放水建筑物的位置应选择在岩石或坚硬的地基上,以免发生不均匀沉陷,引起漏水而影响坝体安全。如果下游需引用坝内排水灌溉时,输水涵洞的高程应满足下游自流灌溉的要求。放水建筑物应尽可能放在沟道的一侧,使水流沿坡脚流动,防止切割坝地。放水建筑物中的卧管、竖井和输水涵洞等的设计参见《水工建筑物》等相关资料。

5. 淤地坝利用

淤地坝淤平后,应合理利用,充分发挥坝地的生产潜力。坝地作物的保收关键期在很大程度上取决于所在地区的降雨状况、降雨强度以及作物的生长发育期。选用适宜的坝地作物种类,根据作物耐淹水深和耐淹天数,确定防洪保收关键期,提高坝地防洪保收率。并根据当地的降雨特征以及不同坝地作物防洪保收期的临界值等,确定坝地排洪设施的设计标准,选择适宜的排洪设施类型，设计坝地排洪设施的断面尺寸，合理布设排洪设施。

在常流水的沟道中筑坝时，如果未处理好沟中泉水或坝内地下水的出路，则会导致坝地的地下水位抬升，土壤盐分随毛细管上升，而造成坝地土壤盐渍化。因此，在规划坝系工程时应安排地下水的排泄出路。结合筑坝，在沟底砌一拱形排水廊道，将地下水排至规划位置(如蓄水池等)，供人畜饮用或浇灌坝地。也可开挖排水沟渠(可与排洪沟渠结合使用)或布设地下暗洞，排泄地下水。

此外，应充分利用沟壑水资源发展坝地农业。在干旱半干旱地区，将沟道中的常流水加以集蓄利用，浇灌坝地，变旱坝地为水坝地，是建设坝地"两高一优"农业(即高产、高效、优质)的重要措施。池一廊道集流排灌系统由蓄水池和坝地地下排水廊道组成。蓄水池既可集蓄地面径流，也可积存地下排水廊道流来的沟道常流水，自流或扬水浇灌坝地。池-廊道集流排灌系统能高效利用地面径流和地下径流；排除坝地内的地下积水，既可防治坝地土壤次生盐渍化，又可降低坝体的浸润线高度，保证坝体安全。

为预防洪水泥沙淤积水库，在沟中修小水库后，紧接着就在其上游再修一座蓄洪拦泥坝，形成坝库联合运用。在汛期暴雨期间，洪水被上坝拦蓄，澄清后将清水放到下游的水库蓄存，泥沙则淤在上坝。上坝淤满后，可作坝地使用，或继续加高拦洪。坝库联合运用的淤地坝，可充分利用坝地的水资源。在有泉水和常流水的沟道中，也可在泉眼露头处修建圈井，在流水汇集处修建蓄水池，聚集来水。修池圈井，变旱坝地为水坝地，既可解决人畜饮用，又可防治坝地土壤次生盐渍化。

10.2.5　拦沙坝

拦沙坝是以拦蓄山洪及泥石流等沟道中的固体物质为主要目的，防治泥沙灾害的拦挡建筑物。通过修建拦沙坝，拦蓄山洪或泥石流中的泥沙(包括块石)，减轻对下游的危害；抬高坝址处的侵蚀基准，减缓坝上游的沟床坡降，加宽沟底，减小沟床中的径流水深、流速及其冲刷力。此外，拦沙坝上游拦蓄的泥沙掩埋滑坡的剪出口，可增强滑坡体的稳定性。拦沙坝是沟道治理的主要工程措施。拦沙坝坝高一般为 5～15 m。按筑坝材料不同，拦沙坝可分为土拦沙坝、干砌石拦沙坝、浆砌石拦沙坝、土石混合坝、铁丝石笼拦沙坝、格栅坝和缝隙坝等。

1. 拦沙坝设计

拦沙坝坝址一般选择在沟谷口的较狭窄处，并要求谷口后平坦广阔且地基基础良好、不漏水、两侧山坡稳定的沟段。坝址附近应有充足的筑坝材料且交通运输方便。拦沙坝坝址不宜选在土壤侵蚀严重、有滑坡危险的地段。

拦沙坝坝型根据山洪或泥石流规模、下游防护对象的重要性和当地的建筑材料确定。石料丰富、采运条件方便的地方，可采用砌石坝；在石料缺乏且易发生泥石流危害的沟道，可考虑选用混凝土坝或钢筋混凝土坝。

(1)拦蓄库容与坝高的确定

拦沙坝的拦蓄库容主要根据多年平均年来沙量、单位坝体拦沙库容及坝高—库容曲线，经综合分析后确定。坝体越高，库容越大，拦沙量越多，单位坝体的拦沙库容也越大。但库容越大，工程量越大，施工期限越长，造价越高。

拦沙坝坝高的确定，应综合考虑拦沙效益、工程量和工期、坝下消能设施以及坝址处的地形地质条件等因素。拦沙坝是挡拦泥沙、石块的建筑物。拦沙坝的拦淤效益随着坝高的增加而增大。坝高愈高，拦沙愈多，因此能更有效地利用回淤土方稳定上游坝坡的稳定。拦沙坝一般在旱季修建，在次年雨季前完工，否则将有冲毁的危险。因此，应根据当地劳动力条件和工期，估算所能完成的工程量，确定合理的坝高。

此外，坝下消能设施的建设投资随着坝高的增加而增大，在确定坝高时应考虑这一因素。除了在地形地质条件好、施工机械化水平比较高的条件下可以修筑较高的坝体外，拦沙坝的坝高一般不超过 15 m。在沟道中修建坝群，对沟道进行梯级治理，不仅易于解决坝下游的消能防冲问题，同时也可大大增加总淤积库容。

(2)拦沙坝断面设计

①干砌石拦沙坝。干砌石拦沙坝一般用较大的块石砌成台阶式，一般坝顶宽 0.8～1.0 m，迎水坡 1∶0.2，背水坡 1∶1。砌筑干砌石拦沙坝时，背水坡须从下向上逐层缩级。缩级时下一层石块的一端压入上一层石块的下面，压入部分至少为块石长度的 1/3。这种拦沙坝在溢流洪水时，可以逐级消能，减缓水势，从而缩短护坦的长度。由于块石之间无黏结材料，块石易被山洪冲动。因此，选用的块石尺寸要满足临界不冲流速的要求，并注意施工质量。干砌石拦沙坝的坝体设计及施工与干砌石谷坊基本相同。

②浆砌石拦沙坝。浆砌石拦沙坝是用灰浆黏结块石修筑的拦沙坝。浆砌石拦沙坝包括拱坝和重力坝两种类型。当沟谷的宽高比小于 2～3 时，适宜于修建浆砌石拦沙拱坝。浆砌石拦沙拱坝在平面上呈圆弧形，利用拱形将作用在坝体上的泥沙压力、水压力的水平分力传递给两岸岸坡，垂直分力则通过坝体传递给地基。拱坝应力以压力为主，其断面应力分布比较均匀，可以充分发挥浆砌石抗压强度高的特点，从而减少坝体厚度，节省筑坝材料。由于拱坝两岸和基础承受很大的压力，因此要求岸坡基岩应坚硬完整、没有大裂隙和软弱夹层，且两岸基岩有足够的厚度。浆砌石拱坝上游面多为垂直，下游面有一定的斜坡。浆砌石拱坝的坝顶中心角一般为 110°～130°。随着坝体高度的降低，拱圈的中心角逐渐减小。拱圈的厚度随着坝体高度的降低而增大。

浆砌石重力拦沙坝的断面设计需考虑经济和安全的要求。当坝断面为梯形且地基为基岩时，浆砌石重力拦沙坝的断面尺寸可参考表 10-13 选用。浆砌块石具有较强的抗水流冲刷能力，因此溢流坝段多布置在坝体中间位置，以避免高速水流对河岸的淘刷。溢流坝的泄洪能力取决于溢流水深和溢流口宽度等参数。溢流坝溢流口的断面形状一般为梯形，边坡为 1∶(0.75～1.0)。对于泥石流沟道，浆砌石重力拦沙坝的溢流口断面形状可为弧形。溢流坝溢流口的高度包括溢流深和安全超高。当山洪及泥石流从坝顶溢流时，其能量很大，易对坝下游地基和沟床产生强烈冲刷并使之变形，因此需要设置消能设施。常用的消能设施有副坝和护坦两种。副坝高度取决于拦沙主坝的埋深、副坝埋深以及沟道比降。护坦的长度与山洪平均流速、拦沙坝高度、溢流水深和拦沙坝背水坡的坡比有关。护坦长度一般为坝高的 2～3 倍，护坦厚度根据单宽流量和上下游水位差确定。为了有足够的库容拦蓄泥沙，拦沙坝坝体上需要设置放水孔。

③混凝土拦沙坝。混凝土拦沙坝是指在山区沟道中用混凝土材料修筑的拦挡山洪及泥石流中固体物质的建筑物。混凝土拦沙坝主要用于保护下游有重要交通线路或厂矿企业等的泥石流沟道的治理。与浆砌石拦沙坝相似，混凝土拦沙坝也分为拱坝和重力坝 2 种类型。拱坝型混凝土拦沙坝可以充分利用混凝土材料抗压强度高的特点，减小坝体厚度。与相同高度的重力坝相比，拱坝可减少用料 1/3～1/2。

表 10-13　浆砌石重力坝断面轮廓尺寸表　m

坝高	坝顶宽度	坝底宽度	坝坡	
			上游面	下游面
2	1.0	2.6	1∶0.5	1∶0.3
3	1.2	4.2	1∶0.6	1∶0.4
4	1.5	6.3	1∶0.7	1∶0.5
5	2.0	9.0	1∶0.8	1∶0.6
8	2.5	16.9	1∶1	1∶0.8
10	3.0	20.5	1∶1	1∶0.8

混凝土重力拦沙坝的横断面接近三角形，坝顶宽度一般为 1.5～2.0 m。坝体越高，顶宽越大。重力坝的上游面经常浇筑成垂直的。当坝基摩擦系数较小时，可将重力坝的上游面浇筑成倾斜的，以便利用一部分水重及泥沙压力增加坝体的抗滑稳定性。重力坝上游坝坡一般为 1∶(0.1～0.2)，下游坝坡 1∶(0.2～0.5)。混凝土拦沙坝设计，除需确定坝体断面尺寸外，还需要确定溢流口断面形状、规格尺寸以及溢流坝下游的消能设施。

④格栅坝。格栅坝是指由水平钢梁或水平钢筋混凝土梁与混凝土坝支墩组成的拦挡大粒径砂砾的拦沙坝。格栅坝对泥石流中的固体物质有分选作用，适用于治理泥石流危害的山沟。格栅坝具有节省建筑材料、坝型简单、施工进度快、使用期长等优点。常见的格栅坝类型有钢筋混凝土格栅坝和钢梁格栅坝。钢筋混凝土格栅坝适用于泥石流中挟带大石块比较多的沟道，而钢梁格栅坝则适用于沟底与两岸均为基岩的峡谷地段。

格栅坝利用格栅孔分选通过的固体物质，将细小的岩屑或石砾泄入下游，而将大石块拦挡在库内，从而减少对下游的危害。通过对流域集水区、沟道和沟口冲积扇上的石块组成调查，确定水平梁的尺寸和间距。格栅坝横梁的净距与拦挡块石最大粒径的比值应不小于 0.8。为了提高格栅坝的分选作用，可将数个格栅坝集中布置在一起联合应用。钢梁格栅坝可以利用废旧钢轨或钢管等材料建造。为了增加格栅的强度，当沟谷宽度大于 8 m 时，应在沟道内增设混凝土或钢筋混凝土支墩，形成多格格栅坝。

⑤孔口坝。孔口坝是指在坝体上设有孔口的拦沙坝。孔口坝可以调节山洪流量，拦挡泥石流中的固体物质，从而减免泥石流危害。孔口坝的断面尺寸按重力坝设计。坝体上的孔洞形状、尺寸、数量及布置形式，根据修建目的和施工条件确定。孔洞按其功能可分为导流孔洞、水砂排泄孔洞和排空孔洞。导流孔洞在施工期间排走沟道中的常流水，其尺寸按施工期间的最大流量确定。在坝体建成后，砂砾自行将孔口堵塞或通过人工填堵。水砂排泄孔洞的作用是排泄库中的砂砾，其断面形状可为矩形、正方形、长缝形或圆形。圆形孔洞的孔口对坝体应力的影响最小，不易损坏坝体。排空孔洞的作用是排空拦蓄的砂砾，其孔洞尺寸按山洪量设计。孔口总过水能力要比中等洪水流量大 30%左右。孔洞排列不当会导致坝体的抗压能力减小，因此上下两排孔洞的位置一般交错排列。为了顺利排走砂砾，孔洞底部的宽度应大于计划排走石砾直径的 3 倍以上。圆形孔洞的直径可按式(10-41)计算。

$$d = 6a/\pi^{1/2} \tag{10-41}$$

式中，d 为圆形孔洞的直径(cm)；a 为设计排泄的砂砾直径(cm)。

2. 拦沙坝稳定验算

在拦沙坝断面形状及尺寸初步选定后，需对坝体抗滑稳定性和坝体应力进行验算。作用在拦沙坝坝体上的荷载主要有坝体自重、坝前水压力、坝前土压力、泥石流冲击力以及地下水扬压力等。坝体沿基岩面水平滑动的安全系数按式(10-42)计算。

$$K_s = (f\sum W)/\sum P \tag{10-42}$$

式中，K_s 为抗滑稳定安全系数，一般取 1.1～1.5；$\sum W$ 为作用在坝体上的垂直力之和(N)；$\sum P$ 为作用在坝体上的水平力之和(N)；f 为坝体与地基的摩擦系数。对于混凝土或浆砌石拦沙坝，火成岩地基取 0.65～0.75，石灰岩和砂岩地基取 0.5～0.65，板岩和泥岩地基取 0.3～0.5。

在重力拦沙坝设计时，要求库容淤满时的坝体上游坡面不能出现拉应力，作用在上下游坝脚的垂直应力不超过地基允许承载力，此时即认为满足重力拦沙坝的强度要求。作用在上下游坝脚的垂直应力按式(10-43)计算。

$$\sigma = (\sum W/B) \pm (6\sum M/B^2) \tag{10-43}$$

式中，σ 为垂直应力值(N/m^2)；B 为坝底宽度(m)；$\sum M$ 为所有荷载对坝底中心的总力矩(N·m)。

10.3 小型蓄排引水工程

小型蓄排引水工程是指为拦蓄径流、排泄山坡洪水以及提供灌溉和人畜用水水源而修建的工程，主要包括截水沟、排水沟、蓄水池、山塘、涝池、水窖和引水渠、灌溉渠以及引洪漫地工程等。本节主要介绍山塘和引洪漫地工程，截(排)水沟、引水渠、灌溉渠等沟渠工程参见 10.1 节，蓄水池等集水工程参见第 12 章。

10.3.1 规划布置原则

小型蓄排引水工程规划布置应以山坡(坡耕地和荒坡)暴雨径流观测资料为基础，根据设计标准对应的暴雨径流量，布设工程。以小流域内的一个完整坡面为单元，一个坡一个坡地布置截水沟、蓄水沟和排水沟。根据一次暴雨径流量的大小，确定截水沟是全部拦蓄还是半蓄半排。截水沟排出的水引入附近蓄水池存蓄。多余的弃水由排水沟安全排出。尽量多蓄水少排水。在排水时要防止冲刷。

在梯田上部修建截水沟，防止上游坡面的径流进入下部区域而冲垮梯田。如上部坡面较长，径流量大，则要开挖数条截水沟。暴雨径流不能全部入渗或拦蓄时，需布设排水沟，保证安全排水。并在适当位置布设水窖、涝池或塘坝，存储上游坡面的排水。以解决人畜用水为主要任务的水窖和涝池，其布设位置、数量和容量，除根据暴雨径流大小计算外，还应根据当地人畜数量和人口增长量进行规划。水窖和涝池一般布置在路边(如沥青路面)、场边和院边等不透水或弱透水地层。以解决灌溉用水为主要目的的山塘，根据集流面性质(如山林、场院硬地面、稻田排水、上游山塘弃水等)及所控制灌溉面积的大小、抗旱天数等，确定其位置、数量和容水量。

10.3.2　山塘

山塘是指蓄水量小于 10 万 m^3 的小型蓄水工程。山塘一般由塘(坝)、放水卧管(涵管)和溢洪道组成(图 10-24)。山塘多见于我国南方丘陵山区,其主要作用是拦蓄坝址以上部位的地面径流、小溪流和泉水等,从而抬高水位,提供农田、果林、人畜饮水等需要的水源,并可减轻山洪灾害,保护耕地、林地、道路,防治水土流失。

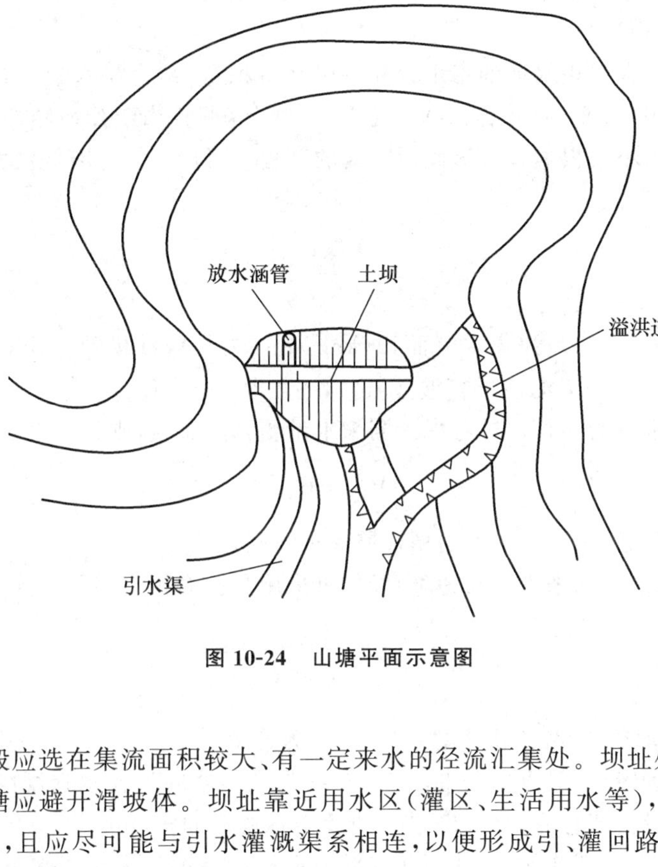

图 10-24　山塘平面示意图

1. 山塘设计

山塘坝址一般应选在集流面积较大、有一定来水的径流汇集处。坝址处应地质条件良好。傍山麓开挖的山塘应避开滑坡体。坝址靠近用水区(灌区、生活用水等),其高程应高于用水区,以便自流引水,且应尽可能与引水灌溉渠系相连,以便形成引、灌回路,提高灌溉保证率。对于坝顶非溢流的塘坝(如土坝),要考虑在适宜的位置开挖溢洪道。

(1)洪水总量确定

根据山塘建设的位置不同,汇入山塘的洪水可分三种情况计算。

对于建在山腰或山麓的山塘,洪水主要来自山丘坡面,洪水总量(W)可用式(10-44)计算。

$$W = 1\,000KRF \tag{10-44}$$

式中,W 为洪水总量(m^3);K 为径流系数;R 为设计频率下的暴雨量(mm);F 为山塘集水面积(km^2)。

对于建在居民点附近的山塘,洪水主要来自居民屋顶的产流以及庭院和道路等硬化地面的产流,洪水总量(W)可按式(10-45)计算。

$$W = 0.001R(\beta_1 F_1 + \beta_2 F_2) \tag{10-45}$$

式中,β_1 为屋顶产流效率(%);β_2 为集流区地面、庭院和道路等集汇流区的产流效率(%);F_1

为屋顶面积(m^2);F_2 为集流区地面、庭院和道路等集汇流区面积(m^2)。

对于建于山冲中间的山塘,洪水主要来自上游山塘下泄的洪水、附近山坡来水和集流区内稻田超标准排水。洪水总量(W)可按式(10-46)计算。

$$W = W_0 + 1\,000KRF + 10[(h_0 + R) - h]F_3 \quad (10\text{-}46)$$

式中,W_0 为上游山塘的下泄洪量(m^3);h 为稻田最大许可蓄水深度(mm);h_0 为暴雨前稻田的存水深度(mm);R 为设计频率下的暴雨量(mm);F_3 为集水区内的稻田面积(hm^2)。

(2)山塘蓄水容积计算

山塘蓄水容积应根据集水区的集水量和可引水蓄积量,结合需水量综合分析计算。山塘蓄水容积为垫底容积(V_0)与有效容积(V_1)之和。垫底容积相当于死库容,其对应的水位为死水位。垫底容积的大小可根据自流灌溉所需要的高程(水位)计算。有泥沙淤积要求的垫底容积可用式(10-47)计算。

$$V_0 = \frac{FS_0T}{\gamma_s} \quad (10\text{-}47)$$

式中,V_0 为垫底容积(m^3);F 为集水区面积(km^2);S_0 为年输沙模数(t/km^2);T 为山塘使用年限(一般设为 10 年);γ_s 为泥沙干容重(t/m^3),一般取 1.2~1.4。

有效容积的确定分为两种情况考虑。当来水量受到限制时,则以来水量多少定库容,即

$$V_1 = W \quad (10\text{-}48)$$

修建于居民点附近、山冲中央的山塘多属此种情况。

当山塘集流面积较大、来水量较为丰富时,可采用受益面积内稻田连续干旱天数的耗水总量来确定,即

$$V_1 = 10n\,mF_0 \quad (10\text{-}49)$$

式中,V_1 为有效容积(m^3);W 为洪水总量(m^3);n 为连续干旱天数(d)。可根据当地气象观测资料作频率分析后确定,一般可取为 30~50 d;m 为受旱期的日耗水强度(mm/d),根据灌溉试验观测资料或彭曼公式计算得到;F_0 为山塘受益区灌溉面积(hm^2)。

如果计算出的 V_1 小于来水量,则可扩大灌溉面积;如果 V_1 大于来水量,则要缩小水稻种植面积,调整种植结构,改为旱作或采用节水灌溉,节约灌溉用水量。

(3)山塘枢纽工程设计

山塘枢纽工程通常由挡水建筑物(塘坝)、取水建筑物(放水卧管)和溢洪道组成。山塘多采用土坝形式,也可采用浆砌石重力坝。

①坝身尺寸拟定。当土坝坝高低于 15 m 时,坝高和坝坡可参考表 10-14 选择。若坝高大于 15 m,则应根据稳定分析计算结果确定坝坡。土坝的坝顶宽度一般在 2~4 m 之间,坝高为校核洪水位加上风浪爬高 0.2~0.3 m。土坝的迎水坡面应采用条石、块石或砼砂浆衬砌,以起防渗和防止风浪冲蚀的作用。坝高 10 m 以上的土坝,内外坡可分成二级或多级。在外坡的变坡处一般设一条 1.0~1.5 m 宽的马道。在坝体上游做防渗处理,在下游设置排水设施,以降低浸润线,增加坝体的稳定性。

表 10-14、土坝坝高与坡比参考值

坡比	坝高/m				
	2～3	3～5	5～7	7～10	10～15
迎水坡	1∶1.0	1∶(1.0～2.0)	1∶(2.0～2.25)	1∶(2.25～2.75)	上段 1∶(2.0～2.05) 下段 1∶(2.5～2.75)
背水坡	1∶0.75	1∶(0.75～1.75)	1∶(1.75～2.25)	1∶(1.75～2.25)	上段 1∶(2.0～2.25) 下段 1∶(2.25～2.5)

浆砌石重力坝一般建于基岩上，靠自重维持稳定。浆砌石重力坝的坝顶宽度为坝高的8%～10%，但不得小于 2～3 m。如有交通需求，则按道路等级级别确定坝顶宽度。坝底宽度为坝高的 70%～80%。浆砌石重力坝迎水坡的坡度一般为 1∶(0.15～0)，背水坡为 1∶(0.65～0.85)。

②坝高的确定。根据山塘蓄水容积，查坝高—库容关系曲线确定坝高。在确定最终坝高时，应考虑安全超高等因素。

③放水建筑物。山塘多采用卧管式放水建筑物。卧管式放水建筑物由卧管和涵管组成。卧管系铺设在岸坡上的方形管，底坡一般为 1∶(1.5～2)。卧管的顶板上每隔一定高度凿一放水孔，平时用塞子封住。需水时，先拔出最上一级孔塞，塘水即自放水孔流入卧管，经消力池进入涵管，然后送往输水渠道。随着库水位的下降，逐步开启第二级、第三级放水孔。为防止管内形成真空，在其上端应设通气孔。涵管埋设在坝体中，多为方形或圆形，底坡一般为 1∶(100～200)。涵管出口处设置消力池，以防冲刷渠道。卧管、涵管和消力池均应设置在基岩或经加固处理的土基上，以免产生不均匀沉降，拉裂管道或消力池，而导致漏水。

④溢洪道。山塘多采用宽浅式溢洪道。宽浅式溢洪道通常由引渠、宽顶堰、陡槽、消力池和泄洪渠等组成(图 10-25)。溢洪道位置一般应选择在离坝不远的垭口处。如受条件限制，溢洪道也可设置于缓坡上。溢洪道的进、出水口离坝体不宜太近，以利大坝安全。宽浅式溢洪道断面尺寸确定可参考《水工建筑物》等相关资料。

2. 山塘维护管理

山塘的维护管理主要包括塘基防渗处理和山塘清淤。对于土坝，其防渗处理一般可采用夯实法。有条件的地方，可在大坝迎水坡采用砼砂浆或浆砌石护坡防渗。每年春初雨季来临前或汛期，应加强定期检查、修补和维护。山塘利用若干年后，由于淤泥沉积，有效容积减小，需进行清淤。清淤一般在冬末春初枯水时期进行，挖出的塘泥可用作肥料。

10.3.3　引洪漫地工程

引洪漫地是应用导流设施把洪水漫淤在耕地或低洼地、河滩地上，以抗御干旱、保持水土、变害为利、发展农业生产的一项有效措施。在我国黄河中下游地区以及华北地区等地，引洪漫地有悠久的历史。引洪漫地可落淤增肥、改良土壤。山洪泥水中含有大量的氮、磷、钾及有机肥料。淤漫过后的土地，其含水量增大、土层加厚、地力提高，从而提高作物产量。此外，通过拦引洪水、利用泥沙，也可削减沟道的洪峰流量，减轻下游地区的洪涝灾害。

1. 引洪漫地工程分类

按洪水来源不同，可将引洪漫地分为引坡洪漫地、引村庄及道路洪水漫地、引沟洪漫地和

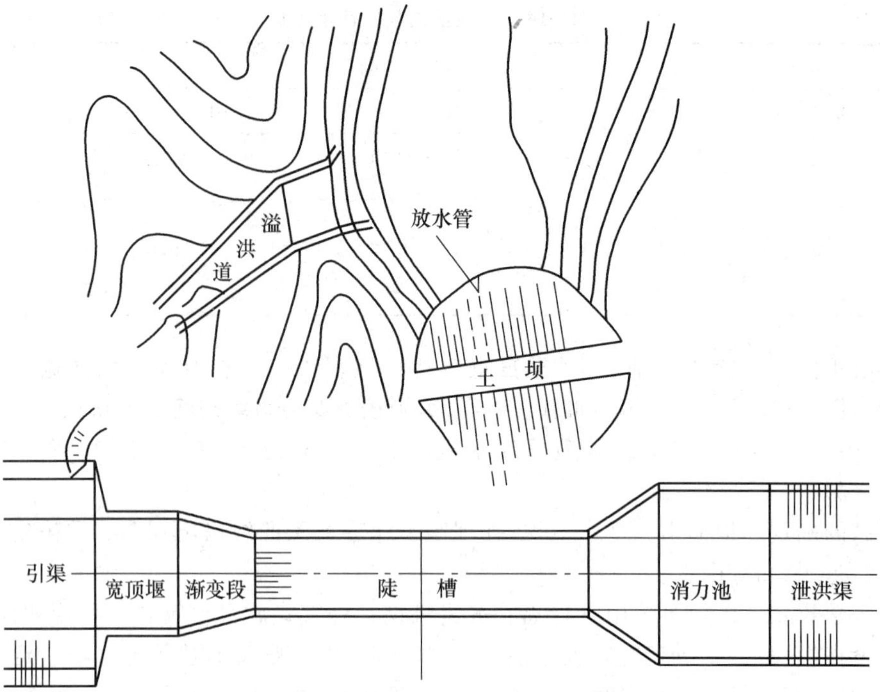

图 10-25 宽浅式溢洪道布设示意图

引河洪漫地等 4 类。土石山区的耕地大都分布在山麓。坡洪漫地是指在荒坡与耕地交界处修建截水沟和引洪渠,拦截荒坡洪水,引入山麓农田漫地。为避免洪水冲刷,洪水从上一台梯田流向下一台梯田时,需修筑跌水。

也可引村庄或道路洪水漫地。通过在道路上逐段修建引水土埂,将洪水引入农田漫地。为了便利车辆通行,引水土埂要宽而低,埂顶呈弧形。村庄道路洪水流量大、肥力高、漫地效果好。

在沟口修建拦洪和抬高水位的干砌石坝、木桩石坝或浆砌石坝等工程,在坝两侧修引洪干、支渠,将沟道洪水经输水渠道引入沟口外的川台坪地进行漫地的方法称为引沟洪漫地。

当河流洪水流量大时,也可引河洪漫地。引河洪漫地工程包括渠首工程、渠道工程和田间工程。渠首工程分自流引水和筑坝引水。自流引水的渠首需设在纵坡较缓、河岸和河床稳定、进水口高于洪漫区的地方。筑坝引水是在河道上修建滚水坝或壅水坝,在坝的上方一端或两端修建引洪渠口和闸门,引水入渠。引洪渠底与滚水坝等高。为适应洪峰流量大、历时短、陡涨陡落和含沙量大的特点,应修建大断面和大坡降的渠道工程,保证在短时间内将洪水引入田间。田间工程主要是指划块筑埂和平整土地。地块面积按洪水量大小和地形而定。在地块四周筑起埂埝。结合平整土地,保证淤漫质量。

2. 引洪漫地工程规划

(1)引洪渠系和渠道规划

引洪渠系由引洪干渠、支渠和斗渠三级组成。引洪渠系要求能控制整个洪漫区面积,输水迅速均匀,沿途不冲不淤。干渠应稍微高于洪漫区,渠底比降 0.2%～0.3%,一般长度 1 000 m左右。沿干渠每 100～200 m 设一支渠。支渠一般与干渠正交或成适当夹角,比降一般为0.3%～0.5%，最大不超过1.0%，长500～1 000 m。沿支渠每50～100 m设一斗渠。斗渠一般与支渠正交，比降0.5%～1.0%。每条斗渠控制一个洪漫小区，直接向地块输水漫灌。在干渠向支渠分水处设置分水闸，支渠向斗渠分水处设置斗门。渠系工程及渠上建筑物的设计参见小型水利工程设计手册。

在河岸较高、河洪不能自流进入渠首的，采用有坝引洪。在河岸较低、河洪能自流进入渠首的，采取无坝引洪。在距河岸3～5 m处设置导洪堤，将部分河洪导入引洪闸。导洪堤应修建在岸坡坚固的凹段。引洪渠首应选在河床稳定、河道凹段下游、引水条件好且高于洪漫区的位置。当修建砌石滚水坝引水时，坝址应选在淤泥与卵石层较浅的基岩河床上。当设计洪漫区面积很大、一处渠首引洪不能满足漫地要求时，应沿河岸增建几处引洪渠首，分区引洪。

(2)洪漫区田间工程规划

根据洪漫区地形以及引洪斗渠与地块间的相对位置，引洪漫灌可采取串联式、并联式和混合式三种布置形式。斗渠设置在洪漫区地块的最高处，其控制的洪漫区为狭长地形，地面坡度一般在3°左右。将地面分成若干个矩形小块，每块面积0.1～0.2 hm^2。在地边围埂，形成高0.3～0.5 m的台阶。上一台地块的出水口即为下一台地块的进水口。相邻两台地块的进水口应左右错开。最下一台地块的出水口下连排水渠。这一地块布置方式称为串联式。如果斗渠设置在洪漫区地块的较高一侧，其控制的洪漫区地面坡度一般为1°左右。此时将地面分成若干个矩形大块，每块面积3～4 hm^2。每块田块在斗渠一侧的最高处为进水口，另一侧最低处为出水口。各田块的出水口与排水渠相连，这一布置方式称为并联式。在地形比较复杂的洪漫区内，在斗渠控制的部分小区内采用串联方式，而另一部分采用并联方式，从而形成混合式布置。混合式布置可以迅速、均匀地将洪水输送到各个地块。

引洪漫地对洪漫区地块有一定的要求。如果洪漫区为农地，在淤地前应平整土地面，地面坡度不超过1°，地块中不应有明显的凸凹部位。如果在荒滩淤漫造田，应结合地面平整，除去地中杂草和大块石砾。矩形地块的长边一般顺着等高线、短边与等高线正交。在地块四周修建蓄水埂。埂高应能满足一次漫灌的最大水深，并有适量的超高(一般为0.3 m以上)。如果地面倾斜，应对较低一侧的蓄水埂进行培厚加高，以满足蓄水要求。

10.4　山地灾害治理工程

山地灾害是指山地环境在演化过程中伴生的或人类不合理经济活动引发的，对人类生产和生活或对人类自身生存和发展具有不利影响的各种自然现象和人为事件的总称。山地灾害主要类型有泥石流、山洪、滑坡、崩塌、雪崩、冰崩、坡面侵蚀、干旱、冰雹、低温、风沙、火山喷发、林火和病虫害等。狭义的山地灾害是指山地斜坡上的水土物质在重力和其他外营力作用下，向下运移的过程以及由此而产生的对人类生产生活和资源环境所造成的不利影响，包括山洪、坡面侵蚀、泥石流、滑坡、崩塌、雪崩等。在我国，山地灾害这一术语主要是指其狭义定义。由于山地灾害常给山丘区及其下游地区造成严重的危害和巨大的经济损失，它已成为制约当地社会经济持续健康发展的重要因素之一。山地灾害可以通过预测、预警预报、行政管理(法律、法规、条例等措施)和避让等措施减少或避免，也可以采取生物措施(封山育林、植树造林、林分改造、植灌、种草等)和工程措施进行综合治理。本节主要介绍山洪泥石流和崩岗治理工程以及护岸工程与河岸整治工程。

10.4.1 山洪泥石流治理工程

山洪是指山区溪流及小河流发生的洪水。其特点是流速大，冲刷力和破坏力大，含有大量的泥沙，暴涨暴落，历时短暂。按引发山洪的成因，洪水可分为暴雨洪水、融雪洪水、冰川融化洪水、堤坝溃决洪水以及其他原因引起的洪水。泥石流是指饱含固体物质(泥沙、石块和石砾)高黏性流体的特殊洪流。泥石流是山区常见的一种自然灾害现象，暴发突然，来势凶猛，历时短暂，破坏性强，是一种严重的水土流失形式。泥石流与一般山洪、高含沙山洪和滑坡不同。泥石流具有土体的性质——结构性，具有水体的性质——流动性，具有较大的流动坡降(或沟床比降)，一般大于1%。

一般山地面积越大的国家，山洪及泥石流危害也越严重。我国泥石流分布区面积约占国土总面积的18.6%，主要分布在3个地形阶梯间的2个过渡带，即青藏高原向次一级高原或盆地(云贵高原、黄土高原、内蒙古高原、四川盆地、塔里木盆地、准噶尔盆地)的过渡带，包括昆仑山、祁连山、岷山、龙门山、横断山和喜马拉雅山，以及次一级高原盆地向东部低山丘陵或平原地区的过渡带，包括大小兴安岭、长白山、燕山、太行山、秦岭、大巴山、巫山、武陵山和南岭等。

1. 规划原则

应根据山洪及泥石流的形成机理、发展状况、基本性质和治理要求，采取综合措施治理山洪及泥石流。山洪及泥石流综合治理措施包括土地利用规划措施、工程措施、生物措施以及预防性措施(灾害分类、危险区调查与公告、预测、预警预报等)。综合治理原则是指工程措施与生物措施相结合，上、中、下游统一规划，山、水、梯田综合治理。

①全面规划，突出重点。根据山洪及泥石流的流域环境和形成条件，上、中、下游全面规划。对水体补给区以调节径流为主，对土体补给区以稳定土体为主。以山洪及泥石流形成的关键区或地段为全流域治理的重点。

②工程措施与生物措施有机结合。根据山洪及泥石流的形成和发展阶段，合理划分治理区域，因地制宜，因害设防，充分发挥工程措施见效快、生物措施见效长的特点，采取工程措施与生物措施相结合、长远规划治理措施与近期规划措施相结合的综合治理措施。

③综合治理，主次分明。山洪及泥石流往往是在多种因素的影响作用下形成的，因此应采用山、水、林、田综合措施进行治理。例如，采取稳定山坡措施、调节洪水措施、造林和改革耕作制度措施等，制止山洪及泥石流的形成或减少其规模及危害。对于水力类泥石流，一般应以治水为主，设置引、蓄水工程和水源涵养林调节径流，削弱其水动力。对于土力类泥石流，应以治土为主，设置拦挡工程或采用改土工程和水土保持林等措施稳定土体，制止其形成。

④以人为本，实现人与自然和谐相处。以人为本，优先保障人们生命财产安全。并结合当地社会发展和经济状况，从维护区域粮食安全以及生态安全等入手，进行科学有序的综合治理。

2. 工程治理措施

(1)径流调节工程

径流调节工程旨在控制或削弱产生泥石流的水动力条件。在泥石流形成区的上游，选择适宜的地点建造水库、水塘或蓄水池等蓄水工程，调节洪水，削弱流经泥石流形成区的洪峰流量，减弱泥石流形成的水动力条件。也可修建引排水工程，疏导径流安全地避开泥石流多发区。引排水工程多修建于泥石流形成区的上方或侧方。

(2)拦挡工程

修建拦挡工程的目的在于控制或抑制松散固体物质的活动性及其数量。拦沙坝与谷坊工程是治理泥石流的骨干工程,已广泛应用于各地区的泥石流治理。拦沙坝与谷坊工程可拦截部分泥沙石块,削减泥石流的规模。在大坝高度和库容量大的情况下,此种作用尤其明显。拦沙坝和谷坊工程的回淤泥沙埋压滑动面,从而可减缓上游沟段的纵坡,加大沟宽,减小泥石流流速,减轻泥石流对沟岸的侧蚀作用。此外,回淤泥沙可提高侵蚀基准面,加固和稳定泥石流沟道的沟床,制止沟床的进一步下切,减少沟岸坍塌或崩落。

对于存在个别活动性滑坡的沟坡、谷坡或山坡,如果采用拦沙坝或谷坊工程不经济或不能施工,可修建挡土墙工程稳定边坡,防止泥石流的发生。对于某些相对稳定的山坡,为避免长期受水流或泥石流冲蚀而导致不稳定或逐渐演变为新的泥石流源地,应修建护坡工程。此外,也可修建变坡工程保护边坡。在泥石流形成区上方的山坡上修建水平台阶,不仅可以削减坡面径流的冲蚀强度以及稳定山坡,而且也有利于山坡资源的开发利用。在水平台阶上种植经济林木,阶间的坡面上种植草皮或根系较深的乔灌木,在增加经济收入的同时抑制水土流失。为防止特大洪水掏刷沟床沉积物而导致泥石流的发生,修建潜坝工程可取得良好的预防效果。潜坝建筑于沟床中,坝基嵌入基岩,坝顶与沟床齐平。一般潜坝要系列化、梯级化才能起到固定沟床、抑制泥石流发生的作用。此外,潜坝工程亦可作为拦沙坝的消能工程。

(3)排导工程

排导工程能直接保护某一工程设施或建筑群,例如城填、村寨、农田、铁路、公路等保护对象或设施,因此在泥石流治理中占有重要位置。排导工程主要包括导流堤与顺水坝、排导沟、渡槽或急流槽、明硐以及改沟工程等。

修建导流堤与顺水坝的目的是控制泥石流流向。导流堤是指修建在从泥石流堆积扇的扇顶或山口直至沟口的连续性建筑物,一般为单面护砌的沙石土堤、石堤或混凝土堤。顺水坝是指修建于沟内、由浆砌石块或混凝土构筑而成的不连续建筑物,其主要作用是控制水流的主流线方向,也可起到保护山坡坡脚免遭洪水、泥石流冲刷的作用。排导沟是指以沟道形式引导泥石流顺利通过防护区段且将其排向下游泄入主河道的工程。排导沟工程多建于交通方便的开阔地带,其施工简单,投资小,防范泥石流的效果好,应优先采用。有时,因某些特殊要求,也可修建改沟工程,将泥石流出口改向相邻的沟道或另辟一出口,从而将其疏导至安全地带。

对于依山傍水且跨越泥石流沟道的公路或铁路,如果泥石流规模不大且具有有利的地形条件,在留有足够行车净空的条件下,在其交叉处修建渡槽或急流槽工程,将泥石流从公路或铁路上空或下方排走。一般称从线路上方通过且纵坡相对较缓的工程为渡槽,而从线路下方通过且纵坡较大的工程为急流槽。当交通线路通过泥石流较严重的堆积区时,如果地形条件许可,也可修建明硐工程。明硐是渡槽的一种类型,只是明硐的工程量远比一般渡槽的大,明硐的线路长度远远大于它的跨度。

(4)停淤工程

停淤工程包括停淤场和拦泥库。停淤场是利用天然有利的地形条件,采用一些简易的工程措施,例如导流堤、截流坝、挡泥坝和改沟工程等,将泥石流引向开阔的平缓地带,使泥石流停积在这一地区,从而达到保护农田以及各种建筑物的目的。拦泥库是一种存放泥石流的工程。通过适当的导流工程,将泥石流导向低洼地带,以减轻泥石流对下游地区的危害。该低洼地带便称为拦泥库。

(5)农地工程

在某些山区因大量种植水稻,渠水或田水大量渗入滑坡体,从而导致滑坡体急剧活动,地基失稳,泥石流频频发生。在此类泥石流治理中,水田改为旱地是控制泥石流发生的一项极为重要的措施。

农田水利工程建设解决了农田灌溉、人畜用水以及用电的需求。但如果在渠道通过地基不稳定的山坡地段时无任何防渗处理,渠水的大量渗漏也会导致局地崩塌、坍塌以及滑坡体的复活,进而演化为泥石流。因此,水渠防渗处理也可在一定程度上减缓泥石流的发生。与此相似,地表径流大量渗入滑坡体也可导致土坡不稳定或泥石流的发生。在农田基本建设及泥石流治理中,填塞和夯实滑坡体裂缝是制止滑坡活动、促进山坡稳定、减少泥石流固体物质补给源的一项重要措施。此外,在农田基本建设中,将 25°以下的坡耕地改为梯田,可以减缓地表径流流速,增大坡面汇流历时,减少水土流失,从而缓解泥石流发生的危害。

10.4.2 崩岗治理工程

崩岗是指山坡土(石)体在水力和重力作用下发生崩塌和遭受冲刷侵蚀的现象。崩岗是我国南方风化花岗岩地区侵蚀沟发展的一种特殊形式,它主要分布于广东、福建、江西、湖南和广西等地区。按崩岗外形的不同,崩岗可分为瓢形崩岗、条形崩岗和箕形崩岗;按其发展程度,崩岗可分为活动型崩岗、半稳定型崩岗和稳定型崩岗。崩岗多从山麓或山腰开始发生,进而发展到山坡以上。崩岗的深度和宽度多在 5 m 以上,有的崩岗可深达数十米,面积达数公顷。崩岗不仅破坏土壤肥力,而且泥沙直接淤埋农田、淤塞河道和水利设施,从而导致生态环境的恶化和洪涝灾害的加剧。

1. 治理工程规划

崩岗的发展速度快、危害严重、治理工程量大。因此,控制崩岗的发生需要采取预防为主、治管并重的原则。将每个崩口视为一个集水区(小流域)单元,按“上拦、下堵、中间削坡绿化”的原则,进行全面系统的综合治理。

(1)预防措施

在崩岗危险区严禁不合理开荒、采石或挖矿,防止人为破坏地貌和植被,并将山洼地带形成的小股径流安全引下山坡,防止形成冲沟。

(2)工程治理措施

崩岗治理应按崩岗发展的不同阶段和程度,因害设防,综合治理。在崩岗口以上的集水区,应拦蓄雨水,减少地表径流。同时,在水流进入崩口处布设截水沟或竹节水平沟,用于拦截坡面崩岗顶部的径流,防止溯源侵蚀。在崩口底部,修建谷坊群,巩固侵蚀基准点,防止崩口内的被侵蚀物体继续失去平衡而下滑。治理崩岗的谷坊与治沟工程的谷坊大致相同,但其一般布置的更密些,以保证谷坊的最大拦蓄效益。在崩岗区下游邻近出口处,修建拦沙坝,拦蓄崩岗下泄的泥沙,以防止淤埋下游农田。

对于崩壁两岸,通过削坡开级工程,改变崩岗陡壁的微地形,使之变为台阶式,为造林种草创造良好条件。林草郁闭后可起到保护地表、稳定崩岗的作用。削坡规模根据崩岗的发展程度、危害大小和施工条件等因素决定。施工中应尽量减小土方开挖量,保持台阶等高,并合理布设排水系统,确保工程安全。

防止塌积锥的二次侵蚀是稳定崩岗、减轻泥沙危害的重要一环。塌积锥有支撑崩岗陡壁的作用，应根据崩岗的稳定程度，因势利导，使其形成较稳定的次生坡面，防止崩壁的继续崩塌。亦可采取植物措施，在塌积锥上栽树种草形成植被覆盖，或利用根系发达的竹类植物固持土体，防止塌积锥泥沙向下游运移。

在工程措施完成后，对坝坡及崩岗周围应及时造林种草，全面利用植物围封。崩岗区多属花岗岩风化层，土壤干旱贫瘠，造林种草应选择根系发达、耐旱耐贫瘠的灌草。对于集雨面积大、土层较厚的地方，也可配置一些乔木，形成乔、灌、草多层覆盖。对于基本稳定的崩壁，采用封禁办法配合人工造林种草，加速植被恢复。对于削坡开级的崩壁，开级后的土层多是心土，因此造林种草时需要施基肥或换土。在崩岗沟谷土质肥沃和修建谷坊的地方，水分和养分条件较好，发展用材林、经济林或果树等，可收到显著的经济效益。

2. 工程设计

截水沟一般可分为蓄水型、排水型或半蓄半排型，其设计参数参见本章第一节。崩壁小台阶一般宽 0.5～1.0 m，高 0.8～1.0 m。台阶的外坡坡比视土质紧实度确定，一般取 1∶(0.5～1.0)，阶面呈 5°～10°的反坡。在台阶内侧修建 0.2 m×0.3 m 的蓄水沟。治理崩岗的谷坊按修建材料可分为土谷坊、石谷坊和植物谷坊。谷坊自上而下修建，分段控制。谷坊和拦沙坝具体设计参数参见本章第二节。

可在沟头布设防护林，在沟内布设水土保持林或经济果林，也可按乔、灌、草配置进行林草工程的设计，具体参见第 9 章水土保持林草措施。

10.4.3　护岸工程与河岸整治工程

各种类型的河段，在自然或人工控制的条件下，由于水流与河床的相互作用，常造成河岸崩塌而改变河势，从而危及农田及城镇村庄的安全，影响水利工程的正常运用，给国民经济带来不利影响。修筑护岸与河岸整治工程的目的，就是为了抵抗水流冲刷，变水害为水利，为农业生产服务。

护岸与河岸整治工程规划应从全局出发，兼顾上下游和左右岸，对河岸进行综合治理。治理过程中，应因势利导，重点整治。发动群众，就地取材，关注人民群众的切身利益。

1. 护岸工程

护岸工程是指防治山区河道(沟道)或河岸冲刷及塌岸扩张的工程。护岸工程保护的对象主要包括由于山洪和泥石流冲击，使山脚遭受冲刷而有山坡崩塌危险的地方；在有滑坡的山脚下，设置护岸工程兼起挡土墙的作用，以防止滑坡及横向侵蚀；或用于保护谷坊或拦沙坝等建筑物。谷坊或拦沙坝拦截的泥沙多沉积于沟道中部。当山洪遇到堆积物时，常会产生侧向冲刷。如果两岸岩石或者土质不佳，就需要设置护岸工程，以防止冲塌沟岸而导致谷坊或拦沙坝失事。在沟道窄而溢洪道宽的情况下，如果过坝山洪的流向改变，也可能危及沟岸，这时也需设置护岸工程；在沟道纵坡陡急、两岸土质不佳的地段，除修谷坊防止下切外，也应修建护岸工程。

(1)护岸工程分类

护岸工程一般可分为护坡工程与护基(或护脚)工程两种。枯水位以上部位的防护工程称为护坡工程，枯水位以下部位的防护工程称为护基工程。根据所用材料的不同，护坡工程又可分为干砌片石护坡、浆砌片石护坡、混凝土板护坡、铁丝石笼护坡、木桩排护坡、木框架护坡与生物护坡等。此外,还有混合型护坡工程,如木桩-植树-抛石护坡工程、抛石-植树-梢捆护坡工程等。为了保护护坡工程免遭破坏,除应注意护坡工程本身的工程质量外,还应防止护坡工程因基础被冲刷而遭受破坏。因此,在坡度陡急的山洪沟道中修建护坡工程时,应同时修建护基工程。如果下游沟道的坡度较缓,一般不需修建护基工程,但此时的护坡工程基础应有足够的埋深。最简单和较常用的护基工程是抛石护基,即对需要保护的基础部位,抛掷大量的石块至护坡工程的基部。通过抛石覆盖整个沟底,避免基础受洪水冲刷而淘空。石块间的位置允许发生移动,因此整个抛石体具有一定的挠曲性。在缺乏大石块的地区,可采用梢捆或木框装石的护基工程。

(2)护岸工程设计

①设计原则。在护岸工程设计前,应对上、下游沟道进行调查研究,分析和确认护岸工程修建后是否可能导致下游或对岸发生新的冲刷,确保沟道安全。为避免水流冲毁基础,护岸工程应顺应地形条件,工程外形应流畅,避免急剧弯曲。此外,护岸工程的上下游部分应与基岩、护基工程以及已有的护岸工程连接牢固,保证工程安全。护岸工程高度应保证山洪不致漫过护岸工程。此外,护岸工程高度的确定还应考虑护岸工程背后的土体是否有崩塌的可能。如果土体可能会崩塌,则应预留出堆积崩塌沙石的地方,即护岸工程应离开崩塌体一定的距离并具有足够的高度。如果护岸工程的高度不能满足要求,可沿岸坡修建向上成斜坡的横墙,以防止背坡侵蚀及坡面崩塌。因河沟弯道段凹岸的水位高于凸岸水位,所以凹岸护岸工程的高度应更高一些。

②护坡工程设计。护坡工程又称护岸堤,其作用除了防止山洪的横向侵蚀外,还可发挥挡土墙的作用,稳固坡脚。对于山洪流向比较平顺、不受主流冲刷的防护地点,当流速为 2～3 m/s时,可采用单层干砌块石;当流速为 3～4 m/s 时,可采用双层干砌块石。在受到主流冲刷、山洪流速大(≥4～5 m/s)、挟带物多、冲击力强的防护地点,则宜采用浆砌石。

干砌石护坡主要由脚槽、坡面、封顶三部分组成。其中,脚槽主要用于阻止砌石坡面下滑,起到稳定坡面的作用,其形式有矩形和梯形两种。脚槽尺寸视边坡大小而定。脚槽下端应与护基工程衔接。干砌石护坡工程坡面的坡比根据土壤的性质和结构而定,一般为 1∶(2.5～3.0)。封顶的作用是阻止雨水入侵,防止工程遭受破坏。封顶多用平整块石安砌,宽度为50～100 cm。封顶与滩地接合处,可用碎石或粗砂回填,宽度应小于 10 cm。

浆砌石护坡的结构形式与干砌石护坡基本相同。浆砌石护坡一般需设垫层;当岸坡为砂砾卵石时,也可不设垫层。为了减小护坡工程背面的渗透压力以及排泄积水,可在护坡的下部设置交错排列的泄水口。泄水孔孔口可作成 10 cm×15 cm 的矩形或直径为 10 cm 的圆形,间距 2～3 m。在泄水孔孔口处的局部范围内应设置反滤层,以防淤塞。当护坡工程较长时,应沿纵向设置伸缩缝,以消除或减小温度应力引起的变形破坏。一般伸缩缝间隔 10～15 m,缝宽 2 cm,用沥青木板填塞。伸缩缝可采用混凝土基槽或块基基槽封顶。

修筑护坡工程时需要注意,基础要深挖,防止掏空。一般情况下,当冲刷深度小于 4 m 时,可将基础直接埋置在冲刷线以下 0.5～1.0 m 深度处,并且基础底面要低于沟床最深点以下 1 m 左右。沟岸必须事先平整,达到规定坡度后再进行砌石。护岸片石必须全部丁砌,并垂直于坡面。片石下面一般要设置适当厚度的垫层,垫层材料可采用砂砾卵石或粗中砂卵石混合垫层。

③护基(脚)工程设计。护基(脚)工程常潜设于水中,时刻都受到水流的冲击和侵蚀作用,

因此护基(脚)工程的建筑材料要有抗御水流冲击、侵蚀和推移质磨损的能力,应易于恢复和补充以适应河床变形,且应便于水下施工等。常用的护基工程有抛石护基和石笼护基等。

设计抛石护基工程时,应考虑块石规格、抛石体的稳定坡度、抛护范围和厚度等因素。护基块石要求采用石质坚硬的石灰岩或花岗岩等,不得采用风化易碎的岩石。块石尺寸以不被水流冲走为原则,可根据护岸地点洪水期的流速和水深等资料,用一般起动流速进行估算。块石直径一般为20～40 cm,并可掺和一定数量的小块石,以堵塞大块石之间的缝隙。

抛石护基工程除保证块石体本身的稳定外,还应保证块石体能平衡土坡的滑动力。因此,抛石体的稳定坡度必须结合块石体的临界休止角和沟岸土质在饱和情况下的稳定边坡来考虑。块石体在水中的临界休止角一般为1∶(1.4～1.5)。沟岸土质在饱和情况下的稳定边坡可参考实测资料确定,一般沙质沟床约为1∶2。抛石护基工程的设计边坡应缓于其临界休止角、但应等于或略陡于沟岸土质在饱和情况下的稳定边坡。一般情况下,抛石护基工程的设计边坡应不陡于1∶(1.5～1.8)。

抛石厚度影响护基工程的作用效果以及工程投资。抛石厚度的确定,除考虑岸坡之稳定外,还应考虑施工技术和设备条件限制所引起的抛石不均匀性。在实践中,一般根据实际使用的块石粒径确定抛石的厚度。目前,常用块石粒径的2倍作为抛石厚度,抛石厚度一般为0.4～0.8 m。如果沟坡陡峻(局部坡度陡于1∶1.5,重点险段陡于1∶1.8),则需加大抛石厚度。

石笼护基多用于流速大且边坡陡的地区。石笼系用铅丝、铁丝、竹篾、荆条等材料做成各种网格的笼状体,内填块石、砾石或卵石。石笼的网格大小以不漏失填充的石料为限,一般做成箱形或圆柱形。石笼的铺设厚度为0.4～0.5 m。石笼护基工程具有较好的强度和柔性,且不需要较大的石料。在高含沙山洪的作用下,石笼中的空隙将很快被泥沙淤满而形成坚固的整体护层,增强了其抗冲能力。但笼网日久锈蚀,从而会导致石笼解体(镀锌铁丝石笼一般使用年限为8～12年,普通铁丝为3～5年)。另外,在沟道有滚石的地段一般不宜采用石笼护基。石笼护基工程的其他参数设计与抛石护基工程相似。

2. 河岸整治工程

河岸整治工程按其性能和外形可分为丁坝和顺坝等。

(1)丁坝

丁坝由坝头、坝身和坝根三部分组成。坝根与河岸相连,坝头伸向河槽,在平面上与河岸连接起来呈丁字形。坝头与坝根之间的主体部分为坝身,其特点是不与对岸连接。丁坝可以改变山洪流向,防止横向侵蚀或山崩的发生;缓和山洪流势,引起泥沙沉积,并能将水流挑向对岸,保护下游的护岸工程和堤岸不受水流冲击;调整沟宽,迎托水流,防止山洪乱流和偏流,阻止沟道宽度的发展。

丁坝有多种分类方法。按建筑材料不同,丁坝可分为石笼丁坝、捎捆丁坝、砌石丁坝、混凝土丁坝、木框装石丁坝、石柳坝及柳盘头等。按高度不同即山洪是否能漫过丁坝,丁坝可分为淹没丁坝(潜丁坝)和非淹没丁坝两种。淹没丁坝高程一般在中水位以下,而非淹没丁坝即使在洪水期也露出水面。按长度不同,丁坝可分为短丁坝与长丁坝。长丁坝可拦塞一部分河床,对河槽起显著的束窄作用,并能将水流挑向对岸,使此岸下游的堤岸不受水流冲刷,但水流紊乱,易使对岸工程遭到破坏,且坝头的冲刷坑较大。短丁坝只能使水流趋向河心而不致引起对岸水流的显著变化。在沟床(或河床)较窄的地区,宜修短丁坝。短丁坝按平面形状又分为挑水坝、人字坝、雁翅坝、磨盘头等几类。按丁坝与水流所成角度不同，丁坝又可分为垂直布置形式（正交丁坝）和下挑布置形式（下挑丁坝）。

（2）顺坝

顺坝是一种河道纵向整治工程，它由坝头、坝身和坝根三部分组成。坝身一般较长，与水流方向接近平行或略有微小交角，直接布置在整治线上，具有导引水流、调整河岸等作用。顺坝有淹没顺坝与非淹没顺坝两种。淹没顺坝用于整治枯水河槽，其坝顶高程由整治水位而定。淹没顺坝自坝根到坝头，沿水流方向略有倾斜，其坡度大于水面比降，淹没时自坝头至坝根逐渐漫水。非淹没顺坝在河道整治中采用较少。

按建筑材料的不同，顺坝也可分为土顺坝和石顺坝两种。土顺坝一般采用当地现有的土料修筑。坝顶宽度一般为 3 m 左右。大坝外坡的边坡系数，因有水流紧贴流过，不应小于 1∶0.5，并应抛石加以保护，内坡边坡系数可取 1∶(1～0.67)。在河道断面较窄、流速比较大的山区河道，如果当地有石料，可采用干砌石或浆砌石顺坝。石顺坝的坝顶宽度一般 1.5～3.0 m，坝外坡的边坡系数为 1∶(0.67～0.5)，内坡为 1∶(1～0.67)。大坝外坡亦应设抛石加以保护。顺坝因阻水作用较小，坝头的冲刷坑一般较小，因此无须特别加固，但坝头的边坡系数应加大，一般不小于 1∶0.33。

3. *治滩造田工程*

治滩造田工程是在河谷地区通过修筑堤坝，将河床适当缩窄、改道或裁弯取直，采用引洪放淤、水力冲填和人工垫土等办法，变荒滩地为良田的工程措施。

治滩造田工程主要有束河造田、改河造田、裁弯造田、堵叉造田和箍洞造田等类型。束河造田是指在宽阔的河滩上，通过修建顺河堤等治河工程束窄河床，将腾出来的河滩改造成耕地。改河造田是指在条件适宜的地方开挖新河道，将原河改道，在老河床上造田。过分弯曲的河道往往形成河环。在河环狭窄处开挖新河道，将河道裁弯取直，在老河弯内造田的方法称为裁弯造田。堵叉造田是指在河道分叉处，选取一叉，堵塞某条支叉，并将其改造为农田。也可在小流域的支沟内，顺着沟道方向砌筑涵洞，宣泄地面来水，在涵洞上填土造田，即所谓的箍洞造田。

（1）整治线规划

整治线又称治导线，它是指河道经过整治以后，在设计流量下的平面轮廓。整治线是布置河道整治工程的重要依据。整治线规划设计是否合理，往往决定着工程量和工程效益的大小，甚至决定工程的成败。

①整治线布置原则。整治线布置应根据河道治理的目的，按照因势利导的原则确定。整治线布置应能满足国民经济各有关部门的要求，力求多造地、造好地。新河道尽量不占耕地或少占耕地，新造出的地应连片、向阳、耕种条件好。充分研究水流、泥沙运动规律以及河床演变趋势，因势利导，尽量利用已有的整治工程，力求洪枯期、上下游以及左右岸兼顾，同时确保工程安全。

②整治线形式。整治线形状包括蜿蜒式、直线式和“绕山转”式。蜿蜒式整治线是一条圆滑曲线，比较符合河流的水流结构特点以及河床的演变规律。按蜿蜒式整治线设计的河槽水流平顺，滩槽分明且较稳定，但河道占地面积大，造出的新田不能连成大片，不利于机械化生产。蜿蜒式整治线一般适用于流域面积大、河谷宽阔且中、枯水历时较长的河流。

直线式整治线基本上把新河槽设计成直线，根据河势和地形变化，自上游到下游分段取直。直线式整治线可缩短河长，增加造地面积，并且耕地可连片。在新河槽中，洪水流动顺畅、阻力小，从而减小对凹岸的横向冲刷。但河长的缩短增大了河床比降，势必增强流水对河床的冲刷作用。因此，在河床的两岸需修建导流堤或对治河工程需采取防护措施。直线式整治线常用于小型河流。

"绕山转"式整治线就是将新河槽挤向山脚的一侧，使河道沿山脚走向流动；或将老河全部填平，沿山脚另开一条新河，在老河上造地。"绕山转"式整治线占地少，有利于土地连片，但对原来的水流运动规律改变较大，整治线难以长期维持。此外，如果山脚处地势较高，可能抬高新河槽床面，导致河床难以冲深。且山脚一带山嘴或石崖较多，易造成河槽宽窄不一、水流紊乱。因此，为满足新河槽的设计断面要求，必须挖深河床、平顺水流，在凹段还需要修建顺河堤工程，实施起来较为困难。"绕山转"式整治线一般适用于小型河流。

在整治线确定后，应根据不同类型整治线的要求，采用不同的整治工程。治滩造田工程常用的整治工程包括丁坝和顺坝等。

(2)河滩造田方法

河滩造田方法主要有修筑格坝法和引洪漫地法。本节主要介绍修筑格坝法，引洪漫地法参见本章第三节。修筑格坝法就是在河滩上用砂卵石或土料修筑与顺河坝相垂直的、把滩地分成若干条块的横坝，将原有滩地划分成若干个小块，形成众多造田单元。当顺坝局部被冲毁时，格坝还可发挥减轻洪灾的作用。格坝法可以减小平整土地及垫土的工程量，是河滩造田的一种重要工程措施。格坝间距的大小主要取决于河滩的地形条件和河滩坡度的大小。河滩坡度愈大，格坝间距愈小。格坝间距一般为 30～100 m。另外，格坝布置要尽量与道路、排灌系统以及防护林网协调一致。

引洪漫淤后，若泥沙淤积厚度不一或有砂砾石块，为加快滩地的改造和利用，需人工平整后再行耕种。有的滩地虽经漫淤，但土层太薄，可以采取水力冲填或人工运土来加厚土层。由河滩改造而成的田地一般都有灌溉条件，多种植水稻，旱作也可种植小麦、玉米、高粱和豆类等。

有待进一步研究的问题

1. 在小流域内，往往水土流失类型或形式多样，危害特点、外部条件与防治要求各异，如何运用系统工程原理，合理布设水土保持工程措施，真正做到沟坡兼治以及上下游兼治？以及如何选择科学实用的优化配置方法并确定其评判标准？

2. 在淤地坝、谷坊、拦沙坝以及护岸工程等工程措施的规划与优化设计中，如何贯彻实施以人为本、生态治理、近自然治理的新理念？

3. 在小流域山水田林路综合治理中，水土保持工程措施如何做到与水土保持植物措施、水土保持耕作措施等实现有机协调与配合，从而实现最优的综合防治效益？

4. 在小流域水土流失综合治理中，如何建立实用的、操作性强的水土保持工程措施效益监测与评价体系？如何对水土保持工程措施的防治效益进行定量评价与分析？

5. 在小流域综合治理中，探索水土保持工程设施的后期管理管护以及实现产权改革的方法与途径？

思考题

1. 简述水土保持工程措施的作用与分类。
2. 简述水土保持坡面治理工程的作用、分类与规划布置原则。
3. 简述水土保持沟道治理工程的作用、分类与规划布置原则。
4. 简述淤地坝的作用与规划设计要点。
5. 简述山洪和泥石流的工程治理方法、措施及布置要点。

参考文献

[1] 关君蔚. 水土保持原理. 北京:中国林业出版社,1996.

[2] 唐克丽. 中国水土保持. 北京:科学出版社,2004.

[3] 王礼先,朱金兆. 水土保持学. 2 版 . 北京:中国林业出版社,2005.

[4] 崔云鹏,蒋定生. 水土保持工程学. 西安:陕西人民出版社,1997.

[5] 王礼先,孙保平,余新晓,等. 中国水利百科全书. 水土保持分册. 北京:中国水利水电出版社,2003.

[6]《长江流域水土保持技术手册》编辑委员会. 长江流域水土保持技术手册. 北京:中国水利水电出版社,1999.

[7] 中华人民共和国国家质量监督检验检疫总局,中国国家标准化管理委员会. 水土保持综合治理技术规范(GB/T 16453-16453.6—2008). 北京:中国标准出版社,2009.

[8] 刘震. 中国水土保持生态建设模式. 北京:科学出版社,2003.

[9] 王礼先,于志民. 山洪泥石流灾害预报. 北京:中国林业出版社,2001.

[10] 刘震. 适应经济社会发展要求积极推进生态清洁型小流域建设. 中国水土保持,2007(11):7-10.

[11] 杨进怀,吴敬东,祁生林,等. 北京市生态清洁小流域建设技术措施研究. 中国水土保持科学,2007,5(4):18-21.

[12] 毕小刚,段淑怀. 北京市从小流域治理走向小流域管理的实践. 中国水土保持,2007(1):10-11.

[13] 彭鸿,张海峰. “近自然”生态工法理论和实践的发展与当今坡面整治技术的思考. 山地学报,2005,23(6):729-735.

[14] 高永胜,叶碎高,郑加才. 河流修复技术研究. 水利学报,2007(增刊):592-596.

[15] 李锦育. 台湾溪流生态工法的研究综述. 中国水土保持科学,2005,3(3):98-102.

[16] 林亲义. 台湾水土保持工程及研究. 水土保持研究,1995,2(3):31-39.

[17] 周宝书,周晓莉. 生态工法理论在水土保持工程中的应用. 人民长江,2008,39(13):77-78.

[18] 曹世雄,陈莉,赵麦换,等. 黄土丘陵区近自然水土保持复式技术研究. 水土保持研究,2003,10(4):29-34.

第 11 章 水土保持耕作措施

[摘要]在概述坡耕地水土流失现状与危害，水土保持耕作技术概念、任务和种类及实施必要性，土壤耕作与土壤侵蚀关系等的基础上，本章详细介绍以改变微地形、增加地面覆盖以及改变土壤物理性状等为主的几种主要水土保持耕作措施，并对农林复合经营的特点与发展、分类以及等高植物篱、林(果)草间作、林渔农复合等主要农林复合经营模式进行了阐述。

11.1 概述

我国人口多、耕地少，人地矛盾十分突出。人均耕地仅 1.43 亩，相当于美国人均耕地的 1/8，仅仅高于日本和埃及，居世界倒数第三位。此外，我国 1/3 的耕地和 1/4 的粮食生产在山区，坡耕地面积 21.17 万 km^2。由于人多地少，耕作频繁，复种指数高，土地得不到休养。再加上自然灾害、耕作不当或技术落后，致使坡耕地长期处于裸露和松散状况，极易产生水土流失。我国坡耕地水土流失严重，特别是长江和黄河中上游地区的一些坡耕地，土壤侵蚀模数超过 5 000 t/(km^2·a)，属强度以上水土流失区。据调查，西北黄土高原、北方土石山区和南方红壤丘陵区、东北黑土区的坡耕地土壤侵蚀模数分别为 575～10 150、460～690 和 345～575 t/(hm^2·a)。陕西省每年流入黄河的泥沙在 5 亿 t 以上，这些泥沙的 40%～60%来自坡耕地。黄土高原地区的坡耕地面积占该区总耕地面积的 71.3%，坡耕地产生的土壤侵蚀量占总侵蚀量的 50%～60%。在三峡库区，坡耕地的土壤流失量占土壤流失总量的 60%，其入江泥沙量占入江泥沙总量的 46.2%。长江干流宜昌站以上每年流入长江的泥沙达 5.33 亿 t。海河流域年平均土壤侵蚀量为 4.02 亿 t，其中的 1/4 来源于坡耕地。坡耕地是我国水土流失的主要策源地。

坡耕地的严重水土流失对土地资源产生了极大的破坏。水土流失引起耕作层减薄、生产力下降乃至丧失，从而导致群众生活贫困，同时也降低了水库调蓄能力和河道行洪能力，加剧了洪涝灾害。长江上游每年因水土流失而减少的耕地面积为 13 万～20 万 hm^2，贵州毕节地区裸岩和砂砾化土地面积每年平均以 1 500～2 000 hm^2 的速率递增。云南省巧家县土层小于 20 cm 的坡耕地面积占总耕地面积的 58.8%，贵州毕节地区耕层小于 15 cm 的坡耕地面积占总耕地面积的 49.3%。长江上游因水土流失每年损失 N、P、K 达 0.25 亿 t。绝大多数坡耕地广种薄收，产量只有 1 500～2 250 kg/hm^2。如遇洪涝或干旱等灾害，甚至颗粒无收。

粮食是人类生存的基础。它不仅是人民赖以生存的物质基础，同时也是整个国民经济发展、社会稳定以及农村各类产业发展的物质基础和保障。城镇发展与工业开发导致侵占耕地的现象时有发生，人地矛盾日益突出，直接威胁到国家的粮食安全。特别是大量的坡耕地，先天禀赋不足，质量较差，加之年复一年的水土流失，导致土层变薄、土壤持水能力下降，“沙化”或“石化”趋势日趋明显，生产力降低，粮食产量低而不稳。为了确保粮食供给，农民被迫开荒种地，扩大种植面积，这无疑又进一步加剧了水土流失。

坡耕地大多处于江、河、湖库的中上游地区。只有彻底控制了坡耕地的水土流失，江河中下游河道及湖库的泥沙淤积、河床抬高等问题才能得到根本解决，“河床不抬高、堤防不决口”的目标才能真正实现。实践证明，水土保持耕作技术是迅速减少坡耕地土壤侵蚀、有效利用自然资源、提高坡耕地生产力、实现大面积治理的经济有效措施。

现代水土保持耕作措施的研究起源于美国。20世纪30年代美国发生的“黑风暴”导致了农田肥沃表土的大量损失，生产能力急剧下降，从而引起了科研工作者对土壤保护性耕作措施的重视。50年代初，美国开始推广具有保持水土和肥力等优点的免耕法和少耕法。至70年代，水土保持耕作措施的研究与应用在世界范围内得到重视，各类水土保持耕作措施被大面积应用于生产。加拿大、澳大利亚和德国等在旱地推广免耕和少耕，日本、伊朗和菲律宾等在水田推广免耕和少耕。前苏联也广泛推广应用马尔夫无犁壁深松法、耙茬、旋耕、深松耙茬等水土保持耕作措施。

水土保持耕作措施是我国农业遗产的重要组成部分。远在3 000多年前就开始采用圳(甽)田法。《吕氏春秋·任地》内提出了农业生产中存在的十大问题，其中有不少是关于水土保持耕作技术的论述。西汉《氾胜之书》记载了商代伊尹创造的区田法和汉代的代田法，将干旱、半干旱地区的农业耕作技术又提高了一步。抗日战争时期，四川内江农事试验场开展了水土保持耕作技术的实验研究。1944年天水水土保持实验区进行了垄作区田的试验研究。新中国成立后，水土保持工作得到较快的发展。20世纪50年代到60年代初，我国不少地区都曾示范推广过各种不同形式的水土保持耕作措施，对防治水土流失、增加粮食产量起到一定的积极作用。甘肃的垄作区田、晋西北的沟垄种植、陕北的水平沟耕作和套犁沟播、四川的横坡开行和间作套种、东北的浅耕灭茬和草田轮作等，都取得了较好的经济效果。

11.1.1 水土保持耕作任务和种类

水土保持耕作技术是指以保水、保土、保肥为主要目的的提高农业生产的耕作措施，它是指“任何能够比传统耕作技术减少水土流失的耕作技术”。我国学者杨春峰认为，“凡经过土壤耕作，能够在地面形成沟垄、土块并留下适量的作物残茬，有利于保护水土和作物的耕作方法”均为水土保持耕作技术。蒋德麒认为，“广义上讲，整个农业技术改良措施特别是旱地农业技术措施均属水土保持耕作技术。从狭义上讲，水土保持耕作措施是专门用来防治水土流失的独特的耕作措施”。从土壤耕作学的角度来看，防治土壤耕作侵蚀需要减少径流量和流速，减轻雨滴对地表的溅蚀，因此应在地表留下适量的作物残余物以及增加地表的粗糙度。

1. 水土保持耕作的作用和任务

水土保持耕作通过调节土壤物理性状，达到蓄水保水，促进土壤营养物质的有效化以及减少土壤中水分和养分的非生产性消耗，提高降水利用率的目的，为农作物生育创造适宜的土壤环境条件。

在旱农地区充分发挥“土壤水库”的作用，尽可能将天然降水蓄存于“土壤水库”之中，以满足作物生长发育对水分的需要，从而调节天然降水时间与作物生长季节不一致的矛盾。水土保持耕作的主要任务可归纳为以下三方面：

①根据天然降水的季节分布，及时采取适宜措施，最大限度地把宝贵的天然降水纳蓄于“土壤水库”之中，尽量减少农地上各种径流形式的产生；

②根据水分在土壤中的运动规律，采取适宜措施减少土壤水分的各种非生产性消耗如地

表蒸发和深层渗漏等，使土壤水分尽可能多地被农作物吸收和利用，调节天然降水时间分配与作物生长季节不协调的矛盾；

③根据生态学原理，采取适宜措施促进肥效的提高，防止作物倒伏，消灭杂草及病虫害，提高土壤水分对农产品的转化效率即水分生产效率。

在现有的生产力水平条件下，天然降水是否能较充分地蓄纳于土壤中并被农业生产有效利用，是农业生产成功的关键。因此，水土保持耕作的中心任务就是蓄水保墒，提高天然降水的生产效率，为作物生产创造一个良好的土壤环境条件。

2. 水土保持耕作的种类

我国山区均有不同程度的土壤侵蚀。土壤侵蚀将大量肥沃的表层土壤年复一年地剥蚀，导致土壤肥力下降和理化性质恶化，对农业生产造成了巨大损失。为了作物的稳产和高产，采用适宜的水土保持耕作措施创造良好的土壤表面状态和耕层结构，以调节气候-作物-土壤之间的关系以及土壤库中部分物质积累和释放的矛盾。水土保持耕作措施必须具有明显的保水、保土和保肥效果，并能有效地提高农产品产量和价值。水土保持耕作的类型很多，水土流失区的农业生产必须根据当地自然条件和生产力水平选择合理的水土保持耕作措施。

①以改变微地形为主的水土保持耕作措施如等高耕作或沟垄耕作等。四川紫色土区改顺坡耕作为等高(横坡)耕作，减少土壤流失 30%左右，玉米、红薯和甘蔗等作物产量提高 10%～15%。吉林三原地区采用等高耕作减少地表径流 19%，减少土壤流失 50%，粮食作物增产 10%以上。沟垄耕作在黄土区作为坡地增产的重要措施得到了大力推广和应用。

②以增加地面覆盖为主的水土保持耕作措施，如残茬覆盖和秸秆覆盖等。

③以改变土壤物理性状为主的水土保持耕作措施，如免耕和少耕等。

这些水土保持耕作技术，在机械化水平较高的农业经营地区可收到良好的水土保持效果。

11.1.2　水土保持耕作抑制水土流失的原理

水土保持耕作防治水土流失的关键在于农田土壤表面具有足够的作物残余物覆盖和一定的粗糙度。

(1)地面覆盖

覆盖物是指一层与土壤不同性质的物质被均匀地放置于土壤与大气之间。这些物质包括无机物和有机物即生物和非生物物质两大类。例如，就地生长的牧草及绿肥作物或多年生带状种植的乔木和灌木等。异地施用的覆盖物最常见的是作物秸秆、残茬或厩肥等，此外还有农用薄膜以及砾石层(干旱和半干旱地区用以防治风蚀和土壤蒸发)等。

地面覆盖被广泛运用以增加土壤有机质和植物营养，改善土壤团聚体结构和孔隙度，从而提高土壤肥力和改善土壤耕性或调节土温及土壤水分状况。覆盖层作为土壤表面的缓冲层，可以阻挠环境对土壤的直接影响。例如，覆盖层可防止雨滴的溅蚀作用，使土壤团粒不至于被打击而分散；可以将由于土粒分散造成的地表结皮减轻到最低程度，从而降低径流量及其流速。因此，覆盖耕作技术能有效保护水土资源。

(2)耕作强度与次数

耕作可打破土壤结皮，从而有助于水分入渗和降低地表径流。尤其是在地表比较平滑、表土层较紧实、通气孔隙度较低的土壤上，可以降低表层土壤的容重，增加土壤的通气孔隙度和地面粗糙度，从而增大水分入渗量。在底土层较紧实、渗透性不良、剖面中有障碍层的土壤上，深松耕可破碎下部紧实的土层，从而改善土壤剖面的渗透性，加强土壤的抗蚀能力。因此，在有机质贫乏、物理性质不良的土壤上，掌握适宜的耕作时间和强度，可降低土壤的侵蚀风险性。但在土壤孔隙性和渗透性较好的情况下，频繁耕作扰动土层，倾向于增加土壤的侵蚀风险。

具体的水土保持耕作技术应根据各地区不同的生态条件确定和实施。在不同的农业生态区域，应用不同的水土保持耕作技术，防治坡耕地的水土流失。

11.2 主要水土保持耕作措施

土壤耕作的目的，主要是借助于机械作用，创造良好的土壤耕层构造，从而调节土壤中的水分、养分、空气和热量等肥力因素之间的矛盾，使之协调并适合作物生长发育的需要。耕作也可把所施肥料混入土层中以改善土壤营养状况。此外，土壤耕作也可清除杂草和疏松表土，为播种或移栽幼苗做好准备。土壤耕作是人工对土壤生态系统的积极干扰，有利于维持系统的平衡稳定，促进功能的发挥和农业的持续发展。

11.2.1 以改变微地形为主的水土保持耕作措施

1. 等高耕作

等高耕作是在坡耕地上按照接近于水平的方向进行耕作或沿等高方向开行种植。因此，当规划地块和轮作区时，基线应按等高线走向设置，以保证进行田间作业时，能按等高方向进行。

在地面坡度大于2°～5°的情况下，耕地或整地时犁耙的操作方向对水土流失具有一定的影响。在坡面上，犁沟的走向决定了犁沟的纵向比降，从而影响犁沟内的径流流速以及径流对土颗粒的冲刷力。从理论上讲，水平方向耕作形成的犁沟具有较小的纵向比降，降雨时形成的径流流速较慢。这样不仅减弱了径流的冲刷能力，还增大了土壤的水分渗入，达到较佳的水土保持效益。而顺坡耕作所形成的犁沟，降雨时易成为地面径流的通道。径流对犁沟内壁土壤的冲刷作用易导致耕地土壤的沟蚀，从而导致水土流失量增加。因此，在缓坡地上实行等高耕作，可以在一定程度上保护水土资源。

(1)水平沟耕作

水平沟耕作是沿坡地等高线进行的耕作，也叫横坡耕作。水平沟耕作可改变坡面微地形，增加坡面的粗糙度和降水入渗率，从而达到拦截降水、减缓地表径流、减少土壤冲刷、培肥地力和提高土地生产力的目的。水平沟耕作是等高耕作的一种形式。在此基础上，结合带状间作套种、轮作或免耕留茬覆盖等技术，可以更有效地防治水土流失。实践证明，水平沟耕作是一种省工、省时、有效的水土保持耕作技术。水平沟耕作是我国黄土丘陵区坡耕地上主要的水土保持耕作技术之一。

黄土丘陵沟壑区人少地多，农耕地中95%左右为坡耕地，其中坡度大于25°以上的耕地面积占坡耕地总面积的40%(按我国水土保持法要求，这部分坡耕地应退耕还林还草)。大面积的坡耕地是该区水土流失的主要策源地。长期以来，广种薄收和陡坡垦种，导致土地生产力极低，坡耕地的粮食单产一直徘徊在750 kg/hm^{2}左右。加之黄土结构的垂直发育明显，耕层疏松，有机质含量低，土壤黏结性差，从而导致了严重的水土流失。水土流失已成为该地区限制坡耕地粮食生产的重要因子。

张兴昌等的研究结果显示，水平沟耕作较普通等高耕作可减小径流量 25.7%～40.5%，减小土壤侵蚀量 33.7%～56.1%。然而，随着坡度的增大，水平沟耕作的水土保持效果会逐渐减小。当坡度由 10°增加到 25°时，水平沟耕作拦蓄径流的效果由 60.9%降到 37.9%，拦蓄泥沙的效果则由 87.1%降到 55.9%(表 11-1)。

表 11-1　不同坡度下普通等高耕作与水平沟耕作的产流产沙量

项　目	径流量/(m^3/hm^2)				泥沙量/(kg/hm^2)			
	10(°)	15(°)	20(°)	25(°)	10(°)	15(°)	20(°)	25(°)
普通等高耕作	0.23	0.30	0.40	0.66	10 631.5	15 029.7	21 827.0	31 059.0
水平沟耕作	0.09	0.15	0.24	0.41	1 370.9	3 791.3	8 375.2	13 708.8
减少/%	60.9	50.0	40.0	37.9	87.1	74.8	61.6	55.9

水平沟耕作的养分流失量明显低于普通等高耕作时的养分流失量。土壤养分的流失形式包括随地表径流的流失和随土壤侵蚀颗粒的流失。一般以径流形式携走的 N 数量少于随土壤侵蚀流失的数量。在水平沟耕作的小区，以径流和土壤侵蚀形式流失的 N 量分别为 12.8～29 和 302～1 578 kg/(km^2 · a)；而对于普通等高耕作区，以径流和土壤侵蚀形式流失的 N 量分别为 20～45.9 和 1 171～2 380 kg/(km^2 · a)。

水平沟耕作可以提高土壤水分利用率。在相同降雨条件下，水平沟耕作较普通等高耕作可接纳更多的降雨，从而降低了土壤水分的无效损耗。土壤水分利用率高低是衡量土壤水土保持耕作措施优劣的一个重要指标。试验结果表明，水平沟耕作可提高土壤水分利用率 25.2%～92.2%。坡度越小，水平沟耕作提高土壤水分利用率也越显著。随着坡度的增大，水平沟耕作提高水分利用率的效果有所下降。

(2)抗旱丰产沟

抗旱丰产沟又称蓄水聚肥改土耕作法，具有蓄水、聚肥和改土的功能，是实现水土保持、蓄水保墒、改土聚肥、增产增收的重要措施。蓄水是指把雨、雪拦截在田里，减少水土流失；聚肥是指把农家肥及肥料全部集中到作物生长沟中，提高肥料的利用率；改土是指把耕地上的表土集中到种植沟内，充分发挥熟土层的优势，同时用耕层下的生土筑成田埂，加快了土壤熟化的速度。抗旱丰产沟田是由起伏的沟埂组成，种植沟内较厚的活土层加速了降水入渗，从而增加了土壤的蓄水量。种植沟能有效拦截春、秋季降雨，坝埂能挡风雪，起到了春墒夏贮的作用，有利于春季接墒。一般旱田的熟土层厚度为 12 cm，而丰产沟田的种植沟内由于集中了表土，其熟土层厚度可达 20 cm 以上。此外，种植沟内集中了熟土层中所含有的肥料及有机质，减少了地表土壤和肥料的流失。而由底层翻至表层的生土埂加速地熟化，有利于不断提高地力和肥料利用率。实践证明，在丰产沟田种植作物的增产效果明显，一般增产幅度达 5.6%～89.4%，且土地越瘠薄，其增产幅度越大。抗旱丰产沟耕作技术主要适用于土层较厚的缓坡地和陡坡地，其增产的关键在于是否能够建立旱地土壤耕层水库、熟化土壤、改土抗旱、蓄水聚肥、改良土壤耕层结构，从而达到春墒夏贮秋保、堵截秋冬雨雪、减少地表径流的目标。实现间隔深耕、深翻或深松，在不打乱土层的情况下使生熟土分开，既为当季作物提供优良的生长环境，又能促进生土熟化，培肥地力，为后季作物增产打下基础。

抗旱丰产沟是利用降水资源发展旱地农业的一项耕作措施，具有明显的保水、保土、保肥作用，是山区沟坝地、梯田地等提高单产的有效措施，且简便易行。与传统方法相比，抗旱丰产沟拦泥蓄水率达90%。其主要特点是将保水、蓄水和用水有机地结合起来，使水肥关系相互协调；将深耕与施肥结合起来，从而实现了肥料深施；把深耕和留垄结合起来，从而充分利用深耕和少耕的各自有利条件。

2. 沟垄耕作

沟垄耕作是一种传统的耕作方法，也是旱地的主要耕作形式。平地起垄形成沟垄系统，作物种植在垄顶、垄侧或垄沟内，为多种作物在同一块地上进行间作、套种或混播拓展了空间，提供了条件。因此，沟垄耕作提高了土地利用率和生产力。从水土保持角度看，沟垄系统形成了起伏不平的地表面，增大了地表的粗糙度。尤其是等高垄作，沟垄走向与地形等高线方向一致，沿坡面流动的径流被阻滞于垄沟中，从而增加了土壤的水分贮存，减小了径流量和径流速率，具有明显的保持水土效果。坡耕地上的起垄方向，是决定沟垄耕作保持水土作用效果的关键。需要特别注意，在坡耕地上顺坡方向筑垄，会导致比平面耕作更为严重的水土流失。

冬小麦沟垄耕作作为一项抗旱栽培措施，具有显著的增产效果(表11-2)。此外，沟垄耕作的增产效果与作物生育期间内降水量的大小直接相关。降水量越小，沟垄耕作的增产效果越显著。随着降水量的增加，沟垄耕作增产的显著性随之降低(表11-2)。

表11-2 冬小麦沟垄耕作与平作的径流量、侵蚀量以及产量比较

年份	生育期降雨量/mm	径流量/(m^3/hm^2)			侵蚀量/(kg/hm^2)			小麦产量/(kg/hm^2)		
		沟垄耕作	平作	减小/%	沟垄耕作	平作	减小/%	沟垄耕作	平作	增加/%
1999	249.4	9.4	248.3	96.2	97.1	2 331.6	95.8	2 313.8	1 987.5	16.4
2000	226.6	4.5	189.8	97.7	79.6	3 026.7	97.4	480.0	401.3	19.6
2001	301.1	11.9	265.5	95.5	104.5	2 949.4	96.5	2 921.3	2 523.8	15.8
2002	545.6	22.7	294.4	92.3	148.8	3 857.2	97.2	3 491.3	3 112.5	12.2
平均	330.7	12.1	249.5	95.1	107.5	3 041.2	96.5	2 301.6	2 006.3	14.7

沟垄耕作可提高土壤的蓄水保土效果，提高土壤含水量。与平作相比，沟垄耕作显著地减小了径流量与侵蚀量(表11-2)。由于将N、P化肥集中条施在作物生长的沟底部，因此沟垄耕作时作物根系部位的土壤养分含量相对较高，而土壤浅表层的养分含量相对较低，有效地降低了地表径流中的养分浓度。

等高沟垄耕作一般适用于坡度小于15°的坡耕地。坡度越缓，防治水土流失的效果越好。我国北方地区的垄沟应沿农田等高线设置。南方地区由于雨水较多，因此垄沟应有一定的比降，且沟内应设置沉沙池，以排除多余雨水和拦蓄泥沙。

3. 格网式垄作

在传统垄作的基础上，于垄沟中每隔一定距离，垂直起垄，以形成封闭式的垄沟结构。这种格网式垄作的特点，在于拦住多余的水分，使之停留于封闭的沟中，从而保证有足够的时间让水分渗入土壤中，以减轻径流的冲刷损失。这种耕作方式，在干旱和半干旱区域普遍用于保持水土和提高作物产量。

封闭式沟垄系统的水土保持效果与年降雨量有关。在降雨量较小的地区，水土保持效果更为明显些。当雨量过大时，格网中的积水超过垄顶而外溢，此时易导致更为严重的水土流失。在我国川中丘陵地区的试验结果显示，与传统横坡垄作相比，采用格网式垄作显著减少了土壤侵蚀量和地表径流损失，其土壤侵蚀量仅为横坡垄作的 27%～32%，地表径流仅为横坡垄作的 33%～37%。格网式垄作的有机质年流失量只有横坡垄作的 26.9%～34.1%，全磷、全钾和全氮的流失量也呈减少趋势。同时，格网式垄作比横坡垄作增产 4.0%～7.7%。

11.2.2　以增加地面覆盖为主的水土保持耕作措施

1. 残茬覆盖

残茬覆盖是指把植物残茬保留下来，覆盖于土壤表面的方法。残茬覆盖不仅可培肥土壤，减少土壤表面的无效蒸发，增强土壤抗旱能力，提高作物产量，同时也是一项有效防治土壤面蚀和细沟侵蚀的措施。

残茬覆盖处理不仅可减少产流次数、地表径流量和土壤侵蚀量，且随着覆盖年限与覆盖量的增加其保水保土效果更加明显(表 11-3)。残茬覆盖还能明显提高土壤的入渗速率。王育红等的研究结果显示，在覆盖量为 1 kg/m^2 的 14°坡耕地上，当降雨强度为 80 和 100 mm/h 时，无残茬覆盖处理的土壤入渗速率分别为 0.058 和 0.062 mm/min，而采用残茬覆盖处理的土壤入渗率分别为 0.12 和 0.12 mm/min，分别提高了 1.1 与 0.9 倍。

表 11-3　残茬覆盖对水土流失的影响

年份	处理	产流次数	地表径流量 /(m^3/hm^2)	比对照减少 /%	土壤侵蚀量 /(kg/km^2)	比对照减少 /%
2000	低留茬	2	1.25	47.8	169.5	67.7
	高留茬	2	1.13	52.9	123.0	76.6
	无覆盖	3	2.39	—	525.0	—
2001	低留茬	2	0.84	84.8	97.1	92.0
	高留茬	1	0.37	93.2	46.6	96.1
	无覆盖	5	5 487.3	—	1 208.2	—

注：低留茬的茬高 25～30 cm，折合覆盖草量 2 545.5 kg/hm^2；高留茬的茬高 35～40 cm，折合覆盖草量 3 261.0 kg/hm^2。

此外，残茬覆盖可有效减轻地表土壤的风蚀，保护易蚀性土壤颗粒，在大风条件下抑制农田地表起沙扬尘现象的发生。残茬覆盖处理不仅可分解风力对地表的剪切应力，消耗一定的风动量，同时残茬覆盖也可拦截风沙流中的土壤颗粒，降低沙尘颗粒对地表的磨蚀作用。研究结果显示，在 30 cm 麦茬覆盖条件下，风速超过 12 m/s 时的平均风蚀量只有传统耕作的 1/4 左右。

2. 秸秆覆盖

秸秆覆盖是一种具有显著水土保持效果和增加农作物产量的耕作措施。研究表明，秸秆覆盖土壤的抗冲性比未覆盖处理土壤的抗冲能力提高 4～7 倍。在 8°的坡耕地上，全年覆盖处理比对照(无覆盖)处理可分别减小 67.3%和 29.3%的地表径流量和土壤侵蚀量，同时可增加 14.9%的作物产量。不同的秸秆覆盖量虽均可增加水分利用效率和作物产量，但水分利用效率和作物产量的提高幅度并不与覆盖量成正比关系，而以覆盖量 6 000 kg/hm^2 处理为最佳(表 11-4)。

表 11-4 不同秸秆覆盖量对小麦水分利用效率与产量的影响

秸秆覆盖量/(kg/hm²)	水分利用效率提高/%	产量/(kg/hm²)	增产/%
无覆盖(对照)	—	1 896.9	—
3 000	9.6	2 133.4	12.5
6 000	20.6	2 459.0	29.6
9 000	20.9	2 195.7	15.8

11.2.3 以改变土壤物理性状为主的水土保持耕作措施

1. 免耕

免耕法最早出现在原始农业时代。直至金属农具出现后，才有了真正意义上的土地耕作。自现代农业机具出现以来，农田耕作技术有了很大改进。深耕翻土有效地消灭了杂草，并创造了较深的土壤耕作层。土壤的疏松通透更适合于播种和作物栽种的需要。被翻松的土壤加速了土壤有机质的氧化分解，为作物生长提供了丰富的矿质养分，从而改善了作物的生长环境，提高了作物产量。但是，长期的高强度土壤耕翻，导致了土壤有机质的快速消耗和土壤结构稳定性的破坏。同时，由于作物残茬被清除，使土壤直接遭受降雨的击溅或大风的吹蚀，从而导致水土流失、土壤肥力下降和作物产量降低。尤其是在坡耕地上，水土流失更为严重。

免耕是指对农田不进行耕作整地，用免耕播种机将种子直接播种于前茬的土壤上，通过应用化学除草剂消灭杂草。因此，免耕技术使土壤的翻动减少到最低限度。免耕技术之所以能有效地防治水土流失，是因为不翻动土层而保留作物残茬于地面，这样不仅可以增加进入土壤的有机物质数量，改善土壤结构和孔隙状况，特别是增加土壤的大孔隙数量，增加降雨入渗和减少地表径流，而且作物残茬覆盖层可以使雨滴的击溅作用或大风的磨蚀作用减至最低限度。免耕处理对地表径流、土壤物理性状和土壤养分的影响分别见表 11-5 和表 11-6。

表 11-5 免耕处理对地表径流量和土壤物理性状的影响

处理	地表径流量/mm	5～25 cm 土层容重/(g/cm³)	5～25 cm 土层孔隙度/%	5～35 cm 土层渗透系数/(cm/d)	0～60 cm 土壤含水率/%	0～100 cm 土层蓄水量/(m³/hm²)
免耕三年	10.1	1.18	55.3	72.0	19.9	2 017.5
免耕二年	10.2	1.19	55.4	67.3	19.3	1 933.5
传统耕作(对照)	16.8	1.31	50.9	56.4	16.5	1 684.5

表 11-6 各处理土壤养分含量测定结果

处理	有机质/%	全氮/%	速效养分/(μg/g)			肥料利用率/%
			N	P	K	
免耕三年	4.27	0.246	189.68	22.78	117	50.3
免耕二年	4.24	0.254	189.28	22.61	112	41.5
传统耕作(对照)	3.93	0.236	180.18	20.35	104	34.6

2. 少耕

少耕是指在一定生产周期内，尽量减少耕翻次数，以保持土壤的通透性，促进土壤水分的下渗。少耕法通常是在耕作层土壤比较紧实板结，或在降雨后易于结皮而形成表面硬壳的土壤上进行。与传统耕作法相比，少耕法减少了耕作频率和耕作强度，只在表土层进行耕作而不深翻土壤，不对土壤有大的扰动，其目的是为了打破土壤的表层结皮，使紧实的表土层疏松，从而改善土壤水分的入渗透性能，并尽可能保留较多的残茬覆盖，抑制水土流失。少耕措施减少的耕作环节主要是春秋两季的翻耕倒茬。在 11°坡耕地上进行的高留茬少耕试验结果表明，土壤有机质含量从 0.93%增加到 1.03%，土壤含水率由 13.3%提高到 14.9%，而土壤容重由 1.29 g/cm^3 降低到了 1.13 g/cm^3。与传统耕作技术相比，少耕法一般可增加小麦产量 22%，提高降水利用率 11%，提高经济效益 40%。

少耕对水土保持的影响效果取决于少耕法类型、残茬数量和分布、土壤结构的稳定性以及土地利用情况等。目前常用的少耕法主要有浅耕、平行条带耕作和深松耕。浅耕又称耙地耕作。浅耕通常采用耙地机具，在播种前对农田进行耙地作业，疏松表层土壤。其优点是不翻耕土壤，减少了耕作次数；利用秸秆覆盖或除草剂控制杂草；尽可能多地保留了残茬于地表面。平行条带耕作是指在作物种植前对土壤不进行耕作，而在作物出苗后在作物行间地带进行条带状耕作，从而达到破碎土块和清除杂草的目的。深松耕是指只对土壤进行深耕而不翻动土层的一种耕作方法。由于深松耕没有翻动土壤，作物根系和残茬保留在上层土壤中。在嫌气条件下，作物残体分解缓慢，有利于土壤有机质的累积和改善土壤性质，提高土壤肥力。深松耕技术的优点是创造了深厚疏松的土壤耕作层，从而增加了土壤的透水性，改善了耕层土壤结构及其稳定性；同时减少了耕作次数，节约能源和劳动力。

不同的水土保持耕作措施都能在一定程度上防治水土流失。实际操作时，应根据当地的具体情况选用适宜的水土保持耕作措施。也可将不同的土保持耕作措施进行合理的组合，如将等高耕作与秸秆覆盖技术结合或残茬覆盖与免耕措施结合等，以达到最佳的水土保持效果。

11.3　农林复合经营技术

农林复合经营是指在同一土地管理单元上，人为地将多年生木本植物（如乔木、灌木、棕榈和竹类等）与其他栽培植物（如农作物、药用植物、经济植物以及真菌等）或动物，在空间上按一定的时序安排在一起而进行管理的土地利用和技术系统的综合。在农林复合经营系统中，不同组分之间应有生态学和经济学上的联系。

11.3.1　农林复合经营基本特点

1. 农林复合经营基本特点

(1)复合性

农林复合经营改变了常规农业经营对象单一的特点，它至少包括两种以上的成分。这里的“农”不仅包括第一性生物产品如粮食、经济作物、蔬菜、药用植物和食用菌等，也包括第二性产品如家畜、家禽、水生生物和其他养殖业。这里的“林”包括乔木、灌木和竹类组成的用材林、薪炭林、防护林和经济林等。

(2)系统性

农林复合经营系统是在总结自然群落基本规律的基础上,按照一定的生态和经济目的人工配置而成的,有其整体的结构和功能。在其组成成分之间,存在着物质与能量的交流以及经济效益上的联系。经营目标不仅要注意各组成成分的变化,更要注意其动态联系,并把改善和保护环境、提高单位土地面积的产出和效益作为系统管理的最终目标。

(3)集约性

农林复合经营是一种在组成、结构及产品等方面复杂的人工生态系统,在规划设计及经营管理上需要比单一组分的生态系统有更广博、更高新的技能。农林复合经营需要更多方面的配套技术。同时,为了取得较多的品种和较高的产量,在投入上也有较高的要求。但配套技术及投入要与当地群众的接受程度相适应。

(4)等级性

农林复合经营系统的大小规模具有不同的等级和层次。它可以从小到以庭院为一结构单元,也可大到田间生态系统,甚至到以小流域或地区为单元直到覆盖广大面积的农田防护林体系。

2. 农林复合经营的发展阶段

中国是一个农业古国,农林复合经营有着悠久的历史。我国先民在生产过程中创造了丰富多彩的林粮间作、林牧结合、桑基鱼塘、庭园经营和农林牧复合经营等类型。我国农林复合经营的发展大致可分为 3 个阶段,即原始农业时期的农林复合经营萌芽阶段、以传统经验为基础的农林复合经营阶段和以科学设计规划为标志的现代农林复合经营阶段。

(1)原始农林复合经营萌芽阶段

早在数千年前,由狩猎和采摘转化为农业生产,就发展了原始的农林相结合经营技术。人们在林中砍伐一部分森林,将其晒干焚烧,埋灭灰烬,经清理后用作农作物种植,这样就将森林的林木生物量聚集的营养元素归还土壤。持续几年的耕作后,则使这块土地休闲几年,使森林得以恢复,并准备再次进行火烧和耕作的循环,即所谓的“轮垦”。因此,在原始社会时期,随着“刀耕火种”的出现,便产生了农林复合经营的萌芽。

(2)传统农林复合经营阶段

自原始社会过渡到奴隶社会以来,我国农业一直是当时社会的主要生产行业。早在 4 000 多年前的夏朝,我国就已经出现了以家庭为单元的私有制农业。农林复合经营的产生和发展具备了基本的社会经济条件,并得到不断的自发发展。春秋战国时期出现了间作套种和混作的萌芽;东汉以后出现了“桑基鱼塘”生产模式,并逐渐形成了林-粮-渔复合经营系统;南北朝时期形成了桑、槐、楮、榆等多树种的林粮混种间作形式;宋朝出现了桐茶间种;明朝已有了果园防护林;到了清朝,农林复合经营更为普遍,不但注意物种组合,经营上也更加精细。

(3)现代农林复合经营阶段

20 世纪 20 年代,随着大型农业机械的出现以及化学工业和农业新技术的迅速发展,世界农业生产水平和农作物产量得到了空前发展与提高。但因矿物能源的大量消耗以及无机化肥和农药的大量使用,加剧了能源危机、土地生产力衰退以及环境污染。同时,由于森林的严重破坏导致了生态平衡失调和生态环境恶化。因此,70 年代以来,生态农业和混农林业应运而生。现代农林复合经营以生态经济学理论为指导,充分协调人口、资源与环境等方面的矛盾,从而实现经济、生态和社会效益的统一以及农业和林业的持续发展。我国农林复合经营自 50

年代以来达到了迅速发展。1949 年华北冀西沙荒造林局组织当地农民营造防护林带和林网，拉开了大规模开展农林复合经营的序幕。70 年代初在平原地区展开了大规模的造林绿化。这期间引入的农林复合经营(agroforestry)概念推动了我国农林复合经营在研究与生产上向更深层次发展。江苏省里下河地区对滩地开发实行水土分治，开沟筑垛，沟养鱼，垛造林，林农间作，林牧结合，形成了林农牧渔复合经营的沟垛生态系统。广东省珠江三角洲建立了湿地利用的基塘生态系统等。目前我国已形成了规模巨大、形式多样的复合农林经营体系，并取得了显著的经济、社会和生态效益。

11.3.2　农林复合经营分类和主要模式

农林复合经营系统是多组分、多功能、多目标的综合性农业经营体系。在多样的自然、社会、经济和文化背景下，我国已逐渐形成了具有明显特色的不同类型和模式的复合农林经营体系。在生产实践中，一般按照产业部门(如农、林、牧、渔等)的组成对农林复合经营系统进行一级分类，然后依据系统内的不同物种组合和时空结构划分亚类。我国主要的农林复合经营系统的类型见表 11-7，农林复合经营的主要模式包括等高植物篱、林(果)草间作、林渔农复合等。

表 11-7　我国主要农林复合经营系统的类型

系统类型	亚　类
林(果)农复合系统	林农间作型、农田林网型、绿篱型、农林轮作型
林牧(渔)复合系统	林牧间作型、护牧林型、牧场绿篱型、林(果)渔复合型
林(果)农牧(渔)复合系统	林农牧多层结构型、林农渔复合型、林牧渔复合型
特种农林复合系统	林果间作型、林药间作型、林菌间作型、林木昆虫复合型

1. 等高植物篱

等高植物篱又称生物篱，是农林复合经营的重要形式之一。等高植物篱是指在坡耕地上沿等高线布设密植灌木或灌化乔木以及灌草结合的植物篱带，在带间布置农作物的一种生产经营方式。合理的植物篱结构能有效拦蓄泥沙、渗透水流和保护植物篱形成的土坎，并获得最大的坡面利用空间。植物篱空间结构包括水平结构和垂直结构如带间距、带内结构和植物株距等。采用等高植物篱技术可获得较好的生态、经济和社会效益。

等高植物篱可改善土壤的理化性质，提高土壤肥力。资料显示，四川省在坡耕地上相隔 4～6 m 种植双行固氮植物篱，6 年后与对照处理相比土壤有机质含量提高 19.8%～32%，含氮量提高 74.9%～133.9%。

等高植物篱可减缓径流，减轻水土流失。在坡面上布设植物篱可使土壤颗粒淤积于篱前。随着泥沙淤积带的不断加高加宽，逐渐形成连续的淤积带，从而导致篱前坡度不断减小。篱坎淤高形成的淤积层最终形成植物田坎梯田。Alegre 等研究发现，植物篱年拦蓄径流和拦截泥沙量分别达 287 mm 和 73 t/hm^2，分别比坡耕地流失量减少 17%和 7%。陈旭晖等的研究表明，1992—1994 年植物篱小区的土壤侵蚀量分别比对照处理减少 19.3%、82.2%和 100.0%。李秀彬等在三峡库区的研究表明，种植马桑(*Coriaria sinica*) 2 年内可减小坡地坡度 2°，种植新银合欢(*L. leucocephala*) 可减小 4°，篱下土坎最大高度可达 40 cm，累计径流量比对照小区减少20%～50%。

等高植物篱可控制面源污染。通过植物篱、有机质以及微生物体的吸附净化作用，径流中的养分或污染物质得到截流和减少。例如，通过6 m长的植物过滤带后，含粪肥的径流中75%的N、P和悬移质被吸附。Edwards发现，植物过滤带长度影响径流中重金属元素的浓度。3 m植物过滤带可有效降低径流中的Cu、Fe、K、Zn和Ni浓度。植物过滤带也可有效吸附径流中的有毒氰化物、氯化物和苯等有机物。在通过4 m×2 m的植物过滤带后，含有除草剂的径流中85%的有毒有机物质被吸附。

植物篱自身具有显著的经济效益。构成植物篱的植物多为绿肥植物，其修剪的枝叶可为篱间土壤提供一定的绿肥。此外，植物篱作为薪柴林有助于保护森林，节约劳动力。一些组成植物篱的木本植物如“千斤拔”、木蓝、槐、山毛豆和田菁等具有比草本饲料更丰富的营养，其嫩枝(叶)可作为动物饲料。

等高植物篱可改善农田生态环境，提高系统抵抗害虫的能力。绿篱-农作物复合经营方式可增加农田生态系统内的植物多样性，农田由单一农作物变为几种植物共生的群落。植物多样性导致昆虫多样性以及害虫天敌的增加，使昆虫群落食物链网络结构趋于复杂。生态系统内的能量流动途径增多，昆虫间相互制约的能力增强，从而提高了农田生态系统的功能。

然而，构建植物篱占用10%～20%的坡耕地。篱笆根系与农作物之间存在争水、争肥现象，同时篱笆遮阴降低了农作物对光的利用率，影响了农作物产量。因此，在采用植物篱技术时首先应正确选择植物篱的种类。应选择与作物争水、争肥较弱，且能为作物提供养分、经济价值高的植物种类。同时，应加强各种方式的技术培训，提高农民的技术水平和管理技术如施肥、整地和耕作等水平，减小植物篱对农作物的负面影响。

2. 林(果)草间作

间作是指两种作物同时在一块地上间隔种植的一种栽培方法，它是增加土壤表层覆盖面积、提高单位面积作物产量、保持水土和改良土壤的一项有效的农业技术措施。由于增加了土壤表层的覆盖面积和覆盖度以及土壤中的根系密度，因此间作对固持土壤和改良土壤有很大的促进作用。

林草间作是一种传统的农林复合形式，在我国有着悠久的应用历史。在幼树或幼年果树行间种植粮食作物或绿肥，在人多地少情况下可充分利用有限的土地资源。在农田周围或农田内种植一些树木，可以改善农田小气候，促进农作物生长。此外，果园间作牧草，可以以短养长、以草促果，草果双丰收，在短期内提高果园的经济和生态效益。新开垦种植的幼龄果园，水土流失严重，因此在果园及其他人工林地建植初期，应间作草本植物以保护地表免受侵蚀。段舜山等的研究表明，缓坡梯田的幼龄果园间作牧草可减少径流65.6%～49.1%，减少土壤流失量82.5%～81.3%。当桂花草与荔枝间作时，果树间的种草区比不种草区的温度可降低2.9～4.0℃，种草3年后土壤有机质增加77.3%，N、P、K含量分别提高25.5%、30.0%和25.5%。华南地区种植牧草一般可产干草7 500 kg/hm^2，当年就可获得经济收益，而种植果树一般3～4年后才能产出效益。在果园间作牧草还可有效抑制杂草的生长，减少大量清除杂草的工时费用，降低果园生产管理成本。豆科牧草根系庞大、枝繁叶茂，播种出苗后很快覆盖土壤，是最理想的水土保持植物，在果草模式中有着不可替代的独特作用。豆科牧草的根瘤具有独特的固氮作用，在牧草生长过程中可提高土壤的氮素肥力。牧草的地上部分直接压青或饲喂畜禽后粪便回田，都会提高土壤的有机质含量，促进缓坡地利用的良性循环。豆科牧草为多年生宿根性植物，播种当年即可形成较高的生物产量，一次播种多年受益，使得果园真正实现免耕或少耕，从耕作方式上控制了水土流失的发生。豆科牧草富含粗蛋白质，营养价值高，收获加工后用作畜、禽、鱼等动物的粗饲料，可以获得很好的经济利益。豆科牧草不仅为良好的显花蜜源植物，而且也是众多有益昆虫生存繁衍的良好隐蔽和栖息场所，这些昆虫能有效地抑制果树害虫的暴发，避免化学杀虫剂使用对果品的污染和环境的危害。

3. 林渔农复合

林渔农复合经营系统是近几年在河湖水网发达地区发展起来的一种复合模式。最具代表性的是江苏里下河地区建立的“沟-垛”生态系统，即在湖滩地上开沟作垛，垛面栽树，林下间作农作物，沟内养鱼和种植水生作物，形成了特殊的立体开发形式。

里下河地区“沟-垛”生态系统栽植的树种主要有池杉和落羽杉等。池杉和落羽杉的耐湿性强、材质好、生长快，在长江中下游水网地区尤其受欢迎。特别是池杉，其叶窄且稀，遮光程度小，可延长林下间作的年限，有利于提高水中溶氧量，对鱼池内浮游生物及水生作物的影响较小，为鱼类生长发育提供了良好条件。间作的农作物一般有芋头、草莓、油菜、大豆、小麦、西瓜、大白菜、蚕豆、豌豆、大蒜、棉花和苗木等，一般间作蔬菜类或豆科植物对林木生长较为有利。

有待进一步研究的问题

1. 不同水土保持耕作措施对土壤养分流失的影响。
2. 作物残茬覆盖对土壤化学、物理和生物特性的影响。
3. 作物残茬覆盖量对病虫害产生及杂草生长的影响。
4. 等高植物篱的时空结构优化模式及其调控机理研究。

思考题

1. 水土保持耕作的概念、任务及其种类是什么？
2. 结合我国国情，谈谈实施水土保持耕作技术的重要意义。
3. 详细阐述水土保持耕作技术防治水土流失的机理所在。

参考文献

[1] 陈世正，王宏富，屈明. 水土保持农学. 北京：中国水利水电出版社，2003.

[2] 段舜山，林秋奇，章家恩，等. 广东缓丘坡地牧草果树间作模式的水土保持效应. 中国草地，2000(5)：35-40.

[3] 高军侠，党宏斌，程积民. 黄土高原坡耕地泥沙输移特征分析. 水土保持通报，2007，27(2)：39-42.

[4] 巩杰，黄高宝，陈利顶，等. 旱作麦田秸秆覆盖的生态综合效应研究. 干旱地区农业研究，2003，21(3)：69-73.

[5] 呼有贤，李立科. 小麦高留茬少耕全程覆盖防止水土流失的效果. 麦类作物，1998，18(4)：57-58.

[6] 贾树龙，任图生. 保护耕作研究进展及前景展望. 中国生态农业学报，2003，11(3)：

152-154.

[7] 蒋德麒.我国的水土保持耕作措施.中国水土保持,1984,6(2):2-6.

[8] 李志军.山坡地沟垄耕作蓄水保土效果研究.现代化农业,2003,10(12):8-10.

[9] 李智广,曹炜,刘秉正,等.我国水土流失状况与发展趋势研究.中国水土保持科学,2008,6(1): 57-62.

[10] 林和平.水平沟耕作在不同坡度上的水土保持效应.水土保持学报,1993,7(2):63-69.

[11] 刘昌红.水土保持耕作措施在小流域综合治理中的作用.中国水土保持,2009,21(9):29-30.

[12] 刘汉涛,麻硕士,窦卫国,等.残茬高度对土壤风蚀量影响的试验研究.干旱地区农业研究,2007,25(1):30-34.

[13] 彭珂珊.黄土高原粮食生产中的水土保持耕作技术.云南地理环境研究,1999,11(2):68-75.

[14] 史德明.浅谈我国农地水土保持方法.福建水土保持,1996,5(2):12-14.

[15] 史德明.土壤侵蚀对生态环境与自然灾害的影响.地球科学进展,1990,10(4):41-44.

[16] 水利部,中国科学院,中国工程院.中国水土流失防治与生态安全(总卷).北京:科学出版社,2010.

[17] 孙辉,唐亚,陈克明.固氮植物篱改善退化坡耕地土壤养分状况的效果.应用与环境生物学报,1999,5(5):473-477.

[18] 孙悦超,麻硕士,陈智,等.植被盖度和残茬高度对保护性耕作农田防风蚀效果的影响.农业工程学报,2010,26(8):156-159.

[19] 唐亚,陈克明.论固氮植物在山区农业持续发展中的应用.地理研究,1999,18(1):73-78.

[20] 王宝桐,张锋.东北黑土区水土保持耕作措施防蚀机理及效果.中国水土保持,2008,20(1):9-11.

[21] 王德轩,彭珂珊.水土保持耕作是治理黄土高原地区坡耕地的根本措施.生态学杂志,1999,9(3):9-11.

[22] 王冬梅.农地水土保持.北京:中国林业出版社,2002.

[23] 王礼先,王斌瑞,朱金兆,等.林业生态工程学.2版.北京:中国林业出版社,2000.

[24] 王玲玲,何丙辉,李贞霞.等高植物篱技术研究进展.中国生态农业学报,2003,11(3):131-133.

[25] 王育红,姚宇卿,吕军杰.残茬和秸秆覆盖对黄土坡耕地水土流失的影响.干旱地区农业研究,2002,20(4):109-111.

[26] 杨文元,李大详.格网式垄作及其效益研究.中国水土保持,1995,17(2):25-28.

[27] 杨文元.紫色丘陵区土壤抗冲性研究.水土保持学报,1997,3(2):23-28.

[28] 张凤霞,杜景龙,曹声明,等.坡耕地垄作玉米留茬免耕保土增产试验研究.中国水土保持,1995,17(12):32-34.

[29] 张建华,赵西京,林超文,等.川中丘陵坡耕地水土保持与农业生产的发展.水土保持

学报,2001,15(1):81-84.

[30] 张兴昌,卢宗凡.坡地水平沟耕作的土壤水分动态及增产机理研究.水土保持学报,1993,7(3):58-66.

[31] 张育新,徐庆芝,王振林.机修抗旱丰产沟耕作技术的探讨.水土保持科技情报,1994,8(2):9-10.

第 12 章　地面集水工程

[摘要]本章介绍水土保持径流调控理论，阐述地面集水工程的作用与分类，分别介绍了地面聚集工程、地面贮用工程及其配套设施，以及农业集水工程的利用技术。

12.1　概　　述

降雨和径流是水土流失的主要侵蚀外营力。如何缓解降雨对地表土壤的击溅与破坏作用，有效调蓄径流，减少径流(尤其是坡面径流)对地表土壤的冲刷、搬运等侵蚀与破坏作用，是从根本上防治水土流失的关键。水土保持治理措施具有改变小地形、改善地表下垫面状况(如增加植被覆盖、调整土地利用结构等)、调蓄地表径流、防治水土流失等作用。在水土流失综合治理过程中，如何充分发挥水土保持治理措施在调控径流、减少侵蚀外营力等方面的作用，必须了解水土保持径流调控理论。

水土保持径流调控理论是在分析水土流失成因的基础上，依据坡面径流运行规律，从径流的分散与聚集、径流调控、径流利用等方面，研究通过各种治理措施和管理手段，合理调配和控制地表径流，有效防治水土流失的理论。水土保持径流调控理论内涵丰富，既包括坡面径流的科学调控，又包括坡面径流的开发利用。首先，根据坡面径流与水土流失防治的需要，分析坡面径流的水力学规律，对坡面径流进行分类和利弊分析，提出坡面径流的调控手段。例如，水土保持措施既可增加土壤入渗、减少坡面径流量，同时也可对强降雨形成的坡面径流进行分散疏导，不仅改善了土壤墒情，而且也大大减缓了径流的侵蚀破坏作用。又如在干旱半干旱地区，通过径流聚集工程，将降雨径流拦蓄起来，作为生产生活的贮备水源。其次，对地表径流进行科学调控，在削弱和转化坡面径流冲刷破坏能量的同时，综合运用各项治理措施和管理手段，建立水土保持径流调控体系，全面、有序地控制坡面径流，从而有效地防治或最大限度地减少水土流失量，保护水土资源的持续利用。第三，将坡面径流变成可利用的水资源，对降雨和径流在时空分布上的不均匀性以及径流所具有的灾害性和资源性的双重属性进行分析，从而保证水土保持径流调控做到除害与兴利相结合。不仅在干旱半干旱地区，而且在南方多雨区的干旱时季，水土保持措施均可发挥其调蓄径流的功能。通过建造不同形式的聚集和贮用工程，提高水的利用率，更好地满足提高土地产出率和水土保持综合防治效益的需要。

水土保持径流调控的实质主要包括两个方面，即除害与兴利。除害是径流调控理论的首要任务和需要解决的根本问题。不仅要将水土流失减少到最低限度，而且还要保护和合理利用水土资源，使之能永续利用。水土保持径流调控的目的是为了兴利。通过采取水土流失控制措施和手段，化害为利，将保护和治理水土资源作为兴利的重要目标，充分利用水、土和光热资源，在一定程度上改变广大水土流失地区水、土资源对农业生产和国民经济发展的制约"瓶颈"，开发水土资源，发展水土保持产业，提高治理的经济效益，达到巩固治理成果、增加人民群众收入、进而实现水土流失区脱贫致富的目的。

12.1.1　地面集水工程及其作用

地面集水工程或地面集雨工程是指应用水土保持径流调控理论，对降雨及其径流进行截流、聚散和贮用，使集水、储水、供水和节水有机结合，从而实现降雨径流再分配、化害为利以及综合利用等工程设施的总称。地面集水工程是水土保持综合治理的有机组成部分，也是山丘区(尤其是广大干旱半干旱地区)弥补降水资源短缺、解决水资源贫乏、改善水土资源环境、保护和利用水资源以及发展生产的基础民生工程和重要的生态工程。

地面集水工程的作用主要包括：①改变地表径流的运行过程，削弱径流(尤其是坡面径流)的侵蚀动力，减轻水土流失；②实现除害与兴利的有机结合，对地表径流进行有效调控，变害为利，改善和保护水土资源；③实现对降雨径流在时空上的有限调节。充分利用降雨径流资源，对其进行高效、集约利用，缓解水资源紧缺，促进山丘区和干旱半干旱地区农、林、牧各业生产，实现水、土资源的永续利用和社会经济的可持续发展。

12.1.2　地面集水工程分类

按径流调控原理和工程功能的不同，地面集水工程可分为地面截流与分流工程、地面聚集工程和地面贮用工程三类。

(1)地面截流与分流工程

地面截流与分流工程的主要作用是根据降雨及其径流的分布特征和生产需要，通过水土保持工程以及植物和农业耕作等综合治理措施，有效地分散地面径流，延缓径流的汇集时间，提高沟道或支流的过流能力。同时，协调产流与蓄流之间的关系，增强水资源的调蓄能力，改无序径流为有序径流以便于蓄用，并且为过量径流寻求出路，防止冲刷和洪溢，化害为利，将以径流形式流失的水资源变成可供利用的水资源，为实现径流资源化创造条件。

地面截流分流工程主要包括山坡、梯田、沟道(淤地坝、谷坊、拦沙坝等)和洪漫区或城区的截流分流工程，泥石流区和崩岗区的截流分流工程以及截流引流工程等。

(2)地面聚集工程

地面聚集工程的主要作用是将降雨及其径流进行聚集，防止径流损失，使水资源得到充分利用，为农业、林业、牧业生产和发展服务。地面聚集工程在广大干旱半干旱地区应用广泛，历史悠久。干旱半干旱地区的年降雨量少，且年际和年内分配不均，在没有地面聚集工程的情况下，降雨径流资源流失量大。通过地面聚集工程收集降雨径流，对干旱半干旱地区的降雨径流实施人为调节，可充分高效利用降雨资源，缓解干旱程度。

地面聚集工程主要包括坡面集水工程(梯田、水平沟、聚流坑、等高聚流沟以及各种自然或人工聚流场等)、村庄或道路径流聚集工程、林业径流工程(如集水带、等高植物篱、等高隔坡林草间种等)以及农业集水工程等。

(3)地面贮用工程

地面贮用工程的主要作用是根据降雨径流的可储性、可移动性和可再分配性，通过修建降雨径流贮蓄工程，利用自然或人工集流场等地面聚集工程，将降雨径流聚集贮存起来，实现降雨径流在时空上的再分配，提高降雨径流的集蓄利用效率。

地面贮用工程主要包括蓄水池(贮流池)、水窖、涝池、沟道贮水工程(山塘、小水库、淤地坝)等。为沉淀径流泥沙、改善水质以及提高水资源利用效率，地面集水工程一般应建设相应的配套工程，如沉沙池(凼)、引流或分流工程、拦污栅以及节水配套工程等。

12.1.3 地面集水工程的规划布置原则

地面集水工程应以小流域为单元，根据水土流失综合治理的需要，合理规划，科学布置，并与水土保持工程措施、水土保持生物措施等有机结合，充分利用地面集水工程的径流调控功能，实现降雨径流的有效调蓄与利用。

①因地制宜原则。根据规划流域的农、林、牧业生产发展规划和生产生活用水需求，在流域水资源规划的基础上，按化害为利、综合利用的原则，合理安排地面集水工程，选择合适的工程类型。

②有截有分、便于调节和合理利用原则。通过截流、分流、聚集和贮用等设施，将降雨径流分散拦蓄，综合利用。在干旱半干旱地区，应以聚集、贮用为主，着重解决水资源短缺问题；在南方多雨区，应以分散径流为主、积聚径流为辅，着重解决旱季利用和径流水害问题。

③地面集水工程应符合地面集水工程和水土保持技术规程、规范的要求，保证地面集水工程的实用性、经济性和安全性。

我国幅员辽阔，在地面集水工程的长期推广应用中，各地都积累了丰富的经验，因此应在系统总结的基础上，科学地组织地面集水工程的实施。此外，应考虑不同的区域特征，综合分析自然条件和社会经济发展状况，结合新时期水土保持事业发展和水土流失治理的需要，积极探索和研究实用、新型的地面集水工程应用技术，为防治水土流失、实现区域水土资源的可持续利用创造条件。

12.1.4 我国地面集水工程应用实践与发展趋势

1. 我国地面集水工程应用实践

我国地面集水工程建设与应用的主要地区是西北和华北的干旱半干旱缺水地区、西南岩溶地区和石质山区以及海岛和沿海地区。这些地区一般属于贫困或欠发达地区，严重缺乏或季节性缺乏地表水和地下水资源，多为沟壑纵横的山区，引水和输水条件较为困难。这些地区人民群众居住分散，适宜利用就地资源，分散开发。例如，西北和华北的许多山区，地表水和地下水十分缺乏，农业生产靠天吃饭，人畜用水严重不足。西南山区虽然全年降雨比较充沛，但分布不均，区内河谷深切，水资源难以开采，或石灰岩裸露、岩溶发育、保水性很差，因而经常发生季节性干旱。沿海的石质丘陵山区以及部分海岛，由于缺乏淡水资源且引水工程修建比较困难，也迫切需要地面集水工程。地面集水工程的建设应根据当地多年平均降水量及其年际和年内的分配情况而确定。根据调查结果和现阶段我国经济的发展水平，《雨水集蓄利用工程技术规范》(SL 267—2001)将雨水集蓄利用工程建设的适宜降水量下限规定为 250 mm，主要是考虑如果降水量过小，所需要的集流工程规模较大、工程费用较高，从而将会导致工程的经济性较差。

(1)黄土高原干旱半干旱地区

甘肃定西地区。甘肃定西地区通过采用坡面集水工程、集流贮流工程和取水利用工程，形成了一套完整的地面集水工程应用体系，充分利用了降雨(水)资源，在一定程度上有效解决了局部缺水问题。其具体做法是：①大力发展坡面径流聚散工程。通过大规模修建水平梯田和荒山山坡聚流整地工程，充分利用路面、庭院等自然集流场或建造人工集场，集聚降雨径流。

②建设混凝土或胶泥水窖，发展集流贮流工程，并采用水窖防渗抗冻技术以及有效的沉沙与过滤方法，保证水窖水质。③采用手压泵、潜水泵等小型提水机具取用贮存水源，并运用窖水高效利用技术，如自压微灌、外动力加压微灌、坑灌、水肥穴灌等，提高水的利用率。

宁夏南部山区。宁夏南部山区水土流失十分严重，沟壑密度大，坡耕地多，水资源十分匮乏。为解决干旱缺水问题，该地区大力推广坡面集流微灌工程。该模式的工程规模小，投资少，见效快，农户自建、自管、自用，运行费用低，既可控制和减轻水土流失，又可有效地解决局部缺水问题，提高粮食产量，综合效益显著。其具体做法是：①修建适应本地区实际情况的酒瓶式或盖碗式贮流水窖，单窖容积一般为 40～60 m^3。②修建简易或混凝土人工集流场，或利用山坡、道路、场院等建造自然集流场，聚集降雨径流。③辅助修建沉沙拦污设施、输出设施和微灌设施等，做到工程配套完善、水质安全卫生和节水增效之效果。

(2)北方土石山区

我国北方土石山区，一般可在山坡、道路、场院等场地建造自然集流场，聚集降雨径流。

北京土石山区。北京市密云、延庆、昌平等土石山区，水资源相对贫乏。当地结合实际，因地制宜，拓展集水模式，建设集流工程和“五小工程”(小水库、小塘坝、小渠道、小水窖和小泵站)，发展径流林业和集流农业，取得了显著效益。具体做法是：①在山坡坡面上部及远山高山区，以封育水源涵养林为主，恢复植被，提高拦蓄坡面径流的能力。②在坡中部及近山坡区，以道路或坡面等为集流场，通过路边沟、渠等引流或分散径流，修建“五小工程”，蓄存降雨径流。③在坡下部及坡脚或近山缓坡区，修建梯田、谷坊、蓄水坝等聚流、贮流工程，层层拦蓄，并配套建设引水工程灌溉农田或发展经济林果业。

河北邢台山区。河北邢台山区多年平均降水量 500～600 mm，但年内降雨与农作物需水时间不匹配。当地利用天然山场集蓄雨水，采用“自然坡面集流-汇流沟汇流-沉沙池过滤-水窖蓄水”模式，作为农业灌溉水源，取得了较好的效果。具体做法是：①在土地零散、难以建造水利工程的山丘区，利用山坡地作为自然集流场。②在天然集流场下游，因地制宜，就地取材，分散建造水窖。水窖容积一般为 50 m^3 左右。③采用高水低用或配套采用灌溉(微灌技术)系统，以用定需，保证下游农田就近用水。

(3)西南丘陵山区

四川中部丘陵山区。四川中部丘陵山区降雨量大，坡耕地多，坡面水土流失严重。当地在小流域水土流失综合治理中，加大对坡耕地和荒坡的治理力度，尤其是把坡改梯工程作为重点。为保证梯田不被暴雨冲毁，同时又能保证灌溉，总结出了一套坡面径流调控方法。其具体做法是：①首先，合理布设径流聚散工程体系和道路骨架，然后再布设梯田工程。在坡耕地或荒地等非耕地连接处的上部，沿等高线开挖一条截流沟，拦截从上部分流下来的坡面径流，并将其合理分流，不让其流入农田，造成水土流失。②在坡面农田区布设径流聚散工程。由于当地人口密度大，人均耕地少，为了少占耕地，将田间道路与径流分流工程重叠布设。在分流沟上部盖石板，沟、路兼用，或在沟边埂上设置田间作业道。沟路两边建设梯田田块。③在每块梯田内布设背沟和边沟，并将其与梯田外的骨干分流沟连通，在保证径流就地入渗、增加土壤含水量的同时，将过多的降雨径流进行分流。此外，在骨干分流沟内，分上、中、下三个部位分别布设一定容积的聚流蓄水池，以拦截部分坡面径流，用作旱季时农作物灌溉用水。通过分段、分部位设置径流聚散防线，基本做到高部位的径流在高处分散、聚集并在高部位使用，中部位的径流在中部分散、聚集并在中部位使用，低下部的径流在低处分散、聚集和在低处使用，并相应增大下部蓄水池的容积,以利多蓄水。

石灰岩岩溶地区。石灰岩岩溶地区的土地分散,"石化"严重,土层瘠薄,蓄水能力差,水土流失严重,干旱缺水。当地针对该地区的实际情况,总结出了如下的地面集水工程:①建立径流贮用工程。以修水柜、水窖为主,拦蓄、汇集、贮存和利用坡面径流。②建立谷地和平原型径流调控工程,主要是修建水塘、拦水坝、小水库等工程。③建立集流工程,包括自然或人工集流场、引流渠、水柜(或水池)、附属建筑物(如沉沙池、输出设施、护栏、爬梯、盖板等)以及灌溉配套设施(如提水工具、微灌等)。

(4)南方丘陵山地区

江西省兴国县塘背小流域年均降雨量达 1 371.9 mm,雨季易受暴雨山洪危害,枯水期伏旱、秋旱严重。当地针对水土流失严重和降雨年内分配不均的状况,围绕坡面径流调控措施形成了独特的防治体系。①建立有效的坡面调控工程体系。在水土流失严重的山坡,从上到下按坡度分级,每隔一定间距,开挖等高截聚流沟(竹节水平沟),最大限度地拦截和聚蓄上坡径流,同时拦截下泄泥沙。在坡度较缓地段,修建水平梯田或反坡梯田。对于坡面较长的坡地,在修建的水平梯田内开挖分流沟、溢流口以及截流沟。这样既可及时排除积水,又可防止强暴雨垮坎,保护梯田安全。在山脚部位,修建环形截流沟,以保护下游农田免遭水冲沙压。②建立稳固的沟道调控工程体系。在沟道内修建谷护,拦截泥沙,淤积并抬高侵蚀基准,防止沟头前进或沟岸扩张。并修建塘坝,拦截小流域内的径流,增加和改善流域内农田的灌溉条件。③进行崩岗综合治理。在崩岗顶部,修筑截流、分流沟等沟头调控工程,防止坡面径流流入崩岗内。同时,配合沟头调控工程,在沟头种植林草防护带,形成覆盖层稳定的沟头,聚散径流。在崩岗出口和沟底修建谷坊等沟道拦堵工程,拦蓄径流和泥沙,使其淤高,达到稳定沟岸、防止其继续崩塌的目的。此外,以工程保植物,在崩岗内和沙渍土上种植水土保持林和经济林果,增加经济效益。

(5)东北黑土区

东北黑土区一般坡度较缓,坡面大且较完整,土壤较黏重,年降水量较多。当地地面集水工程布设一般有以下两种做法:①从坡面顶部到下部布设径流调控工程如修建梯田工程、等高垄沟,既拦蓄降雨径流,又可就地增加土壤入渗。此外,在临近沟壑的上部修建截流沟,防止坡面径流进入沟道造成溯源侵蚀。②发挥梯田工程和林草措施的径流调节作用,在坡度较缓(一般 8°以下)地段修建梯田,并配套蓄水池、小山塘等蓄水工程;在坡度较陡地段,实施等高垄作或植树种草,拦蓄或分散径流。

2. 我国地面集水工程发展趋势

与我国水土保持的发展历程一样,水土保持径流调控和地面集水工程的实践也历经了数千年的历史。广大人民群众在长期农业生产实践中取得了大量富有实效的成功经验与应用事例。公元前 6 世纪,我国劳动人民就开始兴建和使用地面集水工程,西汉时期得到普遍发展。在丘陵山区,农民利用山泉、溪水,在坡面浅槽洼地修塘蓄水,用于水田灌溉和养殖。四川宜宾、陕西汉中出土的墓葬陶制模型,就有山坡陂塘蓄水灌溉和完整的沟洫系统。新疆的坎儿井以及黄土高原的水窖、旱井、涝池或屋顶集水等地面集水工程,长期以来一直应用于这些缺水地区的人畜饮水或农田灌溉用水。

中华人民共和国成立后,国家非常重视农业发展,大兴水利,开展水土保持和农田基本建设,因地制宜地利用各种水源发展生产,地面集水工程得到不断发展,建设规模、治理方法、公众参与程度等都远远超过历朝历代。特别是 20 世纪 80 年代，我国提出了以小流域为单元的水土保持综合治理思路，各地根据水土流失综合防治以及生产和生活的需要，修建了大量不同类型的径流聚散工程，如坡改梯径流聚散工程、荒坡地径流聚散工程、沟道聚流工程、村庄或道路径流聚散工程等地面集水工程。20 世纪 90 年代，在甘肃、陕西、宁夏、内蒙古等地大力推行的“121”工程，即每个农户修建一个雨水集流场（100～200 m^2）、修建两眼水窖（单窖容积约 20 m^3）、发展一块庭院经济，形成了具有区域特色的旱地节水农业生产模式，其经济和社会效益显著。径流调控工程和地面集水工程的生产实践，不仅广泛应用于干旱半干旱地区，而且在广大南方多雨区也有许多成功的事例。这些成功经验为水土保持径流调控理论的产生和发展奠定了坚实的基础，起到了积极的推动作用。

进入 21 世纪后，我国水土保持生态建设步伐进一步加快，治理投入也大幅度增加，水土保持治理和农业发展的一些先进理念，如水土资源的开发与可持续利用、人与自然和谐相处、生态用水与生活用水、生态农业与节水高效农业等也应运而生，一些新型、实用的地面集水工程技术、新型防渗材料也不断地得到应用。随着生产实践的不断深入和社会经济的高速发展，地面集水工程技术的研究与发展将进一步促进水资源利用效率的提高、区域生产生活条件的改善以及经济社会的可持续发展。

12.2　地面水聚集工程

地面水聚集工程是水土流失地区用以拦截地面径流，削减径流量，聚集并贮用降雨、径流的水土保持工程措施。其主要作用是聚集、拦截和分散径流，降低降雨径流的冲刷破坏作用；防止径流损失；并对降雨径流进行有限的人工调控，化害为利，提高水资源的综合利用率，解决山区人畜用水与农田灌溉用水。地面水聚集工程的实施，对改善流域小气候，发展农业生产，改善生活用水条件，培育林草，保持土壤，增加河流流量等具有积极作用。地面水聚集工程应与流域林业建设、梯田建设、农业耕作措施及沟道坝系工程建设等密切配合，从而形成较完整的流域水土流失综合治理体系。

12.2.1　人工集流场

人工集流场是指通过人工修建的各类聚流面而汇集降雨径流的工程。人工集流场利用降雨径流的可储性，把汇集地的降雨径流引入地面贮用工程（如水窖）存储，将其变为可调节的水资源，并通过输出设施，使之得到综合利用。人工集流场不仅适合于广大的干旱半干旱地区，而且也适用于季节性干旱地区如西南土石山区和石灰岩岩溶地区等。人工集流场不仅可调控径流，防治水土流失，而且也可解决干旱缺水或季节性干旱缺水问题。

无论是将雨水汇集到坡面或沟道的小型蓄水工程中，或是直接引入农地、果园或林地，都需对集水区（场）进行人工处理。一个好的人工集流场必须具备两个条件：一是地表不渗漏，二是产流快。因此，按集流场地表处理方法的不同，可将人工集流场分为混凝土面集流场、压实土面集流场、土壤化学处理面集流场、防渗材料或塑料薄膜覆盖集流场以及塑料大棚等类型。

混凝土面集流场是指用混凝土抹涂地面（或坡面）而形成的集流场。由于混凝土面不透水，使用寿命相对较长（约为 20 年），且集流效果好，因此混凝土面集流场是与水窖配套的主要集水场。一般修建 100 m^2 的混凝土面，可满足两个 15～20 m^3 水窖的贮水要求。混凝土面集流场造价相对较高，且混凝土面往往会出现裂缝，需经常进行维修。

压实土面集流场是指将集水区原表层土壤中的石块、杂草清除，并加以平整、夯实，或用黏土与原地土壤混合夯实，作为集流场表层来收集降雨径流的集流场。集水区面积可依地形和贮流设施容积而定。压实土面集流场可就地取材，成本低，便于推广。

土壤化学处理面集流场是指在经清理平整后的集水区地面上，喷涂高分子化合物或化学制剂，封闭地面土壤孔隙，使地表形成一层薄而坚硬的覆盖层，以降低土壤渗透率、增大径流，从而对雨水径流进行蓄集的集流场。土壤化学处理面集流场常用的高分子化合物有聚丙烯酸盐类和环氧乙烷聚合物等，化学制剂有硅酮、胶乳、石蜡等。在对土壤化学处理面集流场进行施工时，应选用无污染的化合物或化学制剂，以免污染水质。

防渗材料或塑料薄膜覆盖集流场是指利用稀释和乳化的沥青或混合沥青的各种喷涂材料，喷洒经清理平整的土壤表面，从而对雨水径流进行蓄集的集流场。它是一种有效的防渗处理方法。一般用防渗材料喷涂两层，一层用来封闭土壤孔隙，另一层用来防止风化。经防渗材料处理后的斜坡沥青集水区，一般可维持 4～5 年。也可利用不透水防渗材料如沥青玻璃油毡等或不透水薄膜如聚乙烯、乙烯类化合物、合成橡胶等，作集水区地表的覆盖层来收集降雨径流。不透水防渗材料或不透水薄膜防渗，其造价较混凝土低，使用方便，但容易破裂、易老化，需及时维护。塑料薄膜覆盖防渗，使用方便，聚集面积可大可小，且便于与雨水贮流设施综合配套，其集雨效率达 80%以上，应用广泛。

塑料大棚集流面是指利用塑料大棚，对雨水径流进行蓄集的场所。由于塑料大棚有利于抗旱保墒和调节植物生长的季节要求，能更好地利用光、热以及水、土资源，缩短了菜、果的成熟周期，因此塑料大棚已在农村或城郊地区得到了广泛的推广应用。利用塑料大棚聚流，面积大，易于引流贮用，能就地用于棚内补灌，聚流成本低，效益好，是干旱半干旱地区发展高效农业的重要措施之一。

表 12-1 至表 12-3 分别列出了不同地区、不同材料集流场在不同降水量条件下的集水效率，可供参考。

表 12-1　宁夏南部山区在不同降水量条件下不同材料集流场的全年平均集水效率表

多年平均降雨量/mm	全年集水效率/%								
	混凝土	水泥土	机瓦	青瓦	黄土夯实	沥青路面	自然土坡	土工布	固化剂
500	79	45	48	38	23	67	7		
400	78	45	42	34	21	66	7	>95	15～70
300	75	40	34	28	17	64	5		

表 12-2　甘肃省在不同降水量条件下不同材料集流场的全年平均集水效率表

多年平均降水量/mm	保证率/%	全年集水效率/%							
		混凝土	水泥瓦	水泥土	塑膜覆沙	机瓦屋面	青瓦屋面	黄土夯实	自然土坡
400～500	50	80	75	53	46	50	40	25	8
	75	79	74	45	45	48	38	23	7
	95	76	69	41	36	39	31	19	6

续表 12-2

多年平均降水量/mm	保证率/%	全年集水效率/%							
		混凝土	水泥瓦	水泥土	塑膜覆沙	机瓦屋面	青瓦屋面	黄土夯实	自然土坡
300～400	50	80	75	52	46	49	40	26	8
	75	78	72	46	41	42	34	21	7
	95	75	67	40	34	37	29	17	5
200～300	50	78	71	47	41	41	34	20	6
	75	75	66	40	34	34	28	17	5
	95	73	62	33	28	30	24	13	4

表 12-3 内蒙古地区在不同降水量条件下不同材料集流场的全年平均集水效率表

多年平均降水量/mm	全年集水效率/%				
	荒坡	硬路面	二合土或三合土	水泥土面	塑膜面
200	33	39	44	47	52
250	30	35	40	42	47
300	34	40	45	48	53
350	31	36	41	44	48
400	34	40	45	48	53
450	48	56	64	68	75

12.2.2 自然集流场

自然集流场是指利用自然地面或坡面对降雨径流进行汇集，通过分流沟、引流渠与坡面或沟道等贮用工程相连接的集流场所。自然集流场包括山坡坡面集流场、沟道集流场、荒草地集流场以及道路、场院集流场等，是山丘区重要的水源地。

坡面集流场主要利用植被覆盖较好、水土流失轻微的山坡坡面拦蓄降雨和径流。坡面集流场通常在山脚或坡面底部修筑环山或环坡的截流分流沟，或利用自然坡降开挖集流沟，把自然坡面的多余径流引入雨水蓄贮流设施中。

沟道集流场主要利用山坡分流的自然沟道聚流，这样既防止山洪泛滥，又就地分散拦蓄，就地利用。

道路集流场主要利用混凝土路面、柏油路面或沙石路面作为聚集道路径流的集流面进行集流。道路集流场既可对降雨产流和道路径流进行有序疏导或分流，又可将路边排水沟与路边的贮流设施相连，从而将道路径流引入贮流设施。

庄院集流场主要利用庭院、打谷场等场院地面作为集流面，并设置径流聚贮设施进行贮流。庭院集流以满足农村饮用水为主，兼顾发展庭院经济。

屋顶集流场是指在农村、居民小区或城区，利用屋顶集流的场所。所聚集的径流或雨水可用作补充地下水，也可将汇集的径流贮存于贮流设施中，然后再通过输出设施灌溉农作物、花弃或作其他用途，这样既可节约水资源，又可防止受污染的水直接流入江河湖泊。

12.3 地面贮用工程

地面贮用工程是指通过修建有一定蓄容积的贮蓄工程，将地面聚集工程聚集的降雨径流贮存起来，以备利用的工程设施。地面贮用工程主要包括蓄水池(贮流池)、水窖、涝池、旱井、沟道贮水工程(山塘、小水库、淤地坝)等。自然界中也存在有一些天然的地面贮用场所如低洼地等。

12.3.1 水窖

水窖是指在干旱半干旱地区土层较厚的山原地下开挖旱井，用于贮存地表径流，从而解决人畜用水、农田灌溉的一种坡面水土保持工程设施。水窖主要适应干旱缺水或水土流失严重的黄土高原及云贵高原地区。水窖大小不等，一般蓄水量为 20～60 m^3，是坡面蓄水保土的重要设施。我国山区修筑水窖历史悠久，20 世纪 90 年代以后发展速度很快，群众称之为“甘露工程”。

1. 配置与规划

(1)水窖的配置模式

水窖的配置模式主要包括峁顶集蓄配置模式、路旁葡萄串式配置模式以及场、院、洼地单点式配置模式三种类型。

①峁顶集蓄配置模式。峁顶集蓄配置模式主要适用于黄土高原的梁峁丘陵沟壑区。这些地区降水资源有限，必须靠修建水窖，发展地面集水工程来调控径流，解决缺水问题。

峁顶集蓄配置模式应选择离村庄较近、基本农田或经济作物比较集中的山峁。将山顶局部推平，然后开挖窖体，用块石或青砖圈砌蓄水窖。窖体呈“十”字形，圆拱直墙式断面，一般高 1 m，24 墙砖砌，水泥砂浆抹面防渗，窖体容积为 300～800 m^3。集水区形状随地形而异，一般为圆形或长方形，四周向窖体位置倾斜，以利雨水汇集。地面采用防渗处理，以提高集雨效率。汇集的雨水经两级或多级沉沙池(凼)沉淀后，将清水导入窑窖贮存，供人畜或灌溉使用。

峁顶集蓄配置模式与水土保持措施相结合，可在丘陵沟壑区形成一种新型的水土资源开发与环境保护相协调的沟坡水土保持措施立体配置模式，群众生动地总结为“山顶水窖戴帽，山坡果树梯田缠腰，沟(沿)草灌(林)锁边，沟坡乔灌护坡，沟底打坝(含各类谷坊)固沟”。通过节节拦蓄降水，可全面防治水土流失，为改善生态环境和农林牧生产发展创造了条件。

②路旁葡萄串式配置模式。路旁葡萄串式配置模式是指结合农田道路规划，在道路两侧，每隔一定集水区域，分别开挖水窖(瓶窖或长方体水窖)，形成沿道路的葡萄串形式，分别收集道路径流，从而提供农田灌溉水源的一种配置模式。这种模式是黄土高原以灌溉为主的一种水窖配置模式。

③场、院、洼地单点式配置模式。水窖单点式配置模式就是在居民点的庭院内、打谷场边、山坡集水洼地等地方，开挖窖体，以收集屋面或来自其他集流场的降雨径流，供人畜饮用或为庭院经济(果树、大棚等)和农田提供灌溉水源。这种配置模式在黄土高原分布最广，应用历史最为悠久。水窖形状以瓶颈状居多，也有建成枣核形、灯泡形或圆柱形，容积一般为 20 m^3 左右。

(2)水窖位置选择

水窖一般布设在村旁、路旁或有足够地表径流来源的地方。提供生活用水的水窖宜建在村庄附近,灌溉用的水窖宜建在田头路旁。水窖必须有适宜的径流汇集坡面,以满足其蓄水要求。也可在场院或梁峁顶部修建集流场,布设水窖,以集蓄降雨径流。窖址应坐落在深厚坚实的土层上,窖底土体应完整结实、黏结性好、透水性小,以防渗漏。窖址应远离沟头或大树,距离沟头或沟边 20 m 以上,距大树 10 m 以上。石质山区的水窖,应修建在不透水的基岩上,避免靠近悬崖、沟头、沟边、陷穴、砂砾石层或在裂隙或滑坡地带修建,并远离粪坑、厕所、猪圈等,以保证窖水卫生。

梁峁地区地处水土侵蚀源头,地面较平整,植被较好,其鞍部地形处常是乡村道路的交会点。梁峁多修成水平梯田或为天然草地,冲沟较少。因此,梁峁地区的窖址应根据地形和农田条件在道路两侧合理布局,将沿梁顶的交通道路路面作为雨水收集的场地。例如,宁夏海原县冯川村利用梁顶公路(沥青路面)鞍部处的集水沟收集路面径流,在半山坡打窖蓄水,自流灌溉坡脚下的农田。

山前壕掌地带的后部为山丘地形,坡面冲沟较多,多为荒坡草地,坡面大,为扇形汇流。径流在沟口汇流后又随地形扩散,形成山前台地(或为壕掌地)。汇流低洼处多为田间路或牧羊道,路壕两侧为农田。因此,山前壕掌地带的径流条件好,沟壕汇流量大,但一般含沙量也较大。在山前壕掌地带修建的窖址或窖群应沿路壕两侧布置,分段修建引洪渠收集径流入窖。此外,应修建相应的沉沙设施。在水窖蓄满后应及时封堵进水口。

缓坡地带地形多为山前坡脚台地、塬地或壕塬地,地势较平坦。缓坡地一般为农业耕作区或农草间作。缓坡地带多为蓄满产流(即降水雨强小于下垫面的下渗强度,在下垫面土壤含水量达到饱和后才产流)。缓坡地带应充分利用田间路面作为集水场所,窖址或窖群宜布设在田间路两侧的农田内。水窖数量根据路面产流和田面蓄满产流水量的多少确定,合理布局,避免过密。

各地农村均有省、地、县以及乡村各级道路经过,沿途有各种地形地貌如梁、峁、坡或川等,要充分利用路面的集水条件,结合地形情况,因地制宜地布设窖址或窖群。当水窖沿路布设时,其位置应选在路界外的农田内,并修建引水渠和沉沙池等配套设施。

山区农户居住分散,房舍多为平台地,旁边多建有打麦场,房前多有菜地或农地。因此,可充分利用庭院地面、麦场、屋顶作为集水场地,在院内打窖解决吃水问题。为发展庭院经济,也可在庭院外打窖,聚集径流灌溉附近的农田。甘肃省等地推广的“121”工程就是一个成功的范例。

2. 水窖设计

水窖一般可分为井式水窖和窑式水窖两类。井式水窖一般修建于来水量不大的庭院或道路旁,应用较广。与井式水窖相比,窑式水窖技术简单,挖土浅,出土方便,施工容易,开挖较快,省工且占地少。窖身在地下可以延伸,容积大。窑式水窖一般采用水泥砂浆砌石结构,持久耐用。其出水口放在底部,可自流引水,取水方便。一般情况下,在来水量不大的路旁等集流场所,宜修建单窖容积为 30～50 m^3 的井式水窖;而在路旁等具有坚实土质的崖坎且蓄水量要求较大的集流场所,宜修建单窖容积为 100～200 m^3 的窑式水窖。

(1)井式水窖

井式水窖由窖体和地面建筑物两部分组成(图 12-1)。窖体由窖筒、旱窖、水窖三部分组成。窖筒上接地面窖口，供取水用，一般直径 0.6～0.7 m，深 1.5～2 m。旱窖是指窖体的不蓄水部分，上部与窖筒相连，深 2～3 m。直径由上向下逐步放大，到散盘处直径一般为 3～4 m。水窖是指窖体的蓄水部分，一般深 3～5 m。从散盘处向下直径逐渐缩小，至窖体底部其直径一般为 2～3 m。

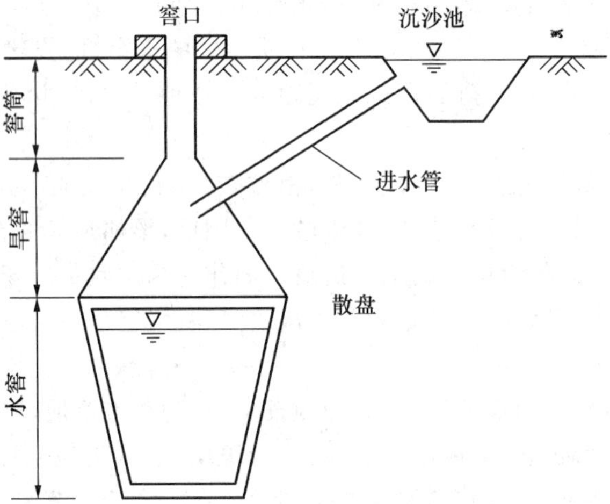

图 12-1 井式水窖断面示意图

井式水窖窖型有锅扣缸式、瓮式或酒瓶式。在土质较差的地区宜采用缸扣缸式、喇叭筒式或枣核式。其主要结构尺寸可参见表 12-4。

表 12-4 井式水窖结构尺寸参考表 m

窖型	分布地区	窖筒		旱窖深度	水窖		窖底直径
		直径	深度		深度	扣带直径	
缸扣缸式	陇中	0.6～0.7	1～2	2～3	3～4	3～4	约 2
	渭北塬区	0.7～1.0	2.0～2.4	1.7～2.3	4～6	4～4.7	1～2
锅扣缸式	陕北、陇东	0.6～0.7	2～3	1～1.5	3～4	3～4	约 2
	渭北塬区	0.7～1.0	2～3	1.5～3.0	4～6	4～5.3	1.5～2.0
酒瓶式	陕西吴堡县	0.6～0.7	2～3		4～6		2～3
	渭北塬区	0.7～1.0	2～3		4.3～5.0	4.3～4.7	4.3～4.7
瓮式	豫西						

井式水窖的地面建筑物由窖口、沉沙池(凼)和进水管三部分组成。窖口一般直径 0.6～0.7 m，用砖或石砌成，高出地面 0.3～0.5 m。沉沙池(凼)位于来水方向的路旁，距窖口 4～6 m。沉沙池(凼)尺寸应根据来水量进行设计。一般沉沙池池体为矩形，长 2～3 m，宽 1～2 m，深 1.0～1.5 m，四周坡比为 1∶1。进水管一般呈圆形，直径 0.2～0.3 m。进水管建设在沉沙池(凼)内壁由地表向下约 2/3 深度处，并以 1∶1 坡度向下与旱窖相连。

(2)窑式水窖

窑式水窖由窖体和地面建筑物两部分组成(图 12-2)。窖体由水窖、窖顶、窖门三部分组成。水窖为窖体的蓄水部分，一般深 3～4 m，长 8～10 m，其横断面为上宽下窄的梯形，上部宽 3～4 m，两侧坡比为 8∶1。窖顶为窖体的不蓄水部分。窖顶长度与水窖一致，其宽度与水窖上部宽度一致。一般采用半圆拱形断面，直径 3～4 m。窑式水窖也可在窖顶中部留圆形取水井筒，并与地面取水口相连，直径一般 0.6～0.7 m。窖门下部一般为梯形断面，尺寸与水窖部分一致，一般由浆砌料石砌成，厚 0.6～0.8 m，密封不漏水。在距地面约 0.5 m 处理一水管，外装龙头，可自流放水。窖门上部多为半圆形断面，由木板或其他材料制作，尺寸与窖顶部分一致。一般在木板中部留有可以开关的小门，尺寸为 1.0 m×1.5 m。

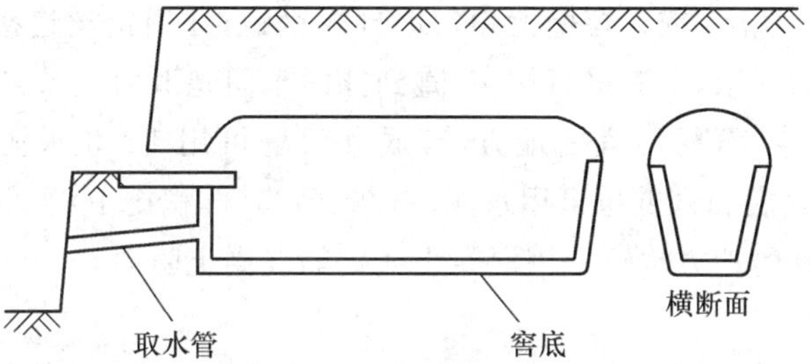

图 12-2　窑式水窖断面示意图

地面建筑物由取水口、沉沙池(凼)和进水管三部分组成。其设计可参照井式水窖。

(3)单窖容积和水窖数量的确定

对于井式水窖，水窖容积按式(12-1)计算：

$$V = \frac{h}{3}(S_1 + S + \sqrt{S_1 S}) \tag{12-1}$$

式中，V 为容积(m^3)；h 为最大水深(m)；S_1 为窖底面积(m^2)；S 为最高水面面积(m^2)。

对于窑式水窖，水窖容积按下式计算：

$$V = 0.5(b_1 + b_0)hl \tag{12-2}$$

式中，b_1 为窑窖蓄水面宽度(m)；b_0 为窑窖顶宽(m)；h 为窑窖蓄水深度(m)；l 为窑窖长度(m)。

根据规划区的人口数量、每年人均需水量和总需水量，扣除其他水源(如山丘间泉水利用等)的可供水量，取当地有代表性的单窖容量，算出规划区需修建的水窖数量。在降雨量年际变化较大的地区，应适当增加水窖数量，以备多雨年份的蓄水供少雨年份使用。

3. 水窖施工

(1)窖体开挖

井式水窖的窖体开挖一般从窖口开始，按照各部分的设计尺寸垂直向下挖。在窖口处吊一中心线，每向下挖深 1 m，校核一次直径。窑式水窖的窖体开挖一般从窖门开始，先平整窖面，然后根据设计的尺寸挖好标准断面，并逐段向前挖进，直至挖到设计的长度为止。在窖门顶部吊一中心线，并做一个半圆形标准尺寸木架，每向前挖进 1 m，校核一次断面尺寸。

对需用胶泥进行窖体防渗的水窖，在窖体开挖完成后，还需开挖供钉胶泥用的码眼。码眼在窖壁上呈“品”字形分布，上下左右眼距各约 20 cm。码眼口径 5～8 cm，深 10～15 cm，码眼沿深度方向略向下方倾斜。

(2)窖体防渗

①胶泥捶壁防渗。取胶泥与黄土拌和均匀(沙粒∶粉粒∶黏粒的体积比为 1∶2∶1)，制

成长约 18 cm、直径 5～8 cm 的胶泥钉和直径约 20 cm、厚 2～5 cm 的胶泥饼。将胶泥钉用力塞入码眼，外留 3 cm，然后将胶泥饼用力摔到胶泥钉上，使之连成整体。用木棒持续捶打胶泥饼，使之与窖壁紧密结合，直到窖壁上全部胶泥坚实光滑为止。胶泥从窖口向下延伸至窖筒、旱窖和水窖。窖壁的胶泥厚度一般为 2～5 cm。

②水泥抹面防渗。首先调制水泥砂浆和白灰砂浆。水泥砂浆的水泥∶沙子∶水体积比为 1.0∶2.0∶2.5，白灰砂浆的白灰∶沙子∶水体积比为 1.0∶1.5∶2.0。然后，在窖壁上抹一层白灰砂浆“打底”，并用水泥砂浆抹面，抹面厚度不小于 2～3 cm。有条件的地方，也可先用铆钉将铅丝网铆固在窖壁上，或在窖壁上均匀地打入钢钎，并用铅丝连接成网，然后再用水泥砂浆抹面。随着水泥的固结，不断进行抹实，直到抹面牢固光滑为止。

③其他防渗措施。在石料便宜的地方，窖底和窖壁可用 1∶3 水泥砂浆砌粗料石，并用 1∶3 水泥砂浆勾缝。窖底和窖壁也可用水泥、石灰、砂浆(体积比 1∶1∶6)砌砖，然后用 1∶3 水泥砂浆抹面。有条件的地方也可采用混凝土或钢筋混凝土防渗。

(3)地面建筑物施工

地面工程的沉沙池(凼)、取水管等都应按设计要求开挖，并及时校核断面尺寸。窖口处用砖或块石砌台，一般高出地面 30～50 cm，并设置能上锁的木盖板。有条件的地方可在窖口设手压式抽水泵。沉沙池(凼)与进水管连接处应设置拦污栅，防止杂物流入。进水管应伸进窖内，离窖壁 30～50 cm。进水管出水口处设铅丝蓬头，防止水流冲坏窖壁。

4. 维护与管理

水窖修成后应及时放入适当水量。水窖正式蓄水后，取水时不能将水取尽，以防止窖壁或窖底干涸裂缝。暴雨中收集地表径流时，应有专人看管。窖中水位不能超过设计的蓄水高度，防止旱窖或窖顶蓄水泡塌。窖口盖板应盖好锁牢，防止杂物或人畜掉入。窖水净化半年后方能饮用。饮用时要加明矾或漂白粉消毒，以保证安全与卫生。应经常检查水窖各部位，如有破损及时修补。并定期检查水窖蓄水情况，及时清除淤泥。

12.3.2 蓄水池

蓄水池是以拦蓄地表径流为主修建的蓄水工程，一般蓄水量在 50～1 000 m^3。蓄水池的主要功能是拦蓄地表径流，充分和合理利用自然降雨或泉水，就近供农田和经济林果灌溉使用或人畜饮水需要，并可减轻水土流失。蓄水池按建筑材料可分为土池、三合土池、浆砌条石池、浆砌块石池、砖砌池和钢筋混凝土池等，按结构形式可分为圆形池、矩形池或椭圆形池等。蓄水池也可分为封闭型和敞开式两大类。

1. 规划与布设

蓄水池规划设计应以满足农、林用水和人畜饮水需要为依据。蓄水池一般布设在坡面水汇流的低凹处，并与排水沟、沉沙池(凼)形成水系网络。规划布设中应尽量考虑少占耕地，且来水充足、蓄引方便(如选在略高于农田的低地上，便于自流灌溉)、造价低、基础稳固等因素。

蓄水池在田间、路边、沟头、梁峁等处均可布设。布设形式通常有下列几种：

①田间蓄水池。为满足田间灌溉需要，在梯田较高处的低地或洼地，或在引水渠、灌溉渠边低洼处修建灌溉用蓄水池。梯田工程中的田间蓄水池应结合梯田田块、灌溉渠系和田间道路进行合理规划。

②路边蓄水池。路边蓄水池以汇集路边径流为主，应在路边依地形布设。

③沟头蓄水池。沟头蓄水池主要功能是拦蓄径流，保护沟头，应在沟头低洼地或以人工开挖的形式修筑。

蓄水池的配套设施主要有引水渠、排水沟、沉沙池(凼)、过滤池(针对有人畜饮水要求的蓄水池)、进水和取水设施(放水管或梯步)等。对于土池、三合土池等蓄水池，可选用防渗材料或塑料薄膜等进行池体防渗处理，或用水泥砂浆抹面进行防渗处理。

2. 蓄水池设计

(1)蓄水池类型选择

应根据蓄水池的防治目标、布设形式、建造目的或需求、投资情况、当地建筑材料状况等，选定蓄水池类型，确保蓄水池经济、安全，既要满足防治水土流失的要求，又可充分发挥工程效益。一般田间灌溉用蓄水池多采用浆砌石、砖砌或钢筋混凝土蓄水池，其防渗条件好，坚实耐用，但造价相对较高。对于防治标准要求不高或仅起临时性蓄水的蓄水池，可采用土池、三合土池，或用土工织布铺盖的土池。土池的造价低，施工方便，简单易行。

(2)蓄水池容积确定

蓄水池总容积按式(12-3)计算：

$$V = K(V_W + V_S) \tag{12-3}$$

式中，V 为蓄水池容积(m^3)；V_W 为设计频率暴雨径流量(m^3)；V_S 为设计清淤年(n 年)的累计泥沙淤积量(m^3)；K 为安全系数，取 1.2～1.3。

当蓄水池布设在坡面小型蓄排工程系统中、与坡面排水沟终端相连、并以沟中排水为其主要水源时，其 V_W 值与 V_S 值应根据排水沟的设计排水量和淤积量计算。

当蓄水池未布设在坡面小型蓄排工程系统中、需要独立计算暴雨径流量时，应采用式(12-4)计算 V_W 值与 V_S 值：

$$V_W = M_W F \tag{12-4}$$

$$V_S = 3M_S F \tag{12-5}$$

式中，M_W 为设计频率一次暴雨径流模数(m^3/hm^2)；M_S 为年均侵蚀模数(m^3/hm^2)；F 为蓄水池的集水面积(hm^2)。

当蓄水池容积按需水量要求设计且来水量大于需水量时，可考虑将多余来水通过排水沟排入山塘或溪河。当来水量小于蓄水池容积时，应适当减小设计容积或引用其他水源补充来水量。

(3)主要建筑物设计

①池体。根据当地地形和总容积需求确定蓄水池的形状、面积、深度和周边角度。蓄水池一般可设计为圆形蓄水池(图 12-3)或矩形蓄水池(图 12-4)。不同池型的容积可用式(12-6)至式(12-8)计算：

圆形：
$$V = \pi R^2 H \tag{12-6}$$

矩形：
$$V = HAB \tag{12-7}$$

椭圆形：
$$V = \frac{2}{3}\pi abH \tag{12-8}$$

式中，H 为池深(m)；R 为半径(m)；A 为池宽(m)；B 为池长(m)；V 为容积(m^3)；a 和 b 分别为椭圆的长半轴和短半轴(m)。

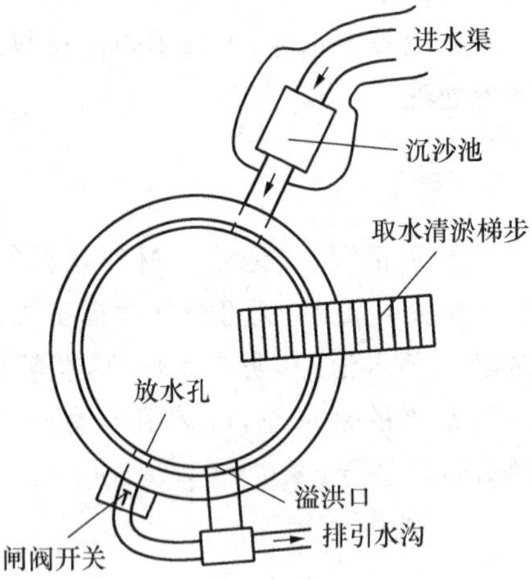

图 12-3 圆形蓄水池平面示意图

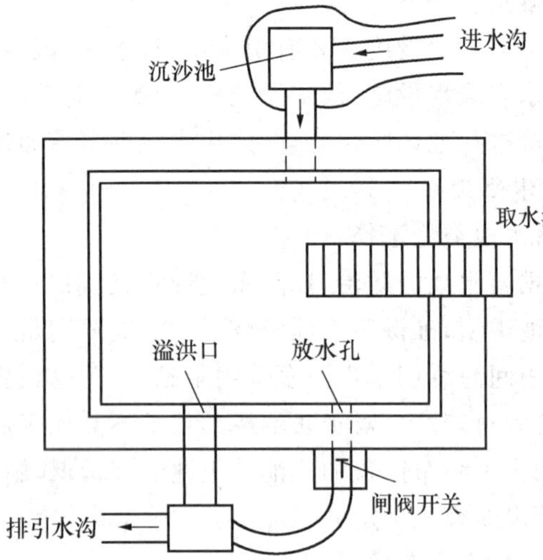

图 12-4 矩形蓄水池平面示意图

②进水口与溢洪口。蓄水池的进水口和溢洪口应采用石料衬砌。进水口和溢洪口的口宽一般为 40～60 cm、深为 30～40 cm。按照矩形宽顶堰流量公式校核过水断面尺寸大小：

$$Q = M\sqrt{2g}bh^{3/2} \tag{12-9}$$

式中，Q 为进水(或溢洪)最大流量(m^3/s)；M 为流量系数，一般采用 0.35；g 为重力加速度($9.81\ m/s^2$)；b 为堰顶宽(口宽，m)；h 为堰顶水深(m)。

③引水渠设计。当蓄水池进口不与坡面排水渠直接相连时，应布设引水渠，其断面与比降设计可参照坡面排灌沟渠设计。

3. 维护与管理

为确保蓄水池安全运行，充分发挥功效，在修建蓄水池后，应及时落实蓄水池的管护责任，有条件的地方应明晰产权。场院附近或道路旁的开敞式蓄水池应加栏杆或围坪，防止儿童或家畜等跌落。人畜饮水用的蓄水池一般应采用封闭式，以确保用水清洁、卫生和安全。

蓄水池正常运行后，池中应始终保持一定的水位，避免蓄水池体干裂，造成防渗层漏水。暴雨前后，应及时对蓄水池及其附属工程进行修补养护，并及时清淤。当来水量较小时，应及时开辟补充水源，充分发挥蓄水池的作用。

12.3.3 涝池

涝池是指在地面挖坑或在洼地四周筑埂用以拦蓄地表径流、山泉溪水的小型坡面蓄水设施。涝池应用历史悠久，在我国秦巴山区、四川、云南、贵州高原及黄土高原塬区都有较多应用。涝池储水多用于牲畜饮用或洗涤之用等。涝池除拦储坡面径流外，也可从河流或水库引水，保证涝池蓄水，长蓄短用，以满足生产用水需求。涝池按单池容量一般可划分为小型涝池和大型涝池。

1. 规划与布设

涝池地址的选择及规模大小或数量多少，要根据集水和用水情况、地质与安全蓄水等条件确定。如果属于联合调度用水，则应作水量联合调度规划方案。

涝池位置应选择在易于集水、在涝池下方有灌溉渠道或道路旁和村庄附近，且要求池址处土质的黏性大、透水性小。如果在沟头上方修建涝池，涝池与沟头之间应保持一定距离(一般为 3～4 倍的沟深)。大型涝池建设应着重考虑是否有足够的径流来源。

2. 涝池设计与维护管理

(1)涝池蓄水量确定

根据来水量与需水量的供需平衡分析，确定涝池的蓄水量。涝池蓄水量应满足牲畜饮用水和居民非饮用水量的要求，并最大限度地拦蓄径流，减轻道路与沟壑的水土流失。涝池蓄水总量可参照蓄水池或山塘容积计算方法进行计算。

小型涝池单池容量为 100～500 m^3，一般分散布设，多为土质，形状依地形而异。圆形涝池的直径一般 10～15 m，方形或矩形涝池的边长一般为 10～20 m 至 20～30 m，四周边坡一般为 1∶1。可用挖出的土料在池周做成土埂，以增加蓄水容量。

大型涝池应能拦蓄较大集水区的径流，一般单池容量从数千到数万立方米。大型涝池可为土质、浆砌石、砖砌石或钢筋混凝土，一般设有进水口、放水口和溢洪道。进水口需保证满足周围径流入池的要求，可设多个。放水口设涵管、涵洞或卧管，便于在涝池水位变化时分层放水。在池内坡面上设置台阶，以便于清淤操作。溢洪道底部应与涝池最高水位持平，不使水溢出池外。

(2)涝池防渗

在黄土或透水性大的土层建池，必须采取防渗措施。池底和池内坡面可用 3∶7 灰土夯实。用黏土防渗时，土块应打碎晒干，均匀铺好，洒水夯实。铺设的黏土层一般厚 0.3 m，干密度大于 1.65 g/cm^3。如果池基为黏土，只需将池底的黏土挖虚 0.1～0.2 m，然后洒水夯实 3 次即可。池基岩石如有裂隙，应用水泥或白灰浆浇注严密。涝池应防止干涸，避免防渗层干裂。在涝池施工完成后，应在池外的坡下栽树种草，以固池基和减少池水蒸发。

(3)维护与管理

应落实涝池的日常维护和管理以及管护责任。暴雨期需专人巡视，及时发现问题，及时处理。暴雨前后应及时修补养护。一定时段(一般每 1～2 年)后要及时清淤和养护。

12.4　地面集水工程的配套设施

12.4.1　沉沙池(凼)

沉沙池(凼)是用来沉淀坡面水系或其他引水水源中泥沙的水池，其主要功能是沉淀泥沙和消力防冲。

1. 规划与布设

沉沙池(凼)一般应布设在地头、地边、地块连接处或排水沟渠的内部。修建沉沙池(凼)时，应尽可能减少耕地的占用量，并与坡面水系或其他引水工程有机结合，合理配置。一般可将沉沙池(凼)修建在地头，或结合背沟和边沟规划修建在沟渠内部的低洼地，也可修建在蓄水工程的前端或在陡槽末端、跌水下方或沟渠的拐弯处。沉沙池(凼)形状可根据地形条件选择,一般为圆形或长方形。

2. 沉沙池(凼)设计

沉沙池(凼)大小由来水量决定,其容积可参照蓄水池容积计算公式计算。因沉沙池(凼)主要功能是沉淀泥沙,因此还应根据沉沙量和场地大小等校核其容积大小。沉沙池(凼)容积确定后,根据沉沙池(凼)形状确定沉沙池(凼)的具体尺寸。

地头或地边沉沙池(凼)一般长为 1 m、宽 0.8 m、深 0.8 m。位于蓄水工程前端的沉沙池(凼),一般比沟渠宽 1～2 倍,比沟渠深 1 m 以上,长 1.5～2 m。结合消能防冲作用修建的沉沙池(凼),其长度和深度应以消能设计为主。

沉沙池(凼)的进水口与出水口不宜布置在同一直线上。进水口与出水口的断面尺寸应相同,两者的底部高程应一致或出水口略低于进水口。当沉沙池(凼)较深时,应修建下池梯步。当在填方处修建沉沙池(凼)时,沉沙池(凼)必须用石料或混凝土衬砌。

3. 维护与管理

当沉沙池(凼)淤至一定高度,或因流速加大而导致设计粒径的泥沙不能沉淀时,应及时清除淤沙,保证沉沙池(凼)的正常运行。小型沉沙池(凼)一般每次暴雨后都需要进行一次清池。将清出的泥沙就近利用或及时采取适当方法进行处置,避免随意堆放,以免引起次生侵蚀。对非汛期一池多用(如沤肥等)的沉沙池(凼),汛前应及时清除泥沙备汛。

12.4.2 引流与分流工程

引流与分流工程包括引流沟渠(管)和分流沟渠(管)等,其主要功能是与径流贮用工程连接,确保径流聚集工程贮流,并使多余径流安全分流。屋顶集流面的引流与分流工程可布置在屋檐落水下的地面上,宜采用宽浅式弧形断面的混凝土渠。设有庭院混凝土集流面的地面聚集工程,不再单独设置引流与分流沟。庭院外的引流与分流沟可采用土渠或混凝土渠。引水工程一般采用 20 cm×20 cm 的混凝土矩形渠、开口 20～30 cm 的 U 形渠、砖砌或石砌暗管(渠)以及无毒 PVC 塑料管等。

1. 规划与布设

沿山体等高线的引流与分流沟渠一般布设在林地和农地的交界处,沟底比降一般取 1∶(500～3 000)。下山分流沟可按梯田分台修建,梯埂处修建陡槽跌水,跌水下方修建消力设施。

对于蓄水池、水窖、堰坝、塘库等贮流工程的引流与分流沟,在其规划布设前,应查明贮流工程的位置、容积、地形、植被等情况以及当地降雨量和产流量,以确定引流与分流工程的路线和流量。引流与分流工程的修建也可与田间道路规划相结合。

2. 引流与分流工程设计

应根据贮流工程的位置、地形和容积以及引流与分流工程的规划布设,综合确定引流与分流沟渠的设计流量、工程型式、断面尺寸以及比降。引流与分流沟渠可参照坡面排灌沟渠设计。

对于利用公路作为集流面且具有公路排水沟的地面集水工程,其引流工程应从公路排水沟出口处连接到蓄水工程。当上游来水量大于需水量时,应布设分流工程,与蓄水工程的溢水口相连,以便将多余来水通过分流工程排入山塘或溪河。引流与分流工程的断面尺寸按集流量的大小确定。此外,公路排水沟渠最好能进行防渗处理。

当利用自然坡面作集流面时,可在坡面上按 20～30 cm 的间隔沿等高线修建引流与分流沟渠。引流与分流沟渠可采用土渠或矩形和 U 形的混凝土渠,坡度宜为 1∶(30～50)。引流与分流沟渠应连接到输水沟渠。输水沟渠的断面尺寸按集雨流量确定。

引流与分流渠的断面形状根据当地经济的发展水平确定。当引水渠较长时多采用梯形土渠。梯形土渠沿地面开挖,经济适用,但土渠需经常修整。混凝土(砌石)矩形渠多用于窖(池)前的沉淀渠(槽),一般宽 30～50 cm,深 80～100 cm,长度根据地形选定。也可采用塑料管道作为引流与分流沟渠。塑料管道输水条件和防渗效果俱佳,施工安装方便,但投资较大。从沉沙池进入窖(池)体内的这段距离目前多采用塑料管道,管径一般 8～15 cm。

12.4.3 拦污栅

拦污栅的目的是防止杂草、污物等杂物进入窖(池)内影响水质。拦污栅一般可埋设在进水管(槽)前面的池墙内,或设置在窖(池)进水管前。拦污栅大小根据进水管(槽)尺寸而定。

拦污栅一般采用铁丝或铅丝,编织成孔径 1 cm 的方格网状方形栅,周边用钢筋绑扎或焊接。也可在铁皮上形成一系列孔径 1 cm 的成行排列的圆形孔作为拦污栅。经济条件较差的地区,也可用竹条、木条或柳条等制作网状拦污栅。

12.5 农业集水工程的利用技术

旱作节水农业和集流农业是广大干旱半干旱地区弥补降水资源短缺、解决水资源贫乏和发展农业生产的两种农业栽培技术。旱作节水农业是指利用有限降水资源以达到水资源高效利用的旱作农业。旱作节水农业一般无水利灌溉设施,仅依靠天然降雨从事农业生产。旱作节水农业技术内容十分广泛,既包括选择耐旱品种、调整作物布局与合理间作、轮作以及增施肥料、以肥调水等水土保持耕作法,也包括坡改梯、水平沟、丰产沟等水土保持工程措施。

集流农业是指利用地面集水工程,汇集、储存和利用降雨径流,实现降雨径流在时空上的有限调控,以达到有效解决水资源贫乏、发展农业生产的目的。

12.5.1 田间工程技术

1. 喷灌与微灌技术

喷灌就是利用水泵加压或由自然落差形成的有压水通过压力管道输送到田间,再经过喷头喷射,形成细小水滴均匀洒落,达到灌溉的目的。按照喷灌系统的可移动程度,喷灌分为移动式、固定式或半固定式,也可按照设备的可移动形式,将移动式喷灌分为平移式、中心支轴式、绞盘式、滚移式、小型移动式等喷灌机型。喷灌适用于除水稻作物外的所有大田作物以及蔬菜、果树等,它对地形、土壤等条件要求不严,在我国广大农业地区应用广泛。与地面灌溉相比,大田作物喷灌一般可省水 30%～50%,增产 10%～20%。但在大风条件下,喷灌易出现喷洒不均匀、蒸发损失大等问题,此时应合理调整喷灌时机。

微灌则是通过管道系统与安装在末级管道上的灌水器(如滴头或微喷头等),将有压水按作物实际耗水量适时、适量、准确地补充到作物根部附近土壤进行灌溉。微灌只向作物根区土壤供水,可把灌溉水的深层渗漏和地表蒸发减少到最低限度。因此,微灌是用水效率最高的灌溉技术之一。与地面灌溉相比，微灌一般省水50%～80%，增产效果显著。微灌能在灌水的同时进行施肥，并可实现灌溉过程的自动化，从而大大减少劳动用工，但微灌造价较高。微灌可分为微喷灌、滴灌、渗灌等。微灌技术多应用于大棚温室蔬菜、花卉、果树等高价值经济作物的灌溉。我国已开发出了半固定式微灌和滴灌技术，即干、支管固定，田间毛管在数行作物中间移动，减少了首部枢纽设备，从而降低了投资。半固定式微灌和滴灌技术既能用于经济作物，又可在一定条件下用于条播密植作物如小麦等。

2. 抗旱点浇技术

抗旱点浇技术是指在缺水地区的春季播种期，在土坑内浇少量水，下种并覆上土，以解决播种期土壤墒情不足的问题。过去多靠人力作业，近年来我国已研制出成套机械，可将开沟、注水、播种、施肥、覆土等多道工序一次完成。此外，也可采用抗旱喷洒淋水机，在播种期进行浇灌或在苗期进行淋洒补水作业。

3. 沟畦灌水技术

沟畦灌水技术通过精细平整土地，将农田地面高差降低到最低，以增大灌水均匀度，减少渗漏，达到节水灌溉的目的。也可通过大畦改小畦、长沟改短沟，或间歇式灌水等，减少渗漏量，提高田间灌水效率。沟畦灌水技术一般可使灌水定额减少1/5～1/4。目前生产上普遍应用的沟畦灌水技术多以人力为主，投资少，技术简单易行。

4. 膜上灌水技术

膜上灌水是在地膜覆盖栽培的基础上，把过去地膜旁侧灌水改为膜上流水，使水流沿放苗孔和地膜旁侧渗水，或通过膜上的渗水孔，对作物进行灌水。膜上灌可通过调整膜畦首尾的渗水孔数量及孔径大小，调整灌水量。由于膜上灌加快了输水速度，减少了土壤深层渗漏和蒸发损失，因此可显著提高灌水均匀度和水利用率。与常规沟灌相比，可节水40%～60%，并具有明显的增产效果。膜上灌投资少，操作简便，便于控制灌水量，目前这种技术已在我国大面积推广。

12.5.2 保水技术

保水技术主要包括保墒技术和抑制水分蒸发蒸腾技术。

1. 保墒技术

(1)耕作保墒技术

耕作保墒技术是指采用深翻耕、深松耕、镇压保墒等，通过除草和增施有机肥，改善土壤结构的耕作方法。通过耕作，疏松土壤，增加土壤孔隙度，增强雨水入渗速度和入渗量，减少降雨径流流失，切断毛细管，这样既能提高天然降水的蓄集能力，又能减少土壤水分蒸发，保持土壤墒情。

①深翻耕。深翻耕可打破犁底层，加深耕作层，既增加蓄水量，又有利于作物根系生长。深翻耕一般多用有壁犁进行。为增加土壤中的蓄水量，深翻耕时间应与当地雨季相同，以充分接纳降水。

②深松耕。深松耕是用无壁犁或松土犁，只疏松土层而不翻转土层的一种耕作方法。深松耕包括全面深松和局部深松，其主要作用是疏松土层，增加蓄水量。

③水平等高耕作。在坡度较缓地区，采用水平等高耕作可在地面形成许多等高的蓄水小犁沟和作物行，有利于拦截地表径流，增加降雨入渗量。

④等高沟垄耕种法。采用等高沟垄耕种法可在一定程度上起到蓄水、保肥、拦泥及增产效果。

⑤蓄水聚肥改土耕作法。蓄水聚肥改土耕作法主要是指开沟松土、回填表土以及增施有机肥或化肥，利用生土筑埂，形成抗旱丰产沟的耕作法。

(2)覆盖保墒技术

在耕地表面覆盖作物秸秆等材料，不仅可抑制土壤水分蒸发、减少地表径流、蓄水保墒、提高水的利用率，还能增温保温、保护土壤表层、改善土壤物理性状、培肥地力、抑制杂草和病虫害的生长。覆盖材料一般就地取材，如麦糠、碎麦秸、碎玉米秸、作物残秆或草肥等，也可采用砂石覆盖。目前，塑料薄膜覆盖保墒栽培技术也已广泛应用，其保墒、省水和增产效果显著。按覆盖时间分，覆盖保墒又可分为生长期覆盖和全年覆盖方式。覆盖方式可根据农作物种类、生长季节和当地降水期等条件选择。

①秸秆覆盖保墒技术。秸秆覆盖保墒技术包括秸秆就地破碎覆盖和留茬覆盖等。秸秆覆盖可显著地蓄集雨水，改善土壤墒情。

②沙石覆盖保墒技术。沙石覆盖保墒技术利用卵石、石砾、粗沙和细沙混合物，在土壤表层铺设一层厚度为 5～15 cm 的覆盖层，也称为砂田或石田。由于沙石层结构疏松、孔隙大、渗透性好，可避免径流产生，同时也可避免土壤直接受风吹日晒，切断土壤毛管水上升，从而大大减少水分蒸发。

③地膜覆盖保墒技术。地膜覆盖主要用于蔬菜、棉花、玉米、花生和瓜类等作物。地膜覆盖比秸秆覆盖的保墒效果更好，但不能像秸秆覆盖那样增加土壤有机质。

2. 抑制水分蒸发蒸腾技术

(1)抑制水分蒸发技术

抑制水分蒸发技术包括喷洒化学制剂，采用石蜡、固体板(如聚苯乙烯、橡胶等)或液体覆盖膜等覆盖，或采用砂石填充法等，其主要目的是减少土壤水分蒸发。此外，也可采用保水剂或增施有机肥等方法，通过提高水分利用率而抑制水分蒸发。

①保水剂。保水剂是一种人工合成的高分子材料。当保水剂与水分接触时，能够吸收和保持大量水分，从而提高土壤的保水保肥能力。此外，保水剂也可改善土壤结构，防止土壤侵蚀，提高种子出苗率，促进植物生长发育，增加产量。保水剂常用方法有种子包衣、移栽蘸根和培养土混用等。

②增施有机肥，提高水分利用率。增施有机肥，不仅能增加土壤养分，而且可促进土壤微生物活动，实现土肥相融，改良土壤结构，增强土壤的保肥、供肥和保水能力。

(2)抑制水分蒸腾技术

①全封闭温室农业。全封闭温室不仅能降低植株的水分蒸腾，而且能配套实施水、肥和农药的有效人工调控，从而达到显著增产效果。全封闭温室多用于高经济价值作物的生产，但其造价相对较高。

②局部封闭温室农业和塑料大棚。在局部封闭的温室或塑料大棚内，空气可以自由交换，新鲜空气携带的水汽可使温室内湿化，从而抑制水分的蒸发和蒸腾。

有待进一步研究的问题

我国干旱半干旱地区降水资源贫乏，生活用水与生产用水、生产用水与生态用水以及上游与下游等之间用水矛盾突出，如何通过地面集水工程，充分利用有限的降雨资源，是协调和解决上述矛盾的关键。以下几个问题值得关注：

1. 在降雨量相对较多但季节性干旱的地区，如何利用地面集水工程达到兴利除害的目的？

2. 如何有效防治地面集水工程的水污染，或运用生态、清洁的水处理方法处理地面聚集的水资源，保证群众用水安全？

3. 简述新型、低成本、实用的地面集水工程技术的开发和利用以及新型高效防渗材料的研发问题。

4. 简述干旱半干旱地区旱作高效节水农业、新型实用节水灌溉技术的开发与利用问题。

5. 地面集水工程以及各项水土保持措施对地面降雨径流的拦截和蓄存，势必对下游水资源的存蓄构成影响（如减少径流下泄等），如何协调地面集水工程的兴建与下游水资源需求之间的矛盾？

思考题

1. 简述水土保持径流调控理论的内涵与实质。
2. 简述地面集水工程的作用与分类。
3. 简述水窖的分类及其规划设计要点。
4. 简述农业集水工程的利用技术。

参考文献

[1] 郭廷辅，段巧甫. 水土保持径流调控理论与实践. 北京：中国水利水电出版社，2004.

[2] 关君蔚. 水土保持原理. 北京：中国林业出版社，1996.

[3] 唐克丽. 中国水土保持. 北京：科学出版社，2004.

[4] 王礼先，朱金兆. 水土保持学. 2 版. 北京：中国林业出版社，2005.

[5] 崔云鹏，蒋定生. 水土保持工程学. 西安：陕西人民出版社，1997.

[6] 王礼先，孙保平，余新晓，等. 中国水利百科全书·水土保持分册. 北京：中国水利水电出版社，2003.

[7]《长江流域水土保持技术手册》编辑委员会. 长江流域水土保持技术手册. 北京：中国水利水电出版社，1999.

[8] 中华人民共和国国家质量监督检验检疫总局，中国国家标准化管理委员会. 水土保持综合治理技术规范（GB/T 16453-16453. 6—2008）. 北京：中国标准出版社，2009.

[9] 中华人民共和国水利部. 雨水集蓄利用工程技术规范（SL 267—2001）. 北京：中国水利水电出版社，2001.

[10] 水利部农村水利司农水处. 雨水集蓄利用技术与实践. 北京：中国水利水电出版社，2001.

[11] 王秀茹，王礼先. 农业集水工程与利用技术. 当代生态农业，2001(1)95-105.

[12] 马文林. 宁夏南部山区集雨节水灌溉工程. 水资源保护，2002(1)：39-41.

[13] 乔光建，吴丽英. 山区雨水利用技术及分析计算. 水资源保护，2009，25(1)：55-58.

[14] 田光忠. 昌平区集雨工程的典型范例. 水利规划与设计，2008(6)：24-27.

[15] 王静,李召祥,王自忠,等.集水工程、沼气池与新型日光温室联体构筑的研究.应用生态学报,2001,12(1):51-54.

[16] 程满金,程争鸣,潘志刚,等.山丘区水利科技扶贫的一项重要举措.内蒙古水利,1996(4):2-7.

[17] 何成忠.集蓄雨水的混凝土薄壳水窖.中国农村水利水电,1997(6):8-9.

[18] 史慧珍,徐学选,张世彪.黄土高原窑窖集水工程技术探讨.水土保持通报,2001,21(2):45-47.

[19] 程争鸣,程满金,宋耀兴,等.膜下滴灌在半干旱集雨补灌旱作区的示范与应用.四川水利,2004(增刊):28-31.

[20] 张惠远,杨小毛,谢强.南方城市化山地区小流域集水工程规划.城市环境与城市生态,2001,14(4):1-4.

第13章　农地水土污染与防治

[摘要]本章主要阐述农地非点源污染的概念和特征、水土流失与农地非点源污染的关系、农地非点源污染发生的原因、非点源污染预报模型、农地非点源污染治理措施、污染农地的修复措施以及农地水土污染防治有待进一步研究的问题。

中国是世界农业大国，也是人口大国。自20世纪80年代以来，中国粮食问题已基本解决，用占世界9%的耕地面积养活了占世界22%的人口。20世纪发展起来的以高投入和高产出为特征的近代农业曾对解决人类食物供应做出了巨大的贡献，但同时也给人类带来了许多环境问题。因人口剧增、资源过度消耗以及生态环境破坏等问题带来的负面影响开始凸显。化肥的大量施用、灌溉排水引起的水肥损失以及水土流失导致了农业水土环境的恶化以及水体污染的加剧。河流水污染是近年来人们普遍关注的主要环境问题之一。许多发达国家已经证实，农业非点源污染是导致水环境恶化的主要原因之一。

在传统的水土保持学科领域中，仅把水土流失作为对地表土层破坏而影响农业生产的现象。在评价其不良影响时，往往强调水土流失过程对土壤肥力改变的影响。现在人们已开始把注意力转向侵蚀所导致的环境问题，如大量沉积物所引起的环境污染、农业区域化学物质迁移所造成的水源污染等。水土流失本身就是一种大范围内的非点源污染，因此非点源污染研究应该成为水土保持学科领域的重要研究内容之一。

非点源污染(non-point source pollution)亦称面源污染，是指溶解性或固体污染物在大面积降水和径流冲刷作用下，汇入受纳水体而引起的水体污染。污染源包括水土流失、农业化学品过量施用、城市污水、畜禽养殖和农业与农村废弃物等。农地非点源污染(agricultural non-point source pollution)是非点源污染的主要类型之一，它是指在农业生产活动中，土壤泥沙颗粒、氮素和磷素等营养物质、农药以及其他有机或无机污染物质，在降水或灌溉过程中，通过农田地表径流、农田排水和地下渗漏，使大量污染物进入水体而形成的水环境污染。

农地非点源污染具有非点源污染的基本特征，即具有分散性、隐蔽性、随机性、潜伏性、累积性和模糊性等特点，因此不易监测、难以量化，研究和防控的难度较大。农地污染与区域降水以及排灌过程密切相关，它受水分循环过程的影响和支配。降水的随机性决定了农地水土污染具有较大的随机性。当降雨发生时，随着坡面的产流汇流过程，累积在地表的污染物随着径流进入水体，进一步扩大了污染物的污染范围。农地中农药和化肥施用造成的污染，一般只有在降雨或农地排水的驱动下才会引起污染物的运移和扩散，在时间上具有滞后性。影响农地水土污染的因子复杂多样，如地形、土壤条件或农地生产活动。由于缺乏明确固定的污染源以及排放的不固定性和间歇性等，因此污染负荷具有很大的不确定性。农地水土污染的发生受气候条件、人类农业生产活动以及地理条件的影响，其监测和定量检测评价十分困难，具有较大的控制难度。

农地土壤污染的发生与土壤的特殊地位和功能紧密相连。土壤作为最基本的生产资料，一直是人类食物生产的重要场所。中国人多地少，人均耕地面积仅 0.1 hm^2，不足世界平均值的 1/4，且丘陵山地约占国土面积的 2/3，中低产田面积占总耕地面积的 2/3。为了获取更多的食物满足日益增长的人口需要，农业生产过程中不断提高肥料、农药、地膜等农用物质的使用量，并且耕地利用强度大，所有这些因素导致了我国土壤污染的总体形势相当严峻。全国受污染的耕地面积约有 1 000 万 hm^2，占耕地总面积的 1/10 以上，其中多数集中在经济较发达地区。除工业和生活“三废”外，农业生产活动是导致农田土壤污染的最主要因素，其中肥料、农药、灌溉所用污水等是土壤的主要污染源。土壤污染造成有害物质在农作物中积累，并通过食物链最终进入人体。

水土流失与非点源污染是一对密不可分的共生现象。水土流失既是一种农地水土污染形式，同时又是农地水土污染物流失的载体和造成水体污染的主要途径。水土流失造成表层土壤的大量流失，流失的土壤颗粒进入水体，导致水体污染；同时，这些泥沙颗粒本身也携带有大量的其他污染物，如有机质、重金属、磷酸盐以及农药等物质，这些污染物进入水体而导致其污染。此外，侵蚀泥沙在传输过程中也会引起沿途的水土污染。农地水土污染是一种扩散污染，其产生、迁移和转化过程是污染物从土壤圈向其他圈层尤其是水圈扩散的过程。水土流失过程造成的土壤养分损失是土壤退化和农地水土污染的主要原因。农地水土污染的形成和迁移与自然界水循环密切相关。各种污染物在降雨径流冲刷作用下，通过径流和泥沙的运移携带，最终进入受纳水体，从而导致受纳水体污染。农业耕作措施、施肥、灌溉以及不合理的土地利用方式等都会加剧水土流失和农田水土环境的污染。

13.1　农地水土污染与研究现状

13.1.1　农地非点源污染的原因

20 世纪 50 年代以来，各种农用化学品的生产量和使用量快速增长，由此导致了农业环境污染问题日趋严重。许多国家颁布了一系列的环境保护政策、法令和治理措施，取得了一定的控制效果。自 20 世纪 80 年代以来，酸雨、臭氧层空洞、温室效应等环境问题加深了全球对环境问题的认识和忧虑。欧美发达国家逐渐扩展了对农业环境问题的认识范围和认识深度，开始把农业环境问题与社会经济发展结合起来研究，探讨它们之间的相互影响和相互依托关系。1992 年在巴西里约热内卢召开的联合国环境与发展大会，总结了世界环境保护的经验，认识到环境问题对人类生存与发展的严重威胁以及解决环境问题的迫切性，并在全球推行经济、社会、环境协调发展的“可持续发展战略”理念。近年来，国际上以及地区间的合作不断加强，农业环境监测系统得以建立和发展，并建立和修订了各种农业环保法规、条例、规章或标准。此外，农业环境的研究手段也有了长足的进步，对污染胁迫下各种微观机理的认识与污染过程的认识更加深入，对污染的农业环境（污染土壤及地下水、地表水）修复以及各种污染控制技术也给予了较为系统的研究和重视。

我国农地水土污染主要由粮食生产压力大、肥料利用率低以及水土环境防控体系不健全等因素所导致。粮食安全保障的刚性需求导致农田潜在污染压力突出。粮食安全是关系到国民经济发展、社会稳定和国家自立的全局性重大战略问题。保障我国粮食安全，对实现全面建设小康社会目标以及构建和谐社会具有十分重要的意义。我国是世界人口大国，粮食需求基数大，在未来较长一段时期内粮食需求持续增长的趋势不可逆转。根据《国家粮食安全中长期规划纲要(2008—2020年)》要求，我国耕地保有量应不低于18亿亩，全国谷物播种面积稳定在12.6亿亩以上。至2020年，在现有基础上要再增加500亿kg粮食的生产能力。在过去的50年中，我国粮食产量的不断增加在很大程度上归功于科技的进步，其中很重要的一点就是现代农用物质特别是化肥和农药的应用。在保障粮食生产能力持续稳定增加的前提下，应致力于提高农田肥料高效利用和水土流失综合控制技术，推广应用环境友好的高效栽培模式和保护性耕作技术，为我国粮食生产和水环境安全提供强有力的科技支撑。

施肥技术落后导致了施肥量高而肥料利用效率低下的状况。我国目前主要农作物多为粗放式管理，需要消耗大量的水和肥。氮肥和磷肥以及农药等农用物质在过去50年中为我国粮食产量的不断增加发挥了巨大的作用，但由于盲目追求高产，化肥施用量越来越高，在我国东南部农作物高产地区，全年平均施肥量已经超过了国际上普遍认可的150～200 kg/hm^{2}标准，尤其是在经济发达地区，氮肥施肥量通常较高且常施用于作物生长的早期阶段，易于造成较大的氮素损失。西方发达国家的氮肥利用率一般可达40%～60%，高出我国平均水平25%～30%。过量的化肥施用，则导致未被植物吸收利用的部分随着地表径流进入下游水体或随降水或灌溉淋溶进入地下水。近年来，集约化蔬菜生产的发展迅猛，已对水土环境形成了更为严重的威胁。集约化蔬菜生产的水肥投入量过大、氮肥利用率普遍较低，且化肥种类施用比例不合理，氮素过多而钾素过少，从而导致了蔬菜生产中养分利用率的低下。过量施用氮素也可导致蔬菜中的硝酸盐富集和蔬菜病虫害加重，从而间接引起了农药施用量和残留量的增加。此外，化肥的过量施用破坏了土壤结构，从而加剧了土壤环境和地下水的污染。总之，氮肥如尿素和碳酸氢铵易于损失，在不合理的施用条件下，可对水土环境形成较大的威胁。同时，如果施用化肥中的N、P、K比例不适合所种植的作物，也可导致氮肥利用效率的降低。因此，通过土壤养分测定和田间预测预报系统，实施分级施肥，改进施肥管理措施、提高肥料和农药利用效率、降低其损失是解决农地水土污染的重要手段。在农业生产中，应使用缓控释肥或生物肥料等新型肥料代替常规肥料，降低其土壤留存；研发生物农药代替有机农药，同时开展生物防治工作，减少农药使用；研制和推广精准施肥(药)自动化技术，提高养分或农药的利用效率。总之，新型肥料和农药的研制、水肥一体化管理、与信息技术相结合的施肥和喷药技术等将成为未来农地水土污染控制的发展方向。

目前，我国农地非点源污染有效防控体系尚未形成，农业生产过程中偏重产量而对生态环境重视不够。农产品产量的提高过分依靠化肥和农药的大量投入，缺乏有效的资源高效利用技术，农业生产以过度消耗资源和牺牲环境为代价。降低农用物质的农田输入量、提高土壤养分和农药利用率、采取行之有效的综合预防体系、改善农田管理和生产水平等可有效控制农地水土污染。应划定农业风险等级区域，按风险严重程度和作物种类采用不同的肥料和农药施用限量和限期，尽可能避免高风险区域带来的威胁。

13.1.2 农地水土污染控制对策

欧盟和北美国家大多根据循环经济和流域综合管理原理，以河流流域为单元，实施环境保护政策和法规，进行综合规划治理。尽管各国流域水环境管理的模式存在差异，但已形成的几种较成熟管理机制都是基于流域综合管理思想的污染物总量控制管理模式。污染物总量控制是指根据一个流域或区域的自然环境和自净能力，依据水环境质量标准，控制排污总量，把污染物负荷总量控制在自然环境的承载能力范围之内。河流的污染物总量控制是以河流的水环境容量为依据，将动态水质模型与线性规划结合起来进行水环境容量计算。污染物总量控制计划的核心思想是指在满足水质标准的条件下，水体能够接受的某种污染物的日最大排放负荷(TMDL)。通过制定流域的最大污染负荷，将流域内的点源和非点源污染负荷分配到各个污染源。并在考虑污染负荷的季节变化和安全边际的条件下，采取适当的污染控制措施来保证目标水体达到相应的水质标准。从 2006 年开始，美国环保局(USEPA)将流域方法综合纳入到了美国一系列的核心水计划中，如国家水质标准、面源污染控制、国家减少污染物排放许可证系统等。2008 年 USEPA 发布了《用于恢复和保护水资源的流域规划手册》，用于指导联邦环境署、流域组织、州、社区以及部族等各层次的流域规划，以满足水质要求和保护水资源。

我国水环境污染总量控制的研究起步晚于美国等发达国家。20 世纪 70 年代末制定了松花江 BOD 总量控制标准。此后，陆续开展了沱江、湘江、长江、黄河、淮河、辽河等一系列河流的水环境容量、污染负荷总量分配以及水环境承载力的评价研究。在典型河流的水环境容量计算以及应用理论、方法和实用技术研究等方面取得较系统的进展，出现了多目标综合评价模型、非点源概念模型、水体富营养化模型、水污染控制系统优化规划模型等定量计算方法。污染物研究对象也从一般耗氧有机物和重金属，逐步扩展到氮、磷负荷和油污染，并编制了水环境污染物总量控制的实用系列化方法。目前，我国实行的仍然是污染负荷区域目标总量控制，但总量指标并未落实到具体的河流，也没有分配到具体的污染源。大量研究和实践证明，单纯的点源控制并不能从根本上解决水环境污染问题，必须从流域角度对非点源污染实施系统管理和总量控制。我国的非点源污染治理应该以河流流域或河网为控制单元，进行综合规划治理。在农田节氮控磷控药的基础上，建设农田生态拦截系统，提高肥药利用率，原位削减农田氮磷排放。并建设生态河床，开展区域河流整治。

土壤污染物会对土壤生物类型、生物数量、生物活性、土壤酶系统及土壤呼吸和代谢作用等产生较大影响，从而危及土壤生态系统的正常结构、功能与平衡。残留农药对土壤中的硝化细菌、根瘤菌和根际微生物影响较大。大多数农药对土壤微生物活性影响较大，对土壤呼吸作用、硝化作用、氨化作用等会产生暂时的抑制作用。我国的污染土壤研究与治理工作，在 20 世纪 70 年代主要对以农药为主的有机物造成的土壤污染、底泥重金属污染和污灌对农田系统的污染进行研究。80 年代国家组织开展了全国范围内的土壤背景值调查和环境容量研究等工作，为土壤质量评价及土壤污染控制奠定了基础。从 20 世纪中后期以来，国内学者对化学物质在土壤中的持留、释放与运移进行了大量研究，并先后建立了反映污染物质在土壤中持留和释放规律的平衡模型或动力学模型。土壤背景值和土壤环境容量是土壤污染防治与控制研究的基础。从 20 世纪 60 年代起，美国地质调查所为建立土壤元素的基线值，开展了一系列土壤背景值的调查工作，并于 1984 年发表了《美国大陆土壤及地表物质中元素浓度》的专项报告。中国土壤背景值研究始于 20 世纪 70 年代中期。“六五”、“七五”期间，国家将土壤背景值调查列为重点科技攻关课题，并编辑出版了《中国土壤元素背景值》和《中华人民共和国土壤背景值图集》。

土壤环境质量标准是开展土壤环境监测和土壤环境质量评价等工作的基础条件。土壤环境质量标准不仅与污染物种类和形态等有关，还与其他因素如土壤类型、土壤理化性质等有关。国际标准化组织(ISO)从 1993 年起陆续颁布了一些与土壤质量有关的标准方法，在统一和规范土壤质量标准方面起到了积极作用，并已经在欧洲各国得到了应用。中国于 1995 年颁布了《土壤环境质量标准》(GB 15618—1995),确定了多种重金属、有机物的土壤环境质量标准。

土壤污染测试技术的不断发展是有效进行土壤环境监测和土壤环境质量评价等工作的根本保证。土壤污染测试技术由早期经典的化学分析发展到目前的仪器分析与化学分析并举的阶段,土壤污染物的检测效率与精确度不断提高。用建立数学模型的方法来模拟污染物在土壤环境中的迁移、扩散以及累积等过程,可以对土壤环境质量做出更为明确的科学评价,同时还可为土壤污染预测预报与污染防治提供科学依据和途径。

13.1.3 非点源污染模型

数学模型的研发和应用为非点源污染研究和控制提供了重要的手段和途径。根据模型的建立过程,非点源污染模型可分为经验统计模型和机理模型。经验统计模型对数据的需求低,形式简单,且直接、实用,具有不可替代的作用,但其缺点是无法为决策制定提供理论依据。机理模型对非点源污染过程描述详细,应用于具有长期同步水文水质监测资料的流域时具有明显的优势,是目前非点源模型发展的主导方向。目前,用于估算污染物负荷的流域模型主要有AGNPS(agricultural non-point source pollution)、SWAT(soil and water assessment tool)、HSPF(hydrological simulation program-FORTRAN)和GLEAMS(groundwater loading effects on agricultural management systems)等。

农业非点源污染AGNPS模型可模拟流域尺度上的降雨径流、泥沙输移以及氮、磷的产生和迁移,模型主要包括降雨产流模型、侵蚀和输沙模型、污染物迁移子模型。将研究流域划分为若干个网格单元,假定在每个单元内的流域特性和各个输入参数一致。每个单元对污染总负荷的贡献是相互独立的,即模型在每个单元上是集总的,但在全流域是分散的。非点源污染受降雨径流、灌溉排水以及下垫面特征等因素影响,在空间分布上具有差异性,利用常规方法很难得到系统的结果。AGNPS模型结合地理信息系统(GIS)强大的空间信息处理分析能力,可以把多种空间信息叠加分析,使得庞杂的空间数据的输入、管理、分析和制图等工作大为简化。

SWAT模型采用以日为单位的时间步长连续计算,是一种基于GIS基础之上的分布式流域水文模型。模型已在北美、欧洲等地取得了广泛的应用和不断的改进,在美国多个区域性和全国性农业生产过程模拟、水土流失模拟与评价以及环境影响评价项目中得到应用。SWAT模型本质上是对流域范围内的水循环和物质循环进行模拟。SWRRB(simulator for water resources in rural basins)模型起始于20世纪70年代美国农业部农业研究中心开发的CREAMS(chemicals,runoff and erosion from agricultural management systems)模型。SWRRB模型最初只能模拟土地利用对田间水分、泥沙以及农业化学物质流失的影响,它是一个具有物理机制的田间尺度的非点源污染模型。为了解决水质评价问题,于20世纪80年代后期,将描述地下水中化学物质以及农药对农业生态系统影响的GLEAMS模型中的杀虫剂模块引进了SWRRB模型中。同时,为了研究土壤侵蚀对作物生产力的影响,SWRRB模型引进了作物生长模型EPIC(erosion-productivity impact calculator)。经过上述改进后,SWRRB模型现已可以模拟评价复杂农业管理措施下的小流域尺度上的非点源污染问题,最大适用面积不能大于500 km^2,对于较大尺度流域的模拟结果尚不可靠。

HSPF是由美国环保署(EPA)开发的、用于较大流域范围内的水文水质过程连续模拟模型。在此基础上，为了配合不同尺度下的点源或非点源污染综合模拟分析的需求，于 1998 年开发了整合式平台 BASINS 系统。该系统基于 GIS 技术，内嵌了 HSPF、SWAT、PLOAD 和 AGWA 等水文模型以及 WDMUtil 和 GenScn 等辅助工具。通过 BASINS 系统，将 HSPF 模型成功地捆绑于拥有众多插件、功能强大的 Arcview 中，从而为 HSPF 模型所需的地形、地貌、土地利用/覆被、土壤、流域等数据的自动生成和叠加处理提供了更加方便、精准的手段，同时延长了数据处理以及模拟预测的时间序列长度。HSPF 模型运用"子流域-地段-要素集合-要素-对象"这一逐级递减的稳定方式来描绘和组织数据，它不仅能够依据一定的规则以及按照使用者设立的不同时段将一系列时间连续数据分割成为有限段的离散数据，并将分割好的数据段排列和标准化，从而构建时间序列，而且还能运用已有的时间序列，依据一些经验公式衍生出新的时间序列，作为结果输出或是作为新模拟数据的来源。HSPF 模型主要包括透水地段的水文水质模拟模块(PERLND)、不透水地段的水文水质模拟模块(IMPLND)以及地表水体模拟模块(RCHRES)。

13.2　农地非点源污染控制与治理

在水体污染控制方面，由于点源污染及其控制技术目前已相对成熟，因此对于面源污染的控制以及污染水体的修复已被提上议事日程。随着水污染形势的日益严峻，为了缓解不断加重的水危机，近年来在污水处理及其回用技术、污水灌溉的农产品品质及其生态环境效应以及农地水土污染防治方面的科研投入力度在不断加大，尤其是针对我国主要河流和湖泊水体污染问题，围绕氮、磷等污染物迁移转化规律、流域生态治理、污染物总量控制与实用型水处理技术等方面开展了大量工作。在与氧化塘、氧化沟等传统水处理技术结合的基础上，开发了生态沟渠、人工湿地等新型污水控制技术模式。并结合合理施肥、种植业结构调整以及农艺措施等途径，开展了我国农业面源污染的综合治理。

我国不同地区的自然资源和经济条件差异较大，农业生产具有明显的区域性特征。且随着现代化农业的发展，优势农产品生产的区域化布局日益明显。从整体性和系统性考虑的流域环境综合管理是水环境管理的发展趋势。改善流域水质必须按照流域的自然特性、社会经济发展水平以及农业生产特征，实行流域尺度的综合治理。因此，在重点流域的农业产区，围绕优势农产品产业发展的需要和流域农业污染物总量控制的目标，在保障粮食安全以及水环境和生态安全协调发展的基础上，研究确定符合区域特征的农业面源污染控制模式。按照"控源、截污、修复"三级控制的原则，对资源高效率利用技术、农业化学品替代技术、农业清洁生产技术、生态拦截技术、资源循环利用等生态农业生产技术进行集成创新，形成针对性强且经济适用的成套技术。通过开展重点流域农业面源污染控制与治理技术的集成与综合示范，建立系列化、规范化、标准化的区域水污染防治综合管理技术模式和配套技术。在典型引路、示范带动的基础上，实现我国重点流域农地水环境的改善。

13.2.1　污染源头控制措施

从污染源头控制农地氮和磷的流失。农地水体污染源头控制应以减量化和高效利用为核心，研究和发展环境友好的农业生产技术和替代产品。鼓励农民自愿或通过政府奖惩措施，推动农民采用新的替代技术和绿色环保型产品。在重要的水源保护区或流域，制定和执行限定性农业生产技术标准，大幅度减少农田氮、磷径流及其淋溶。

不同农地生态系统中的农作物类型对养分吸收利用的差异较大。农作物种类、化肥和农药施用量、农业耕作措施、地质地貌以及区域降水过程等在一定程度上都会影响农田水、土、养分和农药的流失量。通过调整产业结构、采用精准施肥技术或环保型肥料等措施，控制氮和磷的排放量，减少非点源污染物负荷。常用的农地水污染源头控制措施主要有典型农田（稻田、菜地、粮田）化肥运筹减量措施、农药减量及替代措施、新型高效甜菜夜蛾性诱措施、蔬菜种子新型包衣措施、土壤增碳减排措施、根层氮磷减量调控措施、水肥一体化-苗期促根措施、种植制度优化措施以及新型微生物或环保型肥料替代措施等。

1. 农地运筹施肥污染防治措施

化肥施用量大、养分利用效率低一直是困扰我国农业生产的一个突出问题。无机肥料施用方便、见效快，目前在我国农业生产中占据主导地位。但如果无机肥施用量过大或施用方法不当，则会导致农地水体环境的污染以及一系列不良的环境反应。当化肥施用量超过一定水平后，其养分流失量会显著增大。农田氮、磷流失的主要原因是降雨引起的土壤侵蚀以及淋溶。

农地运筹施肥污染防治措施主要包括测土配方施肥、平衡施肥、养分控释技术和混合施肥等。测土配方施肥法是以土壤测试和肥料田间试验为基础，根据作物对土壤养分的需求规律、土壤养分的供应能力和肥料效应，在合理施用有机肥料的基础上，提出氮、磷、钾以及中、微量元素肥料的施用数量、施用时期和施用方法的一套施肥技术体系。测土配方施肥具体方法有测土施肥法、肥料效应函数法或作物营养诊断法。测土施肥法重点强调土壤有效养分含量。根据测定的土壤有效养分含量，在播种前确定施肥种类以及期待产量的经济合理的施肥量。肥料效应函数法是以田间多点肥料试验为基础，求得产量与施肥量之间的肥料效应方程，根据效应方程和边际分析法计算最佳施肥量。作物营养诊断法的核心，则是通过测试植物的营养状况以指导施肥。

平衡施肥方法是根据土质和作物种类，通过合理的氮、磷、钾比例以及有机-无机肥料的配合施用，来提高肥料的肥效。平衡施肥方法的基础是养分平衡。根据养分平衡公式，计算作物对养分的吸收量和土壤养分的供应量以及肥料的利用率，然后确定施肥量。这一方法概念清楚，容易理解、掌握和推广。

养分控释技术包括包膜法、非包膜法和综合法。养分控释技术使养分释放与作物吸收较好地达到"供求"平衡状态。平衡施肥一般指不同元素间的比例平衡，这是一种静态的平衡，而控释技术则使养分平衡由静态扩展到动态、由养分元素比例的平衡扩展到养分供应时间上的平衡，因而使养分平衡的实施更为全面。

农地运筹施肥也包括混合施肥技术。通过施肥方式与施肥种类的多样化，表施、深施、穴施与叶面施肥相结合，常规肥与生物肥相结合，无机肥与有机肥相结合，从而提高肥料的利用率，降低其流失损失。

2. 农地耕作与田间管理污染防治措施

农地耕作是农业生产系统中的主要能耗过程，它直接影响该系统内的能流与碳流的交换过程。随着农业集约化程度的提高，土壤过度耕翻和作物秸秆的大量移出导致了表土暴露和土壤结构的破坏，增大了水、土和养分的流失以及耕地质量的退化，并加速了旱地土壤有机质的分解和温室气体的排放。中国频繁出现的沙尘暴和扬尘天气虽然主要是由气候干旱引起的，但不可否认，这些灾害的发生与不合理的耕作制度导致的大面积风蚀现象密切相关。传统的土壤耕作措施已经难以维持土地的持续利用和农业的可持续发展。

农地耕作与田间管理污染防治措施主要有减耕、免耕、秸秆还田等保护性耕作措施以及农田轮作、间套作技术和中低产田综合改良技术等。采取合理密植的间作、套作或轮作等作物种植体系，科学布局，既可提高复种指数，减少土地全年和单位面积的裸露率，又能有效控制水、土以及养分流失的强度。

保护性耕作(conservation tillage)是指地表保持作物的残茬覆盖在 30%以上，且使水土流失减少 50%的耕作/种植体系。与传统耕作相比，保护性耕作能够减少土壤或水分的流失量。保护性耕作包括少耕、免耕和覆盖耕作等。联合国粮农组织将保护性农业体系称为保护性农业(conservation agriculture)。保护性农业是指由保持土壤覆盖、减少土壤翻动和压实、实行作物轮作等基本内容组成，采取土壤、水分和农业资源保护性管理措施，以增加农业生产的经济、生态和社会效益为目标，保障粮食安全以及环境和资源保护的综合可持续农业生产体系。由于降低了能量投入、增加了作物残茬还田和减少了农机具对土壤的扰动，实施土壤保持耕作或保持农业对于降低农田能耗、降低温室气体排放、提高土壤固碳能力、稳定全球气候等有着重要意义。

农作物种植密度和种植体系应根据作物品种、播种时间、生育期长短、土壤肥力状况等确定。平原农区一般种植水稻、麦类、玉米或棉花等。水稻和麦类种植密度高，地面裸露面积小，而玉米植株高，株、行距大，地面裸露面积大。玉米-大豆轮作种植的农田，其地表径流和渗透流中的可溶性氮比玉米连续种植农田中的减少 10%～30%。在种植水稻时，田间水分管理是关键。在淹水还原条件下，水稻土中的磷向水体流失的风险和数量比旱作有所减少，因此减少田面水的排放能有效控制稻田土壤磷的流失。此外，应优化配置农用土地资源，调整作物布局。在敏感水体及其入湖(河道)附近应尽量避免旱作，尤其是避免种植需要大量肥料投入的蔬菜和经济作物。需肥量大的蔬菜和经济作物应安排在水稻田的上游地区，这样可以充分发挥水田的截流和净化作用，并可增加氮、磷在农田生态系统内部的循环过程，从而将其向系统外的排放量降到最低。

3. *农地产业结构调整*

农地产业结构影响农田生态系统，控制着农田水循环以及农用物质的投入及其污染物质的排放。农地产业结构调整应以生态学和生态经济学理论为指导原则，从系统工程理论出发，按照生物共生和物质循环再生原理，运用现代科学技术成果、现代管理手段以及传统农业的有益经验，选择最优化种植模式，因地制宜地优化农地产业结构，合理布局农、林、牧、副、渔和加工业，以实现经济效益、社会效益和生态效益统一的农业生产体系。农地产业结构调整的核心是通过利用生物技术实现低投入、高产出，在获取最大经济效益的同时，利用生物技术保护资源和环境，使物质在系统内多次循环，实现废物产出最小化、资源利用持续化以及生态环境最优化。

退耕还林还草可减少肥料施用量和土壤磷的流失量，是控制非点源污染的一种有效途径。在以农田为主的流域中，总氮(TN)和总磷(TP)的流失量明显高于以草地或者林地为主的流域。退耕还林还草后的黄壤旱坡地，其地表径流中颗粒态磷和水溶态磷含量比旱作农地显著减少。此外，森林对非点源污染的调控能力较强，坡面森林可使固体污染物减少 60%以上，林地营养元素损失减少 30%～50%。

我国黄土高原丘陵沟壑区的平均降水量为350～550 mm。乱开滥垦已导致了严重的水、土和养分流失,长期广种薄收。恶劣的生态环境是制约该地区经济发展的瓶颈。治理水土流失、截沙减排、提高农地生产力、改善生态环境是当务之急。根据当地实际情况,通过产业结构调整,黄土高原许多地区已逐步探索形成了"山顶戴帽子,山腰梯田系带子,沟头库坝穿靴子,坝、池、窖井连用、以水定业"的小流域治理模式,立足涵养水源,有效地遏制了该地区水土流失日益恶化的局面。例如,我国丘陵区采用的"顶林、腰园、谷农、塘鱼"农地产业结构优化模式,以养猪为纽带,实行种养结合,建立饲草-猪沼-茹果-粮鱼-珍珠食物链,定量调控连接链环的饲料配置和粪便投放量,制沼育菇和塘淤返田,形成了畜、沼、草、果、蔬、粮、水、路等多位一体的农村循环经济模式,既有利于农村种植业和养殖业发展,又有利于节省柴草、保护植被、治理水土流失、减少水土污染,既提高了农地系统的生产力,又减少了废物产出量和农地非点源污染。

13.2.2 污染过程生态阻控措施

农地水体污染物生态阻控措施主要是以农田养分流失的多途径阻断为核心,通过滞缓径流、沉降泥沙、强化过滤和增强吸附等功能,调控农业生态系统的物质平衡和物质流动途径,从而降低氮、磷、悬浮物、重金属、有机质和病原体等各种污染物的浓度。这一过程包含了沉积作用、过滤作用、化学作用、吸附作用以及微生物间的相互作用等。污染生态阻控措施主要包括农田生态沟渠拦截、缓冲带防治、水陆交错带技术和生态护坡阻控氮磷流失等模式。结合农田排水沟渠系统,通过设计和构建由陆域到水体的生态型沟渠系统来阻控面源污染物扩散和流失的系统称为农田生态沟渠拦截措施。在疏通沟渠的基础上,因地制宜改造原有排水沟渠系统,合理布置氧化塘和沸石处理系统,以净化和改善排水水质。沟渠坡岸采取以土壤生物工程为主的生物护坡技术稳定边坡。土壤生物工程主要由工程部分和植物部分组成。采用存活植物以及其他辅助材料构筑各类边坡结构,减缓水流速度,促进悬浮颗粒物质的沉淀以及植物对水体养分的吸收和拦截,最终达到稳定边坡、减少水土和养分流失和改善栖息地生境等功能的目的。

缓冲带也叫植被过滤带,是指利用永久性植被拦截污染物或有害物质的条状植被带。根据缓冲带的植被类型、分布位置与主要作用,缓冲带可分为缓冲湿地和缓冲林带。缓冲林带又可细分为水体岸边缓冲林带、防风或遮护缓冲林带以及缓冲草地带。水土流失过程造成的养分损失是土壤退化和非点源污染的直接原因。流失的泥沙颗粒物本身是一种污染物,此外它还能携带氮、磷进入水生态系统,加速湖泊的富营养化。控制养分流失的关键在于控制粒径＜0.02 mm土壤细粒的流失。缓冲带独特的物理和生物特性,不仅能增加地表水流的水力糙度,降低水流速度及其冲刷力,进而减小沉积物的输移能力,促进其在缓冲带中的沉淀,而且还可通过反硝化作用、植物吸收或吸附等功能减轻营养物质的流失。缓冲带的建设有利于改善土壤和环境质量,提高水质,降低径流对河道的冲刷。缓冲带技术模式目前主要有美国的植被过滤带(vegetated filter strips)、新西兰的水边休闲地(retirement of riparian zones)、英国的缓冲区(buffer zones)以及中国的多水塘模式。

生态护坡是在最大限度地保持现有坡岸植物结构的同时,引入高效保水保土植物品种,从而增强河道岸坡的抗冲刷能力和拦截污染物质进入水体。通过在河道两侧的坡岸林地进行封育或栽植花灌木和乔木植物,减少对河滩地的人为干扰和破坏,充分发挥大自然的自我恢复能力。同时,加速培植芦苇等湿生植物、水生植物及浮游生物,提高河滩地的动植物多样性,利用生物降解和吸收能力，降低水中污染物含量，达到净化水体的目的。但须注意，通过培植水生植物来吸收氮、磷等营养物的方法，在治理非点源污染时可能会造成该种植物的大量繁殖，以致阻塞河道或封闭湖面。此外，大量水生植物死亡残体的分解也会导致水体溶解氧的降低，从而引起更严重的水环境问题。

13.2.3 末端循环污染防治措施

相对于污染源头防治措施，农地水体污染末端治理措施着重于对污染物的去除和消纳，其核心是污水净化和污染物的污染控制与资源化循环利用。常用的末端循环污染防治措施主要有湿地生态工程措施、水生植物去除生物技术措施以及前置库技术等。

湿地生态工程措施是一独特的土壤-植物-微生物系统，是农田和水体之间的一个过渡带。农地排水是下游河水中氮、磷等营养物质的主要来源。人工湿地中的土壤或砂石以及水生植物通过吸附、截留、过滤、离子交换、络合反应、植物根系吸收等去除净化水中的氮、磷等成分，从而有效消减农地排放的污染负荷。当污水流经湿地时，通过人工控制水力滞留时间，减缓径流流速，促进杂质和污染物质的沉淀和排除。此外，利用湿地植物如芦苇、水湖莲等的吸收以及湿地填料介质的吸附功能，进一步促进径流中污染物质浓度的降低。因此，流经湿地的污水，其所含的营养成分被湿地植被吸收或被吸附而积累在湿地介质之中，从而达到净化下游水源的目的。大量研究结果和工程实例显示，湿地可显著吸收氮和磷营养物质。此外，湿地与河岸缓冲林带结合能更有效地改善水质。湿地生态工程也可结合水稻种植业，形成水稻田湿地系统。稻田湿地系统中的水塘、水沟和水稻田能有效地截留来自村庄和旱地的磷、氮非点源污染物。

人工湿地是 20 世纪 70 年代发展起来的一种污水处理技术。与传统的二级生化处理相比，人工湿地具有氮、磷去除能力强，处理效果好、操作简单、维护和运行费用低等优点。人工湿地中的不同植物对湿地内污染物的去除效率不同。季节性植物或挺水植物比一年生植物或沉水植物具有更高的去除营养物的能力。湿地植物还对重金属离子具有较强的生物富集作用，可以起到消除重金属污染的目的。由于湿地对总悬浮固体(TSS)具有良好的沉降性能，因此一些沉淀物会积累在湿地底部。沉淀物中的有机物含量可达 16%，这些有机物为湿地众多生物提供了营养物质。人工湿地技术在环境污染修复方面极具潜力，目前我国在滇池、洱海等许多湖泊的水环境保护中已采用了人工湿地工程技术。

前置库技术始于 20 世纪 50 年代后期，主要用于流域水环境污染的控制以及水体富营养化的治理。前置库技术是指在入库河流的入口段设置前置库，通过采取一定的工程措施，调节来水在前置库区的滞留时间，从而使泥沙及其吸附污染物质在前置库中沉淀的技术。前置库实际上是一种库容相对较小的、水滞留时间为几天的小水库。前置库通常紧靠着库容较大的、水质需要改善的主体湖泊或水库。在前置库中，营养物质首先通过浮游植物从溶解态转化成颗粒态，然后随着浮游植物或其他颗粒物质在前置库或前置库与主体湖泊、水库的连接处沉淀下来。前置库一般由三个部分组成，即沉淀与拦截子系统、强化净化子系统以及导流与回用系统。沉淀带常利用现有的沟渠，加以适当改造，并种植大型水生植物，形成生物格栅，这样既对引入处理系统的地表径流中的颗粒物、泥沙等进行拦截或沉淀，又能去除地表径流中的溶解态氮、磷以及其他有机污染物。沉淀带的主要作用机理是利用物理沉淀、吸附作用、生物吸收以及微生物降解作用。强化净化系统分为浅水生态净化区和深水强化净化区两部分。浅水生态净化区是类似于砾石床的人工湿地生态处理系统;深水生态净化区则是利用具有高效净化作用的易沉藻类以及具有脱氮除磷生物的漂浮床等技术,去除水体中的氮、磷和有机污染物。导流与回用系统的作用是,为防止前置库系统在暴雨时的溢出,把初期雨水引入前置库后,将后期雨水通过导流系统排出,并经过处理后回收利用。目前,我国对于前置库技术的研究和应用不多。

13.2.4 农地非点源污染控制管理措施

有效控制农地水体污染需要结合合理的管理政策和有效的农业措施。目前,国际上主要的农地水体污染控制政策包括三个方面的内容:第一,规章制度。通过建立行之有效的规章制度,控制流域内商品肥料(或作废弃物排放处理的有机肥)的施用水平和施用时间。第二,经济或财政措施。实行污染者付费原则,对商品肥料和杀虫剂征收销售税。第三,设立教育项目,提高农民的环境意识。

欧盟实行了环境立法和共同农业政策来控制非点源污染。与农地水体污染控制紧密相关的环境立法有《硝酸盐施用指令》等,其目标是减少由农业生产活动产生的硝酸盐对水体的污染并预防污染的进一步恶化。在农田尺度上控制牲畜密度;制定禁肥期和坡地施肥方法,确定肥料存储量和合理的肥料施用比例,规定施肥限额,记录施肥情况;建立缓冲带;调查冬季或者雨季的植被覆盖状况等。

13.3 污染农地治理与修复

农地污染主要包括重金属污染、有机物质污染以及农膜污染等。农地污染会导致农地质量降低甚至丧失生产功能。农地污染主要有次生污染和本底污染。次生污染是指由人类生产或生活活动所导致的污染。人类在生产和生活活动中向土地大量倾倒废弃物。废弃物中的许多有害化学元素直接进入土壤中,致使农地受到污染。本底污染是指农地在形成过程中由于自身所含有的超量有害元素游离在土壤中造成的农地污染。这些有害元素也可能固化在土壤结构中,在某种外部条件如土壤酸碱度变化等激发情况下游离出来而导致农地污染。农地土壤污染防治应以切断农田污染物的外部性输入为切入点,将污染农田治理与土地持续高效利用相结合为原则,在掌握残留农药生物降解、重金属污染农田修复、农膜残留控制和持久性有机污染物防治理论的基础上,采取农田土壤原位化学-生物-农艺-机械措施相结合的综合治理技术,根据不同的农田有害物质污染特点,确立以控制污染物生物有效性为目的的产地环境风险阈值标准,划分产地环境安全生产的质量等级,实现因地制宜的农田污染分区防治模式。

13.3.1 土壤重金属污染防治

环境污染领域的重金属元素通常包括 Cd、Cr、Cu、Hg、Ni、Pb 和 Zn 以及类金属元素 As。由于化学性质不同,这些元素在土壤中的迁移特征各不同。相对于进入到土壤系统中的数量,这些重金属元素由生物利用、淋洗流失以及植物吸收等途径从土壤中移出的数量相对较少,从而导致这些有毒元素在土壤中的逐渐积累,造成农田土壤质量的逐年下降,并且可能会通过食物链而危害人类的生命与健康。农地重金属污染的主要污染源有大气沉降、畜禽粪便、肥料农药、污水灌溉以及污泥应用等。除此之外,堆肥和工业废弃物(包括电子垃圾)对农田土壤重金属的输入也相当严重。我国堆肥资源来源十分复杂，主要包括城市固体废弃物、城市污泥、农业废弃物（包括畜禽粪便）以及部分工业废弃物如造纸和食品行业的废弃物。城市固体废弃物由于成分复杂，大部分被填埋或焚烧处理，但仍有一部分用于复合肥生产。农地土壤重金属污染防治的关键是从源头上切断重金属污染物进入土壤的数量。因此，应严格控制堆肥、畜禽粪便、污水以及城市生活或工业废弃物进入农地的强度和总量，从根本上解决农地重金属污染物的来源。

根据重金属在土壤-作物-水体系统中的迁移转化规律与生物地球化学行为，通过工程措施或利用某些植物的特殊功能，改变重金属的存在状态，降低其活性，从而达到修复治理污染农地的目的。污染农地通常采用物理修复（如电动修复）、化学修复（如淋洗或钝化）、微生物修复、工程措施修复（如换土）、植物修复以及联合修复等，进行原位和异位修复。利用植物的摄取、转移、降解或固定作用修复污染土壤中的有毒物质是一种有效措施。植物对重金属的抗性机制主要包括螯合作用、细胞修复和生物转化。例如，利用植物释放胞外酶可有效降解高毒有机磷农药。超富集植物通过富集、提取以及挥发等作用，可“净化”或“修复”重金属污染的土壤。国际上已发现的超富集植物 500 多种。我国也发现了 As 超富集植物蜈蚣草（*Pteris vittata*）、Zn 超富集植物东南景天（*Sedumal fredii*）、Cu 超富集植物海州香薷（*Elsholtaia splendes*）、Cd 超富集植物宝山堇菜（*Viola baoshanensis*）以及 Mn 超富集植物商陆（*Phytolac caceae*）等。但植物修复技术一般见效慢、修复周期较长。针对目前较普遍的复合污染，采用植物修复、化学修复、微生物修复与传统修复技术相结合的化学诱导/淋洗/氧化-植物-微生物联合修复工艺，应是土地污染防治与修复的发展方向。当然，农地土壤污染应以防为主，未发现先预防或早发现早修复。对于重金属污染的高风险土壤或轻微的超标土地，应通过采取相关农艺措施（如添加改良剂、调整施肥和种植制度等）以及植物修复或微生物修复技术，边生产边修复，以防止污染物在土壤中的过度累积。

13.3.2　土壤有机污染物污染防治

随着人类对化学物质的依赖程度越来越高，环境中有机污染物的污染状况也越来越严重。据联合国环境规划署 1990 年 International Register of Potentially Toxic Chemicals（IRPTC）报告，每年有 3 亿～4 亿 t 有机污染物进入环境，其中大部分进入土壤环境。土壤生态系统已成为有机污染物的最大受体。土壤有机污染物污染不仅对农作物产量和品质产生不良影响，并通过食物链对人类健康构成威胁，而且还会通过物质迁移对大气和水体等其他环境要素产生不利影响。

持久性有机污染物（persistent organic pollutants，POPs）是指人类合成的能持久存留在环境中，并通过生物食物链（网）累积而对人类健康造成有害影响的化学物质。与常规污染物不同，持久性有机污染物对人类健康和自然环境的危害更大。持久性有机污染物在自然环境中的滞留时间长，难降解，毒性强，并能导致全球性传播。一旦被生物体摄入后，不易分解，且可沿着食物链浓缩放大，对人类和动物危害巨大。很多持久性有机污染物不仅可致癌、致畸和致突变性，而且还可干扰内分泌，对人类生存繁衍和可持续发展构成重大威胁。持久性有机污染物具有明显的持久性、长距离传输、生物蓄积性和生物毒性特征。POPs 在环境中对于正常的生物降解、光解和化学分解作用有较强的抵抗能力。它们一旦被排放到环境中，可以在大气、水体、土壤和底泥等环境中长久存在，这也是 POPs 能在全球范围内迁移循环的主要原因。

POPs具有半挥发性，易于挥发到大气中，且在气相中又很难发生降解反应。它们在大气环境中不断地挥发、沉降、再挥发，最终在较冷的极地地区积累下来，成为全球的POPs“汇”。POPs是亲脂疏水性物质，即水溶性小而脂溶性大，易于进入并贮存在脂肪中，因此会在食物链中传递和积累，最终流向高级生物体内。生物放大作用可使高级捕食者体内的POPs浓度比环境中的浓度高很多个数量级，如多氯联苯浓度能增大到7万倍之多。此外，POPs一般都具有毒性，对人和生物体易造成有害或有毒效应。例如，POPs能导致婴儿和儿童免疫功能降低，大脑发育异常，神经功能损坏等。

农药是POPs的一个重要来源之一。大量和不适当的农药施用给农业环境带来了一系列的不良影响。例如，以粉剂喷施的农药仅有10%附着在植物体上，而以液剂喷施的农药也只有20%附在植物体上，其余的大部分则降落在农田土壤表面或飘浮于空气中。降落在农田中的农药随着降雨径流流入水域或渗进土壤或地下水中，从而对环境造成污染。在20世纪50—70年代，以滴滴涕(DDT)为代表的有机氯农药曾经是我国的主导农药。菜地和苹果园的有机氯农药污染状况最为严重，残留量最大的主要是“六六六”和DDT。

限制和淘汰高毒农药的生产和应用是遏制土壤有机污染的关键。目前，化学农药已转向高效、低毒、低残留、多样化作用机制和缓释化合物及其剂型的方向发展。利用微生物本身或其代谢产物，研制专一杀死标靶生物、不会使害虫产生抗性、无残留的新型微生物农药，已成为近年农药研发的热点。此外，农田病虫害生物防治技术，如生物基因工程包括作物转基因抗虫策略、害虫转基因遗传防治策略和天敌转基因增效策略等以及利用自然天敌防治病虫害等，已得到普遍接受和应用。

土壤有机污染治理措施可分为物理措施法、化学措施和生物措施。物理措施通常包括吸附、萃取和蒸馏等方法。采用物理措施对污染物浓缩富集后进行处理，常作为一种预处理手段与其他处理方法联合使用。化学措施包括湿式氧化法、超声波氧化法、光催化和超临界水氧化法等。湿式氧化法是利用氧气与有机污染物在高温高压条件下的液相接触，以达到将该污染物氧化后去除的目的，此法适用于高浓度、高毒性废水的处理。光催化法是利用过渡金属复合物光催化剂在可见光照射下或与臭氧法等其他方法联合使用，将有机化合物催化氧化而降解的方法。超临界水氧化法以超临界水为反应介质，在氧化剂如氧气、过氧化氢等作用下，高温高压条件下的自由基反应将有机污染物氧化为CO_2和H_2O等产物。在一定条件下，超声波氧化法在30 min内可以降解水体中90%的低浓度多氯联苯。生物措施是利用植物修复功能或通过环境微生物作用，达到降解有机污染物或降低其毒性的目的，它是治理低浓度POPs污染的一种较为理想的方法。植物在生长过程中可直接吸收污染物、或通过植物根部分泌酶来降解污染物、或利用植物根系与微生物协同吸收和转化污染物等功能，达到净化环境中POPs的目的。植物修复技术适用于污染面积广、污染浓度低区域的治理，其成本低、可操作性强。微生物技术是通过利用微生物体内的生物酶，把POPs转化为易降解的物质或将其矿化。生物法操作简便，易于就地处理，但生物体对化合物的选择性较高，耗时较长，且生物修复可能会导致细菌等微生物对土壤及地下水的生物性污染。

13.3.3 农用地膜污染防治

地膜覆盖可增温、保水，提高农作物产量，扩大农作物适作区。我国20世纪80年代开始将地膜广泛应用于农业生产，目前已经成为世界上地膜覆盖栽培面积最大的国家。地膜覆盖栽培不仅规模大，而且涉及的作物种类多。在新疆、山东、山西、内蒙古、黑龙江、陕西、甘肃等高寒冷凉的干旱及半干旱地区，地膜覆盖技术已推广应用到 40 多种农作物的种植上，尤其是在蔬菜、玉米和棉花种植方面。地膜覆盖技术的应用改变了我国农业生产方式，提高了农业生产力。

农膜的生产原料是人工合成的高分子化合物，其分子结构非常稳定，在自然条件下很难光降解或热降解，也不易通过细菌和酶等生物方式降解。一般情况下，残膜可在土壤中存留 200～400 年，因此其危害不容忽视。残留地膜影响土壤特性和抑制农作物生长发育。残留在农田土壤中的地膜会阻碍土壤毛管水、降水和灌溉水的渗透以及影响土壤的吸湿性，从而阻碍农田土壤水分运动。残留地膜可减小土壤孔隙度，导致土壤通透性降低，在一定程度上破坏土壤空气的正常循环和交换，进而影响土壤微生物的正常活动，降低土壤肥力。残留地膜也影响农作物种子发芽或阻碍作物根系生长发育，影响农作物对养分的吸收利用，降低肥料利用率，致使作物产量下降。此外，残留地膜可导致土壤污染。由于地膜回收的局限性、不彻底以及部分被清理出的残膜乱弃于田地、水渠或林带中，从而导致田头地角、渠道、湖泊水体或林带草地形成“白色污染”。农业机械田间作业也会经常会被农地残膜缠绕，从而影响工作效率。

为防止农用地膜污染：①应发展和推广高质量地膜以及可降解地膜等替代产品。适当增加地膜厚度或在地膜产品中添加一些抗老化物质，不仅可以延长地膜的使用寿命，提高其增温、保墒效果，而且有利于其回收和再利用。根据不同地区的种植模式，适合增加地膜宽度也可有效减少地膜的残留量。开发研究新型保温保湿覆盖材料，如光降解地膜、生物降解地膜、光/生物降解地膜以及液态地膜等，是彻底解决目前农田“白色污染”的重要发展方向。利用天然材料或农副产品如秸秆类纤维等生产农用薄膜，逐步取代目前使用的农用塑料薄膜。此外，采用麦草、玉米秸秆等农作物副产品对农田进行覆盖，不仅可避免地膜残留污染，也可有效改善土壤结构，促进微生物活动，增加土壤有机质含量，改善耕地质量。②采用农艺控制集成技术包括适期揭膜、轮换盖膜、高畦覆膜等方法减少地膜残留量。将传统作物收获后揭膜改变为收获前揭膜，在地膜拉力较强的时段能更容易揭去整块地膜，从而提高地膜的田间清除率，降低残留量。在作物生长中后期，地膜的光温调控效果已渐弱，因此此时回收地膜也不会影响作物生长。轮换盖膜可降低农膜的使用量，降低残膜累积速度。高畦覆膜有利于作物收获后清除残膜和回收，且便于农田灌溉。③采用和推广农膜残留回收集成技术，提高残膜回收率。地膜应用范围广、面积大，人工回收困难，因此残膜的机械回收已成为必然趋势。按照农艺要求和残膜回收时间，残膜回收机械可分为苗期揭膜机械、秋后回收机械、耕层土壤清捡机械和播前回收机械等不同类别。通过使用残膜回收机械，并辅以人工捡拾，可以大大提高残膜回收率。此外，应加强残膜循环再利用问题的研究，带动和促进地膜回收，减少农田残留地膜的数量。残留地膜是一种宝贵资源，具有广泛的用途，如可利用回收的残膜生产塑料管或防渗材料等。

有待进一步研究的问题

农地水土环境涉及地理、地质、土壤、植被以及环境等多个学科，农地水土环境污染是生产力发展水平以及社会经济状况的综合反映。因此，农地水土环境污染治理与防治应采用综合、系统的方法进行，其有待进一步研究的问题主要有：

(1)加强农地水土环境污染物之间相互作用机理的研究。农业环境是个开放系统，不能孤立评价某一种化学物质的污染问题。污染物质通过迁移、扩散、生物代谢等途径进入水土环境，它们之间的相互促进和相互制约关系对污染物的环境行为和环境效应将有较大影响。

(2)水土流失对农地污染物运移和水质影响的过程及其机理。水土流失是引起水体富养化的重要原因，而农地水土环境污染将进一步恶化水体水质。通过对地表径流、农田排水和侵蚀泥沙中农业化学物质(主要为硝态氮、氨态氮、速效磷、农药及有害重金属)的监测分析，阐明侵蚀过程对农地水土污染物运移及其污染物运移对水质的影响效应。加强污染物在土壤环境中迁移、转化、降解、衰减等过程机理的研究，建立农地水土污染模型，为农田水土环境质量评价及污染预测、预报等工作提供科学工具。

(3)研究农地水土环境污染修复技术。研究湿地生态系统等对农业非点源氮、磷、重金属等的削减能力以及污染土壤的修复技术。

(4)提高监测分析技术水平，建立农业水土环境监测网络系统。提高农田水土环境监测技术的灵敏度、准确度和覆盖度，实现监测的自动化、连续化，为农田水土环境管理、规划以及评价等提供科学的监测数据。

思考题

1. 农地非点源污染的基本特征是什么？
2. 水土流失与农地水土污染有什么联系？
3. 简述中国农地非点源污染的原因。
4. 从源头控制农地非点源污染有哪些具体措施？
5. 农地非点源污染的生态阻控措施主要有哪些？
6. 持久性有机污染物有什么特点？主要防治措施有哪些？
7. 农用地膜污染的防治技术与措施主要有哪些？

参考文献

[1]Misra S G, Dinesh M. Soil pollution New Delhi: Shish Publishing House, 1991.

[2]郝芳华，程红光，杨胜天. 非点源污染模型-理论方法与应用. 北京：中国环境科学出版社，2006.

[3]李怀恩，沈晋. 非点源污染数学模型. 西安：西北工业大学出版社，1996.

[4]李清河，李昌哲，孙保平，等. 土壤侵蚀与非点源污染预测控制. 水土保持通报，1999，19(4)：54-57.

[5]梅旭荣，张晴雯，李莲芳，等. 农业环境学专题报告. 中国农学会，农业科学学科发展报告 2008—2009(基础农学). 北京：中国科学技术出版社，2009.

[6]孟伟. 流域水污染物总量控制技术与示范. 北京：中国环境科学出版社，2008.

[7]彭胜巍，周启星. 持久性有机污染土壤的植物修复及其机理研究进展. 生态学杂志，2008，27(3)：469-475.

[8]祁俊生. 农业面源污染综合防治技术. 成都：西南交通大学出版社，2009.

[9]王小彬，蔡典雄，华珞，等. 土壤保持耕作-全球农业可持续发展优先领域. 中国农业科学，2006，39(4)：741-749.

[10]肖海涛，沈波，张银龙. 农业非点源污染的控制与生态调节技术. 中国农村水利水电，2004，1：21-22.

[11]谢娟. 基于小流域综合治理的农业面源污染防治设想. 中国资源综合利用,2009,27(12):22-23.

[12]严昌荣,梅旭荣,何文清,等. 农用地膜残留污染的现状与防治. 农业工程学报,2006,22(11):269-272.

[13]苑韶峰,吕军,俞劲炎. 氮、磷的农业非点源污染防治方法. 水土保持学报,2004,18(1):122-125.

[14]张福锁. 测土配方施肥技术要览. 北京:中国农业大学出版社,2006.

[15]张涛,成先雄. 持久性有机污染物的研究进展. 科技情报开发与经济,2007,17(29):206-207.

[16]张维理,武淑霞,冀宏杰,等. 中国农业面源污染形势估计及控制对策(Ⅰ):21 世纪初期中国农业面源污染的形势估计. 中国农业科学,2004,37(7):1008-1017.

[17]郑粉莉,李靖,刘国彬. 国外农业非点源污染(面源污染)研究动态. 水土保持研究,2004,11(4):64-65.

[18]朱兆良,David N,孙波. 中国农业面源污染控制对策. 北京:中国环境科学出版社,2006.

第 14 章　城市水土环境和水土保持

[摘要]本章包括城市水土环境、城市水土流失和城市水土保持三部分内容。第一部分主要介绍城市水土环境的概念、组成以及国内外研究进展。在此基础上，第二部分介绍城市水土流失形式、分类、成因和城市水土流失对水土环境的影响。第三部分主要介绍城市水土保持的概念、作用、分类、国内外城市水土保持研究进展以及城市水土保持各项措施。

城市环境是人类开发利用自然资源创造出来的人工生态环境，也是人类干预和改造自然环境创造出来的有别于自然环境的、全新的社会环境。构成城市环境的要素包括自然环境和社会环境。本章中只讨论城市自然环境中的水土环境。

城市水土环境由城市水环境和城市土壤环境两个主要环境因子组成。城市水环境由城市的各种水体如河流、湖泊、地下水和滨海水域等组成，城市土壤环境由农田、绿地、林地和工矿区等组成。

城市水土环境具有如下的一些基本特征：

(1)高度人工化

由于城市是人口最集中、社会经济活动最频繁的地方，所以也是人类对自然环境影响最强烈、自然环境变化最大的地方。城市水环境的变化体现在诸多方面，如水循环的主要环节有蒸发、降雨、径流和入渗等，而这几方面均因城市化受到不同程度的影响。资料表明，城市小气候导致了市区降水增多，出现了所谓“雨岛效应”。由于下垫面的改变，如地面硬化、河道整治、堤防构建等行为显著地改变了降水入渗的时空分布。城市土壤环境同样也深深地打上了人为的烙印，如土壤的层次变得紊乱、侵入体品种多样、土壤污染严重、土地利用强度加大等方面都体现了城市水土环境呈现出的高度人工化特征。

(2)易污染

由于城市人口密度大，因此城市水土环境中的物质转换以及能量流动较自然环境要强烈得多。随着人类科学技术水平和生活质量的提高，人类对于城市地表水(如河流、湖泊等)、地下水以及近岸海域的开发干扰强度增大，再加上城市人口多以及工矿企业的密度大，每年产生的生活垃圾、建筑垃圾和工业“三废”等污染物质不断增多，而很多污染物质没有经过或很少经过处理就排入城市水体或城市土壤环境中，导致了城市水土环境的自我调节和净化能力下降，因而极易出现环境污染。

(3)构成复杂，功能多样

与自然水土环境的纯自然、非人工性不同，城市水土环境的构成既有自然环境因素，又有人工环境因素。再加上城市水土环境受到社会环境和经济环境等因素的影响，使得城市水土环境的构成更加复杂。例如，城市水环境出于人类的需要，营造出各种形式的人工水体，这不仅丰富了城市环境的组成，起到城市景观多样化的效果，同时也起到蓄洪、滞洪和调节空气湿度的作用。

(4)对人体健康和经济发展的影响较大

随着城市化建设的推进，城市人口急剧增加，城市水土环境承受着巨大的压力。而城市水土环境质量的好坏直接关系着人体健康和城市经济的发展。一旦城市水土环境遭受污染或城市水土环境的污染程度超出了其净化范围，将会对城市居民的生命健康和城市的经济活动产生难以估量的危害。一些城市的儿童血铅含量异常就是城市水土环境恶化所带来的恶果之一。

14.1　城市水土环境

20 世纪 70 年代初，我国参加了由联合国教科文组织拟订的“人与生物圈计划”研究。1978 年城市生态环境问题研究正式列入了我国科技长远发展计划，许多学者开始从不同的领域研究城市的生态环境，在理论方面对城市生态学进行了诸多有益的探索。20 世纪 80 年代初，我国一些经济发达、城市化进展较快的地区，如京津地区、长江三角洲和珠江三角洲的环境污染日益恶化，城市环境和生态研究在北京和上海等地悄然兴起。

1981 年马世骏教授结合我国实际情况，提出了以人类与环境关系为主导的社会-经济-自然复合生态系统思想。1988 年我国城市生态与环境研究的专业刊物《城市环境与城市生态》创刊，它的出版发行对于推动我国城市环境研究起到了积极的促进作用。随着经济发展，人口密度的增加，城市的水土资源由平衡变为稀缺，要改变这一现状，根本出路在于合理利用和保护水土资源。

生态城市作为人类理想的聚居形式和人类为之奋斗的目标，已成为我国当代城市生态环境研究中的热点之一。廖金凤等从土壤利用方向以及利用方式变化、城市污水、城市固体废弃物、城市工业废气和机动车废气等方面对土壤环境的影响进行了总结。董锁成等对资源、环境与经济作用机制和规律进行了探讨。薛山涛等针对山西省运城地区电镀厂周围环境变化对人群血、尿和毛发的六价铬水平进行了分析。张一平从城市气候和城市下垫面改变入手对城市降水(城市热岛效应、城市阻障效应和城市凝结核效应)、城市水文特征以及水污染等方面进行了总结。彭静等指出，城市化的水环境问题集中体现在水量、水质、水空间、水生态、水景观等水环境要素的各方面。李昌峰认为由于城市的兴建和发展，大面积的天然植被和土壤被街道、工厂、住宅等建筑物代替，使可渗水面积减少，严重破坏了自然界的水循环，最直观的是下垫面的滞水性、渗透性、热力状况发生了变化。众多学者在其他一些领域如城市环境与城市竞争力、人口城市化与城市环境定量关系、城市土壤物理、化学退化、城市土壤污染物输入模式、城市土壤污染的危害和风险以及城市水土资源信息化等方面也进行了研究。

20 世纪 80 年代以来，国外学者对城市水土环境质量也进行了广泛的研究。城市化加速了污染物数量和浓度的增加，导致了全球范围内河流和湖泊水质的恶化。C W Corbett 等利用 AGNPS(agricultural nonpoint source runoff)模型，对美国南卡罗来纳州的森林流域(forest watershed)和城市流域(urban watershed)中非点源污染的径流进行了比较研究，发现城市径流中的沉淀物量比森林径流中的沉淀物量多 12.7%。城市水环境是个复杂的综合性问题——城市化与水环境之间存在着各种胁迫关系，城市化进程的加速发展会导致水环境的恶化，反过来，水土环境的恶化又会限制城市的发展。

城市化过程导致城市土壤的物理性状、化学性质、生物特征的显著改变。全球范围内只有不到2%的地表为城市所覆盖，但80%的工业和生活污染物来源于城市，这其中的很大一部分污染物都直接或间接地进入城市和周边地区的土壤生态系统中。在废物处理设施供需矛盾尖锐的绝大多数地区，城市及其周边土壤担负着重要的容纳和净化污染物的功能。在强烈的环境负荷冲击下，土壤的服务功能面临极大的威胁。换言之，土壤的缓冲、净化功能将接近极限并存在被超过的危险，以致造成严重的土壤污染。城市和城郊土壤既直接紧密地接触密集的城市人群，涉及众多生命的健康和安全，又通过食物链影响食品安全，还通过对水体、大气的影响进而影响城市环境的质量。城市居民每天呼吸的空气和饮用水质量的好坏，都与城市土壤存在着密切的关系。城市土壤是城市生态系统的重要组成部分，是城市绿色植物的生长介质和养分的供应者，是土壤微生物的栖息地和能量的来源，是城市污染物的汇集地和净化器，对城市的可持续发展有着重要意义。

城市化过程加大了土壤重金属的外源性输入速率，从而导致城市土壤中的重金属含量高于周围的农业土壤和森林土壤。交通是城市土壤中Cu、Zn、Pb污染的主要来源。在污染的土壤中，不同颗粒级别富集程度存在差别。Pb在细颗粒中相对富集，这可能是导致儿童血液Pb含量升高的重要原因，因为细颗粒土壤更容易成为扬尘通过呼吸而摄入。

14.1.1 城市水环境

水环境一词出现于20世纪70年代。《环境科学大辞典》将其定义为："地球上分布的各种水体以及与其密切相连的诸环境要素如河床、海岸、植被、土壤等"。其独特含义是："水环境是构成环境的基本要素之一，是人类赖以生存和发展的重要场所，也是受人类干扰和破坏最严重的地区"。

1. 城市水环境的基本特征

城市化进程中，原有的自然的下垫面发生了极大的变化，由此对城市水环境造成相当深刻的影响，主要体现在城市气候环境异于自然气候环境、地面不透水层面积增大、水循环途径被大大改变以及污水排放量增加等方面。因此，城市水环境与自然水环境或农村水环境相比，有以下基本特征：

(1)淡水资源的有限性更加突出

在当前任何一个城市，其淡水资源总量都是有限的。首先，城市水资源受气候因素的影响。中国长江以南多雨地区城市的淡水资源比华北地区的北京、天津等城市相对充足。其次，城市的淡水资源量受地表江河的影响较大，即受过境水的影响较大，这对地处江河下游的城市影响尤为明显。例如，天津市地处海河流域下游，历史上过境径流量充沛。20世纪50年代海河来水量年平均99.4亿m^3。由于60年代以来，上游各支流修建了大量的水利工程进行层层拦蓄，使天津市的海河年来水量日趋减少。到80年代初几乎断流(1980年来水量为0.14亿m^3，1981年来水量为0.337亿m^3)，从而导致80年代初天津市淡水资源的严重短缺。

(2)城市水环境的系统性受到严重影响

城市水环境的系统性是指组成城市水环境各个方面之间的相互影响和相互制约，形成了有机的整体，特别是城市地表水与地下水、江河与湖泊等之间在水量上的互补以及在水体环境质量上的相互影响。20世纪中期以来，北京市共建成了84座水库，325座水闸，50座橡胶坝，150 km长的大型引水渠等蓄水和供水设施，极大地降低和消减了洪涝灾害的发生频率及其危害性。与此同时，这些工程建设也给北京市的水环境系统性带来了一些负面效应，特别是水库、水闸等截流工程造成了一些河道下游长年断流，使原有的生态环境系统受到了不同程度的破坏。随着城乡工业化的加速发展，城市居民生活方式的改变和人口的高度集中，再加上人们的水环境意识低等多重因素相互作用，使北京市的水环境质量越来越低。资料表明，北京市已成为世界上污染最严重的城市之一，而水污染是其重要的因素。

(3)城市水环境系统自净能力的有限性日趋明显

每个城市的水环境系统都具有一定的自净能力或环境容量，但这种自净能力是有一定限度的。城市水环境自净能力的大小是由城市生态系统的水环境子系统的特点决定的。例如，一个过境流量很大的沿江(河)城市如武汉、南京等，在排入江河适量的、经过处理的污水后，经过江河的稀释和生物净化，能使下游水质保持较好的质量。如果将过量的、未经处理的污水排入江河，那么对江河的污染就会非常严重。目前黄河已经有 1/4 的河段受到污染，一些支流近 1/2 的河段受到严重污染。如果一个城市把污水排入市郊的一个水量不大、流动性较差的湖泊中去，由于这种湖泊的环境容量较小，则很快就会造成严重污染，昆明市郊的滇池就是一个明显的例证。

2. 城市水环境分类

城市所处的水圈内的水体包括河流、湖泊、沼泽、水库、海洋等地面水以及地下水等，它们构成了一个城市的总体水环境，其中对城市经济和人类生活关系最密切的是具有一定质量和足够数量的淡水资源。

城市河流是城市地表唯一的畅流液态水，其循环动力受热力因素和重力作用的控制。虽然槽蓄量较小，但水循环的活力最强，因而其交替更新的周期最短。在城市水循环这一大系统中，它起着上接大气水，下通地下水，且能联结海水的主干作用。

城市湖泊(包括水库)和沼泽是城市地表滞流的液态水体，受所处地形条件和其他自然地理条件的限制，其水循环动力中的重力作用被大大削弱，因此水循环的活力较弱，水体更新的周期较长。在城市地表水的水循环系统中，湖泊主要起着传递、调蓄的功能。通过其自身的水循环，起到与大气水以及地下水等各种水体之间的传递作用。外流区的湖泊，更是调蓄河川径流的天然水库。

城市近岸海域不仅蕴藏着丰富的水资源、生物资源以及动力资源，而且对城市气候起着巨大的影响。可以说，城市近岸海域对于城市中出现的风雨、冷暖、干湿等天气变化起着至关重要的作用，同时也对城市地表水和地下水的循环过程具有深刻的影响。

城市地下水与城市生活关系密切。地下水以其稳定的供水条件、良好的水质，而成为城市农田灌溉、工矿企业和城市生活用水的重要水源，尤其是在地表缺水的干旱、半干旱地区，地下水就成为城市的主要供水水源。

3. 城市水环境主要特征指标

城市水环境是城市环境系统中非常重要的一个子系统。水既是生命元素之一，又是经济发展的重要资源，对人类的生存和发展具有不可替代的地位和作用。水环境的多元价值属性，体现在水环境系统既可提供生活、生产和生态用水的生命、资源和景观价值，又可提供上述水体使用后弃水的容纳场所，从而进行水流交换和自净修复的环境价值等。为此，我国学者从不同方面，开展了有关水资源、水环境以及区域承载力的诸多研究。建立评价水资源和水环境与经济社会关系的一套指标体系是其中的一个研究热点。通过建立指标体系，将涉及大量复杂现象和信息的经济社会与水环境的关系简单量化，从而为指导区域经济社会与资源环境的协调发展，为科学制定水环境的保护规划和管理政策提供技术支持。

水环境包括水的资源方面、水的质量方面、水的生态方面三个主要组成部分。从水质、水量、水生态系统及人类的应对响应等不同方面来表征水环境承载的可持续性。水环境指标按其类别进行划分，各类指标中又同时包含了多重变量。水环境指标综合反映了多个变量的特征。城市水环境主要特征指标包括：

①水资源量及其开发利用程度。水资源量及其开发利用程度包括人均水资源量、地表水开发利用程度、地下水开发利用程度、地表水供水率、人均水域面积等；

②经济社会用水水平。经济社会用水水平包括万元GDP(国民生产总值)用水量、亩均农业灌溉年用水量、人均生活用水量、生态环境用水率、内陆水域养殖面积占水面的比例、基尼系数(判断收入分配公平程度的指标)等。

③环境容量与纳污水平。环境容量与纳污水平包括人均废水排污量、万元GDP的COD(化学需氧量)排放强度、亩均耕地化肥施用强度、地表水劣V(含)类断面的比例等。

④生态系统功能水平。生态系统功能水平包括水土流失率、生态需水量保证率、水生物多样性指数、植被指数、湿地面积占土地面积的比例、单位面积河岸带长度、水体富营养化水平等。

⑤环境保护与治理水平。环境保护与治理水平包括城镇污水集中处理率、工业用水重复率、农业节水灌溉面积百分比、农业灌溉用水系数、水土流失治理率、中水回用率等。

⑥环境体制与管理水平。环境体制与管理水平包括工业废水排放达标率、水污染事故频次、反映环境问题的群众来信、环保工作会议频次等。

14.1.2 城市土壤环境

城市土壤是指在地带性土壤背景下，在城市化过程中受人类活动影响而形成的一种特殊土壤。城市土壤环境是城市地表环境系统中发生各种自然的、物理的、化学的和生物过程以及界面反应、物质与能量交换、迁移转化过程最为复杂和最为频繁的地带，因此城市土壤环境在环境系统中起着稳定与缓冲的作用。

1. 城市土壤环境基本特征

城市土壤受人为扰动强度大、频度高等因素影响，呈现出不同于自然土壤的特征。

①土体层次紊乱，外来侵入体多。由于城市土壤在城市建设过程中受到过或仍然经常遭受高强度的扰动，常使表土剥离，心土外露，导致城市土壤的土体层次紊乱，甚至没有层次。由于城市建筑或生活垃圾等因素的影响，城市土壤外来侵入体多且分布深度不一。侵入成分主要有黏土砖、砾石、煤焦渣、石灰、沥青混凝土、粉煤灰等。

②土壤物理性质差。由于人为干预频繁，城市表层土壤的容重大、孔隙比较小，固相和液相所占比例偏高，而气相所占比例相对偏低。

③土壤中有机质含量变化大。通常情况下，城市土壤受到频繁扰动，生物归还量少，土壤中的有机质含量较少。但在某些情况下，如由于富含有机质的城市垃圾的堆弃或废水排放，会导致城市土壤有机质含量偏高。

④土壤pH值偏高。城市建设过程中，由于大量使用石灰等碱性物质以及长期使用矿化度高的地下水进行灌溉，会导致城市土壤的pH值偏高。

2. 城市土壤环境分类

根据城市土壤的不同利用方式，可将城市土壤环境分为城市农田，城市绿地，城市林地和城市工矿区土壤等类型。

(1)城市农田

城市农田是指城市周围的农业生产用地。在当前环境下，由于人口不断增长，城市不断扩张，对城市土壤资源和土壤环境形成了巨大压力。随着城市的扩张，城市周边农田面积急剧减少。城市固体废弃物的随意堆放和工矿区“三废”的无序排放，导致了城市土壤环境质量下降。此外，城市水土流失导致对城市土壤的蚕食，从而也引起了城市农田面积的减少和质量的下降。

(2)城市绿地

城市绿地是指用以栽植树木、花草和布置其配套设施，基本上由绿色植物所覆盖，并赋予一定功能与用途的场地。城市绿化能够提高城市自然生态质量，有利于环境保护；提高城市生活质量，调试环境心理；增加城市地景的美学效果；增加城市经济效益；有利于城市防灾；净化空气污染。城市绿地通常包括城市的公共绿地、居住区绿地、单位附属绿地、防护绿地、生产绿地以及风景林地等六类。

(3)城市林地

城市林地是指城市林业用地，包括城市乔木林地(有一定的郁闭度)、疏林地、灌木林地、竹林地、经济林地、未成林造林地、采伐迹地、火烧迹地、苗圃地、科学试验林地和经县级以上人民政府规划的宜林地以及其他林业用地。

(4)城市工矿区土地

城市工矿区土地是指在城市范围内，城市工程建设区、工厂和矿区所在区域的土地。由于城市工矿区涉及城市范围内的公路、铁路、水利工程、电力、化工企业建设以及采矿、取石、挖沙等行为，并且常常会出现塌陷、挖损、堆垫等现象，因此城市工矿区土地往往层次紊乱，结构破坏严重。

3. 城市土壤环境主要特征指标

城市土壤资源是城市发展和人类生存的基础资料。在城市化过程中，土地利用方式的变化涉及土壤资源的有效开发利用与合理保护、耕地保护与食物安全、生态安全、社会经济的可持续发展等一系列重大问题，从而对城市的可持续发展具有关键性的影响。一般来说，城市土壤环境指标主要有：

①土壤肥力指标。土壤肥力指标包括土壤物理学指标和化学指标，如土壤质地、土层厚度、土壤容重、土壤结构、土壤孔隙度、土壤含水量和土壤有机质、土壤 pH 值、土壤阳离子交换量(CEC)以及土壤中矿化氮、磷和钾含量等。

②土壤质量的生物学指标。土壤质量的生物学指标包括土壤微生物的群落组成和多样性、土壤微生物的生物量、土壤微生物的活性、土壤酶活性等。

③土壤环境质量指标。土壤环境质量指标包括土壤背景值、环境容量、净化能力和缓冲性能等。

④土壤生态指标。土壤生态指标包括种群丰富度、多样性指数、均匀度指数、优势性指数、植被及其覆盖率等。

⑤土壤退化指标。土壤退化指标包括土壤抗蚀性能、土壤侵蚀强度、土壤侵蚀率以及土壤

沙化程度、土壤次生盐渍化程度、沼泽化程度和酸化强度等。

14.2 城市水土流失

水土流失作为一种自然现象，在历史时期的各个阶段均有发生。长期以来，人们一直认为水土流失主要发生在山区和丘陵地区。因此，无论是理论上对水土流失规律的研究还是实践上对水土流失的防治都着眼于山区和丘陵地区，很少把水土流失和城市联系起来。同时，人们在研究城市环境问题时，也很少提及城市中的水土流失问题。事实上，在城市化进程中，城市下垫面受到极大的改变，尤其是水土环境发生了翻天覆地的变化，从而引起城市小气候异常，如城市及其周围地区出现的"热岛"、"逆温"等现象。小气候的变化反作用于城市的水土环境，从而加剧了城市水土资源的破坏，甚至会发生比农村地区更为严重的水土流失。例如，在深圳城市化进程中，由于大面积、高强度的开发建设项目引发的水土流失，给该地区社会进步、经济发展带来了许多负面影响。

城市水土流失目前尚未有统一的定义。一些观点认为，城市水土流失是指在城市化进程中，人为活动引发的新的水土流失。而另外一些观点认为，城市水土流失是指在城市发展过程中，由于人为活动或自然因素导致的发生在城市范围内的水土流失。这里的人为活动是指在建设用地开发、筑路、架桥、引水和排水设施及城市垃圾处理等基本建设过程中，因缺乏水土保持或水土保持力度不足而引发的水土流失、滑坡、泥石流及洪涝灾害等。综合上述两种观点，可以定义城市水土流失是指在城市化进程中，主要由于人为因素以及自然因素所引起的城市水土资源和土地生产力的破坏与损失。这样界定的城市水土流失，一方面指出了城市水土流失的范围，是指发生在城市范围内的水资源和土壤资源的破坏和损失；另一方面也指出了城市水土流失产生的原因不仅在于自然因素诸如水力、风力和重力等方面的作用，同时强调说明人为扰动的作用更大。

14.2.1 城市水土流失的类型、形式与成因

根据城市水土流失产生的主要营力种类，可以将其划分为多种类型。在每种类型中又可按照城市水土流失发生的外部形态和特征，将其进一步细分为不同的形式。

1. 城市水土流失分类

不同的学者从不同的角度对城市水土流失进行了分类。城市水土流失具有自己的特殊性，它不仅发生在地表，也可能发生在地表以下。由潜蚀作用造成的地表以下的水土流失现象也会对城市建设造成不容忽视的危害。地表及地表以下的水土流失形成了一个立体水土流失系统，二者相互作用，相互影响。对于城市来说，水的损失，主要是指地面径流损失以及深层渗漏损失。地表水资源的流失在一定程度上是可见的，而地下水资源的减少则具有隐蔽性。土壤损失，除了地表侵蚀作用以外，还有潜蚀作用。潜蚀作用包括地下水的潜蚀作用和城市下垫面层以下的水蚀作用。因此，城市水土流失首先分为水资源损失和土壤资源损失两大类。而水资源损失又分为地表水流失和地下水资源减少(包括直接流失和补给量减少)；土壤资源损失也可进一步细分为人为侵蚀、风蚀、冻融侵蚀、溶蚀(包含地表溶蚀和地下溶蚀)、重力侵蚀、水力侵蚀(包括雨水溅蚀、地表水侵蚀和地表下潜蚀)等。

也有的学者认为，城市水土流失主要是由于人为扰动引起的，而开发建设活动是人为扰动

的集中体现。从开发建设活动引起水土流失的这个角度来看,可以把城市水土流失分为开发建设活动引发的水力侵蚀、开发建设活动诱发的重力侵蚀、开发建设活动诱发的混合侵蚀以及开发建设项目引起的风力侵蚀等类型。因此,城市水土流失类型可简单地划分为城市水力侵蚀、城市重力侵蚀、城市混合侵蚀、城市风力侵蚀四种主要类型。

2. 城市水土流失的形式

城市水土流失各类型之间关系密切,不同类型之间由于水土流失的外营力种类不同,再加上地质、土壤、地形、植物覆盖以及土地利用等因素的影响,使不同类型的城市水土流失呈现出不同的外部形式。

(1)城市水力侵蚀

城市水力侵蚀的主要形式包括击溅侵蚀、表面侵蚀、沟蚀、化学侵蚀和地下水超采引起的非均匀沉降侵蚀等。

①击溅侵蚀(溅蚀)。击溅侵蚀是指裸露的地表受到雨滴击溅而引起的水土流失现象。城市建设过程中,由于取土场、排土场、建筑工程和道路工程扰动土地,破坏了原有植被,因此在雨季时因降雨雨滴打击地面,使结构本已破坏的土壤颗粒产生位移,导致土壤表面形成结皮、土壤孔隙堵塞、雨水下渗受到阻碍的现象,为地表径流产生和层状侵蚀创造了条件。

②表面侵蚀(面蚀)。面蚀是指由于地表径流冲走地面表层土粒的一种侵蚀现象。地面径流是指由于降雨使得地表土壤含水量达到饱和或由于降雨强度超过土壤下渗率而在地表形成的水流。地表径流起初以均匀的面蚀方式带走地表的细小土粒。随着降雨量的增加,面蚀会进一步发展为细沟侵蚀,从而对城市固体废弃物堆置体、复垦坡面和土质边坡(公路、铁路边坡)产生更大的侵蚀。

③沟蚀。沟蚀是指汇集在一起的地表径流冲刷、破坏土壤及其母质,形成切入地表以下沟壑的土壤侵蚀形式。当地表径流进一步汇集成集中股流时,径流流量加大,流速加快,跌落剧烈,导致其冲刷、搬运和沉积能力增强。在城市建设活动中,由于堆垫、挖损、构筑和塌陷等原因形成的人工边坡,往往会因集中股流形成而引起强烈的水土流失。

④化学侵蚀。化学侵蚀是指由化学作用引起的侵蚀破坏形式。在城市中,化学侵蚀主要是由于大气中的 SO_2 或 NO_2 等酸性气体与水蒸气相遇,形成硫酸和硝酸小滴,落到地面形成酸雨,从而对地表土壤、植被或建筑物等形成的侵蚀现象。我国长江以南的“长三角”和“珠三角”等经济圈的工业发达,大气中的酸性气体浓度较高,再加上位于亚热带季风气候区和湿润区,全年的降水量较为丰沛,容易形成酸雨,所以这些地区的化学侵蚀较为普遍。另外,在城市工业建设区、采矿区、道路或垃圾堆放处等地,大量堆放的固体废弃物在降雨和地面径流作用下,引起其中所含化学离子的迁移,往往也会导致地表水、地下水和土壤的污染或化学侵蚀的发生。

⑤非均匀沉降侵蚀。地面非均匀沉降是指由于工程建设、经济活动或地质构造运动,导致地壳浅部松散覆盖层的不均匀压实,而引起地面标高不均匀沉降的一种工程地质现象。我国大多数城市,由于地下水超采形成巨大的地下水降落漏斗,从而导致城市地表产生不均匀沉降。这种非均匀沉降可以诱发土体崩塌或滑坡等现象的发生,从而导致土壤流失。

(2)城市重力侵蚀

城市重力侵蚀的主要形式有人为扰动引起的岩土泻溜、岩土崩塌或滑坡以及采空区塌陷侵蚀、爆破和机械振动引起的重力侵蚀等。

①人为扰动引起的泻溜和岩土崩塌。泻溜是指岩壁和陡坡上的土岩体，在干湿、冷热或冻融交替作用下破碎而产生的岩屑，在自重作用下沿坡面向下滚动和滑落的现象。城市建设往往破坏岩土表面的覆盖植被，使易风化的岩土坡变成泻溜坡；也会因为取土、采石或采矿等行为，使埋藏在深层的易风化岩土露出而形成泻溜坡面。

岩土崩塌是指斜坡岩土向临空方向突然倾倒，岩土破裂，而后顺坡翻滚而下的现象。在城市建设过程中，由于固体废弃物的无序堆放，取、弃土场边坡陡立，再加上爆破及机械振动等原因破坏了岩土原有的平衡状态，使得岩土崩塌时有发生。

②人为扰动引起的滑坡。滑坡是指斜坡岩体或土体在重力作用下，沿某一特定面或组合面而产生的整体滑动现象。城市开发建设活动诱发的滑坡属于人为扰动地层诱发的重力侵蚀范畴。通常，露天开采往往会形成高陡边坡，这些边坡在地表水流入或地下水长期浸润以及爆破或机械振动等外因作用下容易导致滑坡发生。堆积在山丘斜坡上的固体废弃物，增大了基底承受的荷载强度，往往成为滑坡产生的诱因。

③采空区塌陷（沉降）侵蚀。塌陷侵蚀是指在地下矿层大面积采空后，矿层上部的岩层失去支撑，平衡条件被破坏，随之而产生的弯曲和塌落，以致发展到地表下沉变形的现象。采空区塌陷侵蚀会对土地资源、水资源以及植被资源造成重大甚至是毁灭性的破坏。

④爆破和机械振动引起的重力侵蚀。这类侵蚀是指在采矿和工程建设过程中，由于爆破和机械振动引发的崩塌、滑坡、地面沉陷、建筑物变形和破坏等多种灾害性现象。

(3)城市混合侵蚀

混合侵蚀是指在水力和重力共同作用下形成的一种特殊侵蚀类型。城市混合侵蚀有岩土堆置或剥离引起的泥石流和开发建设活动诱发的特殊侵蚀两种形式。

①岩土堆置或剥离引起的泥石流。在城市工矿区或工程建设区，采矿和工程建设剥离、搬运和堆置岩土，加速改变了地面状况和地形条件（如植被、表土、坡度、坡面物质的松散性等），使尚处于准平衡状态的山坡向不稳定状态转变，为泥石流的暴发提供了各种有利条件。

②开发建设活动诱发的特殊侵蚀。开发建设活动诱发的特殊侵蚀包括两种情况：一种情况是指在地下开采矿石时，如果产生冒顶，则会诱发流沙溃入巷道，导致地面塌陷。另一种情况是指在露天采矿场，如果剥露出流沙层等引起流沙涌入采矿场，可能造成边坡失稳，从而引起滑坡或塌方现象的发生。

(4)城市风力侵蚀

城市风力侵蚀主要是指因开发建设活动而诱发的干旱、沙尘天气以及土地荒漠化等形式的风力侵蚀现象。

①开发建设活动诱发的干旱和沙尘天气。城市大规模、高强度的开发建设活动常常诱发或引起干旱。一方面，由于开发建设活动扰动了自然岩土，引起区域水量损失（如地表径流损失、地表水浅层渗漏损失、地表水深层渗漏损失和地下水损失），从而诱发沙尘天气的发生。另一方面，开发建设活动破坏了地表植被，加速了地表和土壤层的干旱。同时，裸露的地面会将更多的太阳光反射到大气中，使大气变得干热，即形成所谓的“反射效应”，促使了城市干旱和沙尘天气的发生。

②开发建设导致的土地荒漠化。土地荒漠化是指包括气候变异和人类活动在内的种种因素造成的干旱、半干旱或干旱亚湿润地区的土地退化现象。在城市开发建设过程中，由于生产建设活动（采矿、超采地下水等）引起地面沉陷、地表水渗漏、地下水水位下降以及农田水利设

施毁坏等现象的发生，从而导致土地生产力水平降低，甚至促使土地荒漠化。

3. 城市水土流失成因与影响因素

城市水土流失主要是人为活动所造成的，主要原因是由于人类在城市开发建设过程中对自然环境的破坏以及由此产生的废弃物等。城市水土流失的产生原因和影响因素大致可概况为以下几个主要方面：

(1)城市基本建设引发的城市水土流失

城市基本建设如城市集中连片的居民住宅小区、商业区、铁路、公路、输油气管道、输变电及有线通讯等项目建设，可在短时间内对当地的水土资源造成极大的破坏。基本建设特别是大量土地的开发，使城市用地规模迅速扩大。目前，全国仅开发区就有 300 多个，侵占耕地面积达 18.6 万 hm^2 以上。一方面，城市土地经过开发，由天然状态转化为人为状态，一些水塘、河流(道)等天然水体被改造或填平，使暴雨产流和汇流时间缩短，洪峰流量集中。另一方面，由于农田被城市建筑物、工厂、水泥或沥青路面等不透水层所取代，地面阻力明显减少；同时，土壤入渗能力大大减弱，地表径流增大，促使暴雨径流产生的能量更加集中，从而加大了水流的侵蚀能量，加速了水土流失，导致水土流失量的增加。例如，陕西省韩城市地处关中盆地与陕北黄土高原的过渡地带，地形复杂，地貌多样。近年来，随着城市化进程的加快，该市地质灾害和水土流失日益严重。究其原因，除了与当地地形地貌条件、地层岩性以及地质构造等因素有关之外，城市基本建设等人为不合理的工程活动影响甚大。由于城市采矿和公路建设等项目破坏了原有地表的生态环境，导致地表的岩土体变形和塌陷。再加上该地区天然植被少，塬沟相对高差大，沟壑密度较大，土壤侵蚀强烈，从而导致了该市水土流失现象严重。

(2)城市生活垃圾和工业固体废弃物乱堆乱放引起的水土流失

由于缺乏统一规划，很多城市的生活垃圾、工业垃圾以及建筑垃圾采用露天堆放、自然填沟和填坑等原始方式处理。每逢汛期，大量垃圾随地表径流进入河流、湖泊等城市水体中。由于城市工业固体废弃物的数量巨大，如果选煤厂、冶炼厂等沿河而建，它们分选出的细粒煤矸石、煤泥、废渣等随意堆放在山坡或沟道旁，则很容易引起水土流失，阻塞河道，污染水土资源。资料表明，随着城市人口的快速增长，我国每年产生的城市生活垃圾约为 1 亿 t，而这一数字每年还在以 10％的速度递增。在我国 671 座城市中，至少有 2/3 的城市已陷入了垃圾的重重包围之中。

(3)城市水土保持意识淡薄，水土保持法制监督不完善

由于城市水土保持概念是 1995 年才正式提出来的，因此在我国《水土保持法》条文中，没有对城市水土保持工作做出明文规定。在城市建设中，一些开发建设者往往只看重局部利益，而没有意识到城市水土流失给城市化整体建设带来的严重后果，导致部分城市的水土保持流于形式，或根本就没有重视。因此，为了从根本上遏制城市水土流失现象日益恶化的趋势，应根据当前城市建设中水土流失的现状，结合《水土保持法》和《环境保护法》等法规的要求，制定出城市水土保持规章制度和各种标准规范，从而做到有法可依，监督有力。

(4)城市小气候异常导致城市水土流失加剧

众多研究资料表明，城市环境中往往会出现“雨岛”、“热岛”、“风岛”、“干岛”等负效应。这些负效应是城市小气候异于周边地区气候的集中体现，严重影响到城市的水文循环和土壤理化性状，对自然气象灾害具有放大和诱发作用，进而加剧城市水土流失。

14.2.2 城市水土流失对水土环境的影响

1. 城市水土流失对城市水环境的影响

城市水土流失对城市水环境的影响是多方面的，主要概况为以下几个方面：

(1)影响水资源的有效利用，加剧城市用水供需矛盾

我国淡水资源贫乏，人均水资源占有量仅 2 200 m^3，仅为世界人均水资源量的 1/4，而且水资源在时空上分布极不均匀。到目前为止，在我国 660 多座建制市中，有 440 座城市缺水，其中缺水严重的城市达 130 多个。全国城市每年缺水 60 亿 m^3，日缺水量已超过 1 600 万 m^3。考虑到 21 世纪国民经济需水量的增长，城市缺水的问题将持续存在。

城市水资源短缺的原因可以概括为资源型缺水、工程型缺水、结构型缺水和管理型缺水等四种类型。在各种缺水类型中，城市水土流失均会影响城市水资源的有效利用。城市化进程严重影响水文循环过程的各个主要环节，如下渗减弱、排泄加快、蒸发加剧等均可导致城市"保水不足，流失有余"。欧洲一些国家，为了合理利用城市水资源，将其道路建设高于两侧地面，降雨时在路面上形成的径流可以流到路边的草坪里，这样就可以提高水资源的有效利用。

(2)水质污染加剧

目前，我国城市水环境质量面临的形势十分严峻。据统计，流经城市的河流水质 78%不符合饮用水水源标准，其中有 16%的城市河段严重污染，11%的重度污染，15%的属中度污染，33%的属轻度污染。城市地区的湖泊水域 75%呈富营养化。太湖流域因水污染严重，出现了 3 000 多万人口守着 2 300 多 km^2 的太湖而"水多用难"的尴尬局面。城市河流是城市生态平衡的重要因素，是城市的绿色生命线。由于城市水土流失和污水无序排放，污染了城市河流水质，改变了城市河段的自然状态，使这些河段逐渐丧失了自然特性，尤其是河水的自然净化能力大大降低。由于城市工业排放"三废"、城市生活垃圾和固体废弃物不合理堆放、地下水超采以及海水倒灌等原因，城市地下水污染严重。我国城市地区的地下水 50%以上受到严重污染。

(3)城市生态环境缺水严重

生态环境是关系到人类生存的基本自然条件。生态系统的稳定和平衡是可持续发展的基础，而水是生态和环境的核心要素。在过去的几十年里，由于工业化、城市化对水的过度竞争使用，形成了城市生活和工业用水挤占农业和生态环境用水的格局。城市因缺水或用水量增长过快，造成了一系列的生态环境问题，而这些生态环境问题的出现均与城市水土流失强度大、范围广有着十分密切的关联。如果城市水土流失强度较大，进入河流或湖泊等水体中的泥沙、垃圾等污染物过多过快，则会引起河床抬升、湖泊面积萎缩等严重恶果。如果对城市水资源尤其是天然降水不能合理有效地利用，环境所承载的植被就会因缺水而退化甚至消亡。与此同时，为了保证城市生态环境在一定条件下达到城市居民生产和生活的需求，势必会加大对城市地下水资源的开发。而对地下水的盲目开发和超采利用又会导致地下水漏斗的形成以及地面沉降和水质恶化等的发生。因此，从这个意义上讲，城市生态环境缺水严重程度必然与城市水土保持以及高效合理用水之间相互依赖，相互影响。

(4)城市洪涝灾害加剧

资料表明，在许多城市中存在着两种非常矛盾的现象：一方面城市水资源匮乏日趋严重，另一方面城市洪涝灾害频繁发生，尤其是强度大、频率高的降雨极易形成洪涝灾害。在城市发展过程中，随着不透水地表铺砌面积的不断扩大和建筑密度的提高，再加上城市的雨水排放管

网系统多以尽快汇集与排除地面径流为目标，从而加快了城市雨水向河道的汇集，使河道洪峰流量迅速形成，这对城市内部及周边低洼地区造成了更大的防洪排涝压力。除此之外，城市水土流失造成城市雨水排放系统的淤积或损毁，导致河床淤积抬高，缩短了城市人工水体和河道的使用年限，从而在许多地方出现了“小水量，高水位”的现象。

2. 城市水土流失对城市土壤环境的影响

土壤环境是指岩石经过物理、化学、生物的侵蚀和风化作用，以及在地貌、气候等诸多因素长期作用下形成的土壤的生态环境。土壤环境的形成决定于母岩的自然环境。风化的岩石发生元素和化合物的淋滤，并在生物的作用下产生积累或溶解于土壤水中，从而形成了具有多种植被营养元素的土壤环境。土壤环境由矿物质、动植物残体腐烂分解产生的有机物质以及水分、空气等固、液、气三相组成。各地的自然因素和人为因素不同，从而形成了各种不同类型的土壤环境。我国土壤环境存在的问题主要有农田土壤肥力减退、土壤严重流失、草原土壤沙化、局部地区土壤环境被污染破坏等。

(1)城市水土流失导致生态环境质量下降

城市水土流失使土壤养分库及其调蓄能力遭到破坏，肥力衰退降低，导致土壤养分严重亏缺。工程建设过程中发生的炸山取石、削山毁林等现象破坏了城市原有的生态系统，导致了环境的自我恢复能力减弱，生态质量恶化。城市工矿企业的建设和生产行为使本已脆弱的生态环境日趋恶化。例如，山西省长治市年产 200 万 t 煤炭的大型煤矿——潞安矿务局漳村矿，堆积了 10 座大小矸石山，因缺乏适宜的水土保持措施，在大风天气，尘土四处飘移，严重污染了城市环境。同时，分布于市区周边的坡地、沟边和山脚沿线的采石场以及随意倾倒生产中的弃土弃渣，也引起了周边土质的沙漠化。

(2)城市水土流失加剧了土壤污染，影响人类健康

城市中的人类活动产生了大量的废弃物，如工业废弃物、城市垃圾和危险废物等，它们的堆放和填埋需要占用大量的土地。在堆放和填埋废弃物时，如果缺乏必要的保护措施，这些废弃物会因风化、雨雪淋溶、地表径流冲刷等，使得其所含有毒物质进入土壤。一旦有毒物质进入量超过了土壤的容纳和同化能力，就会导致土壤组成和性状等方面发生变化，引起土壤自然功能失调，土壤质量恶化。这些有毒物质经由土壤、作物根系和果实等环节，最终通过食物链而危及人体健康。

14.3　城市水土保持

城市水土保持概念出现于 20 世纪 90 年代中期。目前对于城市水土保持这一概念的内涵仍有一定的争议。有人认为，城市水土保持应理解为防治开发建设引起水土流失和生态景观破坏的管理和技术措施。也有学者认为，城市水土保持是指对城市范围内(城市建成区、城市规划控制区以及城市周边影响区)的人为活动和自然因素造成的水土流失所采取的预防和治理措施。南昌市是我国第一个出台并实施城市水土保持条例的省会城市。根据《南昌市城市水土保持条例》，城市水土保持“是指对自然因素和城市建设、生产中等人为活动造成城市规划区内水土流失所采取的预防和治理措施”。

城市水土保持与传统意义上的水土保持概念的内涵存在一定的差异。城市水土保持的内涵较传统的水土保持在范围上更关注于改善或保护城市人居环境以及有效利用有限的城市水

土资源和其他自然资源方面。城市水土保持含有传统水土保持的部分内容,但主要还是以体现城市功能为目的的水土资源环境保护、城市环境绿化和美化等方面。

14.3.1 城市水土保持研究内容、作用及分类

国内外对于水土保持的研究已有相当长的历史,并且取得了显著成就,但对于城市水土保持的研究历史却较短。我国从1995年8月正式提出城市水土保持的概念至今不过十几年,国外对于城市水土保持的研究也只有二三十年的历史。关于城市水土保持的概念、研究内容、研究范围以及与传统水土保持的异同点等方面仍待进一步确定。

1. 我国城市水土保持研究进展及研究内容

我国水土流失非常严重,水土流失已成为我国头号环境问题之一。长期以来,人们一直认为,水土流失主要发生在山区和丘陵地区,所以对水土流失研究及其防治都着眼于这些地区,而很少将水土流失和城市联系起来。同时,在城市环境研究中,也很少提及城市中的水土流失问题。但20世纪90年代深圳在城市化进程中发生的水土流失危害损失严重,国内其他一些城市也面临着相似的水土流失威胁。

严重的城市水土流失危害引起了有关部门的高度重视。1995年8月,水利部在深圳市召开了首次全国沿海城市水土保持座谈会,第一次正式提出了城市水土流失与水土保持问题。1996年,水利部又在大连市召开了全国城市水土保持工作会议,明确在全国10个城市开展水土保持试点,这标志着我国城市水土保持工作的正式展开。

一些学者认为,以1995年首次正式提出城市水土保持这一概念为分界点,将我国城市水土保持研究划分为初始阶段和发展阶段。1995年以前的研究多为行政任务,工作较零散,对城市水土流失的根本原因和侵蚀规律缺乏系统而深入的研究;1995年以后的研究则具有一定的主动性和系统性,在理论层面构建了城市水土保持的研究框架。另一些学者提出我国城市水土保持研究可以划分为三个阶段。1995年前为初始阶段;1995—1999年为问题导向型研究阶段,研究重点集中在如何认识和解决城市水土流失问题上;2000年以来为目标导向型研究阶段,研究多集中在城市水土保持的规划编制和机制完善方面,将景观生态学和地理信息系统等学科理念与方法应用于城市水土流失研究中。在不同阶段,城市水土保持的研究内容也有所差异。总的来看,城市水土保持在研究内容上可分为城市水土流失理论基础研究、城市水土流失成因机制研究、城市水土流失评价和城市水土保持措施研究四个部分。

(1)城市水土流失理论基础研究

城市水土流失理论基础研究主要研究城市水土流失现象、城市水土保持概念及其与传统水土保持的异同。对于城市水土流失概念的争议主要集中在对“城市”的理解,主要涉及城市水土保持的发生范围和影响因素。就城市水土流失发生范围而言,柴宗新认为是指城镇(含工厂)用地,甘枝茂认为应包括城市范围内的市区和郊区;邓岚等则认为城市水土流失发生范围狭义上是指城市规划建设区、开发区、郊区以及城市之间和城市内的交通道路等,而广义上应包括传统行政区域界定的城市边界以内的范围。从城市水土流失的影响因素看,唐克丽认为城市水土流失主要由人为活动引发(包括形成、诱发和激发等),这些人为活动包括建设用地开发、筑路、架桥、引水和排水设施及城市垃圾处理等。祁生林、邓岚和袁仁茂等则认为城市范围内发生的自然水土流失也应属于广义城市水土流失的范畴。城市水土保持是针对城市水土流失而提出来的。城市水土保持可理解为防治城市开发建设水土流失和生态景观破坏的管理和

技术措施。城市水土保持不是要使城市化过程逆转，而是要使城市化过程有序化，确保城市化过程中的各种基础设施能发挥其正常的功能。城市水土保持含有传统水土保持的部分内容，但主要还是以体现城市功能为目的的水土资源环境的保护。

城市水土保持的主要理论基础依然是传统水土保持学。因此，研究者们特别注重比较城市水土保持与传统水土保持的异同，以开辟借鉴传统经验解决城市问题的途径。城市水土保持与传统水土保持之间最显著的差异在于城市水土保持是以城市建设服务为中心的水土资源保护，它主要考虑生态和社会效益。

(2)城市水土流失的形成机制研究

城市水土流失的形成机制研究是有效开展城市水土保持的基础。城市水土流失的形成机制的研究内容主要包括：

①城市水土流失的成因研究。城市水土流失是人为因素与自然因素综合作用的结果，前者起主导作用。而土地的超强度开发、水土保持方案管理机制的不健全和缺乏生态环境保护意识是导致城市水土流失严重的主要原因。除自然因素外，造成城市水土流失的主要成因包括基本建设活动破坏原地貌引起的侵蚀、乱堆乱排废弃物引起的侵蚀、交通建设弃土引起的流失、城市垃圾引起的侵蚀以及地面下沉塌陷引起的侵蚀等。

②城市水土流失过程的时空分布特征。城市水土流失随着建设活动而呈周期性变化。对城市的一片开发建设区而言，水土流失持续时间一般是开发建设期间的土地裸露时间与自然环境恢复所需时间的函数。城市水土流失多发生于城市边缘区的开发建设区，且随着城市的扩展而不断向外推进演替。水土流失面积可用一定时期内受城市建设扰动和破坏的土地面积来表示。

从宏观角度看，作为城市化进程中现阶段经济和技术作用的综合产物，城市水土流失必然随城市化过程而呈现出动态性和阶段性。在城市发展的不同阶段，由于城市土地增长模式、土地流转类型和城市建设区域不尽相同，一定时期内城市水土流失形成的主要原因及其空间分布范围有着很大的区别。

(3)城市水土流失评价研究

城市水土流失评价是城市水土保持功能分区的基础，是城市水土保持研究的重要环节。由于城市水土流失的流失强度较大，传统水土流失的强度分级标准(《水土保持技术规范》)无法适应城市水土保持的需要。因此，建立城市水土流失强度分级指标体系一直是我国城市水土流失评价的主要研究内容之一。

吴长文等对开发建设平土区的水土流失，按其开放性、植被覆盖率、斜坡高差和平台面积划分为三个等级。许有鹏等在上述分级指标体系的基础上增加了对采石场、建设开挖面和自然流失的评判标准，建立了城市水土流失综合评估模型，为城市水土流失实时评估和预测创造了条件。

(4)城市水土保持措施研究

我国城市水土保持注重规划与保持措施并举。例如，在城市水土保持规划中，根据城市防洪、供水以及环境保护等要求，确定城市土壤流失容许值以作为制定城市水土保持规划的依据，同时也较为详细地阐述了城市水土保持规划的方法与步骤。作为一项需要城市各行业、政府各部门、社会各界共同参与实施的系统工程，我国城市水土保持已逐渐形成了一套以规划和预防为先导，以项目水土保持方案编制和审批为主干，并辅以宣传与公众参与的城市水土保持机制。

城市水土保持技术措施主要包括生物措施和工程措施两大类，且以生物措施为主，工程措施为辅。生物措施以乔灌优先、乔灌草藤结合的原则进行生态修复。近年来应用并推广的技术包括喷混植生、人工植生盆以及挂笼砖等。工程措施则是在一般生态防护措施难以奏效的区域，根据具体情况采取拦渣、护坡、土地整治、防洪排水、防风固沙以及泥石流防治等工程措施来控制水土流失。此外，遥感技术（remote sensing）、地理信息系统（geography information systems）和全球定位系统（global positioning systems ）的3S技术在我国城市水土保持研究与实践中得到广泛应用。深圳和重庆等城市已经建立了以GIS技术支持的地形数据库以及土壤、植被和水土流失专题数据库，初步实现城市水土流失基本信息的计算机管理。

2. 国外城市水土保持工作进展

发达国家城市化发展和扩张的时间较早。为了应对和改善城市化带来的水土资源破坏问题，他们采取了一系列包括城市水土保持知识教育、团队建设、法律保障、增加水分渗透、合理节水灌溉以及河流恢复等方面的措施。此外，通过建立法律法规约束也是一个必要手段。由于城市发展造成的土壤侵蚀，每年都有大量的泥沙沉积于河道，因此美国各级政府就土壤侵蚀和沉积控制问题通过了多项立法，要求建设单位在进行土地扰动之前必须制定侵蚀及沉积控制计划。联邦德国根据矿山法的有关规定，要求矿区业主必须提出矿区复垦的具体措施是开采矿石审批的先决条件；要求预留复垦专项资金，其数量根据复垦任务量确定，一般占企业年利润的3%；并且须对因开矿占用的林草地实行等面积异地恢复。政府部门派人到矿区进行专项检查，以确保将复垦工作落到实处。对露天开挖出来的表土层需分开堆放以便复垦，并确保复垦后能迅速恢复地力。矿坑恢复为人工湖的要负责管理10年；矿坑复垦为耕地的要种植作物7年，待变为熟地后，才予以验收。

为了维护河流水系的自然平衡，欧洲很多国家在河道整治中，改变了过去河流裁弯取直或浆砌石护岸铺底造成许多动植物因缺少栖息地而灭绝的生态系统失衡的做法，严格控制河湖（水库）及周边地区的开发建设，保护湖滨带，减少面源污染，大力恢复河流生态，维持河流水系的生机活力。通过土地利用设计以及地貌形态、植被和建筑材料等景观设计，保护城市区域内的野生生物河流走廊、完整生态系统的湿地、景观资源以及城市居民休闲娱乐的绿色纽带。

3. 城市水土保持的作用

城市水土流失是一个普遍性存在的问题。不论在我国的沿海城市或内地城市、经济较发达的大城市或中小城市，在城市化过程中普遍存在不同程度的水土流失现象。且随着市政建设和经济的快速发展，城市水土流失日趋严重。城市水土保持的作用主要有以下几个方面。

(1)改善生态环境，提高抗灾减灾能力

严重的水土流失是诱发灾害和加剧灾害规模与程度的重要原因。水土保持措施可提高环境的抗灾能力，起到降低灾害发生频率、减轻灾情的作用，在一定条件下甚至可以避免灾害的发生。通过城市水土保持，如实施绿化工程、边坡治理及生态修复等工程，可有效遏制城市开发建设中因基础设施建设（如住房、市政管网、桥涵和电力等）的大量取弃土以及人为活动对原有地表植被和土体结构的破坏、地形地貌的改变和重塑。贵阳市在“十五”期间恢复治理因开发建设造成的水土流失面积达100 km^2 以上。经过综合治理，贵阳市城市绿化覆盖率达到40.5%，城区人均公共绿地面积为9.25 m^2，从而减少了水土流失，改善了生态环境，提高了抗灾减灾能力，提升了该市的城市品位。

(2)改善水文环境，保护水质

20 世纪 80 年代以来，我国的城市化水平显著提高，到 2000 年城市化率已达到 36%。随着城市化进程的加快，城市水文环境也被极大地改变，同时城市水资源也受到了一定程度的污染。通过水土保持措施，如构建生态保护带、生态治理带和生态修复带以及城市人工水体，可以达到保持水土、减少面源污染、改善水文环境的目的。

(3)控制土壤侵蚀，减少河流泥沙

通过城市水土保持各项措施，增加城市下垫面对降水径流的拦蓄能力，改变降水径流的分配格局和时序，不仅可以有效地控制土壤侵蚀，减少进入河道的泥沙，而且也促进降水资源向地下水转化，起到削洪补枯的作用。此外，水土保持综合治理也可增加绿色植物的面积和生物产量，改水分无效蒸发为有效蒸腾，提高降水资源的利用率。

(4)有利于城市可持续发展

城市发展是以可持续发展思想为指导，同时兼顾资源在不同时间和空间的合理配置，既满足当代人的生活需要，又不对后代人满足其生活需要的能力构成危害，保证城市健康、持续、协调的发展。实施城市水土流失综合治理，带动土地利用结构的调整，合理利用资源，改善生态环境，促进生态系统良性循环，提升城市防洪、绿化以及水资源利用等功能，改善城市景观，使得“水变清、岸变绿、景变美”，从而保障城市的可持续发展。

4. 城市水土保持的分类

城市水土保持涉及土壤学、地质地貌学、水文学以及环境科学等多个学科。根据所涉及的区域不同和采取的措施不同，可以进行不同的分类。根据水土保持措施本身的特性，将城市水土保持分为工程措施、林草措施(又称植物措施或生物措施)、耕作措施、临时措施以及这些措施的不同组合形式。

(1)城市水土保持工程措施

城市水土保持工程措施是指在城市范围内，为达到保持水土、合理利用城市内的水土资源、防治水土流失危害而修筑各种建筑物的技术方法。工程措施包括山坡防护工程、山沟治理工程、山洪排导工程、小型蓄水用水工程、土地整治工程、斜坡防护工程、拦渣工程、防风固沙工程、防洪排水工程、降水蓄渗工程以及防风固沙工程等。

(2)城市水土保持林草措施

城市水土保持林草措施是指在城市水土流失范围内，通过人工造林种草以及绿地建设等措施，保持城市水土资源、改善城市生态环境、扩大城市绿地面积、美化城市景观、降低城市环境污染的技术方法。林草措施包括水土保持林、水文网与侵蚀沟防护林、水库或河岸(滩)防护林等。

(3)城市水土保持耕作措施

城市水土保持耕作措施是指在城市周边耕地范围内，为了增强土壤抗蚀性、改善水分就地入渗条件、提高作物水分利用率而采取的技术方法。水土保持耕作措施包括耕作技术措施、水土保持栽培技术措施、土壤培肥技术和复合农林业技术等。

(4)城市水土保持临时措施

由于城市工程建设施工周期长、挖填土方量大、中间产物多，如不采取有效措施，可能会造成严重的水土流失。城市水土保持临时措施是指在城市工程建设过程中为减少水土流失而采取的短时间内保持水土资源的工程或技术措施。

城市水土保持也可根据城市水土保持治理对象分为坡耕地治理、荒地治理、沟壑治理、风沙治理、崩岗治理和小型水利工程等六大类。这些内容本书的其他章节中已有介绍，此处不再赘述。

5. 城市水土保持区域的划分

按照城市土地的功能用途、水土流失特征、防护和治理对象的类型，城市水土保持区域可划分为预防保护区、监督区和治理区。

(1)预防保护区

预防保护区包括水源地保护区、水库及其上游、水土保持林、水源涵养林以及风景名胜区等区域。预防保护区内禁止取土、开采砂石矿、无计划采伐林木、坡耕地种植、毁林开荒等破坏地形、地貌或植被的活动。城市水库是重要的水源保护地，关系到千家万户的饮水安全，因此要实现库区周边植被化、水质洁净化以及管理单位园林化，为城市生活用水和绿色农业提供优质水源。风景名胜区以发展生态旅游为主，因此应在保护原有植被的基础上，扩大和恢复植被的覆盖度，提高景区的森林覆盖率，减少水土流失。

(2)监督区

监督区包括开发建设区和城市河道等区域。开发建设区是指城市经济开发区、高新技术开发区、成片居住小区或房地产开发区等。这些地区经过大规模的土地扰动，地表植被已遭受破坏，松散土层裸露，极易出现水土流失，从而引起排水系统堵塞或对周边地区造成较严重的生态危害。因此，在监督区需做好以下工作：①完善排水系统；②建设期临时堆土场和土(石)方调运需采取遮挡防护措施；③主体工程的水土流失防治措施要配置到位，如区内道路的边坡防护、裸露土地的生态修复和绿化、排水和拦沙设施等。河道水土流失治理应坚持工程措施与生物措施并举，治理与保护并重，建设生态河道，重现岸绿水清的自然生态环境。

(3)治理区

治理区包括生产建设活动比较频繁的、采矿或水泥等企业开采山体、砂料和石料等市郊地区。通常，城市及其周边的采矿或水泥生产等企业会对山体植被和生态环境造成严重破坏，水土流失剧烈，因此既要做到文明生产，又要很好地保护生态环境，把破坏程度降到最低。在工矿区劣地(弃渣堆积区、贫瘠废弃地等)上，宜栽植适应能力强、根系发达、容易成活的树种或草种。

14.3.2 城市水土保持工程措施

城市水土保持工程是指为达到保持水土、合理利用城市水土资源、防治水土流失危害而修筑的各种建筑物。在城市化进程中，由于高强度、大范围、长时间对城市土地的扰动以及管理不善或防护措施不当，均会引起水土流失。水土保持工程措施作为水土保持综合治理措施体系的主要组成部分，是预防、改善和遏制城市化进程中水土流失的重要手段。以下针对城市水土保持的主要工程措施分别进行简要介绍。

1. 土地整治工程

土地整治是指对被破坏或压占的土地采取采用工程措施，使之恢复到所期望的可利用状态的活动或过程。其目的是控制水土流失，充分利用土地资源，恢复和改善生产力。

(1)布设原则

土地整治工程在布设时，应体现以下原则：

①土地整治与蓄水保土相结合。土地整治工程应根据坑凹和弃土(砂、石、渣)场地形、土壤以及降水等立地条件,以"坡度越小,地块越大"为原则划分土地整治单元。立地条件好的,尽量整治成地块较大的平地、平缓坡地或水平梯田;立地条件稍差的,可整治成窄条梯田或台田。同时,搞好覆土、田块平整和打畦围堰等蓄水保土工作,以达到保持水土、恢复或提高整治土地生产力的目的。

②土地整治与生态环境建设相协调。土地整治须确定合理的农林草用地比例,尽可能扩大林草面积。在有条件的地方,宜布置农林草各种生态景点,改善和美化项目区的生态环境,使项目区建设与生态环境有机融合起来。土地整治应明确目的,以林草措施为主,改善和优化生态环境,也可以改造成农业用地、生态用地、公共用地或居民生活用地等,但所有这些用地应与周边生态环境相协调。

③土地整治与防排水工程相结合。坑凹回填物以及弃土往往是人工开挖形成的松散堆积体,它们易受降水或地下水渗透影响而产生沉陷,或在遭遇暴雨时导致剧烈的水土流失、滑坡或泥石流等灾害。因此,必须把土地整治与坑凹或渣场本身及其周边的防排水工程结合起来,才能保障土地的安全。

④土地整治与水土污染防治相结合。在土地整治过程中,应尽可能把土地整治与水土污染防治结合起来。按照国家的有关排污标准,对建设项目排放的流体污染物和固体污染物进行净化处理,然后采取包埋或填压等方式处置,防止有毒物质毒化污染土壤、地表水和地下水。

(2)土地整治工程类型

土地整治工程一般分为坑凹回填和渣场改造两种类型。坑凹回填是指利用废弃土石将坑凹回填整平,并覆土加以利用,或根据实际情况直接改造利用。渣场改造是指对终止使用以后的固体废弃物存放地,进行整治利用。

坑凹是基建和生产过程中挖掘形成的,包括剥离坑凹和塌陷凹地两种情况。取土场、取石场、取沙场、路基两侧取土后未回填的基坑和露天采场等形成的坑凹称为剥离坑凹,井巷开采后产生的塌陷地等坑凹则称为塌陷凹地。剥离坑凹的土地整治主要是回填(填埋)、推平或垫高,以适应新的地形、形成新的稳定坡度后并覆土,其实施程序是回填—整平—覆土。塌陷凹地往往是因采矿造成的地面下沉,矿床以上岩体发生了位移但地表物质数量及组成基本不变。对于塌陷凹地,应根据其深度分别采取不同的整治利用措施。如果塌陷深度小于 1 m,可推土回填平整;对于 1～3 m 深的塌陷凹地,可采取挖深垫高措施。

2. 斜坡防护工程

在城市基础设施建设过程中,开挖、回填、弃土(石、砂、渣)形成的坡面,由于原地表植被遭到破坏,裸露的地面在风力、重力或水力等外营力侵蚀作用下,容易产生水土流失。斜坡防护工程就是为了稳定开挖地面或堆置固体废弃物所形成的不稳定高陡边坡,或对局部非稳定自然边坡或滑坡危险地段进行加固的水土保持护坡措施。

(1)布设原则

斜坡防护工程应根据开挖、回填、弃土(石、砂、渣)形成的非稳定边坡的高度、坡度、岩层构造、岩土力学性质、水文条件、施工方式、行业防护要求等因素,分别采取不同的护坡措施。不同的斜坡防护工程,其防护功能不同,造价相差很大,必须进行充分的调查研究和分析论证,做到既符合实际,又经济合理。

稳定性分析是斜坡防护工程设计的关键性问题。大型斜坡防护工程应进行必要的勘探和试验，并采用多种分析方法比较论证，实现工程稳定、技术合理。

斜坡防护工程应在满足护坡要求的前提下，充分考虑植被恢复和重建，特别是灌草植物的应用，尽量把工程措施和植被措施很好地结合起来。

(2)斜坡防护工程主要类型

斜坡防护工程主要有工程护坡、植物护坡和综合护坡三种类型。

①工程护坡。对堆置固体废弃物或山体不稳定的地段，或坡脚易遭受水流冲刷的地方，应采取工程护坡。工程护坡具有保护边坡，防止风化、碎石崩落、崩塌、浅层小滑坡等功能。工程护坡省工、建设速度快、见效快但工程费用高。

工程护坡包括砌石护坡、混凝土护坡和喷浆护坡。砌石护坡是通过干砌石或浆砌石对坡面进行防护的措施。在边坡极不稳定、坡脚可能遭受强烈洪水冲淘的较陡坡段，可采用混凝土护坡。在易风化岩石坡面，如果基岩只有细小裂隙，且无大崩塌危险，可采用喷浆机进行喷浆或喷混凝土护坡。

②植物护坡。通过常规植草、铺植草皮、植生带植草等方法对坡面进行防护的技术称为种草护坡。对于稳定或稳定性差的人工边坡以及自然裸露的边坡，可以通过创造条件恢复边坡植被措施进行护坡。植物护坡既可防治水土流失、阻断地表径流、减缓冲刷、维护坡面稳定，又可改善生态环境，增强美学效应。

植物护坡包括种草护坡和造林护坡两种类型。在土层较厚的坡面，可采取较大的造林密度，乔灌混交或灌草混交的造林护坡措施，提高蓄水保土能力。

③综合护坡。综合护坡是指在布设的拦挡工程的坡面上或工程的间隙种植植物。综合护坡具有增加坡面工程强度、提高边坡稳定性的作用，同时也具有绿化、美化环境的作用，它是植物护坡与工程护坡的有机结合。

综合护坡主要有砌石草皮护坡、框格植草护坡、喷混植生植物护坡和蜂巢式网格护坡等类型。根据需要，在坡面上部采用草皮护坡、下部采取浆砌石护坡，或者从上到下每隔 3～5 m 沿等高线修一条 30～50 cm 的砌石条带，条带间的坡面种植草皮，这样的护坡措施称为砌石草皮护坡。用混凝土或浆砌块石等材料在边坡上形成格状骨架，在框架内覆土植草或灌木的框格植草护坡措施，也可起到稳固坡面和绿化边坡的作用。喷混植生植物护坡是通过在稳定岩质边坡上先施工短锚杆、铺挂铁丝网后，再采用专用喷射机，将拌和均匀的种植基材喷射到坡面上，植物依靠“基材”生长发育，形成植物护坡的施工技术，它是喷锚护坡与液压喷播植草的有机结合。在修整好的边坡坡面上拼铺正六边形混凝土框预制件，形成蜂巢式网格。然后在网格内铺填种植土并栽种草的一项边坡防护技术称为蜂巢式网格护坡。

3. 拦渣工程

拦渣工程是指为专门存放开发建设项目在基建施工和生产运行中造成的弃土、弃石、弃渣、尾矿(砂)或其他废弃固体物而修建的水土保持工程。

(1)布设原则

开发建设项目在基建施工期和生产运行期间造成大量弃土、弃石、弃渣、尾矿其他废弃固体物质时，必须布置专门的堆放场地，修建拦渣工程，将其集中堆放。

拦渣工程的布设应满足《开发建设项目水土保持技术规范》、《挡土墙设计规范》和《堤防工程设计规范》等技术标准的要求。对于在防洪、稳定、防止有毒物质泄露等方面有特殊要求的开发建设项目，如冶炼系统的尾矿(砂)库或赤泥库等，应按照有关行业部门的设计规范执行，并在分析论证的基础上,相应提高设计标准。拦渣工程在总体布局上必须考虑河(沟)道行洪以及下游建筑物、工厂、城镇和居民点等重要设施的安全。应根据国家标准,结合具体情况进行水文计算、稳定计算并确定适当的防洪标准。对于含有有害元素的尾矿(灰渣等),拦挡设施的设计必须符合其特殊要求。尾水处理必须符合有关废水处理的规定,以防止废水下泄给下游带来的危害。

(2)拦渣工程主要类型

应根据弃土、弃石、弃渣的堆放位置和堆放方式,并结合堆放区域的地形地貌特征、水文地质条件和建设项目的安全要求,在设计拦渣工程时妥善确定弃渣量以及适宜的拦渣工程型式。

拦渣工程主要包括拦渣坝、挡渣墙、拦渣堤、围渣堰和尾矿(砂)坝等。拦渣坝(尾矿库)是在沟道中修建的拦蓄固体废弃物的建筑工程,用于坝控流域面积较小(一般不超过3 km^2)、库容和工程地质条件满足要求的沟道。挡渣墙是为了防止固体废弃物堆积体被冲蚀或发生滑塌、崩塌,或稳定人工开挖形成的高陡边坡,或避免滑坡体前缘再次滑坡而修建的水土保持工程。拦渣堤是修建于沟岸或河岸,用以拦挡建设项目在基本建设和生产过程中排放的固体废弃物、免于沟道径流冲刷的建筑物。拦渣坝、挡渣墙和拦渣堤等的设计,可参考有关参考书。

4. 防风固沙工程

在干旱半干旱地区,地面开挖、植被破坏等将加剧风蚀和风沙灾害,需要采取防风固沙工程来控制其危害。

(1)布设原则

不同地区的风蚀和风沙危害特点不同,防风固沙的具体措施也各不相同。开发建设项目区的防风固沙工程应与保护建设工程紧密结合起来。我国易遭受风沙危害的地区主要有北方风沙区、黄泛沙区和东南沿海风沙区。

①北方风沙区。北方风沙区主要分布在"三北"沙漠、沙化土地和风蚀严重(极易沙化)的地区。在存在流动沙丘、半固定沙丘、固定沙丘以及易风蚀的沙化土地,防风固沙应以植被措施为主,同时结合人工沙障。在特别重要的地段或无法恢复植被时,可采用化学固沙技术。在有条件的地区,也可平整沙丘和引水拉沙造地。

②黄泛沙区。在黄泛沙区的古河道沙地、河流沿岸沙地或次生沙地,应根据沙地的成因,在害风方向设置防风林带,堵截风源,并采取翻土压沙或植被固沙等措施。

③东南沿海风沙区。东南沿海风沙区主要发生在海水潮涨的海岸线,风源是沿海大风,故应选择抗风性强的树种,采用客土造林法,顺海岸线营造防风林带。

(2)防风固沙工程主要类型

防风固沙工程主要包括沙障固沙、化学固沙、造林种草固沙、平整沙丘造林等类型。沙障固沙是指用柴草、秸秆、黏土、卵石等物料在沙面上做成障蔽物固沙。沙障固沙是消减风速、固定沙地表面的有效工程固沙措施,其主要作用是固定流动沙丘和半流动沙丘。根据所用材料和设置方法等不同,沙障固沙分为平铺型沙障和直立型沙障。平铺型沙障可以采用土埋沙丘、卵石铺压、全面铺草、全面化学固沙或带状铺草、带状化学制剂喷洒固沙等方式,从而起到固沙的目的。直立型沙障可以采用不透风结构的黏土沙障或防沙土墙,也可采用紧密结构的隐蔽式柴草沙障、低立式柴草沙障或采用透风结构的防沙栅栏。

化学固沙是指在流动沙地上喷洒化学胶结物质,在沙地表面形成一层有一定强度的防护壳，从而避免气流对沙表的直接冲击，达到固定流沙的目的。我国化学固沙措施一般采用石油化工的副产品沥青乳液，它在常温下具有流动性，便于使用，价格也较低。

在风沙区，通过营造防风林带或种草，达到防风固沙、改善生态环境的目的，此措施称之为造林种草固沙。

5. 防洪排水工程

在城市基建施工和生产运行中，由于破坏地面或排放大量弃土、弃石、弃渣，极易造成水流失和引发洪灾害，对项目区本身或下游构成危害。为此，必须修建防洪排水工程，以防害减灾。

(1)布设原则

根据项目开发建设的总体布局、施工与生产工艺、安全要求等，按照经济安全的原则，确定应采取的工程类型。防洪排水工程应把防洪减灾、保障安全放在首位，研究确定合理的防洪标准和稳定性要求。为了保护特别重要的生产或民用设施，应根据国家标准，通过论证分析，提高防洪设计标准。

防洪排水工程应处理好防洪与综合利用、占地和造地的关系，尽量少占耕地，并结合工程修建和运行特征，把防洪与蓄水利用、拦泥与淤地造地结合起来，充分发挥其综合效益。防洪排水工程涉及一定的汇水面积，为了减少来水量和来沙量，延长工程寿命，防洪排水工程应与流域综合治理协调结合。

(2)防洪排水工程主要类型

防洪排水工程主要包括拦洪坝、排洪渠、排洪涵洞、防洪堤、护岸护滩、清淤清障等工程。拦洪坝是横拦在沟道或河道中的挡水建筑物，用以拦泥蓄水、防洪减灾、保障项目区生产建设安全的工程措施。排洪渠是为了保证项目区生产建设安全而建的排除周边坡面及区域内洪水危害的工程设施。防洪堤沿沟岸或河岸布设的、避免项目区遭受洪水危害、保障生产安全的防洪建筑物。拦洪坝、排洪渠、排洪涵洞、防洪堤等的具体设计参见有关参考书。

6. 降水蓄渗工程

降水蓄渗工程是指通过建筑屋顶或地面铺装、道路、广场等硬化，从而增加区域内径流量所采取的雨水就地收集、入渗、储存和利用的措施。降水蓄渗工程措施既可有效利用雨水，为水土保持植物措施提供水源，同时也可减少地面径流，防治水土流失。

开发建设活动对原地貌改变较大，严重影响地表的产流和汇流过程。在坡面汇流方面，因基本建设施工活动和生产运行，土壤性状、植被、地形、土地利用等下垫面条件发生了较大变化，同时硬化地面或开挖裸露面的地面糙率和入渗系数减小、土壤入渗和地下水补给减少，冲刷能力加剧，破坏了原有的局地水文循环过程。在河槽汇流方面，由于坡面汇流时间缩短和地面径流增大，河流汇流时间提前、排洪量急剧增加，从而加剧了防洪压力。因此，在大型开发建设项目以及城镇或开发区建设中，建设降水蓄渗工程在改善城市局地水循环、节约用水、减小雨洪危害等方面具有重要作用。北京、天津等地区已规定，在城市建设项目的水土保持设计文件中必须包括雨洪利用部分的内容，要求雨水集蓄利用设施与主体建设工程同时设计、同时施工，并且同时投入使用。上海浦东国际机场航站楼建有完善的雨水收集系统收集航站楼屋面雨水，在雨季的集水量为 500 m^3/h，这些雨水均被有效的处理并加以利用。丹麦每年从居民屋顶收集 645 万 m^3 的雨水，占居民冲洗厕所和洗衣服用水量的 68%。由于淡水资源极度短缺，干旱、半干旱地区以及西南石山区的城市在新建、改建或扩建工程中，应更加注重雨水利用工程的建设和利用问题。

(1)布设原则

对于因工程项目建设和生产运行引起的坡面径流和河槽汇流增大等问题,在采用降水蓄渗措施如渗水方砖、框格种草、集雨工程等时,应与其他工程相结合,以形成完整的水土流失防御体系,从而有效防止径流损失,并对雨水加以利用。

硬化地面的面积宜限制在项目区空闲地总面积的 1/3 以下,地面和人行道路的硬化结构宜采用透水形式。应恢复并增大项目区的林草植被覆盖率,植被恢复面积宜达到项目区空闲地总面积的 2/3 以上。

(2)降水蓄渗工程主要类型

降水蓄渗工程主要包括坡面蓄水工程(如水平阶、水平沟、鱼鳞坑等)、径流拦蓄工程(如水窖、涝池等)和雨水集蓄工程等几种类型。

14.3.3　城市水土保持植物措施

水土保持植物措施是指在水土流失地区,为了涵养水源、保持水土、防风固沙、改善生态环境、开展多种经营、增加经济与社会效益而采取的如人工造林、飞播造林种草或封山育林、育草等技术方法。水土保持植物措施是区域(流域)水土流失综合治理措施的组成部分,它与水土保持工程措施及其他措施一起,共同组成了一个有机的区域(流域)水土流失综合防治体系。

1. 布设原则

城市开发建设项目应通过选线、选址及工程总体布置等方案的比选,尽量避开成片人工林、天然林以及自然保护区、草原保护区或湿地区等自然植被,并应尽量减少征占、压埋地表和植被的范围。对具有特殊功能的植被,应采取局部保护措施加以保护。

对各类开挖破损面、堆弃面、占压破损面及各类边坡,在安全稳定(含采取一定的工程措施)的前提下,应尽可能采取植物防护措施,恢复自然景观。并对堆放有害物质(指对植被生长有害)的渣场或其他地面,如高陡裸露岩石边坡等特殊场地,采取特殊措施恢复植被。植被建设工程设计必须与景观设计、土地整治工程设计紧密结合,通盘考虑、统一布局,按生态学和美学要求进行设计。不同区域或不同的开发建设项目,应分别确定其植被建设目标。城区的植被建设应以观赏型为主,偏远区域则应以防护型为主。在地形较缓或稳定边坡的南方地方,可采取封育管护措施恢复自然植被。在北方干旱地区,在当前技术经济条件下无法人工恢复的,应采取相应的土地整治措施,创造条件,进行自然恢复。植被建设工程应与主体工程设计相衔接,特别要考虑地下埋设的管线工程和地上供电通信工程的特殊要求。

2. 植物措施主要类型

根据采用水土保持植物措施保护的城市建设对象的不同,植被建设工程可分为弃渣场、取土场或采石场植被建设工程以及开挖破坏面的林草恢复工程和项目建设区道路及其周边绿化工程。

根据组成成分的不同,弃渣大体可分为以弃石(碎石、小块石)为主和以弃土或土状物为主两类。在这两类土地上进行植被建设工程,首先应按弃渣的组成而采取不同的土地整治措施,然后再按确定的土地利用方向进行植被恢复措施。以弃石为主渣场的植被建设往往需要首先覆土(河泥、风化碎屑)或实施客土措施才能恢复植被,并且在树(草)种选择上要充分考虑其立地条件。栽植技术可以采取直播或植苗措施。以土状物为主的渣场(如公路、铁路和水工程开挖形成的弃渣场等)，稍作土地整治后即可根据已确定土地利用方向，进行植被恢复。取土场不能恢复为农田或鱼塘的，可种植耐水耐湿的速生树种。山区和丘陵区可根据整治后的立地条件进行林草恢复。取土场植被恢复应与附近的植被以及风景相适应。取土场的坡面可以采取种草护坡、造林护坡或综合斜坡防护工程。采石场往往由于石壁陡立，需要先将石壁表面做相应的处理，然后再采用一定的措施进行绿化。

项目建设区道路绿化工程是指项目区内的永久性道路的绿化，包括工业场地和生活区的道路绿化以及与开发建设项目有关的运输道路专用线的绿化。前者与城市街道的绿化要求基本相似，后者与一般道路绿化的要求基本一致。公路绿化应点、线、面结合，乔、灌、草结合，切忌采用单一树种或布局单调，应把公路绿化绿化与美化结合起来。高速公路和一级公路绿化要求的标准高，并需在路堤两侧排水沟外缘和路堑坡顶排水沟外缘征占地的范围内，种植一行或多行乔木或灌木林带。工业场地和生活区栽植条件差，土质比较瘠薄，尘埃和有害气体危害大，行人和车辆损伤频繁，因此要选择栽种耐瘠薄、耐修剪、抗污染且吸尘和防噪作用大、符合绿化艺术要求的树种。

项目区周边地区绿化应充分利用征占地范围内的闲置地或废弃地。在水土流失严重的地区应适当外扩建立水流调节林带。在绿化工程的布设上应与美化环境结合起来，并与项目区内的绿化相互结合。

14.3.4 城市水土保持临时措施

城市水土保持临时措施是指针对城市化进程中，各种建设项目从施工准备到建成使用，其间往往历时较长，尤其是在工程项目的施工准备期和基建施工期，不可避免地要对地表进行大规模的扰动，由此可能造成严重水土流失而采取的防范措施。

1. 布设原则

施工建设场地以及临时的施工道路应统一规划，并采取临时性的防护措施，如布设临时拦挡、排水、沉沙等设施，防止施工期间的水土流失；在工程建设施工过程中，临时堆土(石、渣)必须设置专门的堆放地，集中堆放，并应采取拦挡和覆盖等措施；对施工开挖和剥离的地表熟土，应安排场地集中堆放，以便工程施工结束后作为场地覆土利用；施工中的裸露地，在遭遇暴雨或大风时应布设防护措施；如果施工过程会对下游及周边造成影响的，必须采取相应的防护措施。

2. 临时措施主要类型

(1)临时工程防护措施

临时工程防护措施主要有挡土墙、护坡、截(排)水沟等几种。临时工程防护措施不仅要求工程坚固、配置迅速、起效快，而且要求工程防护效果好。在一些安全性要求较高和其他临时防护措施不能尽快发挥效果时，则必须采取临时工程防护措施。临时工程防护措施在设计标准方面可适当降低，但必须保证安全运行。设计时应对项目的生产特点、工艺流程、地形地貌、生产布局等情况进行详细调查，准确计算工程量，使工程措施既满足防护需要，又不盲目建设而造成浪费。

临时挡土(石)工程一般修建在施工场地的边坡下侧，或临时性土、石、渣堆放体以及地表熟土临时堆放体的周边等。临时挡土(石)工程的规模应根据渣体的规模、地面坡度、降雨等情况分析确定。临时挡土(石)工程防洪标准可以根据已确定的工程规模，参考相应的弃渣防治工程的防洪标准确定。

临时排水设施可以采用排水沟(渠)、暗涵(洞)、临时土(石)方挖沟等,也可利用抽排水管。临时排水设施一般布置在施工场地的周边。临时排水设施的规模和标准,可根据工程规模、施工场地、集水面积、气象等情况分析确定。临时排水设施的防洪标准应根据已确定的工程规模,参考相应的弃渣防治工程的防洪标准确定。当采用沉沙池时,一般将沉沙池布置在挖泥和运输方便的地方,以利于清淤。沉沙池的作用主要是沉积施工场地产生的泥沙。沉沙池容量根据可能产生的径流量和泥沙量来确定。

(2)临时植物防护措施

临时植物防护措施的应用较为普遍,配置方便。临时植物防护措施主要有种树、种草或树草结合,或者种植农作物等。临时植物防护措施要求成本低廉、配置简便,宜农则农、宜林则林、宜草则草,时间可长可短,而且防护效果好、经济效益高、应用范围广。

对裸露时间超过一个生长季节的地段,应采取临时植物防护措施。在临时植物防护措施的设计时,要充分考虑地形条件、生产工艺和防护要求等,在满足防护需要的同时尽可能降低防护成本。对于需要配置临时防护的地段,能种植农作物时应尽量种植农作物,这样不仅可以降低防护成本,同时也可增加一定的收益。种植农作物前需采取必要的土地整治措施,其种植方法可参照常规农业耕作方法。临时种草是最常见的配置方式。临时种草主要采取土地整治、播撒草籽的方式进行。具体要求按照相关的标准执行。

临时植树主要针对裸露时间较长的地段。植树前应采取必要的土地整治措施,植树方式需根据树种特性和立地条件具体确定,其具体要求参见相关的标准。

(3)其他临时防护措施

由于工程性质不同,开发建设的方式和特点也不一样,在很多情况下难以配置临时植物防护措施或临时工程防护措施,因此需要因地制宜地采取其他有效的防护措施,如对开挖土方及时清运、集中堆放、平整、碾压、削坡开级或薄膜覆盖等。

表面覆盖是一种应用非常广泛的临时防护措施,其作用也较为明显。施工中的各类裸露地、开挖的弃土以及在弃(石)土或建筑用沙石料的运输过程中,应采用土工布或塑料布等覆盖。风沙区的部分场地也可用草或树枝等材料临时覆盖,避免因大风或强降雨天气而产生水土流失。平整碾压主要是针对临时堆放的弃土弃渣采取平整碾压措施,改变弃土弃渣局部地貌,增加其紧实度,减少大风或强降雨情况下的水土流失。

14.3.5　城市水土保持管理

1. 城市水土保持法规体系的构成

我国水土保持法规体系构成可简单分为三个层次。第一个层次是与水土保持密切相关的资源法律,它是指由全国人民代表大会及其常务委员会制定并通过,由国家主席签署主席令予以公布的法律,如《中华人民共和国水土保持法》、《中华人民共和国土地管理法》、《中华人民共和国水法》或《中华人民共和国防洪法》等。第二个层次是行政法规,是由国务院及有关部委根据水土保持的具体情况而制定的各种专门性法令、法规、条例和决定,它是我国水土保持法规体系的重要组成部分,如《中华人民共和国水土保持法实施条例》等。第三个层次是指部门规章和地方性法规,它是由各省、自治区、直辖市根据有关水土保持法律和法规,结合本地区实际情况而制定并经地方人民代表大会审议通过的法规,如《山西省实施水土保持法办法》和《陕西省实施土地法办法》等。

2. 城市水土保持规划

城市水土保持规划是保护、开发和合理利用城市水土资源，防治城市水土流失，减轻干旱、洪涝、风沙等自然灾害，改善城市生态环境，发展城市经济的总体纲要，也是进行城市水土保持工程建设的基本依据。城市水土保持规划具有高度的综合性和鲜明的实用性。

进行城市水土保持规划时，要以改善城市生态环境、建设生态型城市为目标，将城市水土保持规划与城市功能、城市总体规划相、城市防洪(潮)以及河道整治相结合。城市水土保持规划应包括以下内容：

①进行城市水土保持综合调查。调查内容主要有城市自然资源、水土流失和水土保持现状以及社会经济状况等；

②进行资源环境要素评价。针对研究城市的水土流失、土地资源、经济要素以及其他资源进行评价；

③进行城市水土保持分区。在综合调查的基础上，根据水土流失类型、强度和主要治理方向，进行水土保持分区，确定规划范围内的水土保持重点预防保护区、重点监督区和重点治理区，并提出各分区的防治对策和主要措施；

④做出概预算和经济评价，并计算水土保持的各项效益。

⑤研究新理论和新技术如GIS技术在城市水土保持规划中的应用。

3. 监督执法

水土保持监督属于行政监督范畴，是国家有关主管部门及其所属监督机构按照有关水土保持方面的法律或法规规定的权限、程序和方式，对有关公民、法人和其他组织在水土保持方面行为活动的合法性、有效性进行的检查督导。开展水土保持监督执法是贯彻执行有关水土保持法规的需要，是促进国民经济持续、稳定以及协调发展的需要，是保护自然资源和生态环境的重要举措，是巩固现有水土保持成果的有效措施。

水土保持监督执法的内容广泛，需要在实践中根据有关水土保持法律、法规和政策的规定不断补充和完善，实行全面监督。水土保持监督的主要内容将在第15章详细讨论，这里不再赘述。水土保持执法的主要内容包括：

①对《水土保持法》及《水土保持法实施条例》的贯彻情况实施监督检查；

②审批相应级的开发建设项目水土保持方案，督促开发建设单位编报水土保持方案，监督“三同时”制度的执行；

③征收和管理水土保持设施补偿费和水土流失防治费；

④对水土保持监测网络进行规划、建设和管理，并定期公告水土流失状况；

⑤划定水土保持重点预防保护区和重点监督区，并实施管理；

⑥核发与管理《编制水土保持方案资格证书》；

⑦对违反《水土保持法》的行为做出行政处理。

4. 行政管理

城市水土保持是一项综合系统工程，它涉及水利水保、国土、城建、交通、环保、农林及立法执法等多部门。要搞好城市水土保持工作，必须加强政府统一领导，搞好行政管理。城市水土保持工作应从以下两方面加强行政管理：

(1)提高水土保持机构的行政主管地位,加强政府协调能力

水土流失的产生、影响和治理牵涉到各个行业。目前我国的水土保持管理机构依法设在水利部门。由于行业独立、管理分割、且缺乏强有力的主管机构的行政权威和经济约束,在处理各行业和部门之间的水土保持问题时,有时难免处于管理无效的状况。虽然近年来一些省市成立了由各部门负责人联合组成的水土保持委员会,但因为它不是一个正式的行政机构,其作用并不明显。因此,建议提高水土保持机构的行政主管地位,建立一种具有综合性强、管理有力、沟通便利的管理体制。

(2)切实将水土保持规范和标准落到实处

通过建立严格的项目审批制度和监督执法措施,强化专业管理人员队伍,以保证水土保持管理工作的高度有效性。在项目审批和执行过程中,要突出项目法人责任制、招标投标制和工程建设监理制等制度的落实,突出水土保持项目法人的地位,通过招标投标可以使更多的、具备资质的单位参与水土保持建设工作,加强水土保持工程在质量、投资和进度方面的监督检查,保证国家颁布的各项水土保持技术规范与标准落到实处。对于从事有可能造成水土流失的开发建设单位和个人,必须编报水土保持方案,水行政主管部门依据其可能产生的水土流失程度、当前防治技术以及因防护不当而可能产生的水土流失危害等进行批复、否决或提出调整意见。

5. 经济调控

当前,我国城市水土保持主要由国家或地方政府投入。但是必须认识到,城市水土保持工作关系千家万户和市政建设的各个方面,因此要鼓励集体和个人参与。在社会主义市场经济的大形势下,一方面要充分利用有限的政府投资,确保水土保持专项资金专款专用;另一方面也要严格敦促建设项目开发商根据水土保持工程投资概预算,编制切实可行的水土保持方案,做到设计可行,投资到位,措施得力。

有待进一步研究的问题

目前我国城市水土保持工作尚处于试点和探索阶段,工作开展的范围主要局限于示范城市。现代化城市的水土保持工作和生态环境建设,要求从整体上高起点规划、高标准建设和高效率的管理。因此,随着城市化建设的推进,城市水土保持规划将覆盖全部市域内的土地。综合当前我国城市水土保持的研究态势,亟须解决以下几方面的问题:

1. 加强城市水土流失规律的研究。
2. 制定城市水土流失强度分级标准。
3. 研究适合于城市化快速建设的新的水土保持措施体系。
4. 建立城市水土保持防治分区方法和指标体系。
5. 建立城市水土保持措施效益评价方法和指标体系。

思考题

1. 什么是城市水土环境?它由哪些部分组成?
2. 城市水土环境的基本特征有哪些?
3. 城市水环境和城市土壤环境的主要指标有哪些?
4. 城市水土流失的形式有哪些?

5. 城市水土流失的成因有哪些？

6. 城市水土流失对城市水土环境的影响主要体现在哪些方面？

7. 什么是城市水土保持？

8. 城市水土保持的措施主要有哪些？

参考文献

[1]王礼先，朱金兆. 水土保持学. 2版. 北京：中国林业出版社，2005.

[2]郭怀成，陆根法，任耐安，等. 环境科学基础教程. 2版. 北京：中国环境科学出版社，2003.

[3]李建龙. 现代城市生态与环境学. 北京：高等教育出版社，2006.

[4]胡辉，徐晓林. 现代城市环境保护. 北京：科学出版社，2004.

[5]沈清基. 城市生态与城市环境. 北京：中国环境科学出版社，2009.

[6]马传栋. 城市生态经济学. 北京：经济日报出版社，1989.

[7]林大仪. 土壤学. 北京：中国林业出版社，2002.

[8]吴发启，高甲荣. 水土保持规划学. 北京：中国林业出版社，2009.

[9]吴发启. 水土保持学概论. 北京：中国农业出版社，2003.

[10]中华人民共和国水利部. 开发建设项目水土保持技术规范(GB 50433—2008). 2008.

[11]廖金凤. 城市化对土壤环境的影响. 生态科学，2001，20(1/2)：91-94.

[12]郭廷辅. 城市水土保持工作从何入手. 中国水土保持，1997，(1)：6-7.

[13]董锁成，张中文，方创琳. 资源、环境与经济作用机制和规律探讨. 资源科学，1999，21(4)：15-21.

[14]薛山涛，薛文山，董红艳，等. 电镀厂周围环境与人群血、尿、发六价铬水平调查. 环境与健康杂志，1999，16(1)：31-32.

[15]张一平. 城市化与城市水环境. 城市环境与城市生态，1998，11(2)：20-22.

[16]彭静，廖文根，骆辉煌. 城市水系建设的环境重塑. 中国水利水电科学研究院学报，2003，1(4)：255-259.

[17]李昌峰，高俊峰，曹慧. 土地利用变化对水资源影响研究的现状和趋势. 土壤，2002，(4)：191-196.

[18]张甘霖，赵玉国，杨金玲，等. 城市土壤环境问题及其研究进展. 土壤学报，2007，44(5)：925-933.

[19]Karkaoc G，Erkoe F. Water quality and impacts of pollution sources of Eymir and Mogna Lakes (Turkey). Environment International，2003，29：21-27.

[20]Ferrier R C，Edwards A C，Hirst D. Water quality of Scottish rivers：spatial and temporal trends. Science of Total Environment，2001，265：327-342.

[21]Cun C，Vilagines R. Time series analysis on chlorides，nitrates，ammonium and dissolved oxygen concentrations in the Seine River near Paris. Science of Total Environment，1997，208(12)：59-69.

[22]Corbett C W，Wahl M，Porter D E. Nonpoint source runoff modeling：A comparison of a forested watershed and an urban watershed on the South Carolina coast. Journal of

Experimental Marine Biology and Ecology,1997,213:133-149.

[23]Canada International Development Agency (CIDA). An Urbanized World,Statement on Sustainable Cities. Canada:Ministry of Public Works and Government Services,1998.

[24]Wilcke W,Lilienfein J,Lima S D C,*et al*. Contamination of highly weathered urban soils in Uberlgndia, Brazil. Journal of Plant Nutrition and Soil science, 1999, 162(5): 539-548.

[25]Kannette D,Hendershot W,Tomlin A,*et al*. Uptake of trace metals by the earthworm *Lumbricus terrestris* L. in urban contaminated soils. Applied Soil Ecology,2002,19(2):191-198.

[26]Oomen A G,Tolls J. Lead speciation in artificial human digestive fluid. Archives of Environmental Contamination and Toxicology,2003,44(1):107-115.

[27]Yamada A,Ono Y,Kida A,*et al*. Evaluation of bioavailability of heavy metals in soil by in vitro screening test. Chemistry Letters,2003,32(5):472-473.

[28]万方秋,丘世钧,王继增. 城市水土流失强度分级指标体系初探. 水土保持研究,2003,10(2):79-82.

[29]李文玲,田耀武,郑根宝. 城市森林水流失率和水土流失率的探讨. 水土保持通报,2005,25(2):57-60.

[30]崔凤军. 城市水环境承载力及其实证研究. 自然资源学报,1998,13(1):58-62.

[31]彭静,廖文根,何少苓,等. 珠江三角洲水环境承载能力与协同调控初探. 北京:中国水利水电出版社,2002.

[32]邓岚,宋桂琴. 我国城市水土流失研究进展初探. 水土保持学报,2001,15(5):72-75.

[33]柴宗新. 城镇侵蚀及其防治. 中国水土保持,1997,1:29-32.

[34]甘枝茂,孙虎,吴成基. 论城市土壤侵蚀与城市水土保持问题. 水土保持通报,1997,17(5):57-62.

[35]祁生林,杨进怀,张洪江,等. 关于我国城市水土保持的刍议. 水土保持研究,2006,13(3):115-118.

[36]袁仁茂,杨晓燕,李树德. 论城市水土流失及其类型系统. 北京大学学报(自然科学版),2001,37(3):400-406.

[37]吴长文,章梦涛,付奇峰. 喷播绿化技术在斜坡水土保持生态环境建设中的研究. 水土保持学报,2000,14(2):11-14.

[38]吴长文,黄翰森,黄琼. 欧洲城市水土保持考察及其思考. 中国水土保持,2006(3):10-12.

[39]吴长文. 城市水土保持的理论与实践. 中国水土保持科学,2004,2(3):1-5.

[40]吴长文. 城市化进程中的水土保持问题. 中国水土保持,1995(12):38-40.

[41]张丽萍,唐克丽. 工程建设加大坡面系统潜在侵蚀能力的研究. 水土保持通报,1997,17(2):27-30.

[42]杨耕. 闲置开发平土区水土流失特性及其治理途径研究. 水土保持通报,2001,21(6):69-72.

[43]孙希华. 济南城市扩展对水土流失的影响研究. 水土保持研究,2004,11(1):50-52.

[44]吴长文.深圳城市水土保持的探索与实践.中国水土保持,2006(8):29-31.

[45]陈法扬,谢军.论我国城市化过程中的水土保持问题.水土保持研究,1997,4(1):16-18.

[46]陈法扬.城市水土流失强度分级标准商榷.中国水土保持,1999(3):30-36.

[47]吴长文,欧阳菊根,欧阳毅.开发建设平土区的水土流失等级划分.土壤侵蚀与水土保持学报,1996,2(3):8-14.

[48]许有鹏,都金康,张立锋,等.城市水土流失综合评估模型研究.水土保持通报,2000,20(4):16-19.

第 15 章　流域管理与规划

[摘要]流域管理的目标在于改善生态环境，控制水土流失，并为国家建设和人民生活提供必需的物质和财富。在此基础上，实现流域人口、资源、环境和社会经济的可持续发展。本章主要论述流域规划的基本原则及管理目标、水土保持理论与实践中的政策、水土保持的社会及经济问题等内容，为科学规范地进行流域管理及规划提供理论依据。

15.1　流域规划原则与流域管理目标

15.1.1　流域规划基本原则

流域是指某一河系的排水区域，即河道某一段面以上、且排水通过该段面的所有陆地面积。流域是一个水文单元。在自然资源规划和管理时，它也常常看作为一个生态单元或一个社会、经济、政治单元。流域管理是指组织和指导流域土地资源或其他资源利用、提供所期待的商品和服务而对水土资源无不良影响的过程。流域管理概念的实质是充分理解和认识土地利用、土壤与水以及上下游地区之间的相互关系和相互影响。流域管理实践是指为取得流域管理目标，在流域内采取的所有土地利用调整、植被覆盖措施以及其他工程或非工程措施等。

在流域规划中应遵从如下基本原则：

(1)综合性原则

流域管理工作涉及自然科学、社会科学以及技术科学等多学科、多范畴。在进行规划时，应将流域看作为生态经济系统的整体，进行综合分析。

(2)可持续发展原则

根据可持续发展的目标，流域管理规划要有利于实现经济与环境协调发展。

(3)最优化原则

根据系统工程原理，实现流域生态经济系统的整体优化。

流域治理应遵循以下指导思想：

①贯彻“预防为主、全面规划、综合防治，因地制宜、加强管理、注重效益”的方针。

②在流域治理中，将水土流失治理与水土资源的开发、利用相结合，经济效益与生态效益相结合，同时注重经济效益，努力增加商品生产，以提高土地生产力、控制水土流失和保护生态环境为中心，以建立持续、稳定、高效的流域自然—社会—经济复合系统为目的。

③在治理过程中，要一切从实际出发，实事求是地对流域内的自然资源和社会经济的有利因素、制约因素以及可开发因素等进行综合分析，根据当地的实际情况和市场需求确定发展方向和治理的具体目标，使治理工作具有鲜明的科学性、典型性和效益性，起到示范推广作用。

④在水土资源的利用中，通过合理优化农林牧生产用地比例和产业结构，采取水土保持综合措施以及产销等一系列相应的配套技术，维护和改善系统的物质循环、能量转换、价值增值和信息传递功能，使流域综合治理的劳动耗费最少，生态和经济效益最好。

⑤因地制宜，因害设防，全面统筹，科学地配置各项水土保持措施、工程措施以及林草措施，治坡与治沟相结合，大、中、小工程措施相结合，乔、灌、草生物措施相结合，立体配置，层层设防，建立群体防护体系。

⑥以科技为先导，提高流域内的人口素质。通过典型户示范、培训、田间试验示范等多种形式和方法推广科技知识，实行科技种田，以实现农业的高产、优质、高效。

⑦建立一套完整的监督和管理体系，从承包责任制、林草所有权、合同鉴定、检查验收、收益分配以及营护和奖罚等方面制定一系列规定，从科技、资金、物资到人员以及政策管理等方面实现科学化、标准化、制度化。

⑧建立流域治理的资源、环境以及社会经济的动态监测体系，为预防新的水土流失发生、巩固流域治理效益以及保护生态环境提供科学依据。

15.1.2 流域管理目标

流域管理的目标是改善生态环境，控制水土流失，为国家建设和人民生活提供必需的物质和财富。通过流域管理，防治水土流失，减少自然灾害，建立良性生态环境，保护、开发和合理利用水土资源，建立生态经济体系，发展经济，脱贫致富，并在此基础上，实现流域资源、环境和社会经济的持续发展。

系统工程有句名言："目标的研究比实现目标更重要"。因此，目标的选择十分重要。在确定流域治理与发展目标时，应考虑以下几个方面：

①目前流域治理与社会经济发展的绝对水平和相对水平以及影响今后发展的资源和社会经济限制因素。

②流域治理与经济发展中急需解决的问题以及生产发展、群众脱贫致富的突破口。

③流域治理目标要与该区域的社会经济和水土保持目标相结合，流域治理标要体现治理区域的特点。

从时间上来说，流域治理目标一般分为近期目标（1～5 年）或中期目标（6～15 年）。流域治理目标是进行流域规划的基础。流域治理目标一般应包括以下几部分内容：

1. 经济发展目标

从宏观上讲，经济发展目标包括生产关系和生产力两方面的目标。生产力发展为生产关系的完善提供了物质基础，而生产关系的不断完善又是生产力进一步发展的必要条件。因此，经济发展目标要提出生产力发展以及不断完善生产关系的具体目标。对于流域经济发展来说，一般有如下目标：

（1）土地生产力目标

土地生产力目标主要有单位面积土地的产量和产值、土地利用率、土地生产潜力实现率以及其他有关指标等。

（2）流域经济发展水平目标

经济发展水平目标一般采用总产值或总收入、收入或产值的增长速度、劳动生产率的提高以及产投比的增加等指标。

(3)生产发展水平目标

一般采用人均基本农田面积、灌溉用地面积以及工矿用地、城镇交通建设用地等各类用地面积等作为生产发展水平的目标。

2. 社会发展目标

流域治理社会发展目标主要是指人口增长及社会、国家、群众对不同产品的需求和人均收入水平等目标。社会发展目标一般包括人口、文教卫生、政治思想、社会福利、精神文明、社会需要等各方面的要求,并确定它们的发展规模、发展方向和发展水平。

(1)人口增长目标

人口增长目标包括人口出生率、计划生育率、自然增长率以及治理期内的人口控制目标等。

(2)人口对产品的需求目标

人口对产品的需求目标包括对粮食、油料、木材、蔬菜、肉类和燃料的需求量以及畜牧需求量、牧草需求量和果品需求量等一系列需求目标。

(3)收入生活水平及其他目标

收入生活水平及其他目标包括人均纯收入、教育普及率、劳动力利用率等指标。

3. 生态环境治理和保护目标

流域治理的一个根本任务就是对生态环境进行治理,保护和改善生态环境,为流域社会经济的发展创造条件。这一目标包括生态环境治理目标和生态环境保护目标两部分内容。

(1)生态环境治理目标

生态环境治理目标是指对流域内产生的生态环境问题(如水土流失、过度放牧造成的草场退化以及滥伐造成的森林破坏等)进行整治,以实现生态环境的改善。具体的目标有土壤流失量、水土流失的治理程度和治理面积、林草覆盖率以及防风固沙面积等。

(2)生态环境保护目标

保护生态环境、预防新的水土流失的发生以及实现景观和生物多样性保护等都是生态环境保护目标中所需要考虑的。在流域治理中,生态环境保护目标主要是针对流域内的特殊景观和生物多样性进行保护,同时预防大气污染和水污染,防止灾害发生,维持生态平衡(如农田矿质养分平衡、能量的投入产出平衡)等。在具体目标选择上,不同的流域存在一定的区域差异性。

15.2　国内外流域管理法规政策

15.2.1　国外流域管理法规

流域管理的内容非常广泛,几乎涉及所有与自然资源开发利用有关的领域和部门。美国于 1935 年颁布了《水土保持法》,对土地开垦、耕作、工矿建设等的水土流失防治作了相应的规定;1936 年颁布了《水灾控制法》,要求在流域内开展水土保持工作,为防洪减灾服务;1944 年又颁布了《防洪法》,要求加大流域治理力度,并批准对 11 条流域进行综合治理;1969 年颁布的《自然资源保护法》是一部内容十分广泛的法律,其中心内容是关于对自然资源的保护;1976 年颁布的《国有森林保护法》也涉及许多与流域管理和水土保持领域相关的内容。迄今为止,美国已有 20 多个配套法规对流域管理和水土保持有关问题作了规范。同时，美国各州、县也根据本地区特点开展了立法或对联邦法规进行了补充，为流域管理和水土保持工作的开展奠定了坚实的基础，从而有效地保护了生存环境和水土资源。

日本于 1897 年颁布了《砂防法》，此后经过多次修订，使其不断具体化和规范化；1958 年制定了《滑坡防治法》，1969 年发布了《陡坡地崩塌防治法》、《治山治水紧急处置法》、《土地改良法》以及《森林法》等一系列有关流域管理和水土保持方面的法规，成为指导日本开展流域管理和水土保持工作的准则。在此基础上，日本又陆续颁布了《山川防治法》、《河川法》、《砂防实施细则》、《水土保持行政监督令》以及《关于地方政府和公共团体负担水土保持工程费用的政令》等。这些法律和法规不仅为保护国土资源、防治水土流失发生和发展提供了法律依据，而且对农业、林业、牧业、果园等生产用地起到了规范作用，同时对筑路、采石、森林保护以及娱乐场所建设等也起到了积极的指导作用。

奥地利于 1884 年制定了世界上第一部《荒溪流域治理法》，开展了以恢复森林为中心的山区流域管理；1888—1925 年实施的《援助法》、1852—1975 年实施的《帝国森林法》、1870—1934 年实施的《国家水权法》、1925—1975 年实施的《减轻自然灾害管理法》以及 1925—1947 年实施的《土壤改良法》等，对山区流域治理的机构、职能、措施和经费等作了明确的规定。此后又颁布了《水利工程促进法》、新的《水权法》和《森林法》等，对山区流域管理和自然灾害防治等方面的法规体系作了进一步的完善和补充。

瑞士在 1902 年制定的《森林法》中，对山区流域管理机构以及技术措施等作了详细规定。澳大利亚于 1938 年颁布的《水土保持法》，经过多次修订和补充、完善后，已成为指导该国流域治理和水土保持工作的准则。新西兰也颁布了有关流域管理和水土保持方面的法规如《水土保持法》等。其他一些国家如前苏联、罗马尼亚、前南斯拉夫、匈牙利以及保加利亚等国在《自然资源保护法》、《环境保护法》以及《水资源保护法》中都对水土保持工作做了较为详细的规定。

虽然世界各国有关流域管理的法律或法规的名称各不相同，但在其主要内容部分都规定了流域管理与水土保持的管理机构及其职能、各级政府及有关部门的责任、自然灾害防治措施、经费来源、行政监督以及优惠政策等。

15.2.2 国外流域管理机构及其职能

流域管理是一项综合性很强的工作，国外很重视统一管理，在相关的法律、法规中都规定了专职机构和主管部门及其主要职责。因此，不少国家设立了与流域管理有关的机构，以加强对全国范围内流域管理工作的统一领导。这些机构的性质有的是权力机构，有的则是协调机构。

在美洲，流域管理最先始于美国。1930 年美国建立了第一个流域管理机构，即田纳西河流域管理局。1933 年 8 月在内政部成立了土壤侵蚀局，负责美国的流域治理和水土保持工作。1935 年根据《水土保持法》的规定，将水土保持方面的工作由内政部转到农业部，并成立了水土保持局。这一机构不仅负责进行全国土地资源和水土流失的调查、研究和水土保持规划、试验、示范、宣传等有关工作外，而且还依法与各个州、县的有关机构签订合同，限制滥用土地资源，兴建各项水土保持措施，推行小流域综合治理，建立全国资源保护发展计划。在全国 50 个州设置了州、大区和小区三级水土保持机构，共 14 000 多人。除了政府的专业机构外，美国也非常重视发展半官方和非政府组织的作用，自上而下成立了各级民间水土保持协会，开展流域管理以及保护水土资源的宣传和监督等活动。

日本于1928年创立了具有日本特色的《砂防工学》。日本没有统一的行政机构负责流域的治理工作，而是根据不同的法律、法规与工作目标，分别由农林水产省和建设省主管，它们各自有一套健全且稳定的管理机构。农林水产省主要负责与森林法和滑坡防治法有关的工作，而建设省主要负责与《砂防法》、《滑坡防治法》以及《陡坡地崩塌灾害防治法》有关的工作。农林水产省下设构造改善局、林野厅、农用整备公团、农业工学研究所以及农业土木综合研究事务局等；建设省下设河川局、地方建设部和土木研究所等机构。此外，全国各地方政府都有土木部和农林部以及民间砂防协会，开展治山治水的宣传活动、具体实施管理措施以及对工程实施情况进行监督等。

奥地利自1884年颁布《荒溪治理法》之后，就设立了荒溪治理局，为当时奥匈帝国的一个职能部门，由农垦部管理。根据新《森林法》规定，流域管理工作由农林部统一领导，荒溪治理局具体负责。荒溪治理分局下设区域工程管理机构，具体负责某一区域的荒溪治理、雪崩防治、坠石与滑坡防治以及危险区区划等方面的工作。《森林法》对奥地利各荒溪治理分局以及区域工程管理机构的所在地、管辖面积和职能作出了明确的规定。对于大于100 km^2 的流域，根据《水法》规定，其管理工作由水利部门全权负责，统一规划，综合治理。

澳大利亚于1949年设置联邦水土保持常务委员会，秘书处设在联邦农业部。该委员会每年召开一次例会，协调各州之间的合作任务，讨论经费计划和特定项目。每个州都设有水土保持委员会，负责协调与审批全州和重点治理区的工作计划以及相关问题。各州的水土保持局为常设的办事机构，按大区、小区以及流域三级设置地方水土保持局，实行垂直领导。

新西兰的全国水土保持委员会是流域管理的最高权力机构，具体管理工作由国家水土保持局负责。印度的流域管理行政机构由环境规划及其全国委员会(下设侵蚀委员会和污染控制委员会)领导，农业部以及各省均设有水土保持机构。瑞士的流域管理工作由林业局和水利局共同负责，而其他阿尔卑斯山区的国家如德国、意大利、法国和南斯拉夫等均由林业局负责。

15.2.3　国外流域管理措施

无论发达国家还是发展中国家都十分重视流域的综合管理，在控制水土流失、防治自然灾害、保护自然资源方面都有各自的对策，不少国家已取得了良好的效果。

美国的流域管理是20世纪40年代由森林水文学者作为一门学科提出来的。美国的流域治理范围涉及山区和平原、农业区和非农业区，主要是保护、监督和合理开发利用自然资源，防治水土流失，特别是防治农耕地退化和提高土地产出率等相关方面。

根据1954年国会通过的《流域防洪与保护条例》，面积大于1 000 km^2 的流域，由陆军工程师兵团和大流域管理局负责治理。在工程管理方面，美国十分重视分目标实施的水土保持计划，并按规划开展治理。小流域的规划要经国会批准，才能立项拨经费。如果农地的土壤流失超过了允许的土壤流失量，则必须采取相应的水土保持措施。美国治理水土流失的措施很多，主要包括在山丘风沙区进行土地平整，修建梯田和田间排水系统，种植草皮或保土、保水作物，建设水土保持林护岸工程、沟道侵蚀控制工程以及拦砂堰等。对易受扰动和破坏的地区，如海岸沙丘、风蚀区或堤坝易遭受洪水冲毁区，采取工程稳定与恢复植被等措施。对于1 000 km^2以下的小流域，则开展多目标综合治理，兴建堤、坝、堰、涵管、小渠道、梯田、泥沙控制以及护岸工程等，实施上、中、下游综合治理，这样既可减少土壤侵蚀，减少淤积和洪灾，又改善生态环境，增加当地农业产量，保护下游城镇安全。对于煤矿必须进行复垦，其治理费用按煤矿产量收取一定比例的资金解决。

日本的流域管理是以建设田、水、路配套的、规模化的基本农田为重点，带动整个流域综合治理工作的开展。根据《土地改良法》，凡是由农林水产省构造改善局批准实施的农地整治工程，都要按沟道或盆地进行。农用道路按照《道路法》设计建造；对于山洪、泥石流和滑坡等自然灾害的防治，按照《滑坡防治法》或《陡坡地崩塌灾害防治法》的要求，采用以工程措施为主、同时运用生物措施和工程措施相结合的方法进行。

奥地利流域管理主要是开展荒溪治理以及雪崩防治。荒溪流域的面积通常在 10 km^2 左右，最大不超过 100 km^2。根据《荒溪治理法》及《森林法》的有关规定，由林业部门组织地质、地貌、土壤、植物、林业、农业和水利等方面的专家，对全国荒溪流域现状以及山洪、泥石流和雪崩等分布状况进行普查，对荒溪流域分类，并制定荒溪流域治理规划。荒溪的治理计划、措施、实施等由国家荒溪治理局统一领导，一个流域、一个流域的集中治理。荒溪治理采取工程技术措施与森林生物措施相结合的方法进行，同时土地或森林利用及其作业方式业应有利于治理目的的实现。荒溪治理除了沟道治理工程之外，应加强固坡或护坡工程的应用，应积极采用高山造林或植物措施，将积极治理措施与回避措施(危险区区划)相结合，同时重视新类型治理工程的应用，并应考虑生态学和自然保护方面的要求。

15.2.4 国外流域管理经费和优惠政策

坚持较高的投入是保证流域管理快速、健康发展的重要前提。流域管理的社会效益大，它是一项重要的公益事业，因此国外很重视流域管理资金的筹措。

美国联邦政府每年用于流域管理和水土保持方面的投资达 3 亿多美元，其中大部分是贷给重点流域或重点项目。根据《水土保持法》规定，任何合法的地方机构，包括团体企业、农场等都可以申请资助。美国在农业拨款法中规定，国家对水土保持措施的投资占总投资的 2/3，其余部分由地方政府或土地使用者承担。工程建设项目实施计划须经水土保持管理部门批准，具体水土保持措施由其开发建设单位实施。如开发建设单位不能承担水土保持措施的实施，可由水土保持部门承担，但费用由土地的所有者或使用者支付。对于土壤侵蚀控制工程，联邦政府支付 65%的工程费用，其中梯田和造林工程国家投资比例为 75%；防洪工程由联邦政府支付所有的工程和建筑物建设投资；土地整治和水质改善工程由联邦政府支付 50%的工程费用；其余工程或设施则由地方政府投资完成。

日本把治山与砂防工作当作保护国土资源和人民生命财产安全的重要建设事业，中央政府每年拨巨资用于补助地方政府及公共团体实施治山与砂防工程。在水土保持法规中明确规定，水土保持各项措施费用一般由国家负担 2/3，地方政府(府、县及其管辖范围内的公共团体)担负 1/3。若果所实施的水土保持工程对其他府、县及其公共团体有显著利益时，那么其他府、县及其公共团体应分担该工程的部分费用。因生产建设而需要实施的水土保持工程，其费用由责任者负担。公共团体对相关水土保持工程建设费用的分担比例，按各自的利害关系程度，由国家向受益区域内的公共团体按具体情况征税。

奥地利用于流域管理方面的经费在法律上给予保证，一般由国家、地方政府和地方居民共同承担。按照《土地改良法》的规定，国家承担土地治理工程总费用的 70%，当地居民承担不少于 15%的建设费用。对于水利工程，按照 1947 年颁布的《水利工程促进法》规定，国家承担的工程建设投资比例为 61%，州政府和地方居民的分担比例分别为 20%和 19%。根据 1975 年颁布的《森林法》第十条规定，山地防护林营造和维护总费用的 60%享受联邦政府补贴，地方政府的补贴额不得少于联邦政府拨款的一半。

15.2.5　国外流域管理的监督

监督是流域管理工作中一个十分重要的组成部分，各个国家都非常重视。经过多年的实践证明，监督执法是控制水土流失、减轻自然灾害最经济、最合理的办法。美国、日本、前苏联、前南斯拉夫以及澳大利亚等国都实行了水体流失起源责任制的原则，即谁造成水土流失谁治理。凡是新建工程包括修路、采石、森林采伐、开垦荒地等都要求在建设项目的同时，采取水土保持措施，并且水土流失治理方案须经过水土保持部门的审查、同意，否则不予立项。

美国的水土流失的监督工作是通过多方面开展的，一是联邦政府派往各州县的职员承担监督的职责；二是通过州、县和社区进行监督；三是广泛依靠各类民间协会或组织以及公众的自觉保护或相互监督；四是通过广泛的法律宣传以及推广先进的水土资源保护利用技术示范等来实施监督。其中，公众舆论以及公民的道德观念和文明意识在水土流失监督中起了不可忽视的作用。

前苏联对所有土地利用情况实行国家监督，以保证各部门及其下属机构、国家企业、团体单位和公民个人依法利用和保护土地。在各级政府部门设置监督机构，[illegible]区进行的修路、采石、森林采伐、开垦荒地等生产建设活动，都有专门的监[illegible]治理规划、土地利用规划和水土保持方案等，监督治理措施的实施情况。[illegible]水土流失的，监督机构有权终止其工程实施。

日本的地方行政机关设置专职水土保持监督检察员，对水土流失地[illegible]施监督。负责监督水土保持的官员，按具体规定，行使全部警察职权或部[illegible]水土保持监察机构的职责是签署水土保持同意书，发放许可证，依据法规对破坏植被、造成[illegible]土流失的开发建设单位实行监督管理。奥地利、德国、意大利和法国等国家，都根据有关的法律规定，由水土保持主管部门负责监督，民间组织和公民协助国家有关部门实施流域管理的监督。在进行生产建设时，所有建设项目必须采取水土保持措施，并且这些水土保持措施必须经过水土保持主管部门的审查，否则工程不予立项。奥地利对所有涉及荒溪治理工程的立项、设计、施工、验收及监督等全部程序由国家荒溪治理局统一负责和管理。

15.2.6　我国流域管理法规与机构

1. 我国流域管理法规体系

我国有关流域管理法规建设是与水土保持法规建设紧密结合的。1952 年，国务院发布文件，号召全国人民大力开展水土保持工作。之后又成立了国务院水土保持委员会，其办公室直属国务院领导。1993 年全国人民代表大会常务委员会环境与资源委员会正式成立，各省、自治区、直辖市人民代表大会常务委员会也相继成立了地方人民代表大会环境与资源委员会。1991 年我国颁布实施了《水土保持法》，1993 年又颁布了《水土保持法实施条例》，使流域治理和水土保持工作进入了法制化的轨道。各地人民代表大会也相继颁布的一批地方性法规，大大加快了我国流域管理的立法进程。迄今为止，国家已颁布了《土地管理法》、《水法》、《森林法》、《水土保持法》、《水污染防治法》、《草原法》、《防洪法》、《野生动物资源保护法》、《矿业开采法》等与流域管理相关的法律法规 70 余件，地方政府也发布实施了一系列的地方性法律、法规和规章。一个流域管理和水土保持执法运行机制已初步形成。

根据我国现有的法律规范和立法规划，我国流域管理和水土保持法规体系可以分为 6 个层次，即宪法、基本部门法、具体的流域管理和水土保持法规、有关的行政法规、地方性法规和规章、地方性管理部门的规范性文件，大体上呈金字塔形结构。

第一层次为《中华人民共和国宪法》。宪法是国家的根本大法，也是我国制定流域管理和水土保持法规的基本依据。1982 年第五届全国人民代表大会第五次会议通过的宪法第九条中规定："国家保障自然资源的合理利用，保护珍贵的动物和植物。禁止任何组织或者个人用任何手段侵占或者破坏自然资源。"第二十六条指出："国家保护和改善生活环境和生态环境，防止污染和其他公害。国家组织和鼓励植树造林，保护林木。"这些条文是我国流域管理指导性原则，所有流域管理法规均应在宪法条文指导下制定实施。

自然资源和环境保护是一项重要的国家任务和全民事业，在国家和社会生活中占有重要的战略地位。流域管理的内容既包括自然资源的管理，也包括生态环境的管理；既包括自然资源的合理开发利用，以保障人类的基本需要，又包括改善环境质量，以保证人民的基本生存条件和提高人民的生活质量水平。总之，宪法为我国流域管理法规体系的建立奠定了坚实可靠的法律基础

[redacted]所有在潜在水土流失 会常务委员会颁布的基本部门法涉及的有关
监督员，负责审查流域 管理和水土保持法制建设的基本保障。《中
对开发建设项目造成 等基本部门法为流域管理法规的顺利实施
大会第五次会议通过了《刑法》(修定案)。
区的水土保持工程实 境资源保护罪。该节共 9 条，具体规定了
分职权。前南斯拉夫 调流域管理、建立资源和环境保护法律、
完善刑法与国际立法接轨，具有 法手段保护资源和环境以及开展流域管理
提供了依据。

第三层次为与流域管理密切相关的资源法律。根据《宪法》，全国人民代表大会先后制定和颁布了《水土保持法》、《土地管理法》、《水法》、《防洪法》、《野生动物保护法》、《森林法》、《草原法》、《渔业法》、《矿产资源法》等 9 部与流域管理密切相关的资源法律，逐步形成了我国流域管理的法律体系。这些法律的颁布，促进了我国环境保护与资源保护的紧密结合，促进了可持续经济发展与生态环境保护的紧密结合，促进了各行业主管部门对流域管理和环境保护的参与，为强化流域管理提供了更坚实的法律依据。

第四层次为国家行政部门制定的有关法令、法规和条例。国务院及有关部委根据流域管理的具体情况而制定的各种专门性法令、法规、条例和决定，例如《水土保持工作条例》、《土地管理法实施条例》、《森林法实施细则》、《河道管理条例》等，是我国流域管理法规体系的重要组成部分。由国务院制定的这些条例和细则是上述具体法律的重要配套法规，这些法令、法规、条例和决定，具有国家行政强制力，而且针对性和操作性都较强，对我国流域管理走上法制轨道起到了重要的推动作用。

第五层次为地方性法规或部门规章。地方法规是各省、自治区、直辖市根据我国有关流域管理法律和法规，结合本地区实际情况而制定并经地方人民代表大会审议通过的法规，例如《山西省实施水土保持法办法》、《陕西省实施土地管理法办法》等。地方法规突出了流域管理

的区域性特征，有利于因地制宜地加强流域管理，是我国流域管理法规体系的组成部分。对于国家已制定的法律法规，各地可以因地制宜加以具体化。如果国家尚未制定相关的法律法规，各地政府可以根据流域管理的实际需要，先制定地方法规予以调整。各省、自治区、直辖市人民代表大会及其常务委员会根据国务院出台的有关法律、法规，结合当地实际情况，制定的有关地方性法规、章程以及其他相应的配套法规都属于这一层次。地方性法规或部门规章的制定有利于流域管理相关法律、法规体系的完善，同时也可以促进这些法律、法规在各地的进一步贯彻和执行。

第六层次为地方规范性文件。各省、自治区、直辖市的土地、环保、水政、农业、林业等主管部门以及县级政府依据以上法律、法规、条例、地方性法规和规章等，制定的有关流域管理和水土保持方面的规范性文件均属于这一层次，例如《北京市林业局关于禁止乱砍、滥伐森林的通知》、《山西省吉县关于土地管理法的实施办法》等。这样就从上到下形成了一个完整的法制管理实施体系，使我国的流域管理和水土保持工作可以依法预防、依法监督、依法治理和依法管护。

综上所述，我国的流域管理和水土保持法规体系由一系列具体的实施细则、条例、规定、办法和规范性文件所组成。从上到下建立的法律、法规体系要遵守两个基本原则，即下级法规与上级法规不能相抵触，同时下一级法规要将上一级的法律、法规更加具体化和细化。这样，就要求各地方政府在国家制定的有关水土资源保护和利用法律的基础上，根据本地的实际情况和实践需要不断充实和完善各项配套规章和办法。

2. 我国流域管理机构体系

根据国家法律规定，我国建立了从中央到地方各级政府以水行政部门为主管的、由各相关部门相互分工参与的流域管理体制，形成了国家、省（自治区、直辖市）、区、县、乡（镇）5 级管理体系。在这一体系中，管理机构包括国务院的水利部、农业部、国家环境保护总局、国家林业局、国家土地管理局等及其下属部门如省水利厅、林业厅、农业局、环保局等以及有关流域管理局如黄河中上游管理局、长江水利委员会、海河水利委员会、淮河水利委员会等。

15.2.7　我国流域管理监督执法

1. 流域管理监督执法意义

监督是一个综合的动态过程，是一种特殊的管理活动，是在社会分工和共同劳动条件下产生的一种管理职能，是人们为达到某种目标而对社会运行过程实行的检查审核、监察督导和防患于未然的活动。

流域管理监督属于行政监督范畴。行政是国家意志的表达功能和国家意志的执行功能，是人们通常所说的“政治”的重要组成部分和具体表现形式。流域管理监督是国家有关主管部门及其所属监督管理机构按照有关流域管理方面法律、法规规定的权限、程序和方式，对有关公民、法人和其他组织在流域内的行为活动的合法性和有效性进行的监察督导。

（1）流域管理监督执法是贯彻执行有关流域法规的需要

20 世纪 50 年代以来，我国相继颁布了一系列流域管理方面的法律、法规和政策。这些法律、法规和政策，只有得到认真贯彻执行，才能发挥应有的作用。但是从实际情况看，人们对有关流域法规的贯彻执行，还存在着认识上的差异和利益矛盾问题，影响了法规贯彻执行的效果。因此，为了保证有关流域管理法规和政策的全面贯彻执行、有效控制不合理的人为活动，必须强化流域管理的监督执法。

(2)流域管理监督执法是促进国民经济持续、稳定、协调发展的需要

自然资源和生态环境是人类生存和发展的重要前提和基本条件,是经济和社会发展的基础。合理利用自然资源,保护好生态环境,实现可持续发展,是我国现代化建设中必须始终坚持的一项基本方针。由于我国人口多,自然资源贫乏,生态环境恶化的趋势尚未得到有效遏制,因此通过开展流域管理监督执法,使流域开发建设与自然资源和环境保护同步进行,为国民经济的持续、快速、健康发展提供保障。

(3)流域管理监督执法是保护自然资源和生态环境的重要措施

自然资源大多为非再生资源,生态环境破坏容易但恢复困难。新中国成立以来的实践证明,开展流域管理监督执法是一项行之有效的措施或手段。广泛深入地宣传有关法规和政策、不断制定和完善相关法规和政策、提高全民的法制观念、加强流域管理的监督执法,可以防患于未然,减少对自然资源和生态环境的破坏。

(4)流域管理监督执法是巩固现有成果的有效措施

保护好生态环境并合理利用自然资源,巩固现有成果,是流域管理监督执法的主要内容。自然资源的合理开发利用和环境的有效保护,是人民群众和各级人民政府在投入了大量财力、物力和人力经过几十年努力得来的。如果不加强有效监督执法,不仅影响到自然资源的合理利用,而且会导致生态环境遭到破坏,进而影响到人民群众的积极性以及社会稳定和可持续发展。因此,加强流域管理监督执法,依法打击各种违法犯罪行为,对于巩固现有成果是一项极为重要的措施。

2. 流域管理监督执法内容

流域管理监督执法的内容十分广泛,根据有关流域法规和政策可以归纳为以下几个主要方面:

①对流域内农业生产活动的监督。根据水土保持法规的规定,对开垦禁垦陡坡地的行为或开垦禁垦坡度10°以下5°以上荒坡地的行为和活动,由水土保持监督部门进行监督管理。

②对流域内林业生产活动的监督。根据森林法的规定,采伐森林或林木以及林业经营活动由林业主管部门监督实施。

③对交通、水利工程、工矿企业生产建设活动的监督。根据水法、土地管理法、水土保持法和渔业法等规定,通过审批方案、现场检查以及验收设施等方法,对流域内的交通、水利工程、工矿企业等生产建设活动进行监督执法。

④对取土、挖沙、采石开垦荒坡地等生产活动的监督。因取土、挖沙、采石等活动可能引起水土流失、影响行洪安全等,因此根据水法、防洪法、水土保持法等的规定,对流域内的这些生产活动进行监督。

⑤对水土资源开发利用的监督。根据水法、渔业法、防洪法、土地管理法等的有关规定,对流域内水土资源的开发利用状况进行监督管理。

⑥对流域内企业排放污染物的监督。根据环境法的规定,对流域内企业生产过程中的“三废”排放状况进行监督执法。

⑦对流域内从事采挖药材、养柞蚕、烧木炭、烧砖瓦等副业生产进行监督管理。

⑧对流域内的特殊区域进行监督管理。根据环境法的有关规定,对流域内的自然保护区、国家公园、文物古迹等特殊区域进行监督检查。

⑨对流域内重要设施进行监督保护

15.2.8　我国流域管理相关法规简介

1. 水土保持法

我国水土保持历史悠久，经验丰富，历代都曾制定过一些与水土保持有关的政策、规定，但都不系统完整。1949 年以来，我国政府制定了不少水土保持方面的法规及政策。例如，1952 年由政务院发布的《关于发动群众继续开展防旱、抗旱运动，并大力推行水土保持工作的指示》，1957 年国务院发布了《中华人民共和国水土保持暂行纲要》，1963 年国务院发布了《关于黄河中游地区水土保持工作的决定》，60 年代初国务院又发布了《关于开荒挖矿、修筑水利和交通工程应注意水土保持的通知》、《关于迅速采取有效措施，禁止毁林开荒、陡坡开荒的通知》等文件、法规，1982 年国务院制定和颁布了《水土保持工作条例》等。1991 年 6 月由第七届全国人民代表大会常务委员会第二十次会议通过并颁布了《中华人民共和国水土保持法》（简称《水土保持法》），之后又颁布了《中华人民共和国水土保持法实施条例》（简称《水土保持法实施条例》）、《国务院关于水土保持工作的通知》以及关于贯彻执行《水土保持法实施条例》有关规定的通知等，使我国水土保持立法进入一个新阶段，为水土保持法规体系的形成奠定了坚实的基础。

《水土保持法》包括 6 章共 42 条，对水土保持法的总则、预防、治理、监督、法律责任等作了详细的规定。

2. 水法

《水法》是我国水资源保护和利用方面的基本法律，对水资源保护的方针和基本原则、保护的对象和范围、水资源保护和污染防治的主要对策和措施、水资源管理机构及其职责、水资源管理制度以及违反水法的法律责任等重大问题作出了规定。《水法》对流域管理中的水问题主要体现在第 4、5、6、11、13、18、22、24、28、40、41、42 和 44 条。

3. 土地管理法

现行土地资源保护法规主要是《土地管理法》。就流域管理而言，该法详细地规定了土地资源的保护问题，其主要内容包含在第 1、3、14、15、17、18 和 20 条。

4. 防洪法

《中华人民共和国防洪法》经 1997 年 8 月第八届全国人民代表大会常务委员会第二十七次会议审议通过，于 1998 年 1 月 1 日起实施。涉及水土保持方面的内容主要有第 4、5、9、13、23 和 25 条。

5. 森林法

1998 年 4 月经第九届全国人民代表大会常务委员会第二次会议通过的《关于修改〈中华人民共和国森林法〉的决定》，使得森林资源保护的法规体系进一步完善。该法涉及的流域治理方面的内容有第 1、2、4、5、10、23 和 31 条。

6. 草原法

《草原法》的主要内容是保护草原资源，其中与流域管理有关的内容有第 9、10、11、12、13、14、15 和 16 条。

7. 矿产资源开采法

矿产资源方面的立法是开发利用矿产资源和保护环境、促进国民经济发展的有力保障，也是解决矿产资源利用方面存在问题的关键手段。《中华人民共和国矿产资源法》包括 7 章 50 条，其中反映资源开发与保护方面的主要内容有 1、6、17、18、26 和 30 条。

15.3 流域管理中的社会与经济问题

流域水土资源具有自然属性和社会属性双重性质。流域管理既涉及经济效益,同时也涉及社会效益和生态环境效益。流域治理措施的选取、工程选址与建设及其投资与利益分配以及上下游利益分配等问题是影响流域管理效果的重要问题,有时甚至可能成为决定流域治理成功与否的关键。因此,在流域管理过程中,除了考虑技术因素外,应同时考虑社会因素以及经济利益的分配与协调问题,准确、详细地掌握所研究流域的社会经济状况以及水土保持经济效益、社会效益及其利益分配等方面的基本资料。

15.3.1 社会与经济状况调查

1. 人口与劳动力

小流域内人口与劳动力调查的主要内容包括户数、人口、劳动力和人口素质等。

(1)户数

小流域内户数系指参加当地乡(镇)、农村合作经济组织,并从中直接取得实物、现金收入和从承包的生产任务中获得实物、现金收入的农业户,同时还包括当地乡(镇)以及村各级举办的工业厂社、交通运输队、服务业及公共饮食业店铺、文教卫生等非农业户,但不包括小流域内全民所有制的机关、团机、学校企事业单位等集体户。

(2)人口

人口系指小流域内户数中的常住人口,包括常住人口中外出的民工、合同工及户口在家的在外学生,但不包括户口在家领取工资的国家职工。人口可按不同性别和年龄分成若干个年龄组。小流域内单位面积上的平均人口数量称之为小流域人口密度,通常用人/km^2 表示。

出生和死亡是小流域内人口自然变动的两个基本因素。人口出生率、人口死亡率和人口自然增长率是表示小流域内人口变动程度的指标。

$$出生率=\frac{年内出生人数}{年平均人口数(或年中人口数)}\times 1\,000‰ \tag{15-1}$$

$$死亡率=\frac{年内死亡人数}{年平均人口数(或年中人口数)}\times 1\,000‰ \tag{15-2}$$

$$人口自然增长率=\frac{年内出生人数-年内死亡人数}{年平均人口数(或年中人口数)}\times 1\,000‰ \tag{15-3}$$

(3)劳动力

小流域范围内的劳动力是指小流域人口中在劳动年龄以内、且具有劳动能力的人。但16岁以上的在校学生和由国家支付工资的职工不包括在内。按主要从事劳动的对象不同,小流域范围内的劳动力一般可分属于农业、乡办工业、建筑业、交通邮电业、商业、饮食业、服务业、文教卫生和科学研究等部门。

(4)人口素质

人口素质主要包括人口的体力和智力两个方面。反映人口智力状况的标志一般采用文化程度、科技水平、劳动技能和生产经验等指标,而人口的体力强弱和呆、傻、残疾人数量的多少或所占比例的大小,在一定程度上也反映了小流域范围内的人口素质。

小流域范围内人口与劳力统计调查内容见表15-1。

表 15-1　小流域人口劳动力统计调查表

乡村	总户数			总人口			人口年龄结构															人口密度/（人/km²）	人口自然增长/‰	其中		
	合计	其中		合计	其中		男							女										年内出生人口	年内死亡人数	年平均人数
		农业户	非农业户		男	女	1～6 岁	7～15 岁	16～60 岁				60 岁以上	1～6 岁	7～15 岁	16～55 岁				55 岁以上	18～49 岁					
									小计	16～17 岁	18～50 岁	51～60 岁				小计	16～17 岁	18～45 岁	46～55 岁							

人口素质											总劳动力									各业中劳动力人数																	社会负担系数/%	备注
健康状况			文化状况								合计	整劳力	半劳力	男			女			农业						乡办工业	建筑业	交通邮电	商业	餐饮业	服务业	文教卫生社会福利	科学研究	乡务管理	外出临时工	其他		
强	弱	呆傻残疾人数	文盲	小学	初中	高中	中专	大专	大学	其中在校学生数				小计	其中		小计	其中		合计	农业	林业	牧业	副业	渔业													
															整劳力	半劳力		整劳力	半劳力																			

调查人：

2. 土地类型与利用

小流域内土地类型与利用调查的主要内容包括土地分类、土地评价以及土地利用方式等。

(1)土地分类

在小流域范围内,由于自然和人为因素的差异,土地利用方式各不相同。为了做到有计划地合理利用,需将土地加以分类。

根据土地生产能力,土地一般可划分为八级(表 15-2)。

表 15-2 土地生产力分级表

级别	适用条件	级别	适用条件
Ⅰ	用于一般种植业最好的地	Ⅴ	只适于牧业
Ⅱ	农用时有中等的限制性	Ⅵ	只适宜于林业
Ⅲ	农用时有严重的限制性	Ⅶ	只适于采摘
Ⅳ	只适用于特定作物或需特定管理	Ⅷ	无法利用

也可根据土地对某种特定用途的不同适宜性,将土地分为纲、级、亚级和组四级。每级抓住 1~2 个主要影响因素,由大而小、由综合而具体、由自然而经济进行各级的进一步细分。

纲一般分为适宜、有条件适宜和不适宜;级分为高度适宜、中度适宜、勉强适宜、当前不适宜及永久不适宜;亚级按土地主要限制因素的类型划分。例如,当干旱为主要限制因素时,可将土壤水分作为进一步划分亚级的指标;组则根据亚级限制因素的严重程度来进一步划分,如土层厚度、养分含量等。组一级的划分一般应落实到具体地块。根据不同的土地利用需要,绘制不同比例尺的土地适宜性分布图,供规划和设计时使用。

(2)土地质量评价

为合理利用土地,必须先了解土地的质量,做出定性或定量评价。为便于土地质量的评价,可把小流域区域内土地资源的坡度、坡向、土壤侵蚀类型、土壤水分、土壤有机质、土壤质地或灌溉条件等特征,作为小流域土地质量评价的基本指标。

(3)土地利用

土地利用是土地资源在生产生活上的利用方式和利用状况的总称。流域土地利用类型一般分为农业用地和其他用地两大类。

①农业用地。按照土地的用途,可把小流域区域内的农业用地进一步划分为耕地、园地、林地、草地、可养殖水面或宜垦荒地等类型。

耕地是指小流域范围内种植农作物并经常耕锄的田地,包括熟地、当年新开荒地、连续撂荒未满三年的耕地和当年的休耕地。以种植农作物为主,并附带种植林木的土地应包括在内。小流域的耕地面积占土地总面积的比值称作为小流域垦殖指数,它反映了农作物生产占用土地资源的情况,可按式(15-4)计算。

$$\text{垦殖指数}=\frac{\text{耕地面积}}{\text{小流域总面积}}\times 100\% \tag{15-4}$$

林地是指小流域范围内用于种植各种林木的土地,包括天然林地和人工林地等。以林木为主兼作粮草的土地,应包括在内。

小流域森林面积占流域总面积的比值称为小流域森林覆盖率，这一指标反映了小流域森林资源的丰富程度。森林覆盖率按式(15-5)计算。

$$森林覆盖率=\frac{森林面积}{小流域总面积}\times 100\% \tag{15-5}$$

园地是指专门种植果、茶、桑、橡胶和热带作物的土地。草地是指小流域范围内生长草类用于放牧和刈割饲草的土地，包括天然草地和人工草地等。以草本植物为主，间有林木的土地应包括在内。可养殖水面系指小流域范围内的河流、湖泊、水库和水塘等可供养殖的水面。宜垦荒地是指尚未开发利用而适宜垦殖的土地，包括各种荒山、荒坡和荒地等。

②其他用地。除上述各种农业用地之外，流域内土地还包括工矿用地、交通用地和农村居民点用地以及目前尚难利用的土地(裸岩、沙漠、河沟床、陡岸等)。因此，无论是调查土地利用现状，还是制定土地利用规划，都需要对小流域区域内土地资源进行全面深入地了解。土地类型与利用现状统计调查内容见表 15-3。

3. *劳动技术装备程度*

小流域区域内劳动技术装备程度统计调查主要内容包括劳动工具及其他劳动资料等。

(1)劳动工具

农机具是小流域劳动工具中的主要组成部分，可根据目前农机统计制度对农机具进行分类。此外，乡办工业和乡、村、户联办或户办的商业、运输、建筑、饮食服务等行业机械设备，如乡办工业的动力设备、工作机械，乡、村各级专业运输组织的车辆，建筑业的建筑机械等，也属于小流域区域内劳动工具统计调查的范畴。在进行小流域劳动工具统计调查时，应正确掌握其分类范围，对不同行业兼用的劳动工具，应根据其主要用途归类统计，以防重复和遗漏。

小流域区域内机械总动力是指用于农、林、牧、副、渔业及其他行业各种动力机械的动力总和。小流域机械总动力的计算，应从第一次原动力(最初供应动力的动力机械)中扣除用于发电机的能力，再加上用于生产的全部电动机和电气器械的能力。机械总动力单位用 kW 表示。

(2)电力装备

电力装备调查主要是统计小流域的用电量。小流域用电量是指在本年度内扣除在小流域内的全民所有制工业、交通、基建单位的用电量以后的小流域全年累计用电总量(kW・h)。总用电量包括国家电网的供电量和小流域自办电站的发电量之和。

(3)水利设施

小流域水利设施的统计调查范围包括县级以下政府或组织拥有的小型农田水利工程的数量及其所有灌溉设施的实际效益等。水利设施包括水库、灌区、扬水站(点)、塘坝或机电井等。根据调查结果，计算流域的农田水利化程度。

$$\begin{aligned}有效灌溉面积&=地表水灌溉面积+地下水灌溉面积\\&=渠灌面积+井灌面积+井渠混灌面积\end{aligned} \tag{15-6}$$

$$农田水利化程度=\frac{报告期末的有效灌溉面积}{报告期末的耕地面积}\times 100\% \tag{15-7}$$

表 15-3　小流域土地类型与利用现状统计调查表

乡村	土地总面积	耕地					园地				林地				草地				养殖水面		可耕荒地		其他用地						尚难利用土地		垦殖指数/%	森林覆盖率/%	土地利用率/%	备注
		小计	占总面积/%	其中			小计	占总面积/%	其中		小计	占总面积/%	其中		小计	占总面积/%	其中		面积	占总面积/%	面积	占总面积/%	合计	占总面积/%	其中				面积	占总面积/%				
				旱地	水浇地	水田			果园	茶园			天然林	人工林			天然草地	人工草地							工矿	交通	居民点	其他						

调查人：

(4)化肥与农药

农用化肥施用量按元素含量分类统计调查,以了解化肥施用水平以及土壤中氮、磷、钾含量与构成,因此既需统计混含量,也需统计折纯量。混合量是指化肥施用的实物量,将报告期内所有施用的化肥,不管质量高低,一律按实物量进行加总;折纯量是指将施用的各种氮肥、磷肥和钾肥分别按含氮、五氧化二磷和氧化钾的百分比进行折算以后的数量。

报告期内用于农作物除害灭病的各种农药,均属于农药施用量的统计范围,因此应按实物量调查统计。

(5)其他劳动资料

其他劳动资料的调查内容包括直接用于小流域的农业、工业、建筑业、运输业、商业、饮食业、服务业等物质生产的房屋和建筑物等劳动资料。

小流域物质生产领域内劳动者平均拥有的劳动工具和其他劳动资料的数量称之为小流域劳动技术装备程度,通常用生产性固定资产价值与物质生产领域劳动者数量之比表示。小流域劳动技术装备程度反映了小流域的生产力发展水平,它是人类征服自然和利用自然的重要标志,也是科学技术发展水平的指示器。小流域劳动技术装备程度统计调查内容见表 15-4。

4. 总产品与收益分配

小流域区域内总产品与收益分配的统计调查内容主要包括小流域区域的总产值、总收入、纯收入及其分配等内容。

(1)总产值

小流域区域内总产值是指以货币形式表现的小流域中各个物质生产部门在一定时期内所创造的全部价值的总和。其统计范围一般包括小流域范围内所有乡(镇)、村及村以下各种合作经济组织和农户从事的农业、工业、建筑业、运输业、商业、饮食业活动所生产的产值。计算产值指标的价格有现行价格和不变价格两种。

①农业总产值。农业总产值是指以货币形式表现的农、林、牧、副、渔五业产品价值的总和。农业(种植业)产品包括粮食作物、经济作用和其他作物以及水果、茶、桑、特种作物等产品。林业产品包括人工林生长量,采集的各种林产品和为了竹木正常生长而采伐的竹木产品等。牧业产品包括大小牲畜繁殖、增长和增重,家禽的增重,各种畜禽提供的奶、毛、蛋类等产品以及其他饲养动物的产品等。副业产品包括采集的野生动物,捕猎的野兽、野禽以及依附于农业的副业生产的产品等。渔业产品包括养殖的水生动物产品和捕捞的天然水生动物产品。

②工业总产值。工业总产值是指以货币形式表现的工业企业生产的产品价值总量。工业总产值包括成品价值、半成品价值和对外承做的工业性产业的价值。小流域工业产值包括乡(镇)办企业的工业产值、村办企业的工业产值和村以下所办企业的工业产值三部分。

③建筑业总产值。建筑业总产值是指以货币形式表现的建筑生产活动的总成果,包括各种建筑物的建筑工程产值、各种机械设备的安装工程产值、建筑物和房屋修理产值以及与工程项目有关的勘测设计和地质勘探活动所创造的产值。

④交通运输业总产值。物质产品转运和旅客运送活动后所增加的那一部分价值即为交通运输业总产值。交通运输业产值按交通运输单位的转运和运送收入计算。小流域内交通运输业包括水运、汽车运输、拖拉机运输、兽力车运输、人力车运输和装卸搬运等货物运输或旅客运送等。

表 15-4 小流域劳动技术装备统计调查表

乡村	劳动技术装备程度/(元/劳动力)	小流域机械总动力/kW	生产性固定资产价值/万元	劳动工具/(台、件/kW)										总用电功率/kW	水科设施								化肥		农药使用量/t	牲畜数量/头	生产用房屋和建筑物/m^3	其他
				合计	其中										工程项目						有效灌溉面积/亩	农田水利化程度/%	总使用量/t	单位面积使用量/(t/亩)				
					主要农机具								其他行业机械设备		水库/(座/万 m^3)	渠道/(条/km)	塘坝/(座/万 m^3)	扬水站/处	机电井/眼	其他/项								
					小计	农业机械	林业机械	牧业机械	副业机械	渔业机械	农田建设机械	半机械化农具																

调查人： 年 月 日

⑤商业与饮食业总产值。小流域内商业总产值是指农村供销合作社以及其他各种合作组织或农户从事商业活动所创造的产值。商业总产值按商品流程费、税金和销售利润的总和来计算，也可以根据当地商品零售额乘以购销差价率再减去托运费和装卸费来估算。

小流域饮食业总产值是指小流域内各种合作经济组织或农户从事饮食业活动所创造的产值。饮食业总产值按饮食业营业额计算。

(2)总收入

总收入也叫可分配总收入。总收入是指全流域当年经营的收入中可用以抵偿本年度的开支，并且在国家、集体、个人之间进行分配的农、林、牧、副、渔、运输、商业、饮食业、服务业等各项经营收入以及利息、租金等非生产收入。总收入不包括那些不用来分配、属于借贷性质或暂收性质的收入，如贷款收入、预购定金、国家投资等。总收入只计算当年可以支配的收入，对产品的出售部分按实际出售价格计算，集体和个人留用部分按国家统购或收购价格计算。

小流域区域内总收入按收入来源可分为农业(种植业)收入、林业收入、牧业收入、采集业收入、渔业收入和其他收入等。

农业(种植业)收入包括当年收获到手的粮食、经济作物、蔬菜、茶叶、水果、水生植物等主要产品和副产品的全部收入。但用于生产的绿肥、青饲料等不作为收入。林业收入包括核桃、板栗、荆柳条，各种腊杆、林木籽实等各种林产品收入和采伐木材收入以及出售树苗的收入。牧业收入包括出售和屠宰的家畜、家禽，其他小动物和畜、禽产品(如蛋类、羊毛、蜂蜜等)的收入。但畜禽的厩肥不作为收入计算。采集业收入包括采摘野生植物收入以及捕猎野兽和野禽收入。在村级以下所办工业收入中，接受委托加工的产品按加工费计算收入，其他产品按产品的全部价值计算收入。渔业收入包括捕捞天然水生的和人工养殖的淡水产品的实际收入，包括出售的和分给个人的在内。其他收入是指上述各项生产经营收入以外的其他收入，如乡村企业下拨收入，运输、商业、饮食业和服务业的收入，利息收入，租金收入以及变卖固定资产收入中用于分配部分的收入等。

(3)费用支出

费用支出指实现当年各项生产经营收入应由当年负担的各项费用开支，包括生产费用、管理费用和其他费用三项。

生产费用是指为实现当年各项生产经营收入应由当年负担的各项生产费用支出。生产费用可分为农业生产费用、林业生产费用、牧业生产费用、副业生产费用、渔业生产费用、固定资产折旧费以及其他生产费用。

农业生产费用包括当年种植各种农作物、茶叶、水果、水生植物等支付的生产费用，如种籽、肥料、农药、小农具购置以及修理费、油料费、耕畜饲料费、饲草费、机耕费、电费等。当年没有收益的多年生农作物的生产费用，应按年度分摊，不应全部计算为当年的生产费用。

林业生产费用指为取得林业收入而支付的生产费用，如树种、树苗、农药和小型农具购置维修等支出，但不包括林业基建投资。

牧业生产费用是指为取得各种牧业收入而支付的费用，如牛、羊、猪、家禽等的饲草、防疫医疗费，小型用具的购置和维修支出等，但不包括役畜的饲料费。

副业生产费用包括副业生产中所消耗的原材料、燃料、小型工具购置和设备维修等支出。凡是工副业产品按全价计算收入的，其原材料不论是自产的，还是购进的，都应作为费用支出。

渔业生产费用包括养殖、捕捞水生动物生产过程中的各项开支，如饵料、小型渔具和用具的购置维修、油料费等支出，但不包括购置固定资产支出。

固定资产折旧费是指经营单位从当年生产费中提取用于更新固定资产和固定资产大修理的费用。这是补偿固定资产在使用过程中，逐年磨损等原因而减少的部分价值。固定资产折旧费按式(15-8)计算。

$$当年固定资产折旧总额=当年固定资产原始价值总额\times 折旧率 \tag{15-8}$$

其他生产费用是指上述各项生产费用中未包括的其他用于生产的费用，如交通运输费、生产工具的租用费等。

管理费用是指当年经营管理方面的开支，如办公用品、照明、取暖费等开支以及差旅费等。管理费用包括上交的各种管理费，但专项生产业务的差旅费不包括在内。

其他费用是指生产费用和管理费用以外的杂项开支。如科研费、贷款利息、库存物资盈亏、雇工支出等。

5. 收益分配

小流域区域内纯收入亦称“收益”。纯收入是指从当年可分配总收入中扣除当年各项费用支出后的剩余部分。纯收入按照兼顾国家、集体和个人三者利益的原则进行分配，即缴纳国家税金、提留公共积累和支付劳动报酬。纯收入按式(15-9)计算。

$$纯收入=国家税收+集体提留+个人所得 \tag{15-9}$$

国家税收是指当年按照税法规定向国家缴纳的各种税金，如农业税、农林特产税和屠宰税等以及公益(积)金两部分。公积金是指包干上交和统一经营中提留的用于扩大再生产的资金，公益金是指集体提留中，用于支付五保户、军烈属、困难户、民办教师、农村医生等人员生活补助和举办集体福利事业的费用。支付给集体经济组织成员的劳动报酬部分应按劳分配。在以户为单位实行联产承包制的情况下，通常采用包干分配的办法，即承包户在完成国家和集体规定的应承担的义务之外，其余收入归己。个人所得是指农民从合作经济和自营经济的总收入中，扣除各项费用、国家税金和集体提留后的余额，以及农民从乡(镇)、村企业直接得到的工资收入的总和。

小流域总产品与收益分配统计调查内容，见表 15-5。

6. 人民生活水平

小流域人民生活水平统计调查的主要内容包括物质生活消费支出、文化生活消费支出以及能反映小流域人民生活水平的主要指标等。

(1)人民生活水平指标

为了简便实用，人民生活水平统计调查时可选择有代表性的人均消费水平、人均口粮、人均居住面积、学龄儿童入学率、文化站个数、平均寿命等主要指标进行统计调查。

(2)人民生活消费支出

人民生活消费支出包括物质生活消费支出和文化生活费支出。物质生活消费支出是指调查年内小流域人口的食品费、衣着费、住房费、燃料费、日用品费和其他物质生活费用支出。文化生活费支出包括调查年内小流域人口的文娱费、教育费、卫生费、交通费、邮电费和其他文化生活消费支出。

小流域人口用于物质生活和文化生活方面的实际支出，直接反映了小流域人口的生活水平，是研究小流域人口消费结构变化的基础。

小流域人口生活水平统计调查内容，见表 15-6。

表 15-5 小流域总产品与收益分配统计调查表

单位：万元

乡村	小流域总产值	其中																				小流域总收入	其中						其他行业总收入
		农业												工业		建筑业		交通运输业		商业、餐饮业			农业总收入						
		小计		种植业		林业		牧业		副业		渔业		产值	占总产值/%	产值	占总产值/%	产值	占总产值/%	产值	占总产值/%		小计	种植业	林业	牧业	副业	渔业	
		产值	占农业产值/%	产值	占农业产值/%	产值	占农业产值/%	产值	占农业产值/%	产值	占农业产值/%	产值	占农业产值/%																

小流域总费用	其中										小流域纯收入	其中							小流域收益分配					小流域综合劳动生产率/(产值/劳动率)	小流域人均纯收入/(元/人)	备注
	生产费用								管理费	其他费用		农业纯收入						其他行业纯收入	国家税收	集体提留	其中		个人所得			
	小计	种植业	林业	牧业	副业	渔业	固定资产折旧	其他行业				小计	种植业	林业	牧业	副业	渔业				公积金	公益金				

调查人： 年 月 日

表 15-6　小流域人口生活水平统计调查表

乡村	人均生活水平/(元/人)	生活消费支出/万元	其中													人均口粮/kg	人均居住面积/m²	学龄儿童入学率/%	文化站数/个	平均寿命/岁	备注
			物质生活消费/万元							文化生活消费											
			小计	食品	衣着	日用品	住房	燃料	其他	小计	文娱	教育	卫生	交通、邮电	其他						

调查人：　　　　　　　　　　　　　　年　　月　　日

15.3.2 水土保持经济效益的测定与计算

1. 经济效益测定

(1)梯田、保土耕作、坝地、引洪漫地等增加粮食产量的测定

根据 GB/T 15773—1995《水土保持综合治理验收规范》附录 D 中规定的抽样比例，在大田中对有水土保持措施和无水土保持措施的地块，在规定规范内，按“田”字形在纵横 9 个交会点上分别各选 9 个 2 m×2 m 样方，测定其粮食产量，再分别推算整个大田产量。用有措施大田的产量减去无措施大田的产量，算得各项治理措施的增产量。

(2)种草与封坡育草增产牧草数量的测定

根据 GBT 15773—1995 附录 D 中规定的抽样比例，对种草、育草荒坡与无措施荒坡，在规定范围内按“田”字形分别各选 9 个 5 m×5 m 样方，测定其产草量，再分别推算规定范围内的总产草量。用种草、育草地的产草量，分别减去无措施荒坡的产草量，算得种草或育草增加的产草量。

(3)造林与封山育林增产枝条数量的测定

根据 GB/T 15773—1995 附录 D 中规定的抽样比例，对造林、育林的荒坡与无措施的荒坡残林地，在规定范围内按“田”字形分别各选 9 个 10 m×10 m 样方，测定其枝条产量，再分别推算其规定范围内的枝条总产量。用造林或育林地的枝条产量，分别减去无措施地的枝条产量，算得造林或育林增加的枝条产量。

(4)经济林与果园增加果品产量的测定

根据 GB/T 15773—1995 附录 D 中规定的抽样比例，对经济林和果园，在规定的范围内按“田”字形分别各选 9 个 30 m×30 m 样方，在样方内再按“田”字形选 9 株果树，分别测定每株的果品产量，进而推算每公顷面积上的果品产量。取观测所得的各公顷产量平均值，推算规定范围内的果品总量。

2. 水土保持经济效益计算

(1)经济效益的类别与性质

水土保持经济效益分直接经济效益与间接经济效益两类，分别采取不同的计算方法计算。直接经济效益包括实施水土保持措施的土地上生长的植物产品(未经任何加工转化)产量与未实施水土保持措施土地上的产品产量的差值。其增产量或增产值按以下几个类别分类进行计算：梯田、坝地、小片水地、引洪漫地、保土耕作法等增产的粮食与经济作物数量；果园、经济林等增产的果品数量；种草、育草和水土保持林增产的饲草(树叶与灌木林间放牧)和其他草产品数量；水土保持林增产的枝条和木材蓄积量。

间接经济效益是指在直接经济效益的基础上，经过加工转化，进一步产生的经济效益。间接经济效益主要包括两方面内容：①基本农田增产后，促进陡坡退耕，改少种薄收为少种高产多收，从而节约出的土地和劳工，应分别计算其数量和价值。但这一部分内容不包括将节约的土地用于林、牧、副业后增加的产品和产值。②直接经济效益的各类产品，经过就地一次性加工转化后提高的产值(如饲草养畜、枝条编筐、果品加工、粮食再加工等)，分别计算其间接经济效益。任何二次加工所增加的产值不应计入此部分内容。

(2)直接经济效益的计算

以单项水土保持措施的增产量与增产值计算为基础，将各个单项措施增加的经济效益相

加，即为综合措施的经济效益。

单项水土保持措施水土保持经济效益的计算，包括以下五个步骤：

①单位面积年增产量(Δp)与年毛增产值(Z)和年净增产值(j)的计算。

②治理(或规划)期末，有效治理面积(F_e)、年增产量(Δp_e)与年毛增产值(Z_e)和年净增产值(J_e)的计算。

③治理(或规划)期末，累计有效治理面积(F_r)、累计增产量(Δp_r)与累计毛增产值(Z_r)和累计净增产值(J_r)的计算。

④措施全部充分生效时，有效治理面积(F_t)、年增产量(Δp_t)与年毛增产值(Z_t)和年净增产值(J_t)的计算。

⑤措施全部充分生效时，累计有效面积(F_{tr})、累计增产量(Δp_{tr})与累计毛产产值(Z_{tr})和累计净增产值(J_{tr})的计算。

通过①、②和④三项的计算，了解该措施一年内的增产能力；通过③和⑤两项的计算，了解在某一阶段内产生的实际增产效益。

(3)产投比与回收年限的计算

根据上述①、②和④三项增产效益的计算结果，与相应单位面积(或实施面积)基本建设投资之比，分别算得该三项内容的产投比。产投比 K 按式(15-10)计算：

$$K = j/d \tag{15-10}$$

式中，j 为单项措施生效年单位面积的净增产值(元/hm^2)；d 为单项措施单位面积的基本建设投资(元/hm^2)。

在算得单位面积产投比的基础上，进一步计算基本建设投资的回收年限。基本建设投资回收年限 H 按式(15-11)计算：

$$H = m + d/j = m + 1/K \tag{15-11}$$

式中，m 为该项措施生效需时(a)。

式(15-9)算得的产投比 K，只代表一年的增产效益，未能全面反映水土保持措施一次基建投资后若干年内应有的增产效益。要想全面了解水土保持措施的实施效益，还应计算措施实施期末的产投比和全部措施生效时的产投比。措施实施期末的产投比 K_t，按以下步骤计算。

基本建设总投资 D 按式(15-12)计算：

$$D = Fd = nfd \tag{15-12}$$

式中，F 为该项措施实施总面积(hm^2)；f 为该项措施年均实施面积(hm^2)；n 为该项措施实施期(a)。

累计净增产 J_r 值按式(15-13)计算：

$$J_r = F_t j = fRj \tag{15-13}$$

式中，J_r 为该项措施累计算有效实施面积(hm^2)；R 为该项措施累计有效面积系数。

措施实施期末的产投比 K_t 按式(15-14)计算：

$$K_t = J_r/D = fRj/(nfd) = Rj/(nd) \tag{15-14}$$

全部措施生效时的产投比 K_{tr}，按以下步骤计算：

基本建设总投资 D 按式(15-12)计算。累计净增产值 J_{tr} 按式(15-15)计算：

$$J_{tr} = F_{tr}j = fRtj \tag{15-15}$$

式中，F_{tr} 为该项措施全部生效时累计有效实施面积(hm^2)；R_t 为该项措施全部生效时累计有效面积系数。

全部措施生效时的产投比 K_{tr} 按式(15-16)计算：

$$K_{tr} = J_{tr}/D = fR_rj/(nfd) = R_tj/(nd) \tag{15-16}$$

各类治理措施直接经济效益的计算年限，根据地区类型(水热条件不同)、措施条件(梯田、坝地　林、草)和实施(或规划)主持单位的要求，分别确定。

(4)间接经济效益的计算

水土保持措施的间接经济效益，主要有以下两类，应分别采取不同的计算方法进行计算。

对水土保持产品在当地用于饲养、编织或加工后，其提高的产值部分，其间接经济效益可结合当地牧业、副业生产情况进行计算。

对建设基本农田与种草，提高了农地的单位面积产量和牧地的载畜量，由于增产而节约出的土地和劳工，应按下面步骤计算其间接经济效益。

节约的土地面积 ΔF(hm^2)：

$$\Delta F = F_b - F_a = V/P_b - V/P_a \tag{15-17}$$

式中，V 为满足当地居民生活需要的粮食总产量(kg)；F_b 为满足当地居民生活需要的坡耕地面积(hm^2)；F_a 为满足当地居民生活需要的基本农田面积(hm^2)；P_b 为坡耕地种植粮食时的单位面积产量(kg/hm^2)；P_a 为基本农田种植粮食时的单位面积产量(kg/hm^2)。

节约的劳工 ΔE(工日)

$$\Delta E = E_b - E_a = F_be_b - F_ae_a \tag{15-18}$$

式中，e_b 为坡耕地种植单位面积需要劳工数量(工日/hm^2)；e_a 为基本农田种植单位面积需要的劳工数量(工日/hm^2)；E_b 为坡耕地种植需要的总劳工数量(工日)；E_a 为基本农田种植需要的总劳工数量(工日)。

节约出的土地和劳工，只按规定单价计算其价值，不再计算用于林、牧等业的增产值。种草的间接经济效益，分别计算以草养畜和提高载畜量而节约的土地面积。以草养畜只计算增产的饲草可饲养的牲畜数量(或折算成“羊”单位)以及这些牲畜出栏后的肉、皮、毛、绒的价值，不再计算畜产品加工后提高的产值。种草养畜的效益，应结合当地畜牧业生产进行计算。因提高土地载畜量而节约的牧业用地面积，按式(15-19)计算：

$$\Delta F = F_b - F_a = V/P_b - V/P_a \tag{15-19}$$

式中，V 为发展牲畜总需饲草量(kg)；P_b 为天然草地单位面积产草量(kg/hm^2)；P_a 为人工草地单位面积产草量(kg/hm^2)；F_b 为天然草地总需土地面积(hm^2)；F_a 为人工草地总需土地面积(hm^2)。

15.3.3 水土保持社会效益计算

1. 水土保持社会效益的内涵

水土保持社会效益包括减轻自然灾害和促进社会进步两方面。减轻自然灾害的效益，既可发生在当地，也可发生在治理区的下游。减轻自然灾害的效益主要包括减轻水土流失对土地的破坏(例如沟蚀割切吞蚀土地，面蚀使土地"石化"、"沙化")；减轻沟道、河流的洪水及泥沙危害；减轻风蚀与风沙危害；减轻干旱对农业生产的威胁；减轻滑坡或泥石流危害等。

促进社会进步的效益主要发生在治理区当地，主要包括完善农业基础设施，提高土地生产率，为实现优质、高产、高效的大农业奠定基础；使农村剩余劳力有用武之地，得到高效利用，提高劳动生产率；调整土地利用结构与农村生产结构，使人口、资源、环境与经济发展走上良性循环；促进群众脱贫致富奔小康；提高环境容量，缓解人地矛盾；改善群众生活条件，改善农村社会风尚，提高劳动者素质。

上述两方面的水土保持社会效益，在有条件时都应进行定量计算；不能作定量计算的，根据实际情况作定性描述。

2. 减轻自然灾害的效益计算

①保护土地免遭水土流失破坏的年均面积 Δf，按式(15-20)进行计算：

$$\Delta f = f_b - f_a \tag{15-20}$$

式中，f_b 为治理前年均损失的土地面积(hm^2)，通过调查取得；f_a 为治理后年均损失的土地面积(hm^2)，通过调查取得。

由于水土流失损失的土地包括沟蚀破坏的土地面积和面蚀导致的土地"石化"、"沙化"面积，这些数据都可通过调查取得。

②减轻洪水危害的效益计算，按下列步骤计算：

a. 分别选择治理前、后两次条件相似的降雨事件，计算治理前与治理后流域的洪水总量(W_{b1} 与 W_{a1})；

b. 根据计算区的自然地理条件，分别计算治理前与治理后的洪峰流量(Q_b 与 Q_a)和相应的最高洪水位(H_b 与 H_a)；

c. 调查最高洪水位 H_b 与 H_a 以下的耕地面积和房屋等财产状况，折算为人民币(元)，分别计算出治理前与治理后两次不同洪水位条件下的淹没损失，从而计算因采用水土保持措施而减轻的洪水危害经济损失 ΔX。

$$\Delta X = X_b - X_a \tag{15-21}$$

式中，X_b 为治理前的洪水淹没损失(元)；X_a 为治理后的洪水淹没损失(元)。

根据观测与调查资料，用水文资料统计分析法(简称水文法)和单项措施效益累加法(简称水保法)分别计算因采用水土保持措施而减少沟道和河流泥沙的效益，并将两种方法的计算结果进行比较和互相校核验证，要求二者间的差值不超过20%。

③减轻风沙危害的效益计算。在风沙区和其他有严重风蚀和风沙危害的地区，应计算因采用水土保持措施而保护现有土地不被沙化、改造原有沙地为农林牧生产用地以及减轻风暴、保护生产和交通等三个方面的水土保持效益。

保护现有土地不被沙化的面积按式(15-22)计算：

$$\Delta f = f_b - f_a \tag{15-22}$$

式中，Δf 为保护土地不被沙化的面积(hm^2)；f_b 为治理前每年沙化损失的面积(hm^2)；f_a 为治理后每年沙化损失的面积(hm^2)。f_b 与 f_a 数值可通过调查取得。

改造原有沙地为农林牧生产用地的效益计算应包括两方面内容：①通过造林种草、固定沙丘，使之不再流动。当林草覆盖度达50%以上、枝叶可以利用时，即可计算为农业生产用地。②通过引水拉沙的办法，把沙丘改造为农田。这部分土地计算为新增的农业生产用地。这两方面的效益都需根据治理措施经有关部分正式验收后的面积进行计算。

减轻风暴、保护生产和交通等的效益按以下步骤进行计算：

①减轻风暴的效益。根据调查资料，掌握治理前、后风暴的天数和风力，对治理前后的数据进行对比，分别计算治理后减少风暴的时间(天数)和程度(风力)。

②保护现有耕地正常生产的效益。根据调查资料，按治理后由于减轻风沙危害所节省的劳工、种子、产量等费用估算保护现有耕地正常生产的效益。

③减轻风沙对交通危害的效益。可根据观测或调查资料，按治理后由于减轻风沙危害所减少的每年因风沙埋压影响的交通里程(km)和时间(d)以及清理压沙恢复交通所耗费的人力(工日)和经费(元)估算减轻风沙对交通危害的效益。

④减轻干旱危害的效益。在当地发生旱情(或旱灾)时进行调查统计。根据梯田(梯地)、坝地、引洪漫地、保土耕作法等实施水土保持措施的农地单位面积产量(kg/hm^2)与无水土保持措施的坡耕地单位面积产量(kg/hm^2)进行对比，计算因采取水土保持措施而形成的土地抗旱增产效益。

⑤减轻滑坡和泥流危害的效益。在滑坡或泥石流多发地区进行调查，选取采用治理措施的地段与无治理措施的地段，分别了解其危害情况(土地、房屋和财产等损失，折合为人民币)并进行对比，从而计算因采用治理措施而减轻的滑坡和泥流危害的效益。

3. 促进社会进步的效益计算

促进社会进步的效益由提高土地生产率的效益、提高劳动生产率的效益、改善土地利用结构与农村生产结构的效益、促进群众脱贫致富奔小康的效益、提高环境容量的效益以及其他效益等部分组成。

(1)提高土地生产率的效益

提高土地生产率的效益计算分各业用地的土地生产率和总土地面积上的土地生产率两方面。分别调查统计治理前和治理后的农地、林地、果园、草地等各业土地的单位面积实物产量(kg/m^2)，进行对比，计算因采用水土保持措施而提高的土地生产率情况。

同时，应以整个治理区的土地总面积(km^2)为单元，调查统计治理前和治理后的土地总产值(元)，进行对比，计算因采用水土保持措施而提高的总土地面积上的土地生产率(元/km^2)。

(2)提高劳动生产率的效益

提高劳动生产率的效益计算分粮食生产和农村各业总产两方面。调查统计治理前和治理后的全部农地从播种到收获所用总劳工的数量和粮食总产量，从而求得治理前和治理后单位劳工生产的粮食数量，进行对比，计算因采用水土保持措施而提高的劳动生产率。

同时，以整个治理区为单元，调查统计治理前与治理后农村各业的总产值和投入的总劳工，从而求得治理前与治理后单位劳工的产值，进行对比，计算因采用水土保持措施而提高的劳动生产率。

(3)改善土地利用结构与农村生产结构的效益

以整个治理区为单元，分别计算改善土地利用结构的效益和改善农村生产结构的效益。调查统计治理前与治理后治理区内的农地、林地、牧地、其他用地、未利用地等的土地面积以及各类用地分别占土地总面积的比例(%)，进行对比，计算因采用水土保持措施而改善土地利用结构和农村生产结构的效益，并分析未治理前存在的问题以及采取治理措施的合理性。

(4)促进群众脱贫致富奔小康的效益

以整个治理区为单元，从总体和农户两方面调查统计治理前与治理后全流域内的人均产值与纯收入。并按照国家或地方政府规定的脱贫与小康衡量标准，确定研究区治理前、后贫困户、富裕户和小康户的数量及其变化情况，从而计算采用水土保持措施对群众脱贫致富奔小康的促进效益。

(5)提高环境容量的效益

以整个治理区为单元，从人和牲畜两方面进行调查。统计治理前与治理后全区的人口密度，并结合人均粮食和人均收入等因素，进行对比，计算因采取水土保持措施而提高的人口环境容量的程度。同时，调查统计治理前与治理后全区的牧地、产草量和牲畜头数，分别计算治理前、后的载畜量和饲草量，进行对比，计算因采取水土保持措施而提高的牲畜环境容量的程度。

(6)促进社会进步的其他效益

通过调查统计，对治理前和治理后群众的生活水平、燃料、饲料、肥料、人畜饮水等问题的解决程度以及群众的文化教育状况等进行定量计算或定性描述，从而反映水土保持措施对改善和提高流域社会进步的影响效果以及流域社会进步的变化情况。

思考题

1. 流域规划的基本原则有哪些?
2. 流域管理的目标是什么?
3. 简述我国流域管理的法规与机构。
4. 简述流域管理监督执法的意义。
5. 简述水土保持经济效益的类别与性质。
6. 水土保持社会效益的内容包括哪些?

参考文献

[1]关君蔚. 水土保持原理. 北京：中国林业出版社，1995.
[2]景可，王万忠，郑粉莉. 中国土壤侵蚀与环境. 北京：科学出版社，2005.
[3]焦居仁. 水土保持生态建设法规与标准汇编. 北京：中国标准出版社，2001.
[4]刘震. 水土保持监测技术. 北京：中国大地出版社，2004.
[5]潘剑君. 土壤资源调查与评价. 北京：中国农业出版社，2004.

[6]水利部水土保持司.水土保持监督执法概论.北京:中国法制出版社,1995.
[7]王礼先,Brooks K N.长江中上游水土保持及环境保护.北京:中国林业出版社,1995.
[8]王礼先.水土保持学.北京:中国林业出版社,1997.
[9]王礼先.水土保持工程学.北京:中国林业出版社,2000.
[10]王礼先.流域管理学.北京:中国林业出版社,1999.
[11]张洪江.土壤侵蚀原理.北京:中国林业出版社,2000.

附录　常见水土保持专业术语中英文对照

第1章

非点源污染 non-point pollution
风蚀 wind erosion
生态系统植被恢复 ecological system vegetation restoration
生态效益 ecological benefits
水蚀 water erosion
水土保持 soil and water conservation
水土保持效益评价 evaluation of soil and water conservation benefits
水土流失 soil and water losses
水土流失过程 soil and water loss processes
土地退化 land degradation
土壤侵蚀 soil erosion
污染物迁移过程 pollutant migration process
影响机理 influential mechanisms

第2章

产流机制 mechanisms of runoff generation
降雨动能 rainfall kinetic energy
降雨侵蚀力 rainfall erosivity
降雨特征 rainfall characteristics
坡面径流 slope surface runoff
坡面水文过程 hillslope hydrological process
壤中流 subsurface runoff
入渗过程 infiltration process
入渗率 infiltration rate
下垫面 underlying surface
雨滴动能 raindrop kinetic energy
雨滴分布 raindrop size distribution
雨滴速度 raindrop velocity
雨滴直径 raindrop diameter

第3章

沉积 deposition
风沙流 wind-blown sand
古代侵蚀 ancient erosion,geological erosion
滚动运动 rolling motion
混合侵蚀 mixed erosion
溅蚀 splash erosion
面蚀 sheet erosion
坡度 slope gradient
坡向 slope orientation
坡长 slope length
侵蚀沟 erosion gully
侵蚀类型 soil erosion type
土壤侵蚀营力 erasive forces
土壤质地 soil texture
细沟间侵蚀 interrill erosion
现代侵蚀 modern erosion
悬移运动 suspended-load motion
雨滴击溅侵蚀 raindrop splash erosion
跃移运动 aeolian saltation
植被盖度 vegetation coverage

第4章

保护性耕作 conservation tillage
地面粗糙度 ground roughness
分带轮作 belt crop rotation
风蚀率 wind erosion rate
风蚀强度 wind erosion intensity
隔带种植 tillage of strip intercropping
耕作模式 tillage method
耕作侵蚀 tillage erosion
耕作侵蚀率 tillage erosion rate
耕作侵蚀模型 tillage erosion model
耕作位移 tillage translocation
灌溉侵蚀 irrigation erosion
降雨径流侵蚀 rainfall runoff erosion
农地土壤侵蚀 soil erosion in farmland
水体富营养化 nutrient enrichment of waters

水资源损失 water resource loss
土壤持水性 soil water-holding capacity
土壤导水性 soil hydraulic conductivity
土壤机械组成 soil mechanical composition
土壤结构 soil structure
土壤孔隙度 soil porosity
土壤流失 soil loss
土壤剖面 soil profile
土壤容重 soil bulk density
土壤微生物环境 soil microbial environment
团聚体稳定性 aggregate stability
养分径流损失 nutrient loss by runoff
养分淋溶 nutrient leaching
有机碳 organic carbon
有机质 organic matter
种植模式 cropping pattern

第 5 章

地理信息系统 geographic information system
分布式模型 distributed model
风蚀量 wind erosion amount
概念模型 conceptual model
集总式模型 lumped model
经验模型 empirical model
流域产沙模型 watershed sediment model
年产沙模数 annual sediment delivery
年径流模数 annual runoff rate
坡面土壤侵蚀模型 hill slope soil erosion model
数字高程模型 digital elevation model
土壤风蚀模型 wind erosion model
土壤可蚀性 soil erodibility
土壤流失量 soil loss amount
土壤侵蚀预报模型 soil erosion prediction model
物理模型 physical model
预报模型 prediction model

第 6 章

标准径流小区 standard runoff plots
产流产沙过程 runoff-sediment process

定量评价 quantitative evaluation
动态监测 dynamic monitoring
集水区 water catchment
径流观测小区 runoff observation plots
径流观测站 runoff observatory
径流小区法 runoff plots method
全球定位系统 global positioning system
室内模拟试验法 laboratory simulation test method
示踪法 trace method
土壤侵蚀调查法 soil erosion surveys
研究方法 research method
遥感技术 remote sensing technique
野外实地考察 field research

第 7 章

土地沙化 land desertification
土地石化 land stony desertification
土壤侵蚀程度分级 soil erosion degree classification
土壤侵蚀类型分区 soil erosion type partition
土壤侵蚀模数 soil erosion rate
土壤侵蚀强度分级 soil erosion rate classification
土壤侵蚀危害 soil erosion hazard
预测评估 prediction and evaluation
允许土壤流失量 soil loss tolerance

第 8 章

草场犁沟 pasture furrow
等高沟 contour furrow
地表洼地 surface depression
地质侵蚀 geological erosion
防风林 windbreak
沟蚀 gully erosion
河流输沙量 river sediment delivery
滑坡 landslide
加速侵蚀 accelerated erosion
块体运动 soil mass movement
流域生态经济系统平衡 balance of eco-economic system in watershed
面状侵蚀 surface erosion
泥沙输移比 sediment delivery ratio

农田防护林带 shelter belt
铺草水道 grassed waterway
侵蚀力 erosivity
人工水道 artificial waterway
生态系统 ecosystem
受损生态系统 damaged ecosystem
水平畦沟 contour trench
梯田 terrace
土崩 soil slump
土潜动 soil creep
土壤允许流失量 soil loss tolerance
退化生态系统 degraded ecosystem
异养生物 heterotroph
载蓄量 stocking rate
植物屏障 vegetative barrier
重力侵蚀 gravitational erosion
自然侵蚀 natural erosion
自养生物 autotroph

第 9 章

草田轮作 pasture-crop rotation
初损历时 initial abstraction duration
初损雨量 initial losses
封山育林育草 forest-grass conservation
盖度 coverage
根系层 root system zone
渐伐 gradual cutting
皆伐 clear cutting
枯落物层 litter
林草措施 forest and grass measures
林冠层 canopy
林冠截留量 canopy interception
生物量 biomass
适地树草 native trees and grasses
树干径流 stemflow
土壤抗冲性 soil anti-scouribility
土壤抗蚀性 soil anti-erodibility
郁闭度 canopy closure density
择伐 selective cutting

主伐 final felling

第 10 章

崩岗治理工程 collapse treatment engineering
布设方案 layout scheme
挡墙 retaining wall
反坡梯田 reversed slope terrace
隔坡梯田 alternation of slope and terrace
沟道治理工程 channel control project
沟头防护工程 ditch head protection engineering
谷坊 check dam
固坡工程 consolidated slope works
规划原则 planning principles
河道整治工程 river dredging works
护岸工程 embankment works
护坡工程 slope protection works
集水面积 catchment area
截流沟 interception ditch
径流调节工程 runoff regulation engineering
宽埂梯田 broad-base terrace
拦沙坝 sediment storage dam
排水工程 drainage works
坡面治理工程 slope surface treatment project
坡式梯田 slope terrace
山洪泥石流 flash flood debris flow
设计洪水标准 design standard of flood control
水平梯田 level terrace
淤地坝 silting dam
灾害治理工程 disaster control engineering

第 11 章

残茬覆盖 crop residue coverage
等高耕作 contour tillage
等高植物篱 contour plant-fencing
地面覆盖 mulching
格网式垄作 ladder ridge cultivation
耕作强度 tillage intensity
沟垄耕作 furrow and ridge tillage
秸秆覆盖 straw mulching

抗旱丰产沟 anti-drought high yield trench
林草间作 intercropping tree with grass
免耕 no-tillage
农林复合经营 agroforestry management
少耕 millimum tillage
水平沟耕作 level trench tillage
水土保持耕作措施 tillage measures for soil and water conservation

第 12 章

集水工程 water harvest project
截流与分流工程 runoff interception or diversion projects
人工集流场 runoff harvest plot
水窖 water cellar
水聚集工程 surface water harvest engineering
蓄水池 impounding reservoir
贮水工程 water storage engineering
自然集流场 natural runoff harvest plot

第 13 章

保护性农业 conservation agriculture
超富集植物 hyperaccumulator
持久性有机污染物 persistent organic pollutants
防治措施 preventive measure
化学修复 chemical remediation
缓冲带 buffer strip
农地非点源污染 agricultural non-point pollution
农业种植结构调整 agricultural planting structure adjustment
农用地膜污染 agricultural film pollution
平衡施肥 balanced fertilization
前置库技术 front damming technology
生态沟渠 ecological ditch system
微生物修复 microbial Bioremediation
污染控制 pollution control
污染治理 pollution abatement
养分控释技术 nutrient release technology
有机污染物污染 organic pollutant contamination
源头控制 headwater region control
植物修复 phytoremediation
重金属污染 heavy metal pollution

第 14 章

城市环境 urban environment
城市水环境 urban water environment
城市水土保持 urban soil and water conservation
城市水土流失 urban soil and water losses
防风固沙工程 windbreak and sand-fixation engineering
工程措施 engineering measures
化学侵蚀 chemical erosion
降水蓄渗工程 precipitation infiltration storage project
临时措施 temporary measure
热岛效应 heat island effect
水环境系统自净能力 self-purification of water environmental system
水体污染 water pollution
水土保持管理 management of soil and water conservation
土壤环境 soil environment
土壤污染 soil pollution
植物措施 botanic measures

第 15 章

法规体系 law and regulation system
监督执法 executing supervision
流域 watershed
流域管理措施 watershed management measures
流域管理法规 river basin management regulations
流域管理机构 institution of river basin management
流域管理经费 river basin management funds
流域管理目标 river basin management goal
流域管理实践 watershed management practices
流域管理与规划 watershed management and planning
流域规划原则 watershed planning principles
水土保持经济效益 economic benefit of soil and water conservation
水土保持社会效益 social benefit of soil and water conservation